谨以此书献给著名地理学家、土地利用专家吴传钧先生(1918年4月2日—2009年3月13日),著名地理学家、冰川及全球变化科学专家施雅风先生(1919年3月21日—2011年2月13日)。

祝贺清华大学百年校庆!

全球变化研究评论

Review of Global Change Research
QUANQIU BIANHUA YANJIU PINGLUN

（第二辑）

全球变化与生物多样性

Global Change and Biodiversity
QUANQIU BIANHUA YU SHENGWU DUOYANGXING

主编 宫 鹏

副主编 林光辉 应 清

高等教育出版社·北京
HIGHER EDUCATION PRESS BEIJING

内容简介

　　保护生物多样性对人类的生存至关重要，是国际科学界高度重视的问题。而生物多样性如何受到全球环境变化的影响更是近年来研究的热点。本专辑以生物多样性为主，收录了关于全球变化的15篇论文。论文内容包括中国地学发展的策略分析；生物多样性与国家经济指标的关系；全球鸟类体型大小、物种地理分布范围大小、物种丰富度、不同分类层次上进化起源、物种更替率等的空间分布以及它们与环境要素、土地利用和气候变化的关系；鸟类生态学变量与鸟类分化过程的关系；地方特有鸟类随气候变化的预测方法及保护意义；生物特征与环境要素和系统发育信息之间的关系；土地利用变化科学；人为生态群系分类和生态系统预测。

　　本辑对从事地学、生态学、地学统计学、生物多样性、土地变化科学、气候变化科学和地球系统模拟研究的学者有一定参考价值。

关键词：全球变化　生物多样性　土地利用变化　地球系统科学

图书在版编目（CIP）数据

全球变化研究评论. 第2辑，全球变化与生物多样性/宫鹏主编. —北京：高等教育出版社，2011.4
ISBN 978-7-04-032358-0

Ⅰ.①全… Ⅱ.①宫… Ⅲ.①全球环境-文集②生物多样性-文集 Ⅳ.① X21-53 ② Q16-53

中国版本图书馆 CIP 数据核字（2011）第 058825 号

策划编辑	柳丽丽　李冰祥	责任编辑	柳丽丽	封面设计	张志奇	版式设计	范晓红
插图绘制	尹　莉	责任校对	胡晓琪	责任印制	朱学忠		

出版发行	高等教育出版社	咨询电话	400-810-0598
社　　址	北京市西城区德外大街4号	网　　址	http://www.hep.edu.cn
邮政编码	100120		http://www.hep.com.cn
印　　刷	涿州市星河印刷有限公司	网上订购	http://www.landraco.com
开　　本	787×1092　1/16		http://www.landraco.com.cn
印　　张	17.25		
字　　数	350 000	版　　次	2011年4月第1版
插　　页	7	印　　次	2011年4月第1次印刷
购书热线	010-58581118	定　　价	49.00元

本书如有缺页、倒页、脱页等质量问题，请到所购图书销售部门联系调换
版权所有　侵权必究
物 料 号　32358-00
审 图 号　GS(2011)318号

《全球变化研究评论》编辑委员会

顾　问：徐冠华
主　任：宫　鹏
编　委：(按姓氏拼音字母排序)
鲍曙明　密歇根大学
卞　玲　布法罗大学
陈德亮　国际科学理事会
陈吉泉　托莱多大学
陈镜明　多伦多大学
戴永久　北京师范大学
董文杰　北京师范大学
方精云　北京大学
高　琼　北京师范大学
宫　鹏　清华大学
江　洪　南京大学
居为民　南京大学
李旭辉　耶鲁大学
李占清　马里兰大学
梁顺林　马里兰大学
林光辉　清华大学
刘红星　辛辛那提大学
刘建国　密歇根州立大学
刘　勉　密苏里大学
刘民权　北京大学
刘雪梅　加利福尼亚州立大学长滩分校
骆亦其　俄克拉何马大学
罗　勇　清华大学

彭长辉	魁北克大学
齐家国	密歇根州立大学
盛永伟	加利福尼亚大学洛杉矶分校
施建成	加利福尼亚大学圣巴巴拉分校
史培军	北京师范大学
隋殿志	俄亥俄州立大学
唐剑武	美国海洋生物实验室
王　斌	清华大学
王　杨	佛罗里达州立大学
邬建国	亚利桑那州立大学
徐　冰	清华大学
徐　明	中国科学院地理科学与资源研究所
严晓海	特拉华大学
杨　军	北京林业大学
殷永元	不列颠哥伦比亚大学
周集中	俄克拉何马大学
朱阿兴	威斯康星大学

《全球变化研究评论》第二辑编译委员会

主　编 宫　鹏
副主编 林光辉　应　清
编译成员(按姓氏拼音字母排序):

程　渠　付　薇　李雪艳　李　展　梁菲菲
梁　璐　刘　爽　王　芳　王晓映　徐　玥
杨长虹　姚文博　应　清　张海英　赵圆圆

编译者简介

(按姓氏拼音字母排序)

程渠 浙江大学地球科学系地理信息系统专业 2007 级本科生。研究兴趣包括生态环境、城市发展以及物联网等。

付薇 中国科学院遥感应用研究所在读博士。研究兴趣包括遥感图像处理、信息提取、土地覆盖分类,发表 EI 论文 2 篇。

宫鹏 美国加利福尼亚大学伯克利分校环境科学、政策与管理系教授,清华大学地球系统科学研究中心教授。研究兴趣包括全球土地变化、环境与健康和社会可持续发展等。发表各类论文 400 余篇 (含 150 余篇 SCI 论文)。现担任 International Journal of Remote Sensing 编辑和 Computers, Environment and Urban Systems, GIScience and Remote Sensing 等刊物编委。

李雪艳 北京师范大学全球变化与地球系统科学研究院在读博士。研究方向为生物多样性,环境与健康。

李展 中国科学院遥感应用研究所在读硕士。研究兴趣包括激光雷达在城市和森林地区的应用。发表各类论文 6 篇。

梁菲菲 清华大学地球系统科学研究中心在读博士。研究兴趣为环境遥感及应用。

梁璐 中国科学院遥感应用研究所硕士,现为清华大学地球系统科学研究中心科研助理。研究兴趣包括环境与健康、全球生物多样性评价、全球土地变化等。发表论文 8 篇,其中 SCI 论文 5 篇。

林光辉 清华大学地球系统科学研究中心教授。2001 年国家自然科学基金委杰出青年科学基金 (B 类) 获得者;2003 年入选中国科学院"百人计划"。曾作为唯一的华人科学家参与美国"生物圈 2 号 (Biosphere 2)"的 1994—2003 年期间的运营与管理。研究兴趣:湿地生态学、全球变化生态学、稳定同位素生态学。

刘爽 中国科学院遥感应用研究所在读硕士,研究兴趣包括高分辨率遥感图像提取城市居住地、中国地表植被典型色彩提取、青藏高原湿地现状及影响因素等。

王芳 北京师范大学全球变化与地球系统科学研究院在读硕士。研究兴趣为极地环境遥感。

王晓昳 中国科学院遥感应用研究所在读硕士,研究兴趣为全球土地变化。

徐玥 北京师范大学全球变化与地球系统科学研究院在读硕士。研究兴趣为环境与健康。

杨长虹 四川省疾病预防控制中心副研究员,中国科学院遥感应用研究所在读博士。研究兴趣包括流行病学、环境与健康等,发表各类论文20余篇(含8篇SCI论文)。

姚文博 北京大学地理信息系统、经济学双学士,清华大学地球系统科学研究中心在读硕士。研究兴趣包括与经济相关的环境问题,如环境变换、碳交易等。

应清 中国科学院遥感应用研究所硕士,现为遥感科学国家重点实验室研实员。研究兴趣包括生物多样性与全球变化、生物地球化学、遥感生态测量学等。发表SCI论文3篇。

张海英 中国科学院遥感应用研究所在读博士。研究兴趣包括湿地景观分类、信息提取,湿地景观模拟与预测等。

赵圆圆 清华大学地球系统科学研究中心在读博士,研究兴趣为全球土地覆盖变化以及遥感和地理信息系统在公共健康领域的应用。

前　言

一、背景

全球变化的一个严重后果是生物种类的迅速减少。在过去几十年，土地利用和气候变化已经导致大量生物种类的分布区收缩和物种灭绝。而人类的土地利用活动也造成土壤类型的大量减少。就连目前世界上仅有的 6 000 多种语言也在以每个月灭绝一种的速度消失。这标志着文化多样性的不断损失。在区域封闭状态下人类发展起来的独特性正伴随着全球化进程而逐渐泯灭。自然界有这样一种现象：以前我们认为深海里没有生命。事实上，恰恰在 3 000 米以下的深海里，如果有热源，例如有岩浆源源不断流出的海底，只要周围温度适宜，就能出现生命。生命的数量多到一定程度才会发展和持续。可见自然界生命持续是需要多样性的。既然自然界生物持续发展的基本条件是生物多样性，而人类赖以生存和发展的基本条件是生态系统所提供的多种服务，生物多样性对人类社会的可持续发展至关重要。

2010 年 12 月 21 日，联合国大会批准设立生物多样性和生态系统服务政府间科学政策平台 (IPBES)。旨在通过组织全球研究机构，针对生物多样性和生态系统服务进行高质量同行评估，为政府提供报告。该平台在很多方面会仿效政府间气候变化专门委员会 (IPCC)。IPCC 在促进全球变暖的全球性共识以及政府间行动方面取得的巨大成就举世瞩目。设立 IPBES 的目的是解决现在人类面临的一个严峻挑战：即虽然有丰富的科学知识和足够的记录显示自然界正在加速恶化，但是用来扭转这一趋势的政府行动却非常少。新机构的成立会为科学研究和政府行动架起桥梁。通过人类不懈努力，达到人类和自然的和谐发展。

其实，科学界应对生物多样性减少的挑战已经持续了至少 50 年。如今，人类积累了大量覆盖全球、各区域和国家的、与生物多样性和生态系统服务相关的评估报告。这些报告包括《千年生态系统评估》、《国际农业科技发展评估》、《联合国环境署全球环境展望》、《全球生物多样性展望》、《全球森林资源评估》，以及《全球食品及农业的动物基因资源现状》、《生态系统及生物多样性经济学》和《世界自然保护联盟濒临灭绝物种危急清单》。然而，这些报告中的很多有用发现和观点没有被很好地转化成及时有效的政府和公众的行动。

定量化衡量生物多样性，评估其变化的自然和人类活动原因，进一步发现各种生命形式在生态系统中扮演的确切角色，不仅是 IPBES 的重要职责，也是全球变化研究的重要内容。而鸟类多样性是生物多样性的一个重要指针。因此，本辑旨在为读者重点介绍全球鸟类多样性研究的一些重要进展。

二、本辑的内容

我们首先收录了徐冠华先生等 2010 年 8 月在《科技日报》上发表的题为"21 世纪中国地球科学发展：立足中国，走向世界"的文章。作者在分析了知识经济时代世界发展格局的全球化趋势以及可持续发展理念的深入人心，对我国 21 世纪发展面临的资源短缺、气候变化、生态与环境以及海洋开发等难题，对新世纪地学学者提出殷切期望，鼓励大家努力拓展研究视野到全球，实现多学科交叉与渗透，加强定量化研究，加大基础设施建设，努力实现数据共享。

本辑收入 6 篇利用世界上首个全球鸟类分布数据库的研究论文。Olson 等采用整个鸟纲的全球体型分布图，首次对"Bergmann 法则"进行了集群水平 (assemblage-level) 的全球性检验，结果表明高纬度地区的鸟类具有更大的体型，这与 Bergmann 法则相吻合。但是鸟类体型也与物种丰富度、地理环境温度，以及资源可利用性具有一定相关性，并且还存在很强的随着物种丰富度 (species richness) 上升而体型减小的趋势。他们的研究不但证实了 Bergmann 的基于生理学尺度的推断，还新发现了鸟类体型全球格局与资源的可利用性、物种丰富度及谱系间的类群更替等多因素的相互关系。

Thomas 等利用这一鸟类物种分布的全球数据库，探索当代鸟类多样性在种－属－科－目从低到高不同分类层次上进化起源的空间变化。他们运用广义最小二乘法、检验模型和残差分析方法测试海拔高度和温度对相邻分类层次中物种丰富度的影响。结果发现，物种丰富度的当代格局与较高级分类单元物种丰富度之间的关系存在着区域差异；进而推测，造成这些差异的主因是扩散限制和生理耐受极限的系统发育限制促进了生物多样性。

Orme 等利用这一数据库研究全球鸟类物种地理分布范围大小的空间变化和大尺度格局。发现 Rapoport 简单地认为物种分布范围大小随纬度降低而减小的理论是有缺陷的。结果表明，物种分布范围最小值主要位于南半球的岛屿和山地，而鸟类物种丰富度峰值分布于赤道周围和更高纬地区。他们认为在物种组合、物种形成率、灭亡率和扩散率的地域分异等生物多样性的诸多方面，分布范围大小的全球格局能否得以最好的阐释有待于进一步探讨。

Storch 等利用这一数据库研究鸟类物种丰富度的空间分布格局。他们分别基于真实蒸散量和分布范围动态模型对鸟类物种分布范围做出预测。比较发现前一模型全球预测效果较好而后一模型在独立的生态地理分区中表现更佳。如果将两种模型结合预测效果最佳。

Jetz 等使用千年生态评估的情景来评价气候和土地利用变化对所有 8 750 种鸟类的影响。他们假设物种的地理分布是固定的。结果发现即使在对环境友好的情景下，到 2100 年有 900 种鸟预计会丧失多于 50% 的分布区。物种分布区丧失的原因、程度和地理分布模式随各地社会经济情景的不同而不同。不仅气候变化会严重影响生物多样性,而且在不久的将来,热带地区的土地利用变化甚至可能导致更多的物种灭亡。因此建议在热带地区广泛扩大自然保护区网络,从而把全球化的物种灭绝降到最低。这篇论文的一个缺点是没有考虑物种随气候变化的适宜性变化,即它的栖息地会相应地迁移。这是他人可以进一步做工作的方向之一。

Gaston等研究了全球鸟类物种空间更替的变化。此前全球鸟类空间更替模式主要根据理论推测。他们检测了生态位理论对鸟类空间更替形式的四种预测。以往的理论认为更替会随着物种丰富度和环境梯度的增加而增加,并随离低纬度地区距离的缩短而增加,更替速度的变化主要由稀有物种决定。他们研究结果与这些理论预期相反,发现更替在物种丰富度极低和极高的地区均很高,不随与热带距离的减小而增加,并且与平均环境条件和这些条件的空间变异都有关系。这些结果与一个更加重要的新发现紧密相关,即全球鸟类空间更替的格局主要是由分布广的物种决定,而不是稀有物种。

Buckley和Jetz从全球角度,以空间显式研究方法研究物种空间更替和环境的关系,比较了空间环境梯度对两栖脊椎动物、鸟类的作用。结果表明,即使在环境更替较低的情况下,依然可能出现较高的物种更替,但物种更替量不会低于环境更替量。两栖动物更替率是鸟类的四倍。环境对于物种更替的影响会受到物种分布范围尺度以及地域历史的调控。同时他们发现不同于物种丰富度地理模式,一种类别(两栖动物)更替量比环境本身更有助于另一类别(鸟类)更替量的预测。说明两栖动物具有替代指标的价值。他们认为空间显式的环境更替量分析方法能够为物种保护规划提供新知识。

与运用这一全球鸟类分布数据库有关的另一篇重要论文是Ormes等在 Nature上发表的关于鸟类生物多样性的热点地区分布的研究。他们验证了物种丰富的热点、濒危物种和特有物种三种不同类型的热点之间的一致性。结果发现三种热点之间并没有同样的地理分布。全球只有2.5%的热点区域拥有三个多样性指标,80%的热点区域只有一种多样性指标。即使同一分类类别,不同生物多样性的起源和维持也依赖于不同的机制。因此,不同类型的热点区域对鸟类保护的意义需要不同的分析评价。由于版权原因,本辑没有收入这篇论文,但是我们已经把它翻译出来,有兴趣的读者可以从下列网站查阅此文: http://www.tsinghua.edu.cn/publish/cess/5500/2011/20110331114440177394931/20110331114440177394931_html。

以上几篇论文无一例外地证明,由于有了可以支持实证研究的全球数据库,对有关全球范围的生态学理论的研究,在方法论上出现了飞跃,它不再需要单纯依靠零星个案进行推测演绎,而是能够基于较完整的观测数据进行探索、挖掘和归纳。上述所有论文采用的是10格网的全球鸟类繁殖地分布数据库,而栖息环境参考的是1km分辨率的全球地表覆盖数据。根据最近一系列对全球地表覆盖数据库的评估，这些地表覆盖数据的准确度比较低。因此，上述研究的基础还是存在较大的不确定性。也就是说，上述研究的缺憾是数据不够准确。因此，有必要根据更高精度的全球覆盖数据库重新建设全球鸟类分布数据库。这样，上述研究的结果有进一步检验的必要。

Phillimore 等利用系统发生的方法验证，在鸟类种群中，生态学变量是否能够解释鸟类系统发生树的不平衡现象。他们的研究表明，多样性的分化速率在科之间起到系统发生的中间信号作用。通过建立多预测因子统计模型可以解释进化枝之间 50% 以上的分化速率的变异。对物种高分化速率有较强预测能力的生态变量是年际扩散速度和食谱广度。鸟类多样性的宏观格局可以用生物体本质特性的变化来解释。

Coetzee 等使用集成模型 (Ensemble Model) 的方法，对南非 50 种特有鸟类分布随气候变化可能发生的变化进行了预测，并评价了该区域重要鸟类保护区的潜在保护效果。尽管作者立意研究气候变化对非洲特有鸟类的影响，并认为对全球生态保护有意义，我觉得这篇文章的特色是方法论。第一，集成模型作为生态位模型是一类生态预测的新方法。第二，着眼于未来气候变化的保护区优先设置评价的定量化方法也很有新意。第三，对气候变化模式的适用性也做了不少分析，不是简单套用模式模拟的结果。这也是值得借鉴的地方。文章没有解决的问题是，到底集成模型好还是单个模型好，在末尾讨论时还没有说清楚。这个需要进一步比较。

本辑还收入了一篇基于国家经济分析预测生物多样性的论文。Holland 等应用包含经济不平等性的社会经济模型，预测 50 个国家和地区内植物和脊椎动物中濒危物种生物多样性减少程度。结果发现，包含经济足迹和经济不平等性两个指标的模型预测濒危物种效果在很大程度上优于单一人口密度模型和环境治理模型。他们认为社会经济不平等性是预测人为因素导致生物多样性减少的重要影响因素。

本辑还收入一篇在生物特征与环境要素和系统发育信息之间建立统计模型，消除空间自相关的方法论方面的文章。Kühn 等使用多元回归分析的方法研究开花物候这一物种性状特征的空间分布与环境之间的关系。结果发现把空间信息和系统发育学信息结合起来，通过特征向量的计算和滤波器选择，可以剔除多元回归残差自相关性。传统生态学统计分析中较少考虑空间自相关的影响，因此容易忽视一些有意义的生态信息，而这种方法可以弥补这一生态统计方面的缺陷。

本来计划收录本辑的一篇发表在 *Global Environmental Change* 上题为"新的气候论辩：是杞人忧天还是令人惊恐"的论文。由于版权原因，本辑也没有收入这篇论文，我们已经把它翻译出来，有兴趣的读者可以从下列网站查阅此文：http://www.tsinghua.edu.cn/publish/cess/5500/2011/20110331114440177394931/20110

331114440177394931_.html。这篇文章在界定科学界和新闻界对气候变化措辞方面有一定贡献,是值得中国学者学习英文修辞和成为"雄辩滔滔"的外交家的有益材料。同样对于做学问的人大有助益。科学是探求真理的,科学工作者要准确描述研究过程和结果。因此,在修辞上应力求准确无歧义。当科学家对一个问题还没有形成完整认识时,或其结论有多种可能时,他(她)们应该清楚阐述答案的不确定性。科学研究的进步就是不断降低对世界自然规律认识过程中的不确定性。科学论文和媒体报道的一个不同就是科学论文不会(应)故意夸大其词或隐藏事实真相。而现在有些新闻报道,不一定有耐心全面了解事实真相,犹如盲人摸象,以点盖面,以偏概全。

此外,本辑还收入了一篇呼吁建立陆地变化科学新学科的论文。Turner 等认为陆地变化科学已经成为全球环境变化和可持续发展研究的重要组成部分。建立这一新学科的宗旨是把土地覆盖和利用的动态过程理解为人类-环境的耦合系统,以研究环境、社会和两者交叉问题相关的理论、概念、模型和应用。陆地变化的主要命题包括:观测和监测,理解该耦合系统的原因、影响和结果,建模,分析和综合等问题。把驱动反映地表自然过程的土地覆盖变化和驱动反映地表人类活动过程的土地利用变化综合起来研究,实际上是地理学的核心任务。Turner 等提出的陆地变化科学的新概念,是科学界应对当下全球变化和可持续发展问题对地理学这一传统的自然和社会科学综合交叉学科的重新认识和弘扬。由于 PNAS 刊物的版面所限,Turner 等没有展开论述,所以不论是英文还是译文都给读者阅读带来一定困难。感兴趣的读者需要认真研读后列的参考文献以便更透彻地理解本文。Turner 作为一名社会地理学家,谈论了许多概念,采用了大量例证,但是都点到即止,没有深入展开。在读到土地变化科学的综合与评价时,我感到有一个问题十分有趣,值得研究。对于一个流域或区域,假设都要经历 30 年才能发展到同样的土地利用程度,那么在哪个地方,先开发会是更加可持续的呢?

人们习惯上把人类和自然过程分开来研究。例如对地表的生态分类,往往仅把人类直接开发的地表类型如居住区、农业区划分出来。但是他们忽略了人类与生态系统之间存在着持续的、直接的相互影响。人类已经从根本上改变了生物多样性和生态系统过程的全球格局。Ellis 等首次把人类活动较全面地包括到对陆地生物群区的分类当中,通过对全球的人口、土地利用、土地覆盖的经验性分析,确定了 18 种"人为生物群系"。地球上 75% 无冰区都有因人类居住和土地利用而改变了生态系统的证据,只有不到四分之一的无冰区仍然是野地,并且它们只生产陆地净生产力的 11%。这种分类提供一种新的方式,有助于更好地模拟和研究集成了人类和生态系统的陆地生物圈。读完此文使我想到人类到底是何时离开森林走向草原?如果没有经历农业社会,人类会对环境产生何种不同的影响?在中国、印度或非洲的一些国家,土地利用经历了不同的过程,他们的主要不同是什么?他们对地球系统变化的贡献有什么不同?

本辑最后收入一篇对生态系统预测的观点论文。显然,明了生态系统状态、获得生态系统服务和自然资本方面的可信预测一直是科学界的一个长期目标。因为,只有这样,人类在按计划行动和制定决策时,才会更加趋利避害。Clark 等对实现这一目标充满信心,他们认为,新数据集的形成以及计算和统计方面的不断进步,将大大增强我们在预测生态系统变化方面的能力。为了做好生态系统服务评估、提高生态系统服务认识、实现生态系统服务预测,他们认为科学家和决策者必须一起合作,而且各学科的学者和各部门决策者必须联合起来。这篇文章与本辑首篇文章形成生态学方面的呼应,鼓励大家坚持发展定量化方法和多学科交叉融合。只有这样,我们才能更有效地解决今天人类面临的全球变化问题。

三、本辑编辑过程及认识

本辑所选论文多数是英文原著,经过一批年轻学者的辛勤翻译,召开三次统稿会,才得以完成。每篇论文有一名主要翻译人员,加至少一名交叉校阅人员,最终由本辑主编审校完成。我们翻译的原则有三:一是采取意译不是机械的直译,把外国人表达的意思按照中国人语言表达方式,清楚、通顺地表达出来;二是采用主动语态,尽量不用被动;三是要精练,尽量不重复,把复杂的从句结构打断,不像外国人那样,一句修饰另一句。翻译的目标是为了使读者容易看懂。我们要求翻译者心中装着读者,不光是自己。本辑的论文翻译过程中,我们感到有必要把读者不容易了解的概念摘录出来专门注释。此外还把直译难以理解的概念列出原文。这个过程教会了我们翻译是半点都马虎不得的。只有坚持"认真"二字才能做好翻译工作。

完美无缺的文章几乎是没有的。一篇科学论文的内容和结果不一定全对,甚至方法都可能有问题,这是很正常的现象。很多文章都会受到数据、方法等的限制,会有不严谨、不正确的结果或结论。这也是我们为什么需要"评论"的原因。但是,要评论他人的文章必须有较深的专业知识和对论文的透彻理解,这也是译者很难做到的。因此,我们在尝试做"评论"的过程中,还是没有能够做到每篇文章都来一个评论。

四、致谢

本辑的编译除了编辑委员会成员们的努力以外,还要感谢清华大学全球变化研究院王斌教授,毕业于加利福尼亚大学伯克利分校统计系机器学习专业、现在弗雷德哈钦森癌症研究中心工作的严东辉博士和约克大学气候统计博士温晗秋子。他们的气候模式、机器学习、统计学知识对我们翻译生物多样性研究中用到的相关理论与方法帮助很大。感谢清华大学地球系统科学研究中心、北京师范大学全球变化与地球系统科学研究院和遥感科学国家重点实验室的大力支持。最后感谢高等教育出版社李冰祥编审的一贯鼓励与支持。由于我们专业知识所限,虽然做出诸多努力,错误仍在所难免,遇到疑难之处,敬请读者以原文为准。

宫鹏
2011 年 1 月 1 日
世界生物多样性新年代第一天
记于清华大学

目 录

21 世纪中国地球科学发展：立足中国，走向世界 1

全球生物地理学与鸟类体型生态学 8

应用多国社会经济不平等性预测生物多样性的减少程度 33

气候变化将降低集成预测模型对南非重要鸟区的特有鸟类的保护效力 47

全球鸟类物种丰富度的历史组成在区域上的差异 70

鸟类地理分布范围尺度的全球格局 89

能量、动态范围和全球物种丰富度格局：协调鸟类多样性的中域效应和

    环境决定因素 103

气候和土地利用变化对全球鸟类多样性的影响预测 125

生态因子决定大尺度格局下鸟类系统发生的多样性分化 144

全球鸟类的空间更替 159

空间与系统发育特征向量滤波在性状分析中的应用 173

全球物种更替与环境的关系 196

应对全球环境变化和可持续发展的陆地变化科学 210

将人类放到地图中：人为生物群系 225

生态预测：当务之急 249

Contents

A perspective on the development of China's earth sciences · · · · · · · · · · · · · 1
Global biogeography and ecology of body size in birds · · · · · · · · · · · · · · · 8
A cross-national analysis of how economic inequality predicts
　biodiversity loss · 33
Ensemble models predict important bird areas in southern Africa will become
　less effective for conserving endemic birds under climate change · · · · · · · · · 47
Regional variation in the historical components of global avian
　species richness · 70
Global patterns of geographic range size in birds · · · · · · · · · · · · · · · · · 89
Energy, range dynamics and global species richness patterns: reconciling
　mid-domain effects and environmental determinants of avian diversity · · · · · 103
Projected impacts of climate and land-use change on the global
　diversity of birds · 125
Ecology predicts large-scale patterns of phylogenetic diversification
　in birds · 144
Spatial turnover in the global avifauna · 159
Combining spatial and phylogenetic eigenvector filtering in
　trait analysis · 173
Linking global turnover of species and environments · · · · · · · · · · · · · · · · 196
The emergence of land change science for global environmental change
　and sustainability · 210
Putting people in the map: anthropogenic biomes of the world · · · · · · · · · · · 225
Ecological forecasts: an emerging imperative · · · · · · · · · · · · · · · · · · · 249

21世纪中国地球科学发展：
立足中国，走向世界[①]

徐冠华[②] 鞠洪波[③] 何 斌[④] 程 晓[⑤] 徐 冰[⑥]

科学技术是当代人类社会发展的第一推动力。进入21世纪，世界各国都在思考和部署新的经济和社会发展战略，在新的形势下，我国科学技术事业的发展正面临着新的挑战和机遇，地球科学也不例外。

新中国成立以来，中国地球科学得到长足发展，取得许多重大成就。李四光等人提出的"陆相生油"理论打破了西方的"中国贫油论"，甩掉了中国贫油帽子；中国科学家对珠穆朗玛峰地区和青藏高原的综合科学考察，成为人类科学了解"地球第三极"地质环境的基础；确立了黄土风成学说，使中国黄土与海洋沉积、冰芯一起，成为全球环境变化国际对比的三大标准；提出了大气长波频散理论，对动力气象学发展作出了重要贡献，"夏季高原为热源"和"大气环流有季节性变化"的理论已成为大气科学方面的经典。我国科学家在云南澄江发现大批动物群化石，揭示了生物进化的突发性，并将动物起源时间向前推进了5 000万年。经过半个世纪的努力，中国地球科学不仅在地理学、地质学、气象学等传统地球科学分支学科研究中不断深入，在一些交叉学科如地球物理、地球化学、海洋学等领域也都取得了重要突破。

回顾20世纪历史，我们为我国地球科学立足于中国这片广阔的土地，在发展科学和服务国家建设两方面所取得的成就感到自豪。进入新世纪，面对人类社会发展的新格局和中国经济社会发展的新需求，中国地球科学必须做出积极回应。

[①] 来源：科技日报，2010年08月01日。
[②] 徐冠华，全国政协常委，教科文卫体委员会主任，中国科学院院士。
[③] 鞠洪波，中国林业科学研究院资源信息所所长，研究员。
[④] 何斌，北京师范大学全球变化与地球系统科学研究院，博士，讲师。
[⑤] 程晓，北京师范大学全球变化与地球系统科学研究院副院长，教授。
[⑥] 徐冰，清华大学环境科学与工程系，博士，教授。

1. 21世纪人类社会发展的新特点

过去一个世纪,人类社会发生了翻天覆地的变化,这个变化比过去人类一两千年的变化还要广泛、深刻。它不仅影响到人类自身生活,也影响到人类生存环境的剧烈改变。在快速发展的 21 世纪,这种影响会变得更加明显。21 世纪人类社会的发展将呈现出以下显著的特点:

1.1 知识经济的发展

纵观历史,人类社会发展史就是一部生存斗争史。在封建社会,土地是最重要的资源,也是主要的生产要素。争夺土地的战争,是民族、国家之间斗争最基本的内容。随着工业经济的兴起和发展,人类进入资本主义社会,对资源和市场的追求成为最重要的内容,资本积累、资源和市场争夺是各国竞争的主要形式,这在 19 世纪表现尤为明显。在 20 世纪后半叶,随着科学技术的高速发展,知识经济逐渐居于主导地位,科学技术进步在国家和民族竞争中扮演着越来越重要的角色,并最终发挥决定性的作用。因此,对知识的创造、获取、积累和传播,是当前人类社会发展的基础。

1.2 全球化进程

人类社会发展到今天,生产的发展、科学技术的进步,特别是现代信息技术、通信技术和交通运输技术的发展,使得国家之间经济、科技、文化等方面信息和物质交流越来越普遍,形成跨越国界的信息流和物流网络;组织生产也已经远远超过了国家、区域的范围,逐渐形成全球范围各种生产要素的优化组合。全球化进程对于科学技术的影响也非常深刻,伴随着经济全球化,科学技术全球化的进程也正在加速推进。网络技术的发展,拓展了学术交流的广度和深度;虚拟实验室这一新兴组织形式,越来越得到各国科学家的青睐,从而在世界范围内实现科技资源的优化配置。总体上看,世界已经成为一个地球村,中国科学技术的发展必须置于全球化的视角之下考虑。

1.3 可持续发展的理念和实践

科学技术是一把双刃剑。一方面,科技的发展给人类带来了巨大的便利,改善了人类的生活,延长了人类的寿命,创造了更好的生活;另一方面,科技成果在应用过程中也带了一系列的问题,如环境污染、全球气候变化与灾变、科学伦理等问题,这些都在人类社会引起了强烈关注和巨大反响。地球系统是个非线性系统,它的某些参数的微小变化,有可能引发整个系统巨大的、不可逆的改变。因此,人类的利益和命运与地球环境越来越紧密联系在一起,也促使人类更多地思考自身发展问题,形成了可持续发展的理念。

21世纪人类社会的这些新特点和科学技术的进步紧密相连。知识经济、全球化以及可持续发展理念都是科学技术进步的结果;反过来又对科学技术的发展产生深刻的影响。知识经济是全球化范畴下的经济形态,知识和其他物质财富的创造和流动必须在全球化的框架下布局;可持续发展的核心是资源和环境问题,包括全球气候变化问题,又对科学技术进步,特别是对地球科学的进步,提出了新的需求,为地球科学的大发展创造了重大机遇;全球化的格局使人类有可能也必须以全球视角来研究和解决面临的问题。所有这些都对地球科学的发展提出了新的要求,也为地球科学的发展指明了方向。

2. 中国经济、社会发展对地球科学发展的紧迫需求

21世纪人类社会发展的新特点,为中国地球科学发展提供了新的机遇;面对21世纪中国经济、社会发展的新格局以及面临的新矛盾、新问题,中国地球科学必须准确把握。

2.1 资源短缺问题

中国石油储量不足,石油供应越来越依赖进口,石油对外依存度已经高达51%。随着经济的发展,石油供应成为极为紧迫的问题。中国黑色金属、有色金属也越来越不能满足经济发展的需求,不得不付出巨大的代价,从外国进口矿石,带动一系列相关产品的价格大幅提升。水资源的国际分享和利用问题日益突出。在全球化背景下,资源和能源的全球供应合作和结构优化是世界各国都必须关注的重大问题。我国过去在资源问题上基本上以自给自足为主,随着我国经济和科技的发展,这种方式日益凸显出其局限性。全球化进程必然会导致全球范围内资源市场结构的进一步调整。中国在将自己的资源提供给全世界分享的同时,也面临着对世界资源的越来越严重的依赖。从中国自身的发展和促进全球共同发展的角度都要求对全球的能源、资源布局有全面、深入的了解,如何实现资源的优势互补是中国地球科学需要研究的重大问题之一。

2.2 气候变化问题

全球气候变化问题,是对中国的巨大挑战。中国以煤为主的能源结构在支撑经济发展中发挥了重要的作用,但是,燃煤所带来的碳排放已不仅仅是中国,同时也是全世界关心的问题。当前,中国二氧化碳排放已超越美国,成为世界第一排放国。碳排放问题已经影响到中国经济发展的全局。

中国在解决全球变化问题中,虽然承担着与发达国家不同的责任,但也扮演着重要的角色。然而,我们对全球变化的研究不够,了解甚少。联合国政府间气候变化专门委员会(IPCC)报告源于发达国家地球系统模拟研究的结果,在这背后是数千人的科学家队伍,以及数十亿美元的投入。而我国只有几十人通过几个二级课题做一些基础性的工作。我们既缺乏高质量的全球对地观测数据和产品,缺乏经过深入研究的数学物理模型,也缺乏开展地球系统模拟所需的超级计算机软件、硬件,特别是软件的支撑。同时,全球变化研究凸显了多学科交叉、融合的极端重要性,而这方面恰恰是当前我国科学技术发展中突出的薄弱环节。

2.3 生态与环境问题

生态与环境问题已经超越国界,成为制约人类社会进一步发展的主要因素之一。水污染和大气污染是目前世界上最为紧迫的卫生危机之一,其影响范围早已超越国界。一些专门从事全球用水状况和大气环境研究的科学家惊呼,水污染和大气污染问题已经成为"世界性的灾难"。沙尘暴问题早已国际化,中国是个沙尘暴多发国家,既有源自我国境内的,亦有40%源自境外。而源自本土的沙尘暴,往往被周边受影响的国家所诟病。生物入侵已成为全球威胁,入侵物种每年对全球造成1.4万亿美元的损失。中国是遭受生物入侵最严重的国家之一,入侵中国的生物已达500多个物种,生物入侵形势十分严峻。切尔诺贝利核污染后果遍及相邻国家,并且遗祸于下一代。土壤大规模酸化和退化、森林减少、水土流失和有毒化学物质传播等等环境问题都影响着中国以至全人类的生存和发展。环境污染问题、生物入侵问题等具有世界性的特点,其影响早已超越国界,其源头和扩散过程也是一个众说纷纭、亟待阐明的全球性问题。

2.4 海洋开发问题

中国既是一个陆地大国,也是一个海洋大国,拥有300多万平方千米的领海。广阔的海洋不仅仅对地球环境产生重大的影响,同时蕴藏着丰富的自然资源,是人类发展和生存的新空间。但是,历史上的闭关锁国政策扼杀了中国人对海洋的探索,我们对近海资源环境了解甚少,对深海、极地的研究更是严重不足。目前,中国的海洋船队越来越活跃于世界各地,但是缺乏对相应海域的了解。中国要实施"走出去"的战略,就必须对全球海洋状况有全面的、深入的了解。

以上这些问题都对地球科学的发展提出了新的、重大的需求,也表明中国的地球科学研究已不能再局限于国内。中国地球科学必须下决心开拓视野,走向世界,为保护人类生存和发展的地球环境、为解决中国经济和社会的可持续发展面临的问题,为国家安全、世界和平做出应有的贡献。

3. 中国地球科学在新的形势下应当关注的几个重大问题

3.1 地球科学研究的全球视野

当前国家经济、社会可持续发展对地球科学的紧迫需求和当代科技的发展，都要求中国地球科学在继续关注国内或区域性问题的同时，把研究的视野扩展到全球。21世纪的新特点，包括知识经济、全球化和可持续发展等，其共同的基点就是全球视野。面对中国经济、社会发展对地球科学的巨大需求，包括解决资源短缺、环境污染、海洋开发、气候变化等问题，也必须有全球视野。所以，中国地球科学必须大力加强全球性问题的研究。

最近几十年来，科学技术的高速发展，为中国地球科学开拓全球视野创造了条件。对地观测技术的发展大大开阔了人类的视野，过去不出门只能看到自身的家园，现在通过卫星影像，可以看到整个国家甚至整个世界；地球物理仪器装备、海洋探测仪器装备的进步，使人类有可能获得地球深部和海洋深部的信息，从而发现了众多未知的现象，大大增加了人类对地球在宏观尺度上的认识。

在加强地球科学全球性问题研究的同时，仍要继续重视地球科学在国家和区域性方面问题的研究，这同样是我国经济、社会发展的紧迫需求。全球性问题的研究要充分利用我国地学多年研究成果的积累，认真做好对我国地球科学多年研究的继承和发展。

3.2 地球科学与其他学科的交叉、渗透和融合

中国地球科学要进一步发展，要获得更多的创造性成果，必须改变各学科分割、地球科学和其他学科分割的局面。实际上，当代科学技术发展的大多数创新成果都出现在交叉领域，地球科学也不例外。调查显示，当代科学技术重大的突破，有70%到80%是来自于学科交叉领域。

过去，地球科学发展单科独进现象比较明显，在已取得重大创新的基础上取得新的突破比较困难。地球是一个复杂系统，地球科学的发展已经越来越要求将大气圈、岩石圈、生物圈、水圈与深部地球和空间作为一个整体研究；不仅仅需要地球科学各学科的交叉渗透，还需要地球科学和数理科学、技术科学、计算机科学，以及经济学、社会学和其他社会科学的结合，这将促进中国地球科学产生新的重大突破。

过去几十年，科学技术的发展为地球科学交叉和融合创造了条件。地理信息技术、全球定位技术、高精尖测试分析技术等为地球科学各学科的数据融合、采集和分析奠定了技术基础；现代物理学、化学和工程技术科学发展为了解地

球结构、理化性质提供了理论和技术支撑，并有可能把地球作为一个整体进行剖析；地质学、生物学、基因科学的发展，使人类对整个地球生命过程、生命史有了全面和深入的研究。总之，科学技术的发展为中国地球科学实现多学科的交叉、渗透和融合提供了广阔的平台，为地球科学向广度和深度两个方向发展提供了强有力的支撑。

当前，应当充分发挥现有地球科学研究基地的优势，对现有学科进行必要的调整，鼓励形成多学科交叉的研究基地；同时，科技管理部门应当通过体制上和机制上的必要调整，来鼓励多学科的交叉融合，推动中国的地球科学新的飞跃。

3.3　地球科学研究中的数量化方法

地球科学研究经历了从定性研究到定性和定量研究结合的发展过程。我们看到，数量化方法在地球科学的大气、海洋等领域已经得到广泛的应用，但是，在其他不少领域仍较为薄弱。当前，我们应当更多地支持定量化研究，鼓励青年科学家掌握定量化研究的理论和方法，具备定量化研究的能力。

现代计算数学、计算机技术及物理学的发展，使人类有可能通过各种物理、数学模型模拟地球的过程；超级计算机的发展和应用为这些巨大模型模拟和海量数据处理、分析提供了强有力的支撑。因此，可以预期，各种数学模型和数量化方法将在地球科学中发挥越来越大的作用。

数量化方法是现代科技发展的产物，当代科学技术发展经验表明，数量化方法在新学科的形成过程中发挥了催化剂的作用。就地球科学而言，面对的是大自然既宏观又复杂的问题，野外调查是基础，但是单纯的野外考察方法也有局限性，在时、空两个尺度上不易拓展，这时，数学模拟就显得尤为重要。对地球的定量模拟研究，可以在一定意义上将大尺度空间的研究转移到实验室，实现定性描述和定量分析的有机结合；而且，数量化方法不仅定量地描述过去和现在，还可能预测未来。

IPCC 报告中关于未来气候变化的结论主要是基于数学模拟的结果。但是，由于有关工作大多由国外科学家完成，我国的话语权十分薄弱，这直接涉及国家的重大利益。可见，数量化方法应用是地球科学发展的紧迫需要。

当然，我们要看到，数量化方法还处在发展阶段，存在不确定性因素。这在科学发展过程中是必然的，不要因为存在问题，而把数量化方法看成是"雕虫小技"。我们应当鼓励青年科学家用数学、物理学武装自己，加强数量化方法的研究，这是未来的希望。

3.4　加强数据共享和基础设施建设

数据共享机制为广大科技工作者提供了充分的、公平的学术环境。科学创造的过程是一个由量变到质变的过程，因此数据、资料的积累极其重要。可以这么说,科学发现的过程是攀登高峰的过程,只有后人能够站在前人的肩膀上,才能最终达到科学的顶峰。

当前,数据资料积累体制和机制尚不完善,不少数据和资料成为部门甚至个人的私有财产。这样,每一个新的项目都要从头开始,长此下去,中国地球科学不可能得到发展。因此,建设数据共享平台极为重要,政府应当为地球科学发展提供共享平台,强化数据共享的政策,减少重复建设的费用,为所有地球科学工作者提供公平竞争环境。

我国中长期科技发展规划纲要(2006—2020年)确定了中国未来15年科学技术发展的重点领域,其中有两个领域和地球科学密切相关,包括:把发展能源、水资源和环境保护技术放在优先位置;加快发展空间技术和海洋技术;同时,强调加强基础科学和前沿技术研究,特别是交叉学科的研究。国家的高度重视为中国地球科学创造了广阔发展空间。

我们相信,有国家的大力支持,有地球科学界同仁的共同努力,中国地球科学家一定会为世界地球科学和中国社会经济发展做出新的贡献。

全球生物地理学与鸟类体型生态学[①]

Valérie A. Olson　Richard G. Davies　C. David L. Orme　Gavin H. Thomas
Shai Meiri　Tim M. Blackburn　Kevin J. Gaston　Ian P. F. Owens　Peter M. Bennett

摘要：早在1847年，Karl Bergmann就提出气温梯度是理解恒温动物体型地理分异的关键因子，然而不论是体型分异的地理格局还是它们背后的机理还备受争议。本文采用整个鸟纲的全球体型分布图，首次对"Bergmann法则"进行了集群水平(assemblage-level)的全球性检验，结果表明高纬度的鸟类具有更大的体型，这与Bergmann法则相吻合。我们的结果也显示，鸟类集群的体型中值在岛屿地区系统性偏大，而在物种丰富地区系统性偏小。体型空间格局显示体型大小与温度密切相关，也与资源可利用性具有一定相关性，并且还存在很强的随着物种丰富度(species richness)上升而体型减小的趋势。我们的结果表明：体型大小的地理格局，一方面像Bergmann提出的那样，是由物种谱系(lineage)内的适应(adaptation)[②]造成的；另一方面是由谱系间的物种更替(turnover)造成的。总之，Bergmann的基于生理学尺度的推断显然是正确的，但远不够全面。鸟类体型的全球格局取决于鸟类对环境的生理需求、资源的可利用性、物种丰富度及谱系间的类群更替等多因素的相互作用。

关键词：适应　Bergmann法则　鸟类　体重　生态学法则　类群更替

1. 引言

早在1847年，Karl Bergmann提出一个假说，即生活在气候寒冷的地区的恒温物种比它们生活在温暖地区的亲缘体型大(Bergmann,1847)，后来被称为Bergmann

---

[①] 原文：Valérie A. Olson, Richard G. Davies, C. David L. Orme, Gavin H. Thomas, Shai Meiri, Tim M. Blackburn, Kevin J. Gaston, Ian P. F. Owens and Peter M. Bennett. 2009. Global biogeography and ecology of body size in birds. Ecology Letters, 12:249-259.
推荐：宫鹏；翻译：赵圆圆；校阅：宫鹏、林光辉；辅助校阅：李雪艳、应清、张海英。
注：Reprinted, with permission from John Wiley and Sons and the authors。
[②] 生物在长期的进化过程中通过自然选择形成了对环境的适应，动物的适应表现在形态、结构、生理和行为等方面。例如，鱼的身体呈流线型，用鳃呼吸，各种鳍在运动中起协调作用，这些都是与水生环境相适应的结果。

法则。Bergmann的假说是基于"越大体型的物种拥有越小的比表面积[①]，因而增强了它们在寒冷气候下保持热量的能力"这一生理学基本定律。相反，体型小的物种有更大的比表面积，提高了它们在温暖潮湿环境里的散热能力 (Hamilton, 1961; James, 1970)。由于纬度可以合理标识温度的变化 (Blackburn et al., 1999)，学者们普遍认为 Bergmann 法则讨论的是大体型与低温度及高纬度之间的关系。

尽管对于 Bergmann 提出的格局和机制已有大量研究，但目前仍存在争议 (James, 1970; McNab, 1971; Yom-Tov and Nix, 1986; Geist, 1987; Cousins, 1989; Blackburn et al., 1999; Meiri and Dayan, 2003)。一些对恒温动物 (endotherm) 和变温动物 (ectotherm) 的研究也对 Bergmann 法则阐述的格局和机制提出了质疑 (由 Blackburn 等评论，1999; Chown and Gaston, 1999; Meiri and Dayan, 2003; Meiri and Thomas, 2007; Chown and Gaston, 1999)。此外，Rosenzweig (1968) 认为体型会随着资源可利用性的增加而增大，甚至比它随温度变化更明显。他指出，低生产力给动物所能达到的最大体型设置了限制。有人认为季节性增强和环境条件的难预见性也对大体型进行了选择 (Lindsey, 1966; Boyce, 1978; Geist, 1987)，因为大体型的动物可以在饥饿条件下存活更长时间，尤其是在寒冷的压力下更是如此 (Calder, 1974; Zeveloff and Boyce, 1988)。

随着动物分布数据可用性的提高，对动物体型分布的基于集群 (assemblage) 或网格水平的检验也增多了，包含了平均一个网格内所有物种体型大小的检验 (Blackburn and Gaston, 1996; Ramirez et al., 2008)。然而，在其他更高级的过程没被普遍认同时，在物种或者谱系中，集群间的体型渐变群[②] (cline) 只能完全与 Bergmann 法则的经典解释联系起来。例如，如果体型大小的频率分布曲线的形状随纬度变化，物种丰富度可能会影响体型变化梯度 (Cardillo, 2002)。进一步来讲，集群中的体型变化梯度取决于与谱系系统发育相关的物种特征，而不是由对体型的选择本身决定的。例如，一些主要的身体构架 (body plan)[③] 可能是由基因决定的，只能在特定的环境条件下出现。如果它们和特定的体型大小有关 (如所有的企鹅都体型较大且都是海生的)，那么体型大小分布可能会由于谱系更替而在不同区域间有所不同，而不是由对体型大小的直接选择造成的。再有，例如当一贯定居在高纬度地区的大体型类群随后在原地变得多样化 (Blackburn et al., 1999; Meiri and Thomas, 2007)，或者小体型类群在寒冷区域内灭绝了，体型分布可能会被认为随谱系更替而变化。迁徙格局可能也会影响体型梯度 (Blackburn and Gaston, 1996)。如果迁徙物种趋于大体型，那么在夏天体型和纬度呈正相关，但如

[①] 比表面积：表面积与体积的比，即单位体积的总表面积。
[②] 渐变群：由于环境呈梯度变化及基因流动，使形成的性状具有逐渐和连续改变的倾向、并呈梯度分布的生物类群。
[③] 身体构架：有机体形态的主要特征。自从发现了DNA，发生生物学家致力于研究基因怎样控制有机体结构特征的发育。

果迁徙物种趋于小体型,相同的正相关会出现在冬天。后者的影响可以在新大陆鸟类 (New World bird) 中显现出来,基于越冬的物种范围比基于繁殖的物种范围的体型随纬度的变化更强烈 (Ramirez et al., 2008)。

体型大小的总体生物地理学格局,特别是 Bergmann 法则,仍留有争议的一个关键原因是关于覆盖的地理区域、包含的类群、解释变量、空间格局和用到的统计方法这些问题的检验很有限。在这里,我们结合新编制的 8 270 个鸟类物种的体重和所有现存鸟类物种在全球地理分布 (Orme et al., 2005, 2006) 的数据库,来探索基于网格的鸟类体型的全球格局以及它们的环境和生态关联 (Gaston et al., 2008),并且检验在更高级的分类单位①中是否存在一致的体型大小地理梯度。

我们基于繁殖范围绘制全球鸟类体型分布图 (Orme et al., 2005, 2006),并且用它们来检验关于纬度、温度和资源的稳定性是否存在一定的趋势。我们从检验只用物种丰富度能否解释体型的格局开始,逐次检验下列命题是否成立: (1) 体型随着温度 (Bergmann, 1847)、生产力 (Rosenzweig, 1968) 或者生产力变化性的 (Lindsey, 1966; Calder, 1974; Boyce, 1978; Zeveloff and Boyce, 1988) 下降而增大; (2) 体型中位数在物种丰富的集群中会减小 (Brown and Nicoletto, 1991; Cardillo, 2002; Meiri and Thomas, 2007); (3) 岛屿集群的特征由中等体型刻画 (Clegg and Owens, 2002); (4) 一旦把迁徙考虑进来纬向的体型渐变群会增强 (Hamilton, 1961; Meiri and Dayan, 2003); (5) 不同的生物群系 (biome)② 具有其特有的体型 – 温度关系特征。最后,我们检验了观测的体型大小趋势是像 Bergmann 提出的那样,用谱系内的适应来解释,还是用谱系间的纬向更替来解释。

2. 资料和方法

2.1 体型数据和制图

从 434 个文献来源 (附录 S1) 中收集了 9 702 个现存鸟类物种中的 8 270 个的体重,遵从 Sibley 和 Monroe 的分类系统 (Sibley and Monroe, 1990)。统计报告显示,物种体重样本数的范围是从 1 到 41 884 只 (平均物种样本数为 80.6 只;中

---

① 生物的分类系统是阶元系统,通常包括七个主要级别:种、属、科、目、纲、门、界。分类的主要依据是生物的类似水平(包括形态结构和生理功用等),种是根本单元,近缘的种归合为属,近缘的属归合为科,以此向更高级的分类单元类推。动物界是动物分类中最高级的阶元。

② 生物群系:以占优势的或主要植被类型和气候类型所确定的地理区域。不同学者对 biome 的理解不一:有人在"陆地生态系统"之下,划分出森林、草原、荒漠、稀树草原和冻原等 5 个 biome,或划分出热带雨林、热带季雨林、热带稀树草原等 12 个,甚至 20 个 biome;也有人将 biome 作为地带生物群系 (zonobiome) 的下级单位,如北美东部、中欧和东亚的落叶林分为不同的 biome,这样划分数量就更多了。

位数为9只)。我们在物种繁殖范围的网格图上对体重数据进行制图 (Orme et al., 2005, 2006), 底图是近似 1° 的等面积网格。计算出网格中的所有物种的体重中位数来获取鸟类体型的全球分布。同时识别出每个网格中出现的属 (genus)、科 (family)、目 (order), 从所有物种的体重中位数中计算出在不同分类等级上的体重中位数。

分别计算每个网格中落入体重分布函数中的四分位数区间 (小于 15.5g; 15.5~36.9g; 37.0~138.8g; 大于 138.8g) 的物种数量, 目的是揭示大体型与小体型物种分布的差异。采用每个网格面积占优的生物群系, 计算出群系水平的体型大小与纬度关系的线性模型 (Olson et al., 2001)。这些模型用纬向条带中的体重中位数的常用对数的平均值来去除经向的自相关。同时, 只选用仅包含岛屿或者大陆的网格, 单独对岛屿和陆地类群构建模型, 因此忽略了很多海岸带、湖滨带的网格。物种丰富度用每个有体型大小数据的网格中的物种数量记录。

2.2 体型大小和物种丰富度

体型梯度可能是由小体型物种在物种更丰富地区的非随机增加造成的 (Cardillo, 2002)。为了检验这样的机制能否解释鸟类体重的地理分布对每个网格物种丰富度的观测值, 我们从种库进行 1 000 次无放回抽样, 以此生成了一个体型大小的待检分布 (null body-size distribution)[①]。抽到一个物种的概率是由它体重的变化范围决定的, 体重变化范围大的物种比变化范围小的更容易被抽到。把由随机取样得出的期望的 95% 置信区间与每个栅格中体重中位数的常用对数和观测的总物种丰富度的关系进行对比 (Orme et al., 2005)。

2.3 环境数据

选择环境变量是为了找到它们和机制的潜在关系, 用以解释 Bergmann 法则, 因此我们选用了温度、初级生产力[②]、季节性程度、资源的年际变化。

年均温是取 1961 至 1990 年逐月温度数据的平均值, 记录在分辨率为 10 分的网格里 (New et al., 2002)。用同样的数据来计算温度的年变幅, 即多年年内温度变化范围的平均。生产力是由归一化植被指数 (NDVI) 衡量的, 选用分辨率为 0.25° 的 NDVI 遥感数据 (国际卫星地面气候计划[③]阶段 II 2004), 取 1982—1996

[①] 待检分布: 也就是零分布, 当零假设成立时的概率分布。零假设(虚无假设)是做统计检验时的一类假设。零假设的内容一般是希望成为正确的假设或者是需要着重考虑的假设。

[②] 初级生产力: 单位时间、单位面积绿色植物通过光合作用产生的有机物质的总量。在这个研究中是由归一化植被指数衡量的。

[③] 国际卫星地面气候计划(ISLSCP): 始于 1983 年, 因为气候模式需要全球在大气和地表相互作用下变化的信息, ISLSCP 的目标是利用卫星遥感数据定量反演的地表参数初始化和校正全球气候模式。(参考资料: 全球能量和水循环实验官方网站 http://www.gewex.org/islscp.html 以及 ISLSCP 阶段 II 主页 http://islscp2.sesda.com/ISLSCP2-1/html-pages/islscp2-home.html)

年逐月数据的平均,再取常用对数。我们的环境变量还包括了季节性(十月与三月均值之差的绝对值、四月与九月均值之差的绝对值),以及NDVI年内变化的参数。

我们还采用了评价生境异质性(habitat heterogeneity)的其他环境变量作为协变量,原因和物种丰富度相似,由于生境更替可能会独立于相关气候预测因子影响体重中位数。生境异质性是用一个网格中出现的土地覆盖类型数目估计的,用从1992年4月至1993年3月共12个月的分辨率为30弧秒的遥感数据计算而成,数据采用全球生态系统100类土地覆盖分类系统(Olson, 1994a,b)。高程范围(高程最大值减去最小值)也可以替代反映生境异质性,由分辨率30弧秒的数据计算而成(美国地质调查2003)。最后,用同样的数据源,我们检验了平均高程的适用性,因为高程(海拔)严格来说不是生态学预测因子,而是与气候梯度相关的空间预测因子。尽管如此,我们希望在单变量模型(见下文)中建立起它的相对重要性。所有环境变量的数据都经过投影转换和重采样,转化成地理范围相同的等面积网格数据。

2.4 空间分析

我们用体重中位数的常用对数作为环境模型中的响应变量,包含二次项和线性项作为预测因子,来检验非线性关系。因为丰富度既可以驱动体重大小的格局(自变量)也可以像体重大小一样成为类似环境条件的响应(因变量),我们运行两套模型:分别包含和排除物种丰富度作为协变量。在两套模型中,每个网格中的土地面积的常用对数也作为一个预测因子被包含进来。为了去掉可能会控制或干扰环境模型结果的土地面积的极端值,最终的数据集忽略了土地覆盖不超过50%的网格。

考虑到空间的非独立性,除了做非空间普通最小二乘(OLS)回归,我们用能够考虑空间非独立性的SAS 9.1.3版本中的空间广义最小二乘(GLS)回归(Littell et al., 1996),来检验环境预测因子的拟合度。这些广义最小二乘回归模型中包含多个具有指数变化趋势的空间协变量,每个生物地理分区(biogeographic realm)[①]的空间协变量是用由OLS回归残差的半方差图(semi-variogram)[②]估算出来的特定的(range)参数(ρ)即网格间发生自相关的距离,独立拟合的。

[①]生物地理分区:是指在历史发展过程中形成而在现代生态条件下存在的许多生物类型的总体,是在历史因素和生态因素共同作用下形成的。以动物地理分区为例,全球分为古北界、东洋界、非洲界、澳新界、新北界、新热带界、大洋区和南极界。

[②]半方差是地统计学中的一种方法,主要用于分析变量空间相关尺度以及变异程度。半方差计算公式为:$r(v) = \frac{1}{2}E\{[Z(x+v)-Z(x)]^2\}$,其中$v$为空间向量,$r(v)$为半方差函数,$Z(x)$与$Z(x+v)$分别为$x$点及距离$x$点$v$处的变量值。在实际计算中,由于采样点是离散的,半方差的估算公式为:$r(v) = \frac{1}{2N(v)}\sum_{N(v)}[Z(x_i)-Z(x_j)]^2$,其中$x_i$与$x_j$为相距$v$的空间两点,$N(v)$表示距离为$v$的点对数量。以半方差$r(v)$为纵坐标,间隔$v$为横坐标作图,得到半方差图。

无论是 OLS 还是 GLS 模型集,我们首先要运行环境参数分别为线性和二次的单变量模型。然后用后向剔除过程从包含全变量的模型 (排除平均高程,见上文) 中剔除变量,这样做是为了找到最小满足模型 (MAM),剔除预测因子的过程根据的是 Akaike 信息量准则①,在剔除模型中每个余项时,选择使 AIC 统计量降低最大的,从而使模型整体拟合度增加最大,当剔除模型中任意一项都不会使 AIC 统计量进一步下降时停止剔除。这样找最适模型集的方法和对所有预测因子的组合进行选择的全过程不同,因为考虑到预测变量的数目以及 GLS 回归的运算强度,第二种方法可能在运算上是不可行的②。而我们使用的方法是目前的最佳选择,因为它为建模集成了一些信息理论方法的优点。我们用容差水平 (tolerance level) (Quinn and Keough, 2002) 来排除所有模型共线性 (collinearity)③ (容差>0.1) 的可能性。

为了确定 $\log_{10}$ 体重中位数与空间 GLS 多因子模型中的每个预测因子的关系,我们分别用每个因子的参数估计做预测,预测中其他因子用它们的平均值,以预测值为纵坐标,以该因子的线性项为横坐标作图。比较包含和排除物种丰富度的 GLS 最小满足模型预测出的关系的异同。

2.5 类群内分析

为了检验是否是谱系内的适应或谱系间的更替驱动了体型大小渐变群,我们对物种体重和它们属、科、目 (484 个属,102 个科,23 个目的五个以上物种) 的繁殖范围的中值温度做回归分析,用整合分析 (meta-analysis)④ 的方法检验在各分类单位中体型大小和温度是否存在整体负相关。对相关系数 r 进行费舍尔 Z 变换 (Fisher's Z-transformation)⑤,以类群的物种丰富度为权重,归并每个分类等级估计的相关系数 (r),检验用权重归并后的相关系数 ($Z+$) 是否不等于 0(Hedges

---

① Akaike 信息量准则: 是衡量统计模型拟合优良性的一种标准,是由日本统计学家赤池弘次创立和发展的。赤池信息量准则建立在熵的概念基础上,可以权衡所估计模型的复杂度和此模型拟合数据的优良性。

② 使用高性能计算,穷举法模型测试已经是可能的了。

③ 模型共线性: 是指多元回归模型中至少有两个完全或高度相关,即这些自变量之间有近似线性关系,这时求得的回归系数值不稳定且难于解释。容差 Tolerance=$1-R^2$,其中 R^2 是以该自变量 (如 x_1) 为因变量、以其他所有自变量 (如 x_2-x_{10}) 为自变量的回归方程的 R^2 值,即反映 x_1 与 x_2-x_{10} 的相关 (或共线性) 程度。显然,R^2 越大,容差也就越小。此处,作者采用容差>0.1,也就是说 $R^2 < 0.9$。

④ 整合分析: 也称元分析、荟萃分析,是指将多个研究结果组合的统计方法。最早是在 1904 年,Karl Pearson 针对相同研究主题下小样本的研究结果予以综合。主要步骤为提出研究问题或假设、收集相关文献、整理数据并分类、选择合适的效应值并分析模型、综合解释。(参考资料: 雷相东等. 整合分析方法及其在全球变化中的应用研究. 科学通报, 2006, 51(22): 2587-2595.)

⑤ 费舍尔 Z 变换: 把样本分布的皮尔逊相关系数 r 变换为正态分布的方法,变换公式为 $=\frac{1}{2}[\ln(1+r)-\ln(1-r)]$。在零假设成立时近似于正态分布,均值为 $z_0 = \frac{1}{2}\ln\left(\frac{1+\rho_0}{1-\rho_0}\right)$,方差为 $s^2 = \frac{1}{n-3}$,其中 n 是样本大小,ρ 是总体相关系数。

and Olkin, 1985)。

2.6 迁徙作用

用已有的 2 789 个有迁徙习性的鸟类物种的数据来检验迁徙在产生观测到的体型大小梯度的过程中扮演的角色, 我们的数据只包含了繁殖和越冬范围确定在热带副热带或者副极地区的物种。区分出明确不迁徙或迁徙的物种, 也包括表现为在局部范围内移动 [游动 (nomad)[①]、部分迁徙 (partial migrant) 或高程迁徙 (elevational migrant)] 的其他物种。我们用体重四分位法来划分物种, 用卡方检验 (chi-squared test)[②] 来检验热带亚热带和副极地地区鸟类体重和迁徙习性的独立性。

3. 结果

3.1 鸟类体型大小的全球地图

鸟类集群的体型表现出强烈的、全球性的、纬向梯度 (图 1a,e), 即大体重与高纬度相联系。无论是从全球来看还是从南北半球分别来看, 网格中物种的体重中位数随着绝对纬度的增加而增加 (表 1)。尽管体重存在一定的纬向梯度 (图 1e), 但纬度间仍存在相当大的变率 (图 1a)。不同生物群系中体重中位数的纬向格局 (Olson et al.,2001) 在斜率 ($F_{13,753} = 10.1, P < 0.000\,1$) 和截距 ($F_{13,766} = 39.7, P < 0.000\,1$) 上都显示出明显差异。例如, 在苔原 (tundra)[③] 繁殖的物种在特定的纬度体型特别大, 同时有很大变率。地中海森林集群则和整体有相反的趋势, 在低纬有较大体型。另外, 岛屿集群 (图 S1b) 比同纬的大陆集群拥有更大的体重中位数 ($F_{1,271} = 115.7, P < 0.000\,1$), 并且在岛屿上体重中位数随纬度增加更快 ($F_{1,270} = 6.2, P = 0.014$)。这些关系在南北半球之间表现出很大差异 (图 S1)。

[①] 游动: 没有固定迁移方向, 依据食物而迁移。
[②] 卡方检验: 是专用于解决计数数据统计分析的假设检验法。实际观察次数 (fo) 与理论次数 (fe) 之差的平方再除以理论次数所得的统计量, 近似服从卡方分布, 计算公式为 $x^2 = \sum \frac{(fo-fe)^2}{fe}$。显然 fo 与 fe 相差越大, 卡方值就越大。因此卡方检验的一般问题是要检验名义型变量的实际观测次数和理论次数分布之间是否存在显著差异。主要应用有拟合性检验和独立性检验。本文应用的是独立性检验, 即检验两个或两个以上因素 (各有两项或以上的分类) 之间是否相互影响, 所谓独立, 意味着一个因素各个分类之间的比例关系, 在另一个因素的各项分类下都是相同的。
[③] 苔原: 指的是由于气温低、生长季节短、树木无法生长, 以地衣、苔藓、多年生草本和小灌木组成的生物群系。

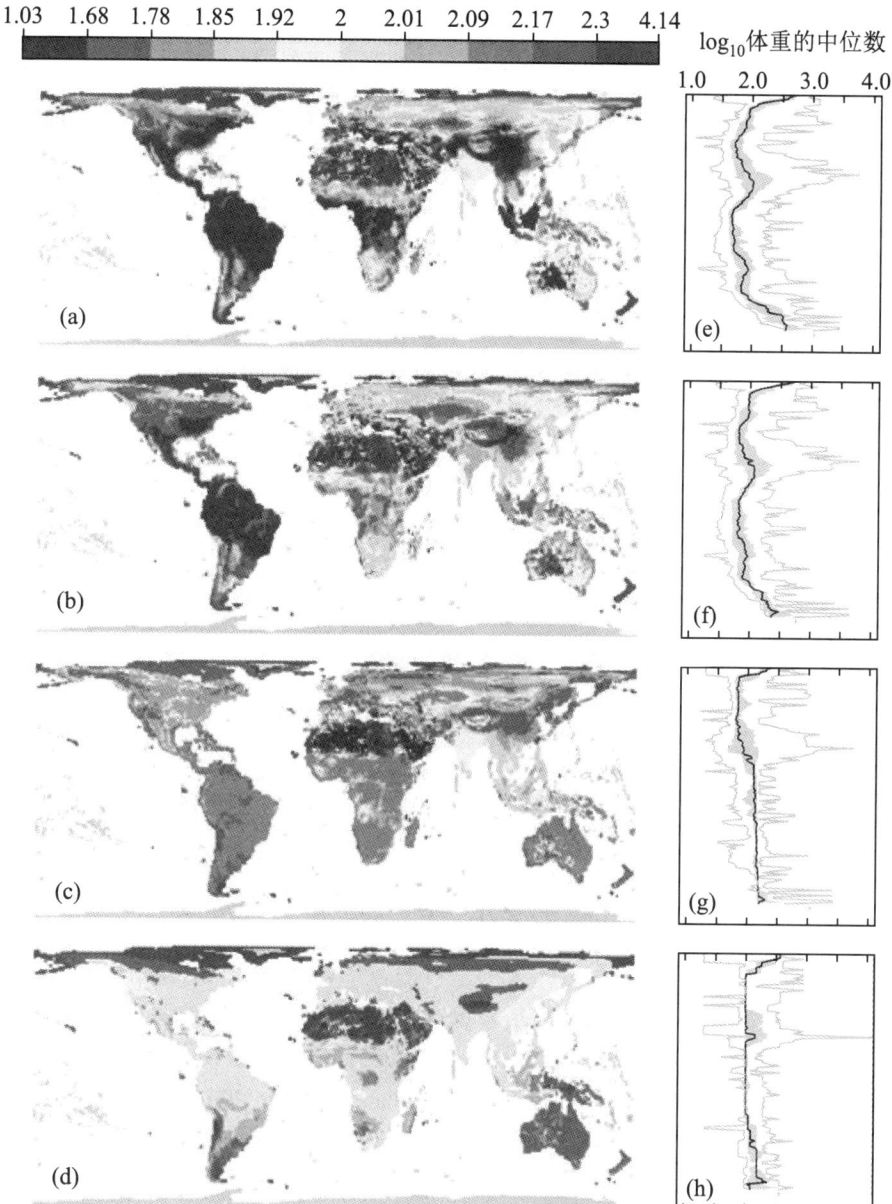

图 1 (见彩图) 鸟类体型的全球分布。图中展示了下列分类单位的网格中 $\log_{10}$ 体重的中位数: (a) 种, (b) 属, (c) 科, (d) 目。在更高等级的分类 (b、c、d) 中,图上的值是每个网格中这一级所有类群的体重中位数的中位数 (c),四幅地图共用一套色彩标尺。另外,曲线展示了种 (e)、属 (f)、科 (g)、目 (h) 相应的 $\log_{10}$ 体重的中位数的纬向条带,在图 (d–f) 中,灰色的阴影表示四分位法的范围,虚线表示纬向条带中网格的最大及最小值。

表1 分别以种、属、科、目为统计单元,将绝对纬度作为体重中位数的预测因子的线性模型的斜率、标准误差和相关系数。

分类单位	斜率	SE	R	自由度
种				
南北半球	0.0100 ***	0.000 90	0.686 ***	139
北半球	0.00166 ***	0.000 92	0.643 ***	74
南半球	0.0190 ***	0.001 10	0.906 ***	63
属				
南北半球	0.0071 ***	0.000 67	0.671 ***	139
北半球	0.0049 ***	0.000 81	0.574 ***	74
南半球	0.0130 ***	0.000 77	0.899 ***	63
科				
南北半球	−0.0003	0.000 82	−0.034	139
北半球	−0.0015	0.000 78	−0.220	74
南半球	0.0048 ***	0.001 00	0.508 ***	63
目				
南北半球	0.0048 ***	0.000 45	0.671 ***	139
北半球	0.0047 ***	0.000 60	0.673 ***	74
南半球	0.0059 ***	0.000 56	0.795 ***	63

注: 显著性水平 $P < 0.001$ 用 *** 表示。

3.2 物种丰富度和体型大小

物种丰富度的网格体重分布大都呈右偏态① (Cardillo, 2002; Meiri and Thomas, 2007),并通常出现在热带地区 (Orme et al., 2005)(图 2a),然而物种贫乏的网格趋向于出现在高纬、岛屿和沙漠 (Orme et al.,2005),有分布函数的偏度系数较小和体重中位数较大的特点 (Cardillo, 2002; Meiri and Thomas, 2007)。

网格中的总物种丰富度落入体重分布函数四分位法最低和最高的两段的比例的地图 (图 2b,c) 展示了小体型物种在物种丰富地区比例偏高 (over-represented) (Orme et al.,2005),而在物种贫乏地区比例偏低 (under-represented)(例如岛屿、沙漠和极地)。相反,大体型物种在苔原地区比例较高。体重分布的偏度系数与四分位法最低段的物种数的相关系数 ($r = 0.73$) 比与最高段的物种数的相关系数

---

① 变量的分布有对称分布和非对称分布。偏度系数是用来度量分布是否对称的,它是以标准差为度量单位计量的众数与算术平均数的离差,用 SK 表示。$SK = \frac{\overline{X} - Mo}{\sigma}$,其中 $\overline{X}$ 是算术平均数,Mo 是众数。SK 是无量纲的系数,通常取值在 [−3,3] 之间,其绝对值大,表明偏斜程度大。当分布呈右偏态时,$\overline{X} > Mo$, $SK > 0$,也称正偏态,该分布具有右侧较长尾部;当分布呈左偏态时,$\overline{X} < Mo$, $SK < 0$,也称负偏态,该分布具有左侧较长尾部。

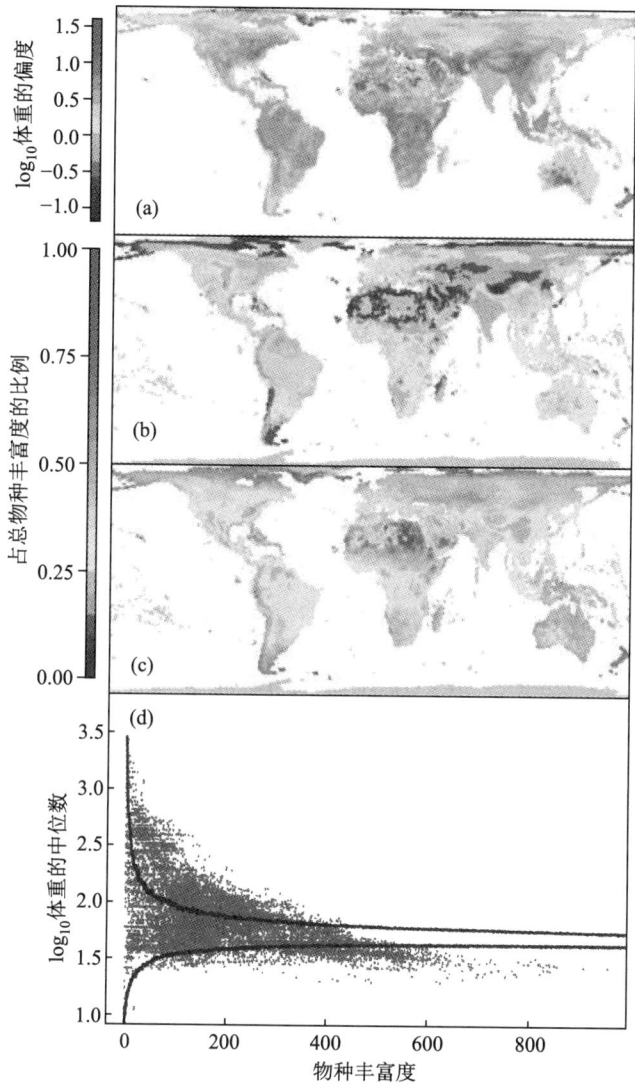

图 2 (见彩图) $\log_{10}$ 体重斜率的全球分布 (a) 以及落在鸟类体重分布四分法第一段 (b) 和第四段 (c) 的物种丰富度占总物种丰富度的比例,栅格中体重中位数的分布与物种丰富度的关系 (d),图中也给出了通过分布范围加权随机模型得到的期望值的 95% 置信区间 (详见资料和方法部分)。

($r = 0.56$) 大。

随机群落装配 (community assembly)①模型不能刻画体重中位数和物种丰富

---

① 群落装配: 也有人称为群落构建,自然群落通过一定的装配规则,发展成有别于物种库中的物种随机集群的群落,即生物多样性的形成及维持。群落装配会受生境类型、物种建群或者种间的相互关系 (如捕食、寄生和竞争) 的影响。(参考资料: 牛克昌等. 2009. 群落构建的中性理论和生态位理论. 生物多样性, 17(6): 579-593.)

度的真实关系(图 2d)。考虑了物种分布幅度的模拟可以很好地描述在中等丰富度(200 到 300 个物种)下体重中位数和物种丰富度的联系,但是既不能描述在高物种丰富度下观测到的小体重中位数,也不能描述物种贫乏网格中的大体重中位数。因此,要解释体重中位数的地理分布还需要其他的机制。

3.3 鸟类体型的环境驱动力

在拟合相同的预测因子时,基于空间 GLS 回归的多元最小满足模型(MAM)的 AIC 值显著低于 OLS 回归 MAM (表 2) 以及用后向剔除法得到的 OLS 回归 MAM (表 S1),说明 GLS 模型能更准确地描述体重的变化。空间最小满足模型展

表2　鸟类体型的全球格局与环境变量的关系的最适多元空间广义最小二乘模型。

预测因子	包含物种丰富度: $AIC_{GLS} = -34\,018.9$, $AIC_{OLS} = -6\,232.0$			排除物种丰富度: $AIC_{GLS} = -32\,122.0$, $AIC_{OLS} = -5\,481.7$		
	斜率	SE	$F_{1,13941}$	斜率	SE	$F_{1,13942}$
截距	3.26	0.064		3.30	0.073	
$\log_{10}$ 土地面积	−0.036	0.012	9.72 **	−0.13	0.014	85.50 ****
物种丰富度	0.001 3	0.000 062	459.94 ****	−	−	−
物种丰富度的平方根	−0.073	0.002 3	1019.34 ****	−	−	−
温度						
年均温	−0.026	0.002 1	154.73 ****	−0.041	0.002 2	339.54 ****
年均温的平方	0.000 28	0.000 022	155.66 ****	0.004 1	0.000 025	276.40 ****
温度变幅	0.006 6	0.000 91	51.88 ****	0.013	0.001 1	154.88 ****
温度变幅的平方	−0.000 19	0.000 024	59.65 ****	−0.000 28	0.000 026	115.14 ****
NDVI						
$\log_{10}$ NDVI	0.56	0.13	17.76 ****	−0.96	0.14	44.63 ****
$\log_{10}$ NDVI^2	−1.15	0.41	7.86 **	2.53	0.45	31.11 ****
$\log_{10}$ NDVI 季节性	0.25	0.12	4.55 *	0.21	0.13	2.39
$\log_{10}$ NDVI 季节性的平方	−1.66	1.02	2.63	−1.32	1.12	1.40
$\log_{10}$ CV NDVI	−	−	−	0.045	0.014	10.76 **
$\log_{10}$ CV NDVI^2	0.068	0.011	37.94 ****	−	−	−
高程						
$\log_{10}$ 高程范围	−	−	−	0.047	0.012	16.34 ****
$\log_{10}$ 高程范围的平方	−0.003 0	0.000 42	50.62 ****	−0.016	0.002 3	47.14 ****

注: 显著性水平 $P < 0.05$ 用 * 表示, $P < 0.01$ 用 ** 表示, $P < 0.001$ 用 *** 表示, $P < 0.0001$ 用 **** 表示。NDVI, 归一化植被指数; OLS, 普通最小二乘; GLS, 广义最小二乘; SE, 标准误差; CV, 变异系数①。表中体现了包含和排除物种丰富度作为协变量的模型的斜率和标准误差的估计和统计量 F, 以及包含相同变量的空间 GLS 模型和非空间 OLS 模型的 AIC 值。

---

① 变异系数: 在统计学中, 又称离散系数, 是概率分布离散程度的一个归一化量度。定义为 $C_V = \frac{\sigma}{\mu}$, 其中, σ 为标准差, μ 为平均值。

示了体重中位数和物种丰富度、温度以及资源的可利用性的显著关系。在空间最小满足模型中,物种丰富度是预测体重最重要的因子,预测较大体重值的其他模型变量有 (按重要性降序排列): 低年均温、中等温度变幅、低高程范围、低生产力年际变率和高总生产力 (NDVI, 只有在控制物种丰富度的时候) (表 2, 图 3, 另见图 S2)。平均生产力是唯一当不控制物种丰富度的时候斜率符号改变的预测因子 (排除物种丰富度时, 在多数生产力值下呈现负相关)。生产力的季节性在不管有没有拟合物种丰富度的最小满足模型中都保留下来了, 不过只在前者的情况下统计检验显著, 既便如此, 它只有很小的影响 (表 2)。单独拟合每个环境

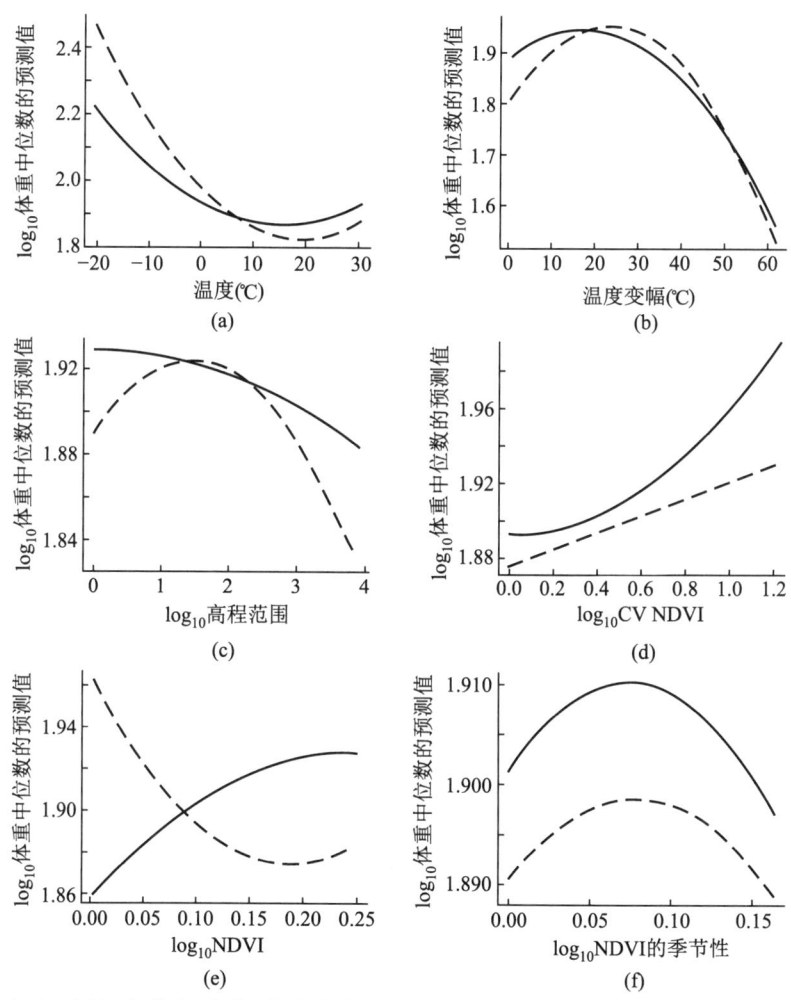

图 3 包含 (实线) 和排除 (虚线) 物种丰富度的最小满足最小二乘模型对 $\log_{10}$ 体重中位数的预测结果。预测分别为: (a) 年均温; (b) 平均温度年变幅; (c)$\log_{10}$ 高程范围; (d)$\log_{10}$NDVI 的变异系数; (e)$\log_{10}$NDVI 以及 (f)$\log_{10}$NDVI 的季节性。对每个变量的预测, 包含必需的线性项和二次项, 保持其他变量取它们的全局均值。

预测因子(同时控制物种丰富度)的空间 GLS 和非空间 OLS 模型得到的结果和空间最小满足模型的结果大体相似(分见表 S2 和表 S3)。分析显示,物种丰富度的变化是最能影响网格中体重中位数的变量。在控制物种丰富度和空间自相关后,温度的变化是鸟类体重分布的主要相关环境因子。我们发现体重和季节性之间存在驼峰形 (hump-shaped) 的关系,也支持了资源可利用性对鸟类体重的地理分布有重要影响的假说。

3.4 类群内分析

为确定集群尺度上的体重渐变群是谱系内适应的结果 (Bergmann, 1847) 还是由谱系间的类群更替造成的 (Blackburn and Gaston, 1996; Blackburn et al., 1999),我们检验了当把物种分为属、科、目进行比较时体重和环境因子是否也表现出联系,还是联系只出现在对所有鸟的检验中。

对大多数属(图 4a, 430/484)、科(图 4b, 80/104)、目(图 4c, 15/23)而言,体重和温度没有显著相关性,只有 37 个属、20 个科和 6 个目的体重和温度表现出显著负相关,17 个属、4 个科和 2 个目有显著正相关(图 4, 表 S4)。然而,因为很多谱系包含极少物种而我们进行了多种检验,所以我们用整合分析 (meta-analysis) 来检验属、科、目体重和温度的整体相关趋势。对于 "属" (图 4d; $Z+ = -0.109$, $P < 0.000\ 1$) 和 "科" (图 4e; $Z+ = -0.068$, $P < 0.000\ 1$),我们发现体重和温度整体上存在显著的负相关关系,然而,到了 "目" 就没有显著的关系(图 4f; $Z+ = -0.016$, $P = 0.196$)。

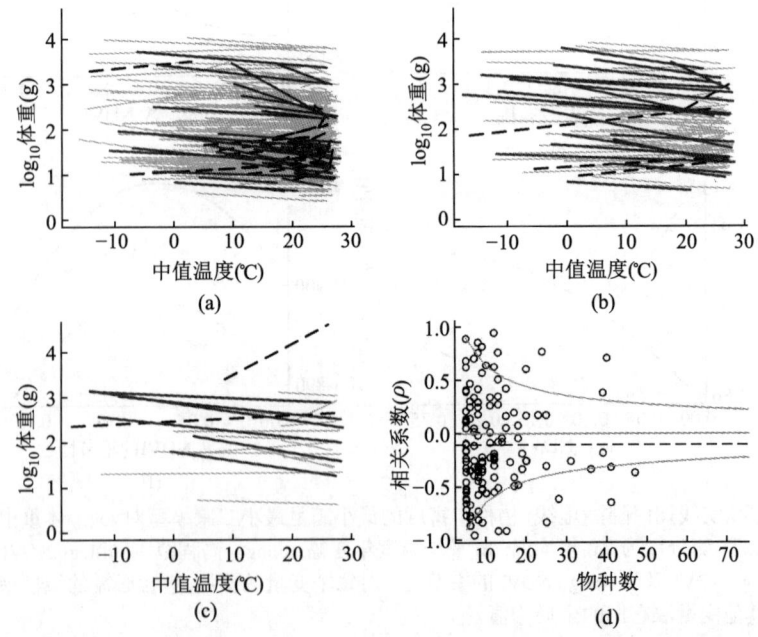

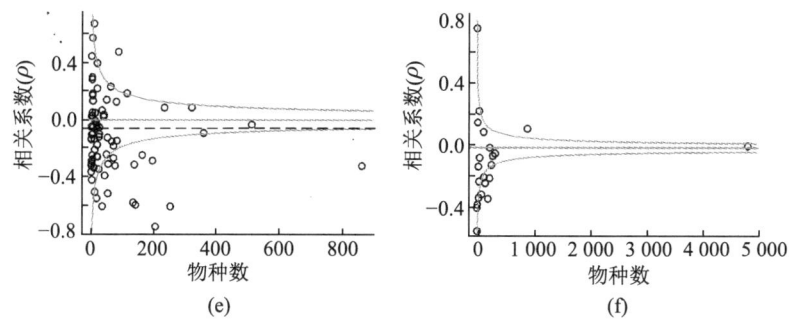

图 4 鸟类各级分类单位的体重和中值温度的关系:(a) 属, (b) 科, (c) 目。每一条线代表一个科或目, 深灰色表示和Bergmann法则预测的倾斜方向显著相同, 虚线表示倾斜方向显著相反, 浅灰表示倾斜不显著。经过整合分析后体重和中值温度相关系数与参与分析的样本数之间的关系在 (d) 属, (e) 科, (f) 目分类级别的结果。

3.5 类群间分析

考虑所有物种时, 体型随纬度升高而增大, 而对每个网格中属包含的所有种、目包含的所有种求出的平均体重值也符合这个规律 (表1, 图1b, d, f, h)。而对于科, 只有南半球符合 (表1, 图1g)。因此, 随纬度升高体型变大一部分是由纬度间的类型更替驱动的: 大体型的属和目 (南半球也包括科) 代替了高纬地区的小体型的属和目。在北半球, 小体型的科占据了中纬大部分地区, 大体型的科更容易出现在赤道和极区 (图1c, g)。

3.6 迁徙作用

我们发现无论在热带亚热带 ($X_6^2 = 31.31, P < 0.0001$) 还是寒温带 ($X_6^2 = 29.79, P < 0.0001$) 迁徙行为的频率和体重不是相互独立的 (图S3), 小体型迁徙物种在温带和极区显著 ($Z = 2.95, P < 0.0001$) 超过比例 (表S5)。

4. 讨论

我们找到了对全球鸟类Bergmann法则的强有力的支持, 无论是用纬度还是温度表达: 生活在高纬或更冷环境的物种比生活在低纬或更温暖环境的亲缘的体型大。物种丰富度和体型大小的负相关关系不只简单反应了温度和季节性对物种丰富度和体型大小的共同影响。即使考虑了温度和季节性在内, 体型大小和物种丰富度之间的关系是影响体型大小最有力的因子。尽管物种丰富度是体重中位数的最有力的预测因子, 我们的加权待检模型 (null model) 表明只用物种丰富度会低估物种贫乏网格的体重中位数, 同时会系统地高估物种丰富网格的体重中位数。因此, 要解释鸟类体型分布需要群落装配和环境因子的结合。

均温、温度变幅、生产力年际变化以及平均生产力都和体型大小有重要关系。然而,人们已经预料到体型和生产力年际变化及年均生产力存在正相关(Rosenzweig, 1968),但体型和温度变幅的驼峰形关系是没有料到的(Lindsey, 1966; Calder, 1974; Boyce, 1978; Zeveloff and Boyce, 1988)。

我们在集群间、谱系内分析的结果与在种内水平上观测到的格局大体一致,体型渐变群可以明显地用温度或季节性变化来解释(Meiri and Dayan, 2003)。然而,我们的结果指出观测到的体型格局不只是归因于谱系内的适应,也归因于谱系间的类型更替。尽管我们为体型－温度梯度符合 Bergmann 法则找到了强有力的支持,但同时鸟类体型的空间格局也受类群间(between-taxon)、集群(assemblage)级别的驱动力作用(Gaston et al.,2008)。显而易见,体型梯度在高于物种的分类单位体现,说明不同级别的类型更替可以至少部分解释鸟类体型大小的地理分布。

岛屿集群的体重中位数比同纬大,这也显示了网格物种丰富度与体重中位数的负相关关系(Brown and Nicoletto, 1991; Cardillo, 2002; 本研究)。鸟类物种的体型随着在岛屿上建群(colonization)①而变化,这归因于摄食、竞争等生态过程和热平衡(Clegg and Owens, 2002)——我们在岛屿上观测到的大体型物种至少部分是由生物适应环境造成的,本项研究的结果支持了这个假说。有人提出岛屿物种会向中等体型进化(Clegg and Owens, 2002; 另见 Gaston and Blackburn, 1995),而我们注意到他们研究中大体型和小体型的分界点(Clegg and Owens, 2002)(321.4g)在我们的全球数据库中体重四分位法的最大分级中(大于138.8g)。岛屿上观测到大的体重中位数在一定程度上也可能是因为在岛屿上繁殖的海鸟(seabird)的数量大(Gaston and Blackburn, 1995)。典型的"海鸟"科[即鹲科(Phaethontidae)、鲣鸟科(Sulidae)、鸬鹚科(Phalacrocoracidae)、企鹅科(Spheniscidae)、鹱科(Procellariidae)、军舰鸟科(Fregatidae)]中的大部分物种体型偏大,并且部分或全部在岛屿上繁殖。在人类对海岛开荒导致的大规模灭绝事件之前,岛屿模式有可能更强,但是大多数大体型的鸟类灭绝了(Blackburn and Gaston, 2005; Steadman, 2006)。

体型大小分布在物种丰富度高和低的地区有所不同,这是由与群落装配②相关的因素造成的(Brown and Nicoletto,1991; Meiri and Thomas, 2007),而不是由于对低温的直接适应。物种丰富度体现了体型大小和多度(abundance)③的平衡:如果资源有限,假设物种丰富度随体型增大而下降,一个区域可以支持大量的小型物种或者很少的大型物种(Cousins, 1989; Blackburn and Gaston, 1996)。因此,物种

---

①建群:物种由原分布区迁入新分布区,并能在新分布区生长发育,成功繁殖后代的过程。

②在 Meiri 和 Thomas 的文章中提到,Makarieva 等(2005)的研究表明物种在群落中不是随机增加的。他们还指出尽管体重范围是随着样本数量的增加而增大,但是如果集群中的物种是随机增加的,可能体重范围会增大得更快。

③多度:在某一区域或群落内,某种或某一类群生物的个体数量的估量。

丰富度更像是体型分布的结果,而不是体型分布的驱动力,目前,很难区分哪个可能性是正确的。Greve 等 (2008) 发现物种丰富地区的物种体型刚好落入待检分布的边界内①,他们和我们的结果的差异可能是由于区域 (南非) 尺度和全球尺度的影响。特别是全球物种形成、灭绝和迁徙速度的差异系统地产生了非随机物种分布,而区域和地区尺度,系统发育的 (phylogenetic) 格局可能微弱得多。此外,区域集群的环境变量变化范围可能不足以驱动体型的地理分布格局 (Meiri et al., 2007)。

即使有时候它们分布的地理范围温度变化很大 (图 4),大多数的属、科和目没有表现出显著的体型 – 温度梯度,这可能是由于非繁殖期大量小体型的物种从冷的、季节变化大的区域迁出 (图 S3),也可以反映出生物除了体型大小的其他适应,例如群居 (communal roosting)②,提高它们在严寒环境中的适应性 (Marsh and Dawson, 1989; Cartron et al., 2000; McKechnie and Lovegrove, 2002)。有趣的是,我们发现大体型迁徙或游动物种在温暖气候中出现的比例很大,也潜在支持了大体型类群在热带条件下处于不利地位的假说 (表 S5)。

总而言之,鸟类体重的全球分布不只是在物种级别的过程的反映。环境变量,特别是温度,是体型分布的重要决定因素,但它们不能解释全部的、纹理丰富的格局。群落装配的非随机格局和共存类群 (co-occurring taxa) 的系统亲缘关系

---

① Greve 等发现给定一个物种丰富度值,实际集群和随机抽样产生的集群的体重中位数相似。

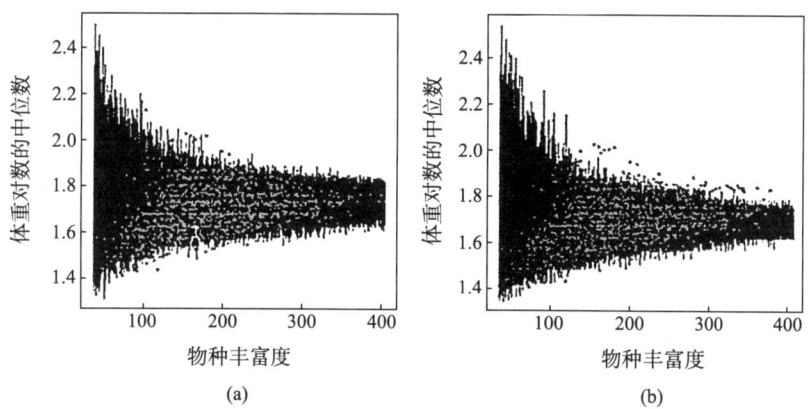

图为不同物种丰富度下,1/4 度网格中的 (灰色) 和随机集群中的 (黑色) 南非鸟类体重对数的中位数。(a) 每个随机集群中的物种是从南非物种库中无放回抽样产生的,(b) 每个随机集群中的物种是从南非物种库中考虑物种的地理分布范围按一定概率进行无放回抽样产生的。只有在物种丰富度较低时集群的体重中位数小于随机抽样的结果,而在物种丰富度较高时边界比较吻合。(参考资料: Greve, M., Gaston, K.J., van Rensburg, B.J. & Chown, S.L. (2008). Environment factors, regional body size distributions and spatial variation in body size of local avian assemblages. Glob. Ecol. Biogeogr., 17, 514-523.)

② 群居: 指动物在生活中无论进食、睡觉、迁移等行为都以群体为单位,彼此间相互关照、相互协助的生活方式,与独居相对。

(phylogenetic affinity) 的地理分异也是全球体型大小分布的重要驱动力。

致 谢

感谢 M.Burgess, F.Eigenbrod 和 N.Pickup 帮助数字化地图, Z.Cokeliss, J.Fulford 和 D.Fiedler 帮助整理输入物种体重数据, 这项工作是由自然环境研究委员会资助的。KJG 取得了英国皇家学会 Wolfson 研究优异奖。N.Cooper, M.Dickinson, A.Diniz-Filho, S.Fritz, B.Hawkins, S.Holbrook, O.Jones, L.McInnes, M.Ollala-Tarraga, A.Phillimore, A.Pigot, A.Purvis, D.Storch, N.Toomey, U.Roll, C.Walters 以及两个匿名的专家对本文早期草稿做了有价值的评论。

参 考 文 献

Bergmann, K. (1847). Ueber die verhaltnisse der warmeokonomie der thiere zu ihrer grosse. Gott. Stud., 3, 595–708.

Blackburn, T.M., and Gaston, K.J. (1996). Spatial patterns in the body sizes of bird species in the New World. Oikos, 77, 436–446.

Blackburn, T.M., and Gaston, K.J. (2005). Biological invasions and the loss of birds on islands: insights into the idiosyncrasies of extinction. In: Exotic Species: A Source of Insight into Ecology, Evolution, and Biogeography (eds Sax, D.F., Gaines, S.D. and Stachowicz, J.J.). Sinauer Associates Inc., Sunderland, Maine, pp. 85–110.

Blackburn, T.M., Gaston, K.J., and Loder, N.(1999).Geographic gradients in body size: a clarification of Bergmanns rule. Divers.Distrib., 5, 165–174.

Boyce, M.S. (1978). Climatic variability and body size variation in muskrats (Ondatra zibethicus) of North America. Oecologia, 36, 1–19.

Brown,J.H., and Nicoletto, P.F. (1991). Spatial scaling of species composition: body masses of North American land mammals. Am. Nat., 138, 1478.

Calder, W.A. III (1974). Consequences of body size for avian energetics. In: Avian Energetics (ed. Paynter, R.A. Jr). Nuttall Ornithological Club, Cambridge, MA, pp. 86–151.

Cardillo, M.(2002). Body size and latitudinal gradients in regional diversity of New World birds.Glob. Ecol.Biogeogr., 11, 59–65.

Cartron, J.-L.E., Kelly, J.F. and Brown, J.H. (2000).Constraints on patterns of covariation: a case study in strigid owls. Oikos, 90, 381–389.

Chown, S.L. and Gaston, K.J. (1999). Exploring links between physiology and ecology at macro-scales: the role of respiratory metabolism in insects. Biol. Rev., 74, 87–120.

Clegg, S.M. and Owens, I.P.F. (2002). The 'island rule' in birds: medium body size and its ecological explanation. Proc. R. Soc. Lond., B, Biol. Sci., 269, 1359–1365.

Cousins, S.H. (1989). Species richness and the energy theory. Nature, 340, 350–351.

Gaston, K.J. and Blackburn, T.M. (1995). Birds, body size and the threat of extinction. Philos. Trans. R. Soc. Lond., B, Biol. Sci., 347, 205–212.

Gaston, K.J., Chown, S.L. and Evans, K.L. (2008). Ecogeographical rules: elements of a synthesis. J. Biogeogr., 35, 483–500.

Geist, V. (1987). Bergmanns rule is invalid. Can. J. Zool., 65, 1035–1038.

Greve, M., Gaston, K.J., van Rensburg, B.J. and Chown, S.L. (2008). Environmental factors, regional body size distributions and spatial variation in body size of local avian assemblages. Glob. Ecol. Biogeogr., 17, 514–523.

Hamilton, T.H. (1961). The adaptive significance of intraspecific trends of variation in wing length and body size among bird species. Evolution, 15, 180–195.

Hedges, L.V. and Olkin, I. (1985). Statistical Methods for Meta-analysis. Academic Press, San Diego, CA.

James, F.C. (1970). Geographic size variation in birds and its relationship to climate. Ecology, 51, 365–390.

Lindsey, C.C. (1966). Body sizes of poikilotherm vertebrates at different latitudes. Evolution, 20, 456–465.

Littell, R.C., Milliken, G.A., Stroup, W.W. and Wolfinger, R.D. (1996). SAS System for Mixed Models. SAS Institute, Cary, NC.

Marsh, R.L. and Dawson, W.R. (1989). Avian adjustments to cold. In: Animal Adaptation to Cold (ed. Wang, L.C.H.). Springer-Ver-lag, New York, pp. 206–253.

McKechnie, A.E. and Lovegrove, B.G. (2002). Avian facultative hypothermic responses: a review. Condor, 104, 705–724.

McNab, B.K. (1971). On the ecological significance of Bergmann's rule. Ecology, 52, 845–854.

Meiri, S. and Dayan, T. (2003). On the validity of Bergmanns rule. J. Biogeogr., 30, 331–351.

Meiri, S. and Thomas, G.H. (2007). The geography of body size –challenges of the interspecific approach. Glob. Ecol. Biogeogr., 16, 689–693.

Meiri, S., Yom-Tov, Y. and Geffen, E. (2007). What determines conformity to Bergmanns rule? Glob. Ecol. Biogeogr., 16, 788–794.

New, M., Lister, D., Hulme, M. and Makin, I. (2002). A high-resolution data set of surface climate over global land areas. Clim. Res., 21, 1–25.

Olson, J.S. (1994a). Global Ecosystem Framework – Definitions. Available at: http://edc2.usgs.gov/glcc/. Last accessed 11 February 2004.

Olson, J.S. (1994b). Global Ecosystem Framework–Translation Strategy. Available at: http://edc2.usgs.gov/glcc/. Last accessed 11 February 2004.

Olson, D.M., Dinerstein, E., Wikramanayake, E.D., Burgess, N.D., Powell, G.V.N., Underwood, E.C. et al. (2001). Terrestrial eco-regions of the worlds: a new map of life on Earth. Bioscience, 51, 933–938.

Orme, C.D.L., Davies, R.G., Burgess, M., Eigenbrod, F., Pickup, N., Olson, V.A. et al. (2005). Global hotspots of species richness are not congruent with endemism or threat. Nature, 436, 1016–1019.

Orme, C.D.L., Davies, R.G., Olson, V.A., Thomas, G.H., Ding, T.S., Rasmussen, P.C. et al. (2006). Global patterns of geo-graphic range size in birds. PLoS Biol., 4, 1276–1283.

Quinn, G.P. and Keough, M.J. (2002). Experimental Design and Data Analysis for Biologists. Cambridge University Press, Cambridge, UK.

Ramirez, L., Diniz-Filho, J.A.F. and Hawkins, B.A. (2008). Parti-tioning phylogenetic and adaptive components of the geographical body-size pattern of New World birds. Glob. Ecol. Biogeogr., 17, 100–110.

Rosenzweig, M.L. (1968). The strategy of body size in mammalian carnivores. Am. Midl. Nat., 80, 299–315.

Sibley, C.G. and Monroe, B.L. (1990). Distribution and Taxonomy of Birds of the World. Yale University Press, New Haven, CT.

Steadman, D.W. (2006). Extinction and Biogeography of Tropical Pacific Birds. University of Chicago Press, Chicago.

The International Satellite Land-Surface Climatology Project Initiative II (2004). Fourier-adjusted, Sensor and Solar Zenith Angle Corrected, Interpolated, Reconstructed (FASIR) Adjusted Normalised Difference Vegetation Index (NDVI). Available at: http://islscp2.sesda.com/ISLSCP2_1/html_pages/groups/veg/

fasir_ndvi_monthly_xdeg.html. Last accessed 17 November 2004.

United States Geological Survey (2003). Global 30-Arc-Second Elevation Data Set (GTOPO30). Available at: http://edc.usgs.gov/products/elevation/gtopo30/gtopo30.html. Last accessed 10 November 2003.

Yom-Tov, Y. and Nix, H. (1986). Climatological correlates for body size of five species of Australian mammals. Biol. J. Linn. Soc., 29, 245–262.

Zeveloff, S.I. and Boyce, M.S. (1988). Body size patterns in North American mammal faunas. In: Evolution of Life Histories of Mammals Theory and Pattern (ed. Boyce, M.S.). Yale University Press, New Haven, pp. 123–146.

辅助信息

本文网上的版本还提供了一些辅助信息:

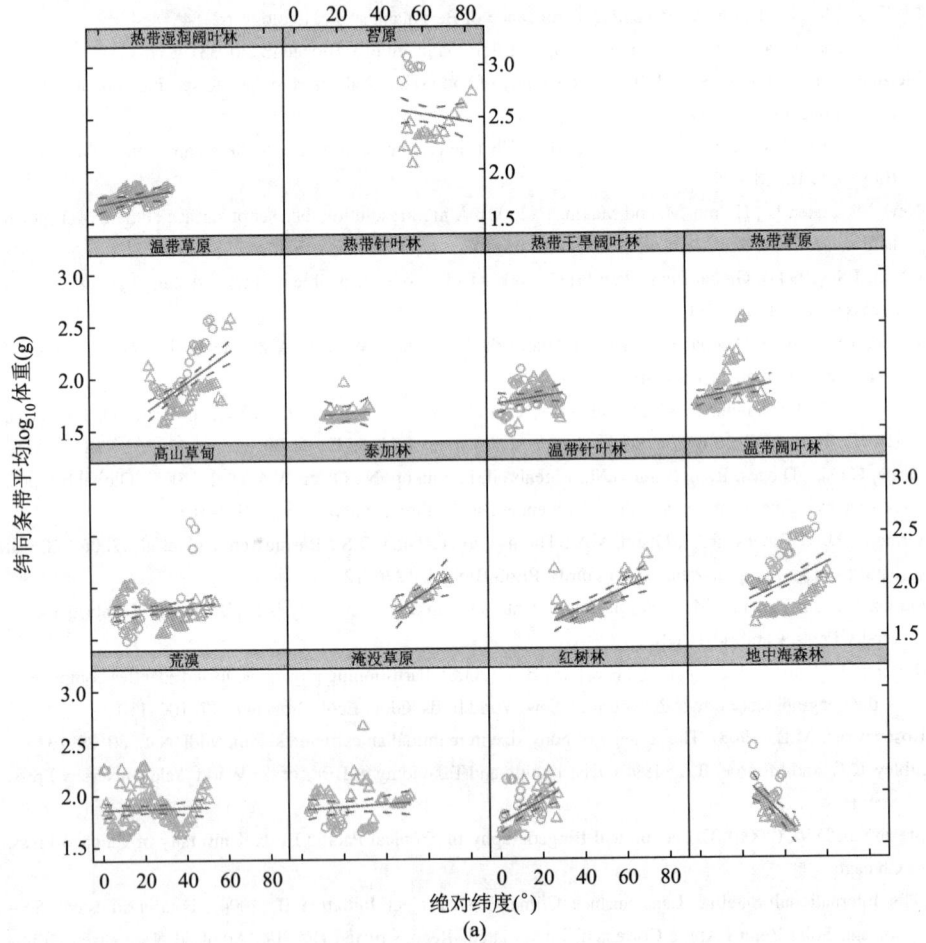

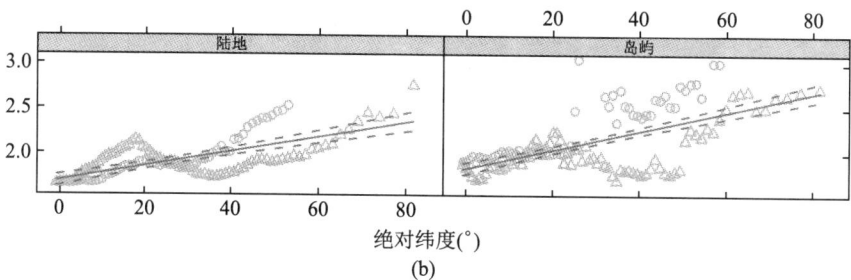

图S1 (a) 展示了各个生物群系的纬向条带平均的 $\log_{10}$ 体重与绝对纬度的线性模型预测出的趋势，(b) 展示的是陆地和岛屿网格的比较。

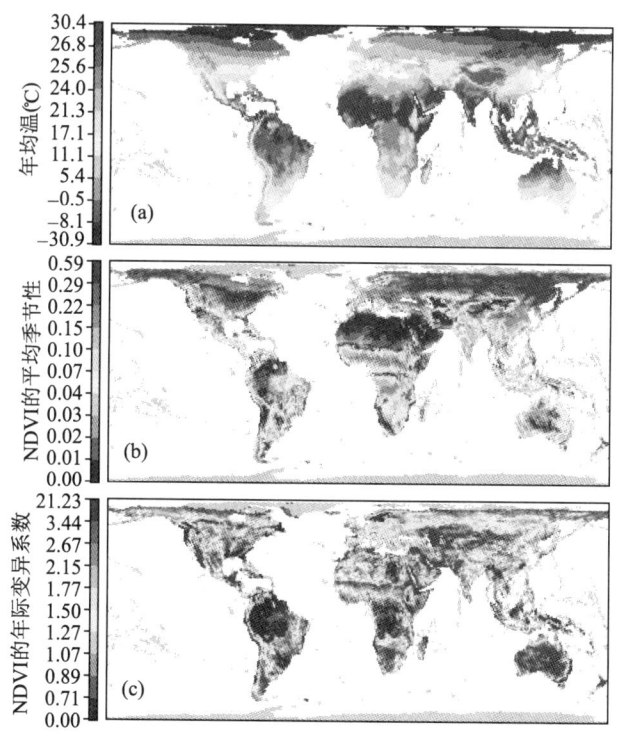

图S2 (见彩图) 主要环境变量的全球地图: (a) 年均温, (b) NDVI 季节性变化均值, (c) NDVI 的年际变异系数。

27

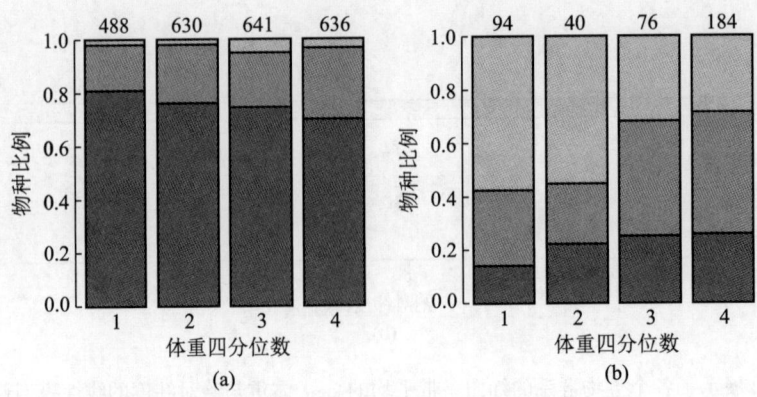

图S3 体重四分位法中不同迁徙习性(深灰色代表留鸟; 中间灰色代表其他; 浅灰色代表迁徙鸟类)的比例, (a)为热带–亚热带地区, (b)为温带–极地地区。

表S1 鸟类体型与环境变量的全球格局的最适多元非空间最小二乘模型, 其中有(a)包含和(b)排除物种丰富度作为协变量的模型, 表中体现了估计的斜率、标准误差(SE)以及统计量 F。显著性水平 $P < 0.05$ 用 * 表示, $P < 0.01$ 用 ** 表示, $P < 0.001$ 用 *** 表示, $P < 0.0001$ 用 **** 表示。

预测因子	斜率	SE	$F_{1,13940}$	斜率	SE	$F_{1,13942}$
	(a) 包含物种丰富度:			(b) 排除物种丰富度:		
	$AIC_{OLS} = -6\,305.4$			$AIC_{OLS} = -5\,481.7$		
截距	5.171	0.144		6.148	0.144	
$\log_{10}$ 土地面积	−0.571	0.036	257.76 ****	−0.843	0.035	577.28 ****
物种丰富度	0.000 37	0.000 068	28.79 ****	—	—	—
物种丰富度开方	−0.030 5	0.002 1	216.98 ****	—	—	—
温度						
年平均	−0.036	0.001 2	959.33 ****	−0.043	0.001 5	801.07 ****
年平均 ^{2}	0.000 37	0.000 014	729.37 ****	0.000 45	0.000 018	619.46 ****
变幅	−0.006 5	0.000 34	372.48 ****	0.003 2	0.000 68	22.11 ****
变幅 ^{2}	—	—	—	−0.000 17	0.000 013	173.68 ****
NDVI						
$\log_{10}$ NDVI	−0.533	0.186	8.24 **	−2.35	0.160	214.91 ****
$\log_{10}$ NDVI ^{2}	−1.203	0.649	3.43 *	2.179	0.615	12.57 ***
$\log_{10}$ NDVI 季节性	1.455	0.184	62.77 ****	1.392	0.191	52.95 ****
$\log_{10}$ NDVI 季节性 ^{2}	−3.558	1.261	7.96 **	−3.412	1.328	6.60 *
$\log_{10}$ CV NDVI	0.126	0.017 7	50.52 ****	−0.063	0.016	15.61 ****
$\log_{10}$ CV ^{2} NDVI						
土地覆盖变化性	0.001 9	0.000 43	19.23 ****	—	—	—
高程						
$\log_{10}$ 高程范围	0.239	0.028	72.65 ****	0.319	0.027 5	135.35 ****
$\log_{10}$ 高程范围 ^{2}	−0.062	0.005 4	132.26 ****	−0.080	0.005 2	235.82 ****

表S2 网格中鸟类体型和关键环境变量的线性和二次关系的空间广义最小二乘回归结果。模型包括只有线性项的(L)、只有二次项的(Q)以及同时含线性和二次项的(LQ)。自由度在(L)和(Q)中为13 950, 在(LQ)中是13 949。每个变量模型的最优AIC加粗显示。所有的分析控制了栅格土地面积、物种丰富度(斜率范围: 0.001 28~0.001 45, 标准误差范围: 0.000 058~0.000 061)以及物种丰富度的平方根(斜率范围: −0.079 ~ −0.073, 标准误差范围: 0.002 09~0.002 23)。显著水平的表示方法和表2相同。

预测因子	项	AIC	斜率	SE	F
$\log_{10}$ 高程范围	L	−33 876.9	−1.5E−02	2.0E−03	56.66 ****
	Q	**−33 882.5**	−3.3E−03	4.0E−04	65.85 ****
	LQ	−33 878.2	1.7E−02	9.5E−03	3.21
			−6.6E−03	1.9E−03	12.11 ***
$\log_{10}$ 平均高程	L	−33 981.4	−4.2E−02	3.2E−03	161.93 ****
	Q	−33 994.9	−8.5E−03	6.4E−04	179.40 ****
	LQ	**−33 999.0**	6.8E−02	2.1E−02	10.04 **
			−2.1E−02	4.1E−03	27.01 ****
温度	L	−33 817.0	4.6E−07	3.0E−04	0.00
	Q	−33 812.2	6.9E−06	3.3E−06	4.42 *
	LQ	**−33 950.4**	−2.2E−02	1.8E−03	158.94 ****
			2.5E−04	1.9E−05	162.71 ****
温度变幅	**L**	**−33 830.3**	1.4E−03	3.8E−04	12.91 ****
	Q	−33 814.4	2.0E−05	9.7E−06	4.26 *
	LQ	−33 818.4	3.6E−03	8.9E−04	16.50 ****
			−6.0E−05	2.3E−05	7.76 **
$\log_{10}$ NDVI	L	−33 827.2	−2.8E−02	3.5E−02	0.62
	Q	**−33 829.9**	−1.1E−01	1.2E−01	0.95
	LQ	−33 827.6	5.1E−02	1.1E−01	0.20
			−2.7E−01	3.8E−01	0.53
$\log_{10}$ NDVI 季节性	L	−33 835.3	1.2E−01	5.6E−02	4.58 *
	Q	−33 835.8	4.1E−01	5.1E−01	0.65
	LQ	**−33 841.8**	3.3E−01	1.1E−01	8.54 **
			−2.2E+00	1.0E+00	4.61 *
$\log_{10}$ CV NDVI	L	−33 841.5	3.9E−02	9.2E−03	17.67 ****
	Q	**−33 842.9**	3.8E−02	8.7E−03	19.22 ****
	LQ	−33 837.6	5.8E−03	2.8E−02	0.04
			3.3E−02	2.6E−02	1.59
土地覆盖变化性	**L**	**−33 816.6**	1.4E−04	1.8E−04	0.65
	Q	−33 809.5	3.5E−06	6.0E−06	0.34
	LQ	−33 796.8	4.1E−04	5.2E−04	0.60
			−9.6E−06	1.8E−05	0.29

表S3 网格中鸟类体型和关键环境变量的线性和二次关系的非空间普通最小二乘回归结果。模型包括只有线性项的(L)、只有二次项的(Q)以及同时含线性和二次项的(LQ)。自由度在(L)和(Q)中为13 956,在(LQ)中是13 955。每个变量模型的最优AIC加粗显示。所有的分析控制了栅格土地面积、物种丰富度(斜率范围: −0.000 17~0.000 46,标准误差范围: 0.000 054~0.000 066)以及物种丰富度的平方根(斜率范围:−0.038 5~ −0.017 8,标准误差范围: 0.001 53~0.001 97)。显著水平的表示方法和表2相同。

预测因子	项	AIC	斜率	SE	F
$\log_{10}$ 高程范围	L	−4 100.0	−0.065 67	0.003 516	348.86 ****
	Q	−4 137.0	−0.013 05	0.000 661	390.24 ****
	LQ	**−4 185.6**	0.209 8	0.028 55	54.03 ****
			−0.052 25	0.005 373	94.55 ****
$\log_{10}$ 平均高程	L	−4 661.5	−0.135 2	0.004 42	935.58 ****
	Q	−4 713.4	−0.025 7	0.000 815	994.73 ****
	LQ	**−4 747.4**	0.245 1	0.039 42	38.65 ****
			−0.070 68	0.007 281	94.23 ****
温度	L	−3 881.3	−0.001 84	0.000 16	132.72 ****
	Q	−3 780.1	−1.00E−05	1.96E−06	39.77 ****
	LQ	**−5 156.8**	−4.04E−02	0.001 058	1459.87 ****
			0.000 477	0.000 013	1358.17 ****
温度变幅	L	−3 835.5	0.001 475	0.000 159	86.55 ****
	Q	−3 944.5	4.20E−05	2.96E−06	204.77 ****
	LQ	**−4 152.5**	−0.007 98	0.000 535	222.95 ****
			0.000 185	0.000 01	342.32 ****
$\log_{10}$NDVI	L	−4 077.8	−0.734 4	0.040 98	321.16 ****
	Q	−4 152.7	−3.062 5	0.154 1	395.19 ****
	LQ	**−4 167.8**	0.613 7	0.148 2	17.16 ****
			−5.286	0.558 4	89.61 ****
$\log_{10}$NDVI 季节性	L	−4 048.8	0.716 5	0.046 86	233.78 ****
	Q	−4 028.9	5.156 7	0.356 3	209.42 ****
	LQ	**−4 051.6**	0.831 9	0.168	24.52 ****
			−0.913 2	1.276 5	0.51
$\log_{10}$CV NDVI	L	−4 143.7	0.245 5	0.012 41	391.1 ****
	Q	−4 083.3	0.226 5	0.012 49	329.17 ****
	LQ	**−4 165.5**	0.525 9	0.056 57	86.42 ****
			−0.288 5	0.056 78	25.81 ****
土地覆盖变化性	**L**	**−3 930.1**	−0.004 79	0.000 357	180.46 ****
	Q	−3 922.8	−1.70E−04	1.30E−05	179.77 ****
	LQ	−3 915.7	−0.002 55	0.001 199	4.52 *
			−0.000 08	0.000 043	3.84

表 S 4　包含四个以上物种的属、科、目的鸟类物种范围的中值温度和体型大小的显著关系。斜体表示的分类单位的斜率和 Bergmann 法则预测的相反。显著水平的表示方法和表 1 相同。属于雀形目的分类单位用 (+) 表示。

分类单位	N	斜率	分类单位	N	斜率
属			属 (接上)		
簇舌巨嘴鸟属 (Pteroglossus)	13	−0.128*	拾叶雀属 +(Philydor)	12	0.024*
紫水鸡属 (Porphyrio)	5	−0.076*	蚁鸫属 +(Grallaria)	25	0.030*
马努蚁鸟属 +(Cercomacra)	9	−0.059*	蚁鸫属 +(Chamaeza)	5	0.033*
寡妇鸟属 +(Euplectes)	16	−0.058****	摄蜜鸟属 +(Myzomela)	21	0.036*
鹰雕属 (Spizaetus)	8	−0.050*	雅鹛属 +(Illadopsis)	9	0.048**
水鸡属 (Gallirallus)	6	−0.045*	侏秧鸡属 (Sarothrura)	8	0.055*
小绿鹎属 +(Andropadus)	12	−0.041*	酋长鹂属 +(Cacicus)	7	0.058*
镰嘴鸟属 +(Campylorhamphus)	5	−0.040*	苦恶鸟属 (Amaurornis)	5	0.217*
情侣鹦鹉属 (Agapornis)	9	−0.037*	鹩鹛属 +(Napothera)	7	0.217*
寒矿雀属 +(Geositta)	10	−0.028*	树鹛属 +(Malacopteron)	6	0.794*
红脸森莺属 +(Sylvietta)	9	−0.027**	科		
凤头百灵属 +(Galerida)	6	−0.026*	冢雉科 (Megapodiidae)	13	−0.062*
白喉宝石蜂鸟属 (Lampornis)	5	−0.025*	䴙䴘科 (Podicipedidae)	20	−0.029**
褐头娇莺属 +(Apalis)	19	−0.022*	窜鸟科 +(Rhinocryptidae)	27	−0.028*
鹱属 (Puffinus)	17	−0.022*	鸦科 +(Corvidae)	517	−0.027****
蓬头鴷属 (Malacoptila)	7	−0.022**	雨燕科 (Apodidae)	81	−0.021**
鸲属 (Sicalis)	9	−0.020*	企鹅科 (Spheniscidae)	16	−0.020*
织布鸟属 +(Ploceus)	51	−0.020*	鲣鸟科 (Sulidae)	8	−0.020*
绿巨嘴鸟属 (Aulacorhynchus)	6	−0.017*	斑啄果鸟科 +(Pardalotidae)	58	−0.018**
沙鸡属 (Pterocles)	13	−0.017*	鸬鹚科 (Phalacrocoracidae)	30	−0.015**
斑啄木鸟属 (Dendrocopos)	21	−0.016***	雉科 (Phasianidae)	169	−0.014****
啸鹟属 +(Pachycephala)	26	−0.016**	隼科 (Falconidae)	59	−0.013*
鸬鹚属 (Phalacrocorax)	30	−0.015**	扇尾莺科 +(Cisticolidae)	92	−0.011*
丝刺莺属 +(Sericornis)	12	−0.015*	鸥科 (Laridae)	119	−0.011***
啄木属 (Veniliornis)	12	−0.015*	鹰科 (Accipitridae)	211	−0.010**
尾蜂鸟属 (Metallura)	6	−0.014*	百灵科 +(Alaudidae)	76	−0.010***
朱雀属 +(Carpodacus)	17	−0.013*	戴菊科 (Regulidae)	5	−0.009*
海雕属 (Haliaeetus)	7	−0.011*	夜鹰科 (Caprimulgidae)	67	−0.008*
鸻属 (Charadrius)	28	−0.010**	沙鸡科 (Pteroclidae)	15	−0.008*
长尾山雀属 +(Aegithalos)	5	−0.010*	鸭科 (Anatidae)	143	−0.007**
夜鹰属 (Caprimulgus)	47	−0.010*	麻雀科 +(Passeridae)	327	−0.005***
戴菊属 +(Regulus)	5	−0.009*	莺科 +(Sylviidae)	451	0.008***
黑啄木鸟属 (Dryocopus)	7	−0.009*	旋木雀科 +(Certhiidae)	87	0.013**
针尾雀属 +(Cranioleuca)	17	−0.009*	鹬科 (Scolopacidae)	82	0.014**
崖燕属 +(Progne)	6	−0.007*	犀鸟科 (Bucerotidae)	48	0.074*
鹀鸟属 +(Zonotrichia)	5	−0.007*	目		
林莺属 +(Dendroica)	27	−0.005**	佛法僧目 (Coraciiformes)	132	−0.023*
山雀属 +(Parus)	47	0.007***	雨燕目 (Apodiformes)	85	−0.020**
短翅莺属 +(Bradypterus)	15	0.009*	鹤形目 (Gruiformes)	156	−0.020**
大嘴雀属 +(Pheucticus)	6	0.010*	鸮形目 (Strigiformes)	235	−0.014**
拟黄鹂属 +(Icterus)	24	0.011*	鸡形目 (Galliformes)	206	−0.014****
雁属 (Anser)	10	0.012*	雁形目 (Anseriformes)	156	−0.006**
唧鹀属 +(Pipilo)	7	0.015*	鹳形目 (Ciconiiformes)	907	0.006***
雀鹛属 +(Alcippe)	13	0.017*	鸵形目 (Struthioniformes)	10	0.069**

表S5 对(a)热带–亚热带和(b)温带–极地气候下鸟类物种之间迁徙习性差异的卡方检验。鸟类物种按体型四分位法 ($Q_1 \sim Q_4$) 划分。值是每类中物种的观测数量,斜体的值是期望。用标准化的皮尔逊残差的常态近似可以检验出与期望的显著偏离(见表1),用粗体显示。

	Q_1	Q_2	Q_3	Q_4
(a) 热带和亚热带气候 ($X_6^2 = 31.31$, $P < 0.0001$)				
留鸟	396.0	481.0	479.0	446.0
	367.2	474.0	482.3	478.5
其他①	**84.0***	138.0	131.0	**171.0****
	106.8	137.8	140.2	139.1
候鸟	8.0	11.0	**31****	19.0
	14.1	18.2	18.5	18.3
(b) 温带和极地气候 ($X_6^2 = 29.79$, $P < 0.0001$)				
留鸟	13.0	9.0	19.0	47.0
	21.0	8.9	17.0	41.1
其他①	27.0	9.0	33.0	85.0
	36.7	15.6	29.7	71.9
候鸟	**54.0****	22.0	24.0	**52.0***
	36.3	15.4	29.3	71.0

① 包含部分迁徙、游动和高程迁徙物种。

附录S1 参考的鸟类体型大小数据列表详见: http://onlinelibrary.wiley.com/store/10.1111/j.1461-0248.2009.01281.x/asset/supinfo/ELE_1281_sm_Appendix%20sl.doc?v=1&s=ee676415b5a730563680d9cc6ebc2f193e750b2a (按文件类型排列)

应用多国社会经济不平等性预测生物多样性的减少程度[①]

Tim G. Holland Garry D. Peterson Andrew Gonzalez

摘要：本文应用包含经济不平等性的社会经济模型，通过研究 50 个国家和地区内植物和脊椎动物中濒危物种比例，预测生物多样性减少程度。主要目的是判定经济不平等性(以基尼系数为评判标准)的引入是否会提高统计模型的准确度。研究中作者比较了四类模型：人口密度模型、经济足迹模型(例如，城乡地区的相对经济规模)、经济足迹 + 经济不平等性模型(基尼系数)，以及环境治理模型。研究中检测了环境 Kuznets 曲线假说，但该假说并不被本次研究数据支持。统计模型比较发现，包含经济足迹和经济不平等性两个指标模型预测濒危物种效果更好。根据 Akaike 信息准则，该方法在很大程度上优于单一人口密度模型和环境治理模型。经济不平等性是预测生物多样性减少的重要指标，大大提高了模型适应性。以上结果表明，社会经济不平等性是预测人为因素导致生物多样性减少的重要影响因子[②]。

关键词：生物多样性减少 经济 收入分配 IUCN(世界自然保护联盟)红皮书 社会生态系统

1. 引言

全球物种数量正在迅速减少，目前减少速度是背景值的 100～1000 倍 (May and Lawton, 1995)。主要原因是栖息地退化、过度捕捞，外来物种引入和污染 (MA2005a)。由于物种多样性对人类福祉有重要意义，而且物种灭绝不可再生，所以生物多样性减少是目前人类面临最严重的环境威胁之一 (Chapin et al., 2000;

[①] 原文：Tim G. Holland, Garry D. Peterson, And Andrew Gonzalez, A cross-national analysis of how economic inequality predicts biodiversity loss. 2009. Conservation Biology, 23 (5): 1304–1313, Society for Conservation Biology. DOI: 10.1111/j.1523-1739.2009.01207.x.
推荐：宫鹏；翻译：姚文博；校阅：宫鹏、林光辉；辅助校阅：王芳、梁璐、刘爽。
注：Reprinted, with permission from John Wiley and Sons and the authors。

[②] 译者注：这个摘要写得不好——没有指明是富裕引起多样性减少还是贫穷引起多样性减少。这个结果很有指示性。

Tilman, 2000; MA, 2005a)。

人类对生物多样性的影响很大程度上由社会经济活动引起。例如,将原始森林改造成农田的过程直接导致多个物种的损失。这种损失由社会经济活动间接导致。市场压力,土地所有权安排,贫穷和各种环境监管模式都有重要影响(Chomitz, 2007)。减少渔业活动的原动力是世界各国间协商和相关法律的规定,但在小范围内,社区管理措施、金融资源,以及市场可达性才是最直接的影响因素 (MA, 2005b)。从以上例子中看出,提出科学有效管理环境的措施需要进一步了解社会经济因素和环境之间的联系 (Vitousek et al., 1997)。本文比较了几种预测生物多样性减少的统计模型。每个模型变量是在相关研究中提到间接影响环境的社会经济因素的组合。

社会经济因素是导致生物多样性减少的重要因素,但直至今日其重要性依然不被重视 (Naidoo and Adamowicz, 2001; Asafu-Adjaye, 2003)。目前所进行的实证检验工作都以一篇早期研究社会经济因素与环境变化之间关系的文章为基础(Ehrlich and Holdren, 1971; World Bank, 1992; York et al., 2003)。大多数这类研究,包括最近的两项关于生物多样性减少的研究都将研究重点放在经济发展,特别是经济规模上。大多数研究者着眼于环境变化与国内生产总值 (GDP) 或人均生产总值的关系。例如, Naidoo 和 Adamowicz(2001) 发现,人均 GDP 是预测 5 大类脊椎①动物濒危物种数量的重要预测因子,并且已经证实该因子对这 5 大类动物中除两栖动物外的其余 4 类有较高的预测能力。Asafu-Adjaye (2003) 发现经济增长速度和物种减少的速度呈正相关关系,此外经济结构 (即在一个经济中,农业所占的比重) 同样也对物种多样性减少起重要作用。在美国和加拿大, Taylor 和 Irwin (2004) 使用区域范围 GDP 作为变量,经济发展速度与外来物种引入数量呈正相关关系。

不平等性与生物多样性减少

经济因素导致物种多样性减少的研究并没有考虑到经济财富分布带来的影响。然而,大量证据表明,经济发展不平等性对于社会发展的其他方面也具有负面作用 (Ronzio et al., 2004; Ross et al. 2005; Wilkinson and Pickett, 2006)。例如,一项关于墨西哥的社区林业 (community forestry) 的研究表明村级林业管理 (village forest management) 与经济发展不平等程度有关。在一个经济结构高度不平等的村庄,对于森林资源的管理力度十分匮乏。这是由于少部分有权力的人操纵当地伐木业,为了私人利益导致过度砍伐。相反,在发展相对平衡的村庄,管理部门更为有效,该地区开发利用林业资源更为合理,不会导致大规模生物多样性减少(Klooster, 2000)。

---

① 5 大类脊椎动物指: 鱼类、哺乳类、两栖类、爬行类和鸟类。在分类学中共分为 7 大类,这里有效的只有 5 大类。

研究人员发现,社会发展不平等性对环境有重要影响 (Ostrom, 1990; Boyce, 1994; Baland et al., 2007)。Olson 认为经济高度不平衡地区的少部分人占用了该地区绝大部分的公共资源,有这样的预期:无论穷人们做什么,少数拥有财富和权力的人的意志决定保护当地资源。

最近的一些分析也支持这个观点 (Itaya et al., 1997)。但是,也有人认为不平等可能会妨碍对资源的保护。实证研究表明,不平等性会使保护环境的公共活动无法正常进行 (Boyce, 1994; Dayton-Johnson and Bardhan, 2002; Baland et al., 2007)。虽然这些研究表现出不平等性与环境恶化之间存在某种关系,但直到近期的研究中指出了这种关系的方向性[①]和强度 (Mikkelson et al., 2007)。

Mikkelson(2007) 发现在国际范围内,当控制人口,国内生产总值 (GDP) 和物种数量时,较强的不平等性与濒危物种数量表现出相关关系 (IUCN 自然保护红皮书数据库)。类似情况也发生在美国鸟类中,社会经济发展严重不平衡的州有更多的鸟类物种大量减少 (Mikkelson et al., 2007)。本次研究数据来自最新版本的红皮书名录。这是唯一记录全球范围濒危物种的数据,尽管其存在一些不足 (Akcakaya et al., 2006),却是唯一一个适合跨国比较濒危物种的数据库。

本次研究是 Mikkelson(2007) 等工作的重要扩展和延伸。根据国家发展水平将数据划分为若干分类组,这些分类是对 Mikkelson 研究的补充。检验范围比 Mikkelson 研究范围扩大,同时涉及更多国家的竞争模型。为了评估模型性能,引入相对近似因子来改进统计模型。基于理论下引起环境变化间接驱动因子以及可以较好地对国与国之间物种多样性减少评价的指标这两条标准选择所使用的近似因子。为了解决独立变量间共线性问题,在分析时引入不同层次来评价每个变量对统计模型的贡献 (Mac Nally, 2000)。

2. 研究方法

应用控制变量法对模型进行比较以确定哪些社会经济因素是导致生物多样性减少的间接因素。

比较以下六种模型:
(1) 全变量模型,即包含所有变量;
(2) 逐步递减模型,即逐步从全变量模型中依次减少变量个数;
(3) 单一人口密度变量模型;
(4) 经济足迹模型,简化 IPAT(York et al., 2003)(impact = 人口数 × 生产力 × 科技) 框架 (Ehrlich and Holdren, 1971),包括人口密度和人均 GDP (单位土地面积内经济活动总和);
(5) 经济足迹 + 不平等性模型;

---

① 这里的方向性指的是,存在的关系是正相关还是负相关或者U形关系等。

(6) 环境治理模型,将环境治理指数(环境治理力度)作为唯一变量。

除上述变量以外,在所有模型中对特有物种比例进行控制。经济足迹模型充分考虑到 GDP 的非线性特征,在函数中使用 GDP 的平方。检验发现,对模型进行非线性假设与环境 Kuznets 曲线吻合较差,这就说明环境指标随经济增加因子变化具有滞后性。使用多元非线性回归中普通最小二乘法的调整后的 R^2 和 AIC (赤池信息准则)作为评价模型预测能力的指标。在比较各个模型适应性的过程中,AIC 是一个在自由度最小情况下用来评价模型解释数据能力的指标(Akaike, 1974; Burnham and Anderson, 2004),以此修正小样本模型。

分析中没有对某些国家和地区进行合并(无论在地域上还是人口上),每一个国家都具有独立的机构设置,每个国家须平等对待。为了模型比较一致性,研究中选取包含所有变量指标的国家作为样本。根据联合国开发计划署 (UNDP) 的人类发展报告定义发展类别之间一致性,选择出调整后的 AIC 指标最好的模型,并对其进行不同发展模式下的一致性检定(UNDP, 2006)。由于该模型与全变量模型相比所包含的全局变量个数较少,在分析阶段样本中包括更多的国家。

对数据划分为不同等级来解决数据的共线性问题,评估每个变量的独立解释能力。这种统计方法分析了所有可能的多元回归模型,确定每个变量对总体变量的贡献值。通过方差与协方差的比较,得出各个变量之间的因果关系(Chevan and Sutherland, 1991; Mac Nally, 2000; Quinn and Keough, 2002)。

划分等级采用 R 中的 hier.part 层次划分方法 (R-Project 2008),将相同意义的变量代入同一模型当中进行比较。假设存在高斯误差且计算拟合优度 R^2。采用随机方法(取样本量为 1 000)确定 z 检验来对每个变量的独立性效应进行显著性检验。

2.1 数据源

为了衡量每个国家生物多样性状况,从世界自然保护联盟 (IUCN) 2007 年定义的濒危植物和脊椎动物物种比例 (2007) 入手。通过对植物和脊椎动物的综合数据进行大量分析,应用最优模型,分别对五大类脊椎动物和植物进行数据检验。植物和脊椎动物物种已知总量和每个国家濒危物种数量数据来自世界资源研究所数据库 (WRI, 2007)。利用濒危物种的比例,间接掌握已知物种总量,该总量在国家之间可能相差两个以上的数量级并且和濒危物种数量直接相关。IUCN 在全球层面对濒危物种进行定义,这就意味着即使每个国家物种数量不同,同一物种在所有国家的濒危程度相同。这就质疑了分析中的一个假设,即在国家水平上计算的社会经济变量影响物种濒危程度。这个假设可能不完全正确,但没理由认为该假设会使结果偏移。

其他因素相同情况下,特有物种相比于全球分布物种更容易面临濒危或灭绝的危险。因此,比较国家之间濒危物种数量,要特别关注该地区特有物种濒危程度。很多国家没有特有植物数据,而特有脊椎动物数据较为全面。使用特有植被和脊椎动物的综合数据,在 40 年范围内,许多国家数据严重缺失,而单独使用特有脊椎动物数据时,可以作为样本的国家就有 50 个之多。除了样本容量增大外,基于脊椎动物数据(调整后的 $R^2 = 0.33$, $P < 10\sim16$)濒危指数相对于所有物种濒危指数(调整后的 $R^2 = 0.15$, $P < 10\sim6$)解释力更强。因此以下分析中,只使用基于脊椎动物特有物种指数,其与基于植物物种指数高度相关(Pearson 相关系数 =0.76; $P < 0.001$)。

2.2 社会经济数据

人均 GDP 反映出一个国家经济活动活跃度。所用数据并不是原始的人均 GDP,而是经过标准化之后的购买力水平指标。考虑各国生活水平之间差异以及汇率影响,进行标准化的数据能更好地估计各国经济活动能力水平。本文得到 WRI's Earth Trends 数据库中 1975 年和 1999 年间各年 GDP 数据(世界资源研究所 2007 年)。为了增加样本数量,将每 5 年的 GDP 数据(图 1)进行平均,以降低一些国家数据中某些年份数据缺失带来的影响。

以耶鲁大学环境法律与政策中心计算的指数作为评价环境治理力度的指标 (YCELP, 2005)。该指标为综合指标,其中包括:一般指标(比如腐败和民主水平)和环境指标(比如环境科学研究程度以及自然保护联盟组织数目等)。环境治理力度数据不足之处在于该数据与 GDP 数据在时间上不匹配,只有 2005 年后数据可用(图 1)。

使用基尼系数来衡量不平等性,其范围(理论上)从 0 到 100,其中 0 是完全平等,100 是完全不平等(Milanovic, 2005)。1995 年到 1999 年,计算出的各个国家的基尼系数从 59 到 23 不等(Slovakia)。基尼系数数据来源于标准收入分配数据库(SIDD, 2005)。这是一个较新的数据库,更正了在以往研究(Babones and Alvarez-Rivadulla, 2007)中存在的数据不一致问题。同 GDP 数据一样,基尼系数也以 5 年为采样间隔,以扩大样本容量。在 SIDD 数据库中,对没有提供原始数据的地区和年份进行不平等数据的插值估计,考虑插值可行性误差,这里只使用数据库中的原始数据(图 1)。

2.3 人类活动对生物多样性的影响时间滞后性

人类活动对生物多样性的影响不会立即表现出来,人类活动对物种种群数量影响将存在一定程度的延迟。滞后时间长短由物种和人类活动共同决定。Mikkelson (2007) 发现,与 1989 年社会经济数据最密切相关的数据是 2004 年物种指标。对 1975 年至 1999 年数据以 5 年为间隔采样,得到多个可能滞后时间,比较不同时间段数据可行的模型之间结果。为了避免采样影响,比较中只包括三个变量数据和时间完整的国家。对不同时段模型调整后的 R^2 值进行比较,在 1980—1984

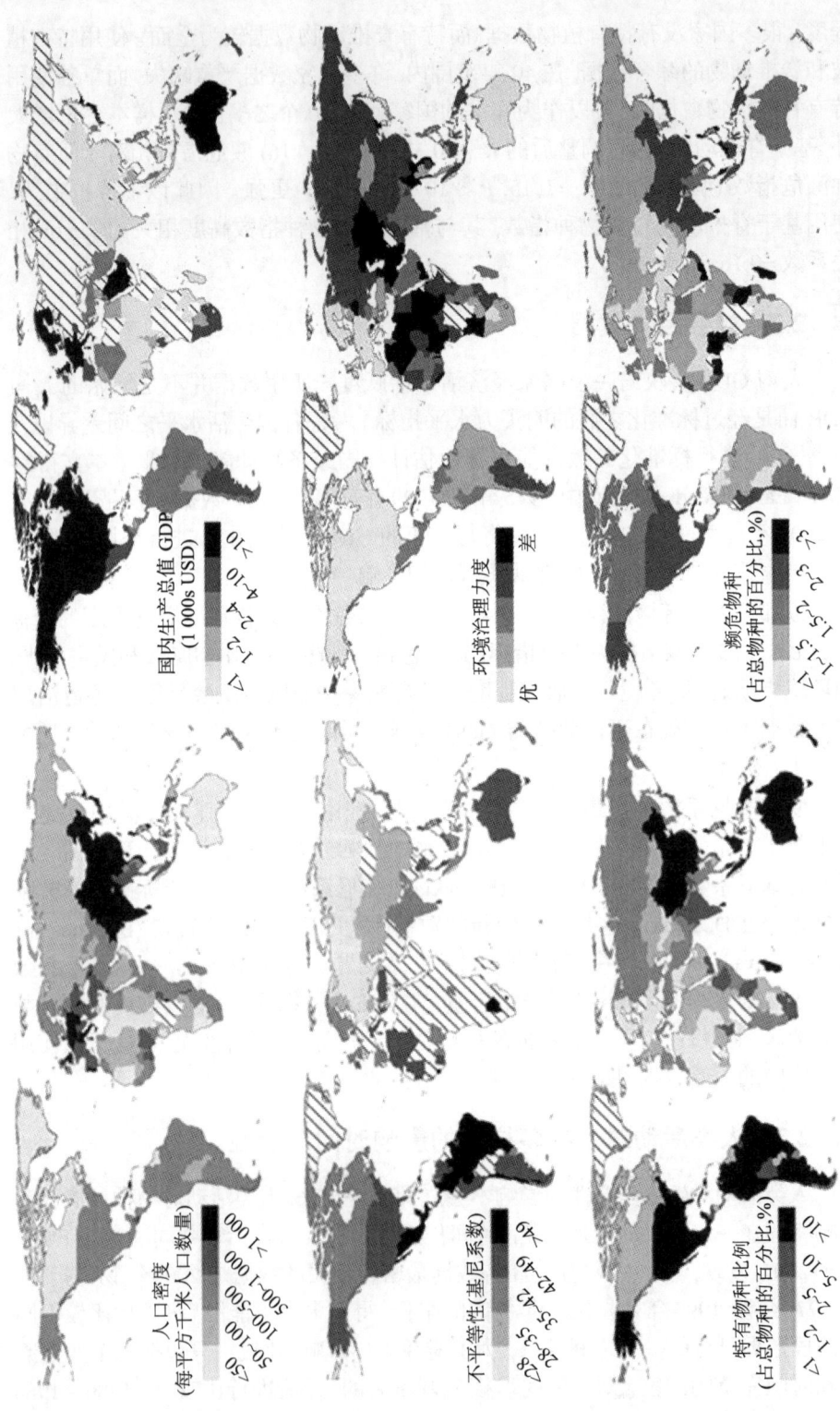

图 1 用于分析社会经济因素预测生物多样性减少研究中使用的数据。网格部分表示缺失数据区域。环境治理使用数据来自 YCELP2005。人口密度,GDP,不平等性数据年份为 1980—1984。环境治理数据是从 2005 年开始的,特有物种比例数据是从 2006 年开始,濒危物种比例数据从 2007 年开始。

年期间呈现最佳预测能力(调整后 $R^2 = 0.35$)。因此仅展示 1980—1984 年间数据结果。

3. 结果

最初,应用线性基尼系数和基尼系数的平方来表示不平等性变量。根据 Baland 和 Platteau(1999) 提出的 U 形曲线检验不平等性与环境保护之间的关系,在所有实验中,基尼系数平方显著性较差。因此这里均舍弃这一项。原始模型中还包含国内生产总值平方项,检验其与濒危物种间 U 形关系是否如 EKC 假说中的预测 (World Bank, 1992; Stern, 2004)。检测中,二次项变量均不显著。因此放弃 EKC 模型,使用线性 GDP 模型。

1980—1984 年间数据量丰富的 50 个国家中,全变量模型解释濒危植物和濒危脊椎动物比例,总方差为 48.6%。这些国家占世界土地面积的 48.7%,世界总人口的 70.9%。所有变量中,特有脊椎动物物种比例表现出强显著性。特有性具有正系数,这就意味着特有性越强,濒危物种比例越高。

逐步简化模型中利用 AIC 得到一个只包含 GDP、不平等性和特异性三个变量的模型。其余变量检验均显著 (95% 置信度)。其他变量回归系数相同时,在全变量模型中,更加富裕的和平衡发展的经济都有减少濒危物种数量的作用。这个简化模型和全变量模型具有相同调整后的 R^2。在六个模型中,这个简化模型也具有最优的 (最低) 调整 AIC 值,根据 Akaike 权重指标,其为最优拟合模型概率达到 47.7%(表 1)。基尼系数具有正相关系数,表明不平等性越强濒危物种的比例越高 (图 2)。

人口密度模型在 6 个模型中拟合度最差。人口密度指标本身不显著,其调整后的 R^2 只有 0.364(表 1)。经济足迹模型包含全变量模型全部变量中的三个,其对濒危物种比例解释的方差为 43.9%。该模型包含的三个变量中,人均国内生产总值和特有性两个变量是显著的,人口密度不显著。在全变量模型中,所有四个变量直接影响是相同的 (表 1)。经济足迹 + 不平等性模型的调整 AIC 值比逐步递减模型差,排名第二,最优拟合模型概率为 33.6% (表 1)。

含有不平等性模型的 Akaike 权重指标达到 81.3%,这个模型就是所有模型中的最优模型。加入基尼系数指标后,调整后的 R^2 从 0.439 上升至 0.492。在模型四个变量中,有三个变量是显著的,只有人口密度除外。与全变量模型相同,所有的变量的模型系数都没有变化 (表 1)。

最后的模型中又引入了一个新的变量:环境治理 (力度)。但是该变量在 $\alpha = 0.05$ 水平下不显著,并且模型在调整 AIC 值和调整后的 R^2 值上相比于其他模型表现欠佳 (表 1)。对该因子预期有如下预期:环境治理力度越好,濒危物种的比例越低。但是,事实证明两者之间联系不大。

表 1 预测濒危动植物比例的模型比较。

独立变量	模型					
	全变量模型	逐步简化模型	人口模型	经济足迹模型	生态足迹+不平等性模型	环境治理模型
人均 GDP(log)	−0.258	−0.215		−0.186	−0.191	
人口密度 (log)	0.059		0.097	0.051	0.07	
不平等性 (基尼系数)	0.02	0.019			0.021	
环境治理力度 (log)	0.113					−0.202
特有物种比例 (log)	0.249	0.225	0.385	0.331	0.243	0.317
常数	−2.09	−2.46	−2.87	−1.53	−2.61	−3.06
调整后的 R^2	0.486	0.486	0.364	0.439	0.492	0.378
校正 AIC	68.7	66	75.5	70.4	66.7	74.3
Akaike 权重	0.124	0.477	0.004	0.052	0.336	0.008

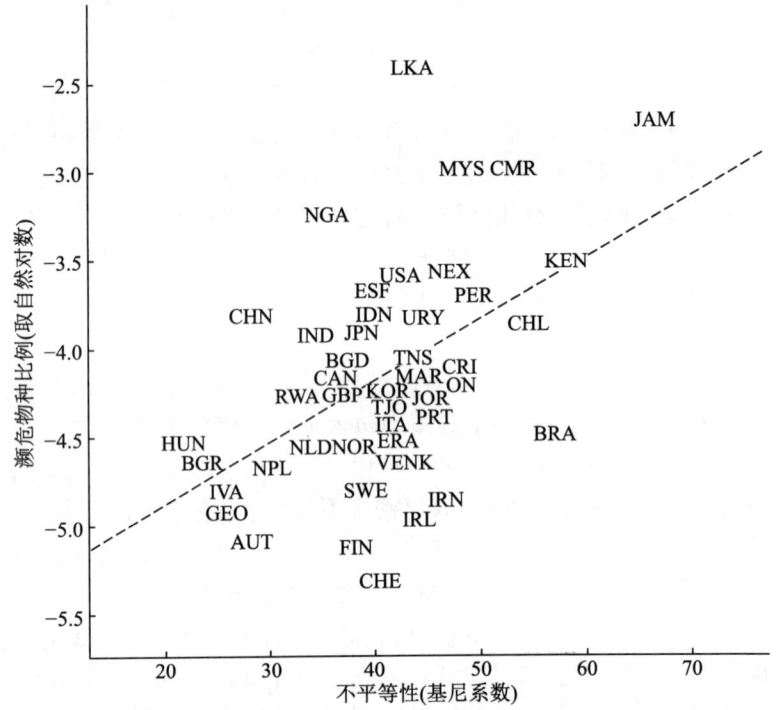

图 2 基尼系数和濒危物种比例相关关系,其中国家名称的三个缩写字母按照ISO标准。

  这里使用最优的逐步递减模型,并根据国家发达水平对数据进行划分,是由于只能比较中等和高度发达国家,因为欠发达国家和地区数据不足。模型比较时,无论该国家发达程度如何,模型系数均是一致 (表 2)。通过调整后的 R^2 值判断模型的预测力,结果表明在高度发展这一分类中预测效果表现最好,并且预测效果随着人类发展水平下降而下降。对国家根据其发展程度分类,无论是 GDP 还是不平等性都不显著。

表 2 不同国家范围逐步简化模型预测濒危动植物比例比较。

独立变量	所有国家	高度发达国家	中度发达国家
人均 GDP(log)	−0.199	−0.232	−0.395
不平等性(基尼系数)	0.025	0.019	0.038
特有物种比例 (log)	0.235	0.3	0.208
常数	−2.7	−1.91	−2.01
调整后的 R^2	0.428	0.477	0.222
样本数量	53	30	19

等级划分结果更加证明模型分析时确定的三个变量 —— 特有物种、不平等性和经济发展规模是在两个时段中对濒危物种比例预测的重要因子 ($P < 0.01$)。这说明存在共线性,同时显示出三个变量的独立贡献 (图 3)。模型中所有解释变量的独立贡献总和可以达到 60% 以上。

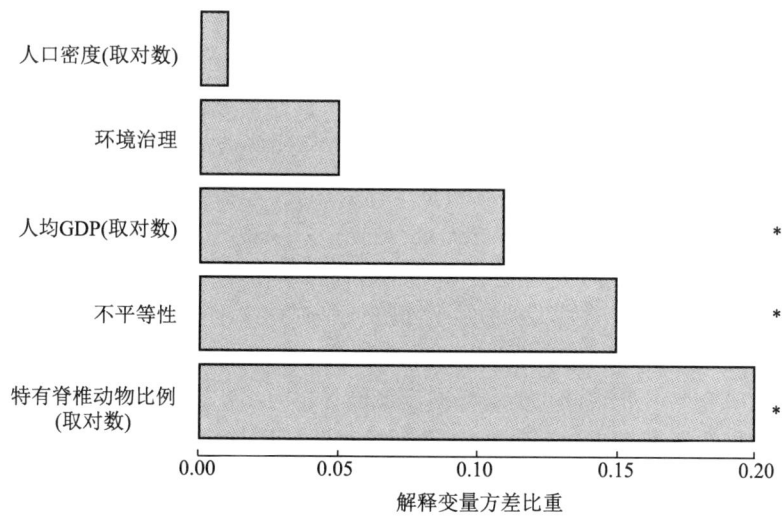

图 3 独立变量对预测动植物濒危物种的独立贡献。

对分类群数据分析发现各个分类群数据有不同的模式 (表 3)。如前文所述,对不同类群分别用逐步简化模型来进行检验。对 5 种类型的脊椎动物 (哺乳类、鱼类、鸟类、两栖类、爬行类) 来说,数据分区导致人均 GDP 和不平等性不显著。虽然不平等性是显著的并且与濒危植物物种比例存在正相关关系 ($\beta = 0.018, P < 0.05$),但人均 GDP 与濒危植物物种比例存在着明显的负相关关系 ($\beta = -0.204$, $P < 0.01$)。模型的拟合度要低于除两栖类外所有的生物分类群的综合数据模型

(调整后的 $R^2 = 0.532$)。

表3 各独立变量对各分类濒危物种独立预测能力。

独立变量	植被和脊椎动物	哺乳动物	鸟类	爬行类	两栖类	鱼类	植被
人均 GDP(log)	0.11	0.08	0.01	0.04	0.05	0.16	0.14
人口密度 (log)	0.01	0.02	0.01	0.04	0.02	0.01	0.01
不平等性 (基尼系数)	0.15	0.02	0.03	0.01	0.07	0.01	0.13
环境治理力度	0.05	0.03	0.01	0.10	0.11	0.09	0.05
特有物种比例 (log)	0.20	0.21	0.43	0.11	0.39	0.01	0.18

对于分层划分进行相同分析得到相似结果,只有一处明显不同:那就是不平等性这一因素依然是显著的,并且和两栖动物濒危物种呈现正相关关系(表3)。人均 GDP 对于哺乳动物和植物来说是显著的。对于除了植物和两栖动物的其余物种而言,独立变量所能解释的变化降低到 50% 以下。

4. 讨论

导致生物多样性减少的原因是复杂的,目前还没有一个单纯统计模型可以将其准确预测。通过分析可知,国家之间发生大部分改变可以通过少量社会经济变量进行合理解释。这些变量中,不平等性是最重要的一个影响因素。人口密度模型和环境治理模型相对于其他模型而言表现较差。正如一些研究者认为,人口密度模型表现欠佳说明相对于整个社会而言,单纯的人口数量并不是一个良好的环境指标 (Boserup, 1965; Ehrlich, 1968)。广义的环境影响应该包括一个社会所具有的经济特征,而这往往比单纯用人口来预测生物多样性减少更加有效。发现环境治理模型预测效果差这一结果十分有趣,这也许说明了虽然环境治理取得了一定成效,但其相对于经济对环境的影响微乎其微。但是,得出这一结论需要深入研究。一个综合的衡量标准比如像 YCELP 制定的,或许不足以涵盖整个环境治理的复杂性。由于 YCELP 得到的数据只从 2005 年开始,因此其无法衡量环境治理力度与生物多样性影响的时间差 (即时间滞后性)。任何在 2005 年之前进行的大规模环境治理措施都会对环境治理和生物多样性关系之间的检测产生影响。

4.1 富裕程度与经济规模的作用

正如 York 等 (2003) 对于富裕程度和经济规模研究中认为,一个国家的经济总体规模相对于总人口数量是一个重要的环境预测指标。然而,在他们的研究中,他们认为经济足迹和人均 GDP 存在着单调递增的关系,但是文中得到的结果是濒危物种比例随着人均 GDP 增加而减少。其他研究者 (Naidoo and Adamowicz, 2001; Taylor and Irwin, 2004) 认为,富裕程度与生物多样性存在负相关关系,和本文结论相悖。

这些不同的结果表明,对于人口规模、富裕程度、总体经济规模和物种减少之间的本质关系,需要进一步研究。将相同条件代入两个模型进行比较发现,本文模型预测能力相对于York等人研究时使用的模型只有一半左右。这可能是因为,他们将人类影响作为一个因变量,而本文将该影响产生的结果(濒危物种数量)作为因变量。这里引入了更多的变化,正因为如此对于人类活动产生真正影响有了更进一步的了解。

在所有模型中表现最好的两个模型是逐步递减模型和经济足迹 + 不平等性模型。前者包括人均GDP、不平等性和特有物种比例作为参量,而后者不仅仅包含这三个参量,还包含了人口密度参量(表1和表2)。当预测范围扩大到所有国家时,这些模型(调整后的$R^2 = 0.486$和0.492)的解释力要低于Naidoo和Adamowicz, (2001)用来预测濒危物种比例的完整模式模型。本文模型用更少变量解释了这一现象。

逐步递减模型在高度发达的国家具有最强的预测能力。这可能说明了两件事情。首先,数据质量在较富裕的国家较好,因此在这些国家中更易找出合理的预测模型。其次,在富裕的国家要更注重对于环境的治理和保护,因此环境机构的有效性会对变量产生影响,比如不平等性在高等发达国家的影响要更深远一些(Ostrom, 1990, 2001)。在不同的种群中,模型强度不同。对于植物和两栖类动物预测能力最好,对于鱼类和爬行类动物预测能力最差。这可能是由于种群规模不同产生的,有些活动对物种的影响程度取决于发生在某个特定国家。这意味着,物种对于人类经济社会活动的敏感性还需要更深一步研究。

4.2 不平等性的作用

在所有包含不平等性变量的模型中,不平等性都具有显著的正系数,相比于人均GDP而言对于濒危物种比例的影响更为独立和明显(图3)。逐步递减模型中不平等性的回归系数最为保守(表1)。因此得到与英国(Gini=42)和西班牙(Gini=34)的基尼指数的8分差距对应于濒危物种比例从2.6%上升到3.0%。

另外,应用时间序列分析的方法,在其他条件相同情况下,美国1990至1997基尼系数(从44变成49)的5点增长最终会引起美国濒危物种比例从2.7%上升到3.0%。不平等性的许多机制都可能对生物多样性产生影响,而这些可以被归结为个体或是整体的影响。个体影响是指由不平等性引起的个别行为和机制上的改变,整体影响是指由环境管理机构导致的影响。无论是官方机构还是非官方机构在如何管理国家和地区的自然资源上都起到重要作用。虽然生物多样性有时并没有直接作用于生态系统,但其与自然生态系统密切相关。社区拥有资源并不一定注定要过度开发。当集体决策和行动有效时,就可以避免"公地悲剧"(Ostrom, 1990)。然而不平等性增强常干扰机构效率(Boyce, 1994; Dietz et al.,

2003)。个体之间是不太可能有共同的目标,越是有钱的人,愈能享有更多的特权,从而免受其他人所面临的问题。这些对机构的削弱导致影响生物多样性有效管理措施也削弱。

在理论的核心部分,个体和整体效应使环境退化在中度平等国家最强,在两极端最弱(即高度平等和高度不平等的国家)(Baland and Platteau, 1999)。在非常不平等的社会,个体有保护可从中得到利益资源的倾向,这对生物多样性产生有利影响 (Olson, 1965)。相反,在非常平等的社会,群体进行环境保护措施更为有效 (Ostrom, 1990)。但本文得到的结果,并不支持这种在极端不平等情况下环境保护更为有利的 U 形关系。基尼系数的平方项在所有模型中都不显著,这或许是由于,通常国家的面积很大,因此个体意义上的环境保护最后受惠者是个体本身。因此,这种不平等的潜在积极效果可能不会出现在国家规模上。

个体层次影响的缺乏,集体的影响成为主导模型,意味着生物多样性减少和退化的单调递增可以认为是不平等性在递增。这是支持本文结论的模式。对经济发展不平等性分布认识的提高可以改善对生物多样性减少社会经济驱动力的理解。通常,不平等性作为环境退化的决定因素的重要性在很多不同学科理论中都有所涉及 (Ostrom, 2001; DaytonJohnson and Bardhan, 2002; Ronzio et al., 2004; Baland et al., 2007)。

Mikkelson (2007) 的研究清晰证明了不平等性作为生物多样性减少预测因子的重要性。分层分析结果表明,不平等性与生物多样性减少之间拥有独立的因果关系,虽然植物和两栖动物似乎最受影响。虽然平均富裕水平是一个重要的解释变量,基尼系数的加入在不断改善本文对于濒危物种数量的预测能力。经济活动的地理分布是研究人员在理解人类活动对生物多样性影响的一个不可忽视的影响因子。

致　　谢

感谢 G.Mikkelson 和 G. Meffe 对研究内容的积极讨论,以及 4 份很有见地的匿名评审使我们获益良多,感谢 V. Bahn, S. Breau, J. Cardille 和 B.McGill 对我们提出的建议和帮助。本研究是由国家科学工程研究理事会和加拿大研究教席计划资助。

参 考 文 献

Akaike, H. 1974. A new look at the statistical model identification. IEEE Transactions on Automatic Control **19**:716–723.

Akcakaya, R. H., S. H. Butchart, G. M. Mace, S. N. Stuart, and C. Hilton-Taylor. 2006. Use and misuse of the IUCN Red List Criteria in projecting climate change impacts on biodiversity. Global Change Biology

12:2037–2043.

Asafu-Adjaye, J. 2003. Biodiversity loss and economic growth: a cross country analysis. Contemporary Economic Policy **21:**173–185.

Babones, S. J., and M. J. Alvarez-Rivadulla. 2007. Standardized income inequality data for use in cross-national research. Sociological Inquiry **77:**3–22.

Baland, J. M., and J. P. Platteau. 1999. The ambiguous impact of inequality on local resource management. World Development **27:**773–788.

Baland, J.-M., P. Bardan, and S. Bowles, editors. 2007. Inequality, cooperation, and environmental sustainability. Princeton University Press, Princeton, New Jersey. Boserup, E. 1965. The conditions of agricultural growth: the Economics of agrarian change under population pressure. Aldine Publishing, New York.

Boyce, J. K. 1994. Inequality as a cause of environmental degradation. Ecological Economics **11:**169–178.

Burnham, K.P., and D.R. Anderson. 2004. Multimodel inference understanding AIC and BIC in model selection. Sociological Methods and Research **33:**261–304.

Chapin, F.S., et al. 2000. Consequences of changing biodiversity. Nature, **405:**234–242.

Chevan, V., and M. Sutherland. 1991. Hierarchical partitioning. The American Statistician **45:**90–96.

Chomitz, K. M. 2007. At loggerheads: agricultural expansion, poverty reduction, and environment in the tropical forests. Policy research report. World Bank, Washington, D.C.

Dayton-Johnson, J., and P. Bardan. 2002. Inequality and conservation on the local commons: a theoretical exercise. Economic Journal **112:**577–602.

Dietz, T., E. Ostrom, and P. C. Stern. 2003. The struggle to govern the commons. Science **302:**1907–1912.

Ehrlich, P. R. 1968. The population bomb. Balantine Books, New York.

Ehrlich, P. R., and J. P. Holdren. 1971. Impact of population growth. Science **171:**1212–1217.

Itaya, J., D. de Meza, and G. D. Myles. 1997. In praise of inequality: public good provision and income distribution. Economics Letters, **57:**289–296.

IUCN (International Union for Conservation of Nature). 2007. Red list of threatened species. IUCN, Gland, Switzerland. Available from http://www.iucnredlist.org/ (accessed August 2008).

Klooster, D. 2000. Institutional choice, community, and struggle: a case study of forest co-management in Mexico. World Development **28:**1–20.

Mac Nally, R. 2000. Regression and model building in conservation biology, biogeography and ecology: the distinction between and reconciliation of 'predictive' and 'explanatory' models. Biodiversity and Conservation **9:**655–671.

Mac Nally, R. 2002. Multiple regression and inference in ecology and conservation biology: further comments on identifying important predictor variables. Biodiversity and Conservation **11:**1397–1401.

May, R. M., and J. H. Lawton, editors. 1995. Extinction rates. Oxford University Press, Oxford, United Kingdom.

Mikkelson, G., A. Gonzalez, and G. D. Peterson. 2007. Economic inequality predicts biodiversity loss. Public Library of Science One DOI:10.1371/journal.pone.0000444.

Milanovic, B. 2005. Worlds apart: measuring international and global inequality. Princeton University Press, Princeton, New Jersey.

MA (Millennium Ecosystem Assessment). 2005*a*. Ecosystems and human well-being: biodiversity synthesis. World Resources Institute, Washington, D.C.

MA (Millennium Ecosystem Assessment). 2005*b*. Ecosystems and human well-being: synthesis. World Resources Institute, Washington, D.C.

Naidoo, R., and W. L. Adamowicz. 2001. Effects of economic prosperity on numbers of threatened species. Conservation Biology **15:**1021–1029.

Olson, M. 1965. The logic of collective action: public goods and the theory of groups. Harvard University Press, Cambridge, Massachusetts.

Ostrom, E. 1990. Governing the commons: the evolution of institutions for collective action. Cambridge University Press, New York.

Ostrom, E. 2001. Reformulating the commons. Pages 17–41 in J. Burger, E. Ostrom, R. B. Norgaard, D. Policansky, and B. D. Goldstein, editors.Protecting the commons: a framework for resource managementin the Americas. Island Press, Washington, D.C.

Quinn, G. P., and M. J. Keough. 2002. Experimental design and data analysis for biologists. Cambridge University Press, Cambridge,United Kingdom.

R-Project. 2008. R: a language and environment for statistical computing. R Foundation for Statistical Computing, Vienna, Austria. Available from http://www.r-project.org/ (accessed August 2008).

Ronzio, C. R., E. Pamuk, and G. D. Squires. 2004. The politics of preventable deaths: local spending, income inequality, and premature mortality in US cities. Journal of Epidemiology and Community Health **58:**175–179.

Ross, N. A.,D.Dorling, J. R.Dunn, G. Henriksson, J. Glover, J. Lynch, and G. R. Weitoft. 2005. Metropolitan-income inequality and working age mortality: a cross-sectional analysis using comparable data from five countries. Journal of Urban Health – Bulletin of the New York Academy of Medicine **82:**101–110.

SIDD (Standardized Income Distribution Database). 2005. SIDD. Salvatore J. Babones, Sydney, Australia. Available from http://wwwpersonal. arts.usyd.edu.au/sbabones/ (accessed August 2008).

Stern, D. I. 2004. The rise and fall of the environmental Kuznets curve.World Development **32:**1419–1439.Taylor, B. W., and R. E. Irwin. 2004. Linking economic activities to the distribution of exotic plants. Proceedings of the National Academy of Sciences **101:**17725–17730.

Tilman, D. 2000. Causes, consequences and ethics of biodiversity. Nature **405:**208–211.

UNDP (UN Development Programme). 2006. Human development reports.UNDP, New York. Available from http://hdr.undp.org (accessed August 2008).

Vitousek, P. M., H. A. Mooney, J. Lubchenco, and J. M. Melillo.1997. Human domination of Earth's ecosystems. Science **277:**494–499.

Walsh, C., and R. Mac Nally. 2008. hier.part. Version 1.0–3. The R Project for Statistical Computing. Available from http://www.rproject.org/ (accessed August 2008).

Wilkinson, R. G., and K. E. Pickett. 2006. Income inequality and population health: a review and explanation of the evidence. Social Scienceand Medicine **62:**1768–1784.World Bank.1992.World development report 1992: development andthe environment. Oxford University Press, New York.

WRI (World Resources Institute). 2007. EarthTrends: the environmental information portal. WRI, Washington, D.C. Available from http://earthtrends.wri.org (accessed August 2008).

YCELP (Yale Center for Environmental Law and Policy). 2005. Environmental performance index. YCELP, New Haven, Connecticut.Available from http://www.yale.edu/esi/ (accessed August 2008).

York, R., E. A. Rosa, and T. Dietz. 2003. Footprints on the earth: the environmental consequences of modernity. American Sociological Review **68:**279–300.

气候变化将降低集成预测模型对南非重要鸟区的特有鸟类的保护效力[①]

Bernard W. T. Coetzee　Mark P. Robertson　Barend F. N. Erasmus
Berndt J. van Rensburg　Wilfried Thuiller

摘要:

目标: 在非洲检验气候变化对特有鸟类的影响对于全球生态保护具有重要意义,因为针对非洲的类似研究很少。本文着重评定了预计分布区变化与重要鸟区 (IBAs) 网络的关系并且评价了生态保护的可能结果。

地点: 南非,莱索托 (Lesotho) 与斯威士兰 (Swaziland)

方法: 最新的集成模型[②]使用了 50 个物种数据、2070—2100 年的四种气候变化模型以及统计包 BIOMOD 中的 8 个生物气候生态位模型,并用接受者操作特性曲线 (ROC)[③]与最新引进的真实技巧统计 (true skill statistic, TSS) 法进行模型评价。未来分布预测基于两个极端假设: 物种完全扩散与物种完全不扩散,然后使用主成分分析进行集成预测,并根据重要鸟区 (IBAs) 网络解释该预测结果,最后通过分析不可替代性突出了在气候变化下应该优先保护的 IBAs。

结果: 大多数物种 (62%) 预计将失去气候适宜空间。5 个物种将失去至少 85% 的气候适宜空间。很多重要鸟区物种减少 (41%, 47IBAs) 并且物种更替率高达 50% 以上 (77%, 95IBAs)。在气候变化的影响下,特有物种赖以生存的难以替代的区域将变得非常局域化,这意味着为了维持气候生态位,这里所分析的地方物种的分布区都会收缩。

[①] 原文: Bernard W. T. Coetzee, Mark P. Robertson, Barend F. N. Erasmus, Berndt J. van Rensburg and Wilfried Thuiller. 2009. Ensemble models predict Important Bird Areas in southern Africa will become less effective for conserving endemic birds under climate change. Global Ecology and Biogeography, 18: 701–710.
推荐: 宫鹏; 翻译: 付薇; 校阅: 宫鹏、林光辉; 辅助校阅: 李展、杨长虹。
注: Reprinted, with permission from John Wiley and Sons and the authors。
[②] 集成模型是结合多种模型用来减少模型不确定性的一种技术。
[③] 接受者操作特性曲线 (receiver operating characteristic curve, 简称 ROC 曲线), 又称为感受性曲线 (sensitivity curve)。得此名的原因在于曲线上各点反映着相同的感受性, 它们都是对同一信号刺激的反应, 只不过是在几种不同的判定标准下所得的结果而已。接受者操作特性曲线就是以虚惊概率为横轴, 击中概率为纵轴所组成的坐标图, 和被试在特定刺激条件下由于采用不同的判断标准得出的不同结果画出的曲线。

主要结论: 在气候变化的影响下,南非重要鸟区 (IBAs) 网络极可能无法有效保护特有鸟类。不可替代性分析确定了气候变化下特有物种的主要残遗种区[①],但很多区域目前还不是重要鸟区。另外,很多重要鸟区中的优先保护区并不在目前的官方保护区网络内。

关键词: 生物气候生态位[②]模型　BIOMOD　鸟类保护　气候变化　特有鸟种　集成建模　不可替代性　南非　TSS

1. 前言

考虑到最近对气候变化的预测,我们能对现存物种进行保护的想法已经不现实了。自然资源保护者迫切需要可靠地估计气候变化对物种的影响,因为物种极有可能会迁移出现有或标定的保护网络甚至在当地灭绝 (Parmesan and Yohe, 2003; Araújo et al., 2004, 2006; Hannah et al., 2007; Coetzee, 2008a)。虽然生物气候生态位模型被广泛用来预测气候变化的潜在影响 (Pearson and Dawson, 2003; Guisan and Thuiller, 2005; Thuiller et al., 2008),但是该模型在应用时,特别是在相同物种和不同气候变化情景下解释模型间差异时仍存在很多挑战 (Pearson and Dawson, 2003; Thuiller, 2004; Guisan and Thuiller, 2005; Araújo and Guisan, 2006; Pearson et al., 2006; Austin, 2007)。尽管这些模型能很好地预测物种当前的分布,但是在气候发生变化时,由于模型预测的物种未来分布差别非常大,我们并不清楚哪些模型的结果最好 (Thuiller, 2004, 2007; Araújo and Rahbek, 2006; Pearson et al., 2006)。最近出现一种用来减少模型不确定性的方法,它结合多种生物气候生态位模型进行集成预测 (Thuiller, 2004; Araújo et al., 2005, 2006;Araújo and New, 2006)。利用一组模型和多种气候变化情景,并结合集成技术,可以得到更多的稳健预测,从而做出恰当的解释 (Araújo and New, 2006)。在一篇影响深远的文章中, Araújo et al., (2005) 使用最近两个时期气候变化下所观测到的鸟类分布区迁移,检验了生物气候模型预测的准确性。他们的研究支持集成预报方法用于气候变化的建模研究,并说明如何通过选择最一致的预测结果来减少不确定性 (同样可参考 Marmion et al., 2009)。

我们利用最新的集成模型方法来检验气候变化对南非特有鸟类的影响,这对全球生态保护具有重要意义,同时根据南非重要鸟区网络来评价分布区变化的预测。重要鸟区 (IBA) 是国际鸟类协会设定的全球网络,对保护全球鸟类非常重要 (Fishpool and Evans, 2001)。重要鸟区的评选规则包括是否受到全球威胁、限

---

①地质历史时期,未暴露在整个地区发生的气候变化之下,从而为一些残遗种的生存提供了适宜条件的某个区域。

②某一个体、种群或物种与其生物和非生物环境因子的关系的集合。既反映了一个物种在群落中的功能位置,即生态位功能概念,又反映了物种在群落中的分布关系,即生态位的空间概念。

制性的分布范围、生物群系受限以及鸟类是否存在大规模聚集。这样设定重要鸟区可以使其与所考虑的特定区域的现存保护网络有最大程度的重叠 (Fishpool and Evans, 2001)。

特有物种尤其适用于生物气候生态位模型,这是因为: (1) 模型能获得所研究物种的整体分布范围,因而预期模型更精确 (Thuiller, 2004; Guisan and Thuiller, 2005; Broen-nimann et al., 2006)。(2) 物种的分布面积越大,范围越广,模型预测的误差更大,而特有物种的分布范围一般要小一些 (Araújo and Pearson, 2005; McPherson and Jetz, 2007)。

气候变化对南非生物多样性的影响预计非常严重(Foden et al., 2007),并且预计已经变成了现实。例如,在 Simmons 等人 (2004) 的预测结果中,到 2005 年,南非的 6 种鸟类将平均减少 40% 的气候适宜区。由气候变化引起的鸟类分布变化预计会让很多非洲重要鸟区经历大规模的物种损失 (Hole et al., 2009)。鉴于南半球的气候变化对生物多样性影响的信息很少,我们的研究有非常重要的贡献。

2. 数据和方法

2.1 物种和气候数据

我们从南非鸟类制图项目数据库 (SABAP; Harrison et al., 1997) 获取物种位置数据,而这些数据主要是由观测者在 1987—1992 年间从 0.25 度大小的 (676km^2) 格网单元上收集得到。我们假设没有记录的网格上物种是缺失的。选择特有物种的标准如下: 物种分布面积至少 90% 位于南非境内,或物种分布面积多于 20 个格网单元; 同时排除了在分类学上不确定的物种。这样算下来有 50 个物种满足该标准 (Hockey et al., 2005),可以参考表 S2。我们总共采用了 2 000 个格网单元中的 18 658 个记录。

我们根据气候研究中心 (CRU)1961—1990 年的月平均气候数据获取 6 个气候预测变量均值。这些气候变量包括: 年均气温 (°C)、最冷月均温 (°C)、最暖月均温 (°C)、年降水量 (mm)、最暖月降水量 (mm) 及最冷月降水量 (mm)。变量的选择反映了能量与水分对鸟类分布范围的约束程度,以及从不同气候模型得到合适变量的可能性。这些变量对物种分布的约束源于普遍存在的生理限制 (Lennonet et al., 2000; van Rensburg et al., 2002; Araújo et al., 2005)。

南非极易受到气候变化的影响,但很少有区域气候模型 (RCMs) 适用于此区域乃至全世界 (Tadross et al., 2005)。我们使用四种气候变化模型,包括 RCMs 以及小尺度上的全球气候模型 (MM5、PRECIS、HadCM、CCAM,详见后文),来捕捉隐含假设下模型给出的气候过程的变化。由于不同排放情景反映了人类排放速率的不同预测,我们使用的气候变化模型依照排放情景中"一切如常"的 A2

特别报告,该情景假设全球碳排放保持现状 (Nakicenovic and Swart, 2000)。

MM5 (第五个中尺度模型, Tadross et al., 2005) 与 PRECIS 模型 (Providing REgional Climates for Impacts Studies model) 都是建立在 50×50km 空间分辨率上的区域气候模型,并嵌套在 HadAM3H 模型 10 年的控制和未来积分当中。(Jones et al., 2004)。现在 PRECIS 模型对 1970—1979 年进行了气候标定,而 MM5 模型则对 1975—1984 年进行了气候标定。MM5 与 PRECIS 模型对未来气候的预测分别对应 2070—2080 年以及 2090—2100 年。在南非地区已经对 MM5 与 PRECIS 模型的性能进行了评价,结果相对可靠 (Hudson and Jones, 2002; Tadross et al., 2005)。HadCM3 是由 Hadley 气候预测中心发展的海洋－大气耦合循环模型 (Gordon et al., 2000),该模型由 Hewitson (2003) 通过经验方法降尺度到区域应用上。小尺度上的模型评价 (Hewitson and Crane, 2005) 表明关键气候模式已经找到。HadCM3 模型对 1970—1999 年进行了气候标定,未来将对 2071—2100 年的气候进行预测。CCAM 模型是可变尺度模型,曾经被 Engelbrecht 等 (2009) 应用于撒哈拉以南的非洲区。此模型的前身 DARLAM,曾被用于生物气候生态位建模 (Olwoch et al., 2008)。参照 Tadross 等人的方法,对每个气候变化模型中有关温度的变量,将其异常值(特定气候模型现时建模与未来建模的输出差值)加入到观测的温度基线数据中。对降雨数据,我们也进行了相应调整,将现在与将来的模型输出与观测的降雨数据的变化比例相乘。这种方法被认为稳健且最易于操作 (Tadross et al., 2005; IPCC-TGICA, 2007)。尽管气候变化模型与基准气候数据对应不同的时间预测尺度与不同的现行气候标定基准,但是对南非而言,在合适的空间尺度上,这些模型还是代表了最近可用的气候变化数据。这些模型预测的未来气候变化的范围有很大的重叠,由此可知这些模型的预测结果并不会因为上述不匹配的数据而完全没有联系。我们的目标是对气候变化影响在大尺度上进行首次评价,将用到经实践证明最好的集成技术,因此我们认为可以接受这些限制条件。

用 Arcgis 9.1 (ESRI, 2008) 中的标准程序来匹配 50×50km 分辨率的气候变化数据集和地图数据格网单元。没有进行内插,将 50×50km 的单元重采样为 1×1km 的栅格数据集。然后用滑动窗口综合过程①把这些数据综合到 0.25 度格网的鸟类图集数据上。由于 0.25 度格网单元与 50×50km 单元数据集的原有坐标系统并不相同,这些格网在正常模式下不会叠合。探索性数据分析表明:和通常使用的克里金空间插值技术相比,我们的方法得到的结果平均而言更忠实于 50×50km 单元上原有气候模式。

2.2 模型方法

由于生物气候建模工具包 BIOMOD 能对大量物种同时运行多种生物气候

---

① 通过开窗技术把窗口内的格网单元上的值利用平均或加权平均等技术进行综合。

模型，利用 BIOMOD(Thuiller, 2003) 中的 8 个模型在 R 软件环境 (R 开发组, 2006) 中对鸟类分布进行预测。模型包括: (1) 广义线性模型 (GLM); (2) 广义加性模型 (GAM); (3) 分类树分析 (CTA); (4) 前向神经网络 (ANN); (5) 广义增强模型 (GBM, 也称为增强回归树, BRT); (6) 随机森林 (RF); (7) 混合判别分析 (MDA); (8) 多元适应性回归样条函数 (MARS)。GLM, GAM, CTA 与 ANN 模型在 Thuiller (2003) 的文章中有描述和讨论。最近对包括 GBM, MARS, GLM, GAM 与 CTA 模型在内的 16 个生态位模型 (Elith et al., 2006) 进行测试，表明 GBM 模型的表现最好。MDA (Hastie and Tibshirani, 1996) 与 RF 模型 (Breiman, 2001) 也被认为是具有前景的建模技术，这已经在很多文献中得到了认可 (Broennimann et al., 2007)。

2.3 模型评价

利用 70% 的随机观测样本进行建模并用剩余 30% 的数据对模型性能进行评价。通过计算接受者操作特性 (ROC) 曲线下面积 (AUC)，将观测的物种存在、缺失的情况和预计的鸟类分布范围进行对比，我们评价了模型的预测结果 (Fielding and Bell, 1997; Thuiller, 2003)。预测精度在 AUC 值小于 0.5 时基本上是随机的，在 0.5~0.7 范围内精度较差，在 0.7~0.9 范围内较好，而在大于 0.9 时的预测精度最好 (Swets, 1988)。

Kappa 统计值被广泛用于模型评价 (Thuiller, 2003; Araújo et al., 2005; Pearson et al., 2006)，但最近研究表明它对流行率[①]非常敏感 (Allouche et al., 2006)。由于真实技巧统计 (TSS) 具有 Kappa 的所有优点并且对流行率不敏感，因此我们用 TSS 来进行模型评价 (Allouche et al., 2006)。TSS 在天气预报精度评价中用得较多，它把减去随机猜测后的准确预报数目与假想的完美预报作比较，用混淆矩阵 (Fielding and Bell, 1997) 计算敏感度加特异度再减 1 之后得到的值作为 TSS。TSS 的意义可分段解释: 0.2~0.5 的值为较差，0.6~0.8 为有用，大于 0.8 的值为非常好。

在 BIOMOD 模型包中通过最优阈值与最优概率阈值估计将每个物种的出现概率转换成存在 – 缺失值，其中，通过 ROC 曲线得到正确预测的存在 – 缺失值的百分比，然后通过最大化这个百分比来确定最优阈值，而最优概率阈值则通过最大化评价数据的 TSS 统计值来确定。我们对 50 个物种的每个物种各得到了 64 种预测模型，因此一共是 3 200 个预测结果 (8 种模型 × 4 种气候变化模型 × 2 种变换方法 × 50 物种)。

2.4 集成模型

为了计算气候变化预估的一致性，在 R 平台中运行主成分分析 (PCA)，它可确定线性协同变化的预测值 (Thuiller, 2004)。与 Araújo et al. (2005) 一样，PCA 数

[①] 流行率 (prevalence) 是指参考验证样本点中物种存在点和总样本点之比 (Allouche et al., 2006)。

据使用每个格网单元中未来物种丰富度的预测值,这些数据通过每个模型组合的两种变换方法得到 (共 64 种组合)。PCA 在集成预报上用得很成功 (Thuiller, 2004; Araújo et al., 2005; Thuiller et al., 2005; Marmion et al., 2009)。第一主成分是这样一条线,它能穿过所有模型预测结果的主要趋势面,并且使得每个预测结果到这条线的特征距离的均方值最小。第一主成分要尽可能地与所有的数据离得很近,以形成集成轴 (Araújo et al., 2005)。PCA 的主成分载荷 (权重使用每个主成分中单一模型的预估值) 代表了主成分中每个预测的相对贡献。我们从最好地概括了气候变化模式的第一主成分中选择单一模型进行组合,这些模型的主成分负载最大。在我们所举的例子中,前面 9 个模型的主成分载荷最高或者相等,我们选择这 9 个模型进行集成预报 (Araújo et al., 2005; 表 S2)。然而,对于选定的模型 PCA 载荷的分界点基本上是任意选取的。每个格网单元上的物种丰富度数据、从 9 种模型得到的预测分布区变化数据都利用 "界限框" 技术求平均值 (Araújo and New, 2006)。若一半以上 (⩾5) 的模型结果相吻合,则模型就达到了一致。因此,如果 5 个或 5 个以上的模型预测到物种存在,则认为该物种存在,这也被称为集成预报 (表 S1 为集成模型的 PCA 载荷; 表 S3 为所有结果)。

2.5 数据分析

我们考虑了分布区变化的两种情景来说明物种扩散能力的不同: 假设物种要么完全扩散到所有新的适宜环境中 (完全扩散), 要么就不能扩散到任何新的适宜环境中, 只存留在目前的适宜环境中 (不扩散)。但是这个假设不能预测物种在完全扩散的情况下是否能够真正在新的适宜区生存下来。这是一个被广泛应用的宽泛假设, 根据物种的扩散能力给出了两个对立的极端情景, 以此来呈现气候变化如何影响物种的分布范围 (Thomas et al., 2004; Thuiller et al., 2005)。实际情况应该介于这两个极端之间。我们对这两个扩散情景, 即无扩散情形与完全扩散情形下的所有物种进行了集成预报。

为了通过集成预报估计每个物种新增或减少的气候适宜空间, 我们计算了新增或减少的格网单元百分比以及在完全扩散与不扩散两个假设下的分布范围变化的百分比。对于每一个格网单元, 只在完全扩散的假设下我们用 $T = 100(L + G)/(SR + G)$ 计算物种更替率, 其中 T 为更替率, L 为减少的格网单元数目, G 为新增的格网数目, SR 为现阶段格网单元的物种丰富度 (Thuiller et al., 2005)。更替率为 0 代表物种集合将保持不变 (没有物种的增加或减少), 更替率为 100 表示格网单元中的物种集合将完全不同 (物种损失与初始的物种丰富度相等)。

不可替代性是被广泛用来评价保护重要性的准则, 它旨在能够代表所有选定的生物学特征。我们用它来进行探索性分析, 以确定易受气候变化影响的地方特有物种的聚集区域, 以及以后可能成为残遗种区的区域。比如, 如果物种分布范围缩小到了类似的区域, 在未来变化情形下, 区域的不可替代性将增大。不可替代性定义为：要达到一系列特定保护目标，一个给定区域需要被保护的迫切程度 (Margules and Pressey, 2000)，它的值域是 0 到 1，1 代表生物学特征是该区域特有的，区域是完全不可替代的，所包含的物种只在此区域存在。我们用当前的物种分布数据与 50 个特有物种分布的集成预报结果计算不可替代性，此计算在 C-Plan 系统保护规划平台 (3.11 版) 上运行 (Pressey et al., 2009) http://www.uq.edu.au/~uqmwatts/cplan.html。C-Plan 用来辅助保护规划决策，它根据物种组成、植被类型及土地利用类型估计地表景观组分的不可替代性。C-Plan 计算并显示每个区域的不可替代性，并将其作为确定区域保护目标重要性的指导准则之一。我们将保护目标设置为 1，以确保每个物种至少会出现在 1 个 0.25 度 × 0.25 度的格网单元上，并且将模型预测的不可替代格局与 IBA 网络分布进行比较，找出重叠区域。

借鉴他人经验 (Margules and Pressey, 2000; Reyers, 2004)，我们考虑把气候变化下那些易受影响与不可替代性很高的区域作为最优先保护的区域。利用 Barnes 数据 (1998) 与明显的地理特征 (n=122) 将南非的重要鸟区网络、Lesotho 与 Swaziland 国家的地图在 Arcgis 9.1 中数字化 (岛屿除外)。每个重要鸟区的物种列表通过 IBA 与目前集成预报的格网数据进行相交运算而得。每个 IBA 中，用物种损失值除以最高物种损失值，从而将气候变化带来的物种损失归一化为 0~1。Coetzee(2008) 综合分析了现在与将来的土地利用给南非 IBA 带来的威胁。为了补充分析并完整评价气候变化对 IBAs 的威胁，对南非境内的 655 种鸟，我们用了所有 IBAs 的不可替代性数据进行计算。将每个 IBA 由于气候变化引起的物种损失和不可替代性绘制在一个坐标系下，可以全面反映气候变化的威胁，至少对特有鸟类集群而言该方法是可行的。用这些 IBAs 的二维图来确定目前国家级的不可替代的 IBAs，这些区域最可能受到气候变化的威胁，而这些威胁则通过每个 IBA 的特有物种损失确定。

3. 结果

总体来说，观测数据与模型对现有状况的预测数据吻合很好 (表 1)。从建模数据来看，RF 模型显示出过拟合的现象。从评价数据集来看，GBM、RF 与 GAM 模型总体上来说是最好的生物气候模型，其次是 GLM、MARS 与 ANN 模型 (表 1)。

表 1 每个模型 50 个鸟类物种的 ROC 曲线下面积 (AUC) 与 TSS 值 (Min=最小值, Me=均值, Max=最大值)。建模数据是指用来拟合模型的 70% 数据，评价数据是用来评价所拟合模型的 30% 数据集，原始数据为二者的结合 (建模数据 + 验证数据)。

	建模数据集			评价数据集			原始数据集		
AUC	Me	Min	Max	Me	Min	Max	Me	Min	Max
GLM	0.94	0.77	0.99	0.93	0.75	1.00	0.94	0.76	0.99

续表

AUC	建模数据集			评价数据集			原始数据集		
	Me	Min	Max	Me	Min	Max	Me	Min	Max
GAM	0.95	0.80	0.99	0.94	0.77	1.00	0.95	0.80	0.99
CTA	0.92	0.75	0.98	0.87	0.71	0.96	0.91	0.75	0.96
ANN	0.95	0.85	1.00	0.93	0.82	0.99	0.95	0.84	0.99
GBM	0.98	0.90	1.00	0.94	0.80	1.00	0.97	0.87	1.00
RF	1.00	1.00	1.00	0.94	0.79	1.00	0.99	0.96	1.00
MDA	0.93	0.79	0.99	0.91	0.75	0.99	0.93	0.78	0.98
MARS	0.95	0.83	0.99	0.93	0.77	1.00	0.94	0.82	0.99
TSS	建模数据集			评价数据集			原始数据集		
GLM	0.78	0.43	0.94	0.78	0.43	0.98	0.77	0.43	0.93
GAM	0.80	0.50	0.95	0.79	0.43	0.99	0.79	0.47	0.95
CTA	0.77	0.50	0.94	0.68	0.38	0.87	0.74	0.46	0.88
ANN	0.81	0.54	0.96	0.77	0.47	0.97	0.79	0.52	0.95
GBM	0.87	0.65	0.99	0.77	0.45	0.99	0.83	0.59	0.98
RF	1.00	1.00	1.00	0.78	0.43	0.99	0.92	0.83	0.99
MDA	0.74	0.47	0.91	0.71	0.36	0.93	0.73	0.43	0.90
MARS	0.79	0.53	0.95	0.76	0.42	0.99	0.78	0.49	0.94

GLM: 广义线性模型; **GAM**: 广义加性模型; **CTA**: 分类树分析; **ANN**: 前向人工神经网络; **GBM**: 广义增强模型; **RF**: 随机森林; **MDA**: 混合判别分析; **MARS**: 多元适应性回归样条曲线。

第一主成分占模型信息的 46.8%, 从第一主成分中选取了 9 个集成模型, 包括 MM5、PRECIS 与 CCAM 气候变化模型的输出, GBM 与 CTA 生物气候生态位模型的输出以及 ROC 和 TSS 的二进制转换输出 (表 S1)。预测的物种丰富度变化格局在不同的区域循环模型①中大体上是相似的, 正如相似的主成分载荷所示 (表 S1)。总之, 比较所有使用的模型来看, GBM 最好地综合了所有模型预测的分布区变化的总体格局, 其次好的是 CTA。

大多数物种 (31 个物种, 62%) 将失去气候适宜空间。利用集成预报, 50 个用来建模的本地物种在完全扩散情形下将失去 12% 的气候适宜空间, 在无扩散情形下将失去 26% 的适宜空间 (标准差分别是 208.7% 与 72.5%), 为中度损失。不管分析扩散情形与否, 5 个物种 (Cape clapper lark, pied starling, African rock pipit, southern black korhaan 与 sicklewinged chat) 预计将损失至少 85% 的气候适宜空间 (表 S2)。16 个物种 (32%) 预计在完全扩散假设下将损失超过 50% 的适宜空间。19 个物种 (38%) 的气候适宜空间预计将有所增长 (表 S2)。

气候变化预计对物种丰富度格局有很大影响, 因为在完全扩散 (图 1b) 与无扩散 (图 1c) 的情形下物种分布都有很大变化。对所有参与建模的鸟类来说, 预计南非西北与中部地区的所有适宜空间都将丧失。在无扩散假设下, 尽管物种损

---

① 循环模型是基于旋转球面上的 Navier–Stokes 方程的大气或海洋多种能量循环的数学模型。

失在东北区域更加敏感,但所有地区的模式类似。南非很多地区预计将会出现很高的物种更替率(图1d),但没有物种预计会灭绝,这也意味着在气候变化下至少能够保留一小片气候适宜空间。

IBA网络目前在32个格网单元中有31种鸟的不可替代性超过0.5,占到总数的97%。根据预测的分布区变化,在IBA网络中,64个格网单元有53个(83%)的不可替代性将超过0.5(图1f)。这意味着在气候变化时多数格网的不可替代性很高,并且很大一部分格网将落在现有IBA网络外。与目前观测到的格局不同,

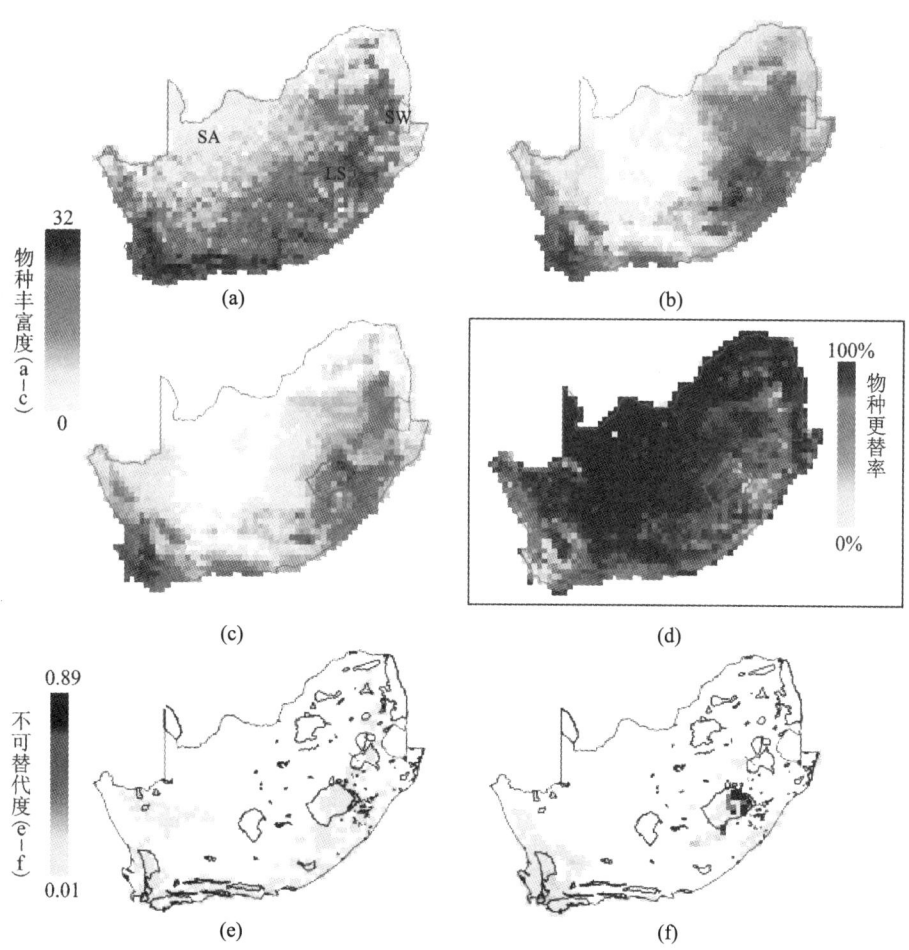

图1 (见彩图)(a) 现阶段参与评价的50种本地鸟类的物种丰富度; (b) 在完全扩散假设下基于16个模型和4个气候变化模型集成预报所得的2070—2100年未来鸟类物种丰富度; (c) 未来鸟类物种丰富度,基于无扩散假设的相似集成分析,意味着物种只会在现阶段与将来预测都适合的区域分布; (d) 每个格网单元上的鸟类物种更替率; (e) 50个特有鸟种的现阶段不可替代区域格局(黑色表示与IBAs重叠部分); (f) 完全扩散假设下基于集成预报的未来不可替代区域格局。南非、Lesotho(LS)与Swaziland (SW)用灰度进行指示,白色区域代表物种缺失。

地方物种的不可替代性区域分布格局,在集成预报结果中变得高度本地化,主要集中在西好望角、Lesotho 东北高地以及 Drakensberg 山地 (图 1f)。需要强调的是,可供选择的全国范围内用来进行物种保护的区域减小了。在 IBA 网络中,集成预报结果表明, 692 个单元中有 436 个格网单元 (64%) 的不可替代性在完全扩散情形下减小了 (未来不可替代性 – 现在不可替代性=负值)。

表 S4 确定了由于受到气候变化的严重威胁而具有高度不可替代性的 IBAs (图 2)。由于气候变化,有 11 个 IBAs (9%) 在保护优先度上需要持续关注。预测结果显示一些物种 (29 个物种, 58%) 将不会在目前适合生存的 IBAs 中存在。总共有 47 个 IBAs (41%) 会有物种损失, 37 个 (29%) 显示没有变化, 39 (30%) 个 IBAs 会有物种增加。很多 IBAs 将会有超过 50% 的物种更替 (77%, 95IBAs)。

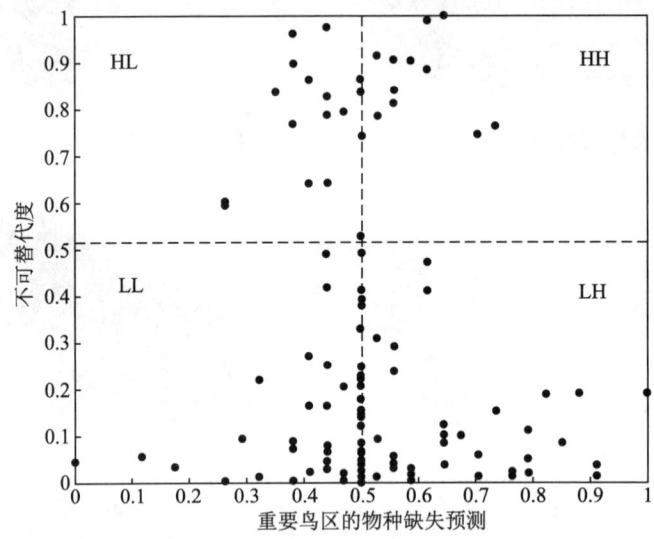

图 2 IBAs 不可替代值与预计物种缺失的二维散点图。具有高不可替代值的区域看做有更高的保护价值。水平轴描述了保护目标易受到气候变化引起的物种损失影响的程度。根据气候变化确定的优先区域具有高不可替代值与高威胁值(HH),这 11 个区域在表 S3 中。值得一提的是尽管很多 IBAs 的不可替代值不高,但是受到气候变化的高度威胁(LH 象限)。

4. 讨论

气候变化的影响非常严峻,正如我们看到的那样,本地物种丰富度格局预计在 2070—2100 年间会有很大转变 (图 1)。有 5 个物种预计将损失超过 85% 气候适宜空间 (不考虑扩散能力),但在 IUCN 标准下这些物种目前全部被列为 "不受威胁" (表 S2; IUCN, 2006)。这也强调了在制定受威胁物种的列表时,需要把是否易受气候变化的影响这一因素给包含进来 (Bomhard et al., 2005; IUCN, 2006)。

预测表明鸟类活动范围可能向东部、南部以及内地的丘陵地区转移。西北地区的干旱区域呈现出特别高的物种活动范围变化率,这与其他研究该地区类别(植被、爬行动物、无脊椎动物、哺乳动物: Erasmus et al., 2002; Midgley et al., 2002; Broennimann et al., 2006;Foden et al., 2007) 分布范围的结果一致。此区域未来的气候预计和南非现在的气候完全不同,在这种气候下没有一种特有鸟类会觉得舒适。在南非有着明显的东西干旱梯度,物种丰富度在这个方向有所下降,这种现象主要是对初级生产力的响应,而初级生产力取决于被有效利用的能量与水分 (van Rensburg et al., 2002)。集成气候变化模型预计整个南非将变暖,东部降雨增加,西部降雨减少。在降雨增加与减少地区的边界区域,模型预测的结果有差异。西北地区降雨减少 (IPCC, 2007) 表明预测的鸟类响应真实反映了气候变化的影响。

  长期来看,南非现有的 IBAs 网络保护特有鸟类的力度将不太有效,这主要是因为气候变化导致鸟类分布范围变化。例如,现在大保护区中的 Kruger 国家公园以及草地生物圈保护区 (这两者都是 IBAs) 都极有可能受到气候变化的重大影响 (表 S4)。由于全球 CO_2 排放速率快速增加 (Raupach et al., 2007),本地气候变化格局极有可能继续削弱优先保护区的有效性,包括 IBAs。这再次证明了全球碳排放的急剧减少对物种保护不可或缺。如果做不到这一点,那么很有必要强调在保护区管理以及 IBA 设计时考虑气候变化的影响,因为现阶段重点保护区极可能改变 (Lee and Jetz, 2008)。

  模型结果表明气候变化减少了很多本地物种的气候适宜活动范围,同时也增加了适宜区域的不可替代性,因为它们是这些鸟类藏身的唯一区域。观察到的这个结果解释了图 1f,即特有鸟类的不可替代格局,在集成预报下变得高度局部化。这个趋势令人不安,生态气候适宜空间变得更小,意味着保护物种的机会更少。这些 "不可替代的残余种区" 是生态保护关注的重点区域,因为它们是很多本地鸟类的生态气候适宜空间。一些 IBAs 落在这些区域,但是这些 IBAs 只有很小一部分区域被正式保护了,它们的保护状态是不确定的 (表 S2)。这些不可替代的残遗种区主要分布在南非的丘陵地区,这也特别突出了海拔梯度与山区作为抵御气候变化的缓冲带所起的重要作用。扩散能力与不利的土地利用将决定这些残遗种区被开发利用的程度,预测的分布范围变化不仅可作为进一步测试和监测保护区的前提,同时也可检验物种分布范围随高度而变化的有关猜想。

  不可替代性是用来评价重点保护区域的准则 (Margules and Pressey, 2000),但它很少与气候变化结合起来评价重点保护区,因为它有很多需要注意的事项。不可替代性取决于物种在景观上如何分布,因此如果一个区域含有几种分布范围被严格限制的物种,那么该区域具有高度的不可替代性。由于即使是所预测物种分布的较小改变也可能对不可替代性的估计产生较大影响,因此本文用到的不可替代性分析可能对模型输出特别敏感。这些结果应该用来指示大趋势,而不能拘泥于某一特定的不可替代值。但是,也正如本文所解释,不可替代性在确定极易受气候变化影响的关键区域,以及未来可能进一步成为残遗种区的关键区域时,是非常有用的。

尽管集成模型可以快速有效地探讨气候变化影响的大尺度格局,但并不意味着它不能被更好的模型取代。我们的方法仍然面临着其他研究也存在的方法论难题 (Pearson and Dawson, 2003; Opdam and Wascher, 2004; Guisan and Thuiller, 2005; Araújo and Guisan, 2006; Araújo and New, 2006; Araújo and Rahbek, 2006; Broennimann et al., 2006; Austin, 2007; Thuiller, 2007)。同样,我们谈到广度格局,然而集成模型并不能反映其中各物种之间可能存在的响应差异(Araújo et al., 2005; Thuiller et al., 2005)。气候变化模型内部与模型之间都存在着不确定性 (Beaumont et al., 2007)。但是,本研究不同模型给出的结果是相似的,再一次验证了集成预报足以代表气候变化的可能影响。更理想地是,需要结合选择性排放方案来探讨发展与能源政策的轨迹,但这个区域目前缺乏可用的数据。但是,根据最近观察到的不断增长的 CO_2 排放速率 (Raupach et al., 2007)——而这正是"一切如常" A2 SRES 情景的依据,我们绝不会高估气候变化的影响,因为这个情景在未来是相当可信的 (Broennimann et al., 2006)。我们用到了时间跨度很长的气候变化数据,可能会有人认为更短的时间跨度或结合预测"时间切片"更适用于保护评价,因为很多其他的邻近因素将会在不远的将来影响物种。需要注意的是,在我们的研究中,数据集的选择反映了更多合适数据的匮乏,考虑到数据限制,我们的研究应该作为保护区评价而不是保护区规划。尽管如此,本研究对于未来几十年的可能变化同样具有指示作用。

本研究中的集成模型方法相比以前的建模技术有了提高,减少了不确定性,并通过选择最一致的预测结果提高了精确度 (Araújo et al., 2005)。经过分析得到了大量明确的信息,同时也确定了对气候变化异常敏感的 IBAs,重申了气候变化对南非特有鸟类将有重大影响。因此,很有必要探讨并进一步改进把气候变化影响与保护规划相结合的方法。

致　　谢

我们感谢开普敦大学鸟类统计单位提供的鸟类图集数据、无数收集这些数据的志愿者、提供 CCAS 数据以及包括提供其他气候变化数据在内的南非生态观测网络的 Francois Engelbrecht、开放 C-Plan 的 Malcolm Ridges 以及提出建设性意见的 David Currie, Katrin Böhning-Gaese 和两个匿名审稿人。我们非常感谢 Pretoria 大学和入侵生物 DST-NRF 中心提供的经费。W.T. 也得到了 EU FP6 MACIS 物种目标项目 (环境影响最小化以及适应: 生物多样性影响, 合同号 no. 044399) 以及 EU FP6 ECOCHANGE 联合项目 (评价与预报欧洲生物多样性与生态系统变化的挑战) 的部分资助。本文工作也是国际研究网络 (GDRI) "法国南非——全球变化下南非生态系统生物多样性和可持续利用的动态变化: 过程与相关机制" 中的一部分。

参考文献

Allouche, O., Tsoar, A. and Kadmon, R. 2006. Assessing the accuracy of species distribution models: Prevalence, kappa and the true skill statistic (TSS). Journal of Applied Ecology, 43, 1223–1232.

Araújo, M.B. and Guisan, A. 2006. Five (or so) challenges for species distribution modelling. Journal of Biogeography, 33, 1677–1688.

Araújo, M.B. and New, M. 2006. Ensemble forecasting of species distributions. Trends in Ecology and Evolution, 22, 42–47.

Araújo, M.B. and Pearson, R.G. 2005. Equilibrium of species distributions with climate. Ecography, 28, 693–695.

Araújo, M.B. and Rahbek, C. 2006. How does climate change affect biodiversity? Science, 313, 1396–1397.

Araújo, M.B., Cabeza, M., Thuiller, W., Hannah, L. and Williams, P.H. 2004. Would climate change drive species out of reserves? An assessment of existing reserve-selection methods. Global Change Biology, 10, 1618–1626.

Araújo, M.B., Whittaker, R.J., Ladle, R.J. and Erhard, M. 2005. Reducing uncertainty in projections of extinction risk from climate change. Global Ecology and Biogeography, 14, 529–538.

Araújo, M.B., Thuiller, W. and Pearson, R.G. 2006. Climate warming and the decline of amphibians and reptiles in Europe. Journal of Biogeography, 33, 1712–1728.

Austin, M. 2007. Species distribution models and ecological theory: A critical assessment and some possible new approaches. Ecological Modelling, 200, 1–19.

Barnes, K.N. 1998. The important bird areas of southern Africa. Birdlife South Africa, Johannesburg.

Beaumont, L.J., Pitman, A.J., Poulsen, M. and Hughes, L. 2007. Where will species go? Incorporating new advances in climate modelling into projections of species distributions. Global Change Biology, 13, 1368–1385.

Bomhard, B., Richardson, D.M., Donaldson, J.S., Hughes, G.O., Midgley, G.F., Raimondo, D.C., Rebelo, A.G., Rouget, M. and Thuiller, W. 2005. Potential impacts of future land use and climate change on the Red List status of the Proteaceae in the Cape Floristic Region, South Africa. Global Change Biology, 11, 1452–1468.

Breiman, L. 2001. Randomforests. Machine Learning, 45, 5–32.

Broennimann, O., Thuiller, W., Hughes, G., Midgley, G.F., Alke-made, J.M.R. and Guisan, A. 2006. Do geographic distribution, niche property and life form explain plants' vulnerability to global change? Global Change Biology, 12, 1079–1093.

Broennimann, O., Treier, U.A., Müller-Schärer, H., Thuiller, W., Peterson, A.T. and Guisan, A. 2007. Evidence of climatic niche shift during biological invasion. Ecology Letters, 10, 701–709.

Coetzee, B.W.T. 2008a. Conservation with caveats. Science, 321, 340–341.

Coetzee, B.W.T. 2008b. Implications of global change for important bird areas in South Africa. MSc Thesis. University of Pretoria, Pretoria.

ESRI. 2008. GIS and mapping software. Available at: http://www.esri.com (last accessed 13 July 2008).

Elith, J., Graham, C.H., Anderson, R.P., Dudík, M., Ferrier, S., Guisan, A., Hijmans, R.J., Huettmann, F., Leathwick, J.R., Lehmann, A., Li, J., Lohmann, L.G., Loiselle, B.A., Manion, G., Moritz, C., Nakamura, M., Nakazawa, Y., Overton, J. McC., Peterson, A.T., Phillips, S.J., Richardson, K.S., Scachetti Pereira, R.,

Schapire, R.E., Soberón, J.,Williams, S.,Wisz,M.S. and Zimmermann,N.E. 2006. Novel methods improve prediction of species' distributions from occurrence data. Ecography, 29, 129–151.

Engelbrecht, F.A., McGregor, J.L. and Engelbrecht, C.J. 2009. Dynamics of the conformal-cubic atmospheric model projected climate change signal over Southern Africa. International Journal of Climatology, 29, 1013–1033.

Erasmus, B.F.N., van Jaarsveld, A.S., Chown, S.L., Kshatriya, M. and Wessels, K. 2002. Vulnerability of South African animal taxa to climate change. Global Change Biology, 8, 679–693.

Fielding, A.H. and Bell, J.F. 1997. A review of methods for the assessment of prediction errors in conservation presence/absence models. Environmental Conservation, 24, 38–49.

Fishpool, L.D.C. and Evans, M.I. 2001. Important Bird Areas in Africa and associated islands: priority sites for conservation.

BirdLife Conservation Series No. 11 Newbury and Cambridge, UK: Pisces Publications and BirdLife International, UK.

Foden, W., Midgley, G.F., Hughes, G., Bond, W.J., Thuiller, W.,Hoffman, M.T., Kaleme, P., Underhill, L.G., Rebelo, A. and Hannah, L. 2007. A changing climate is eroding the geographical range of the Namib Desert tree Aloe through population declines and dispersal lags. Diversity and Distributions, 13, 645–653.

Gordon, C., Cooper, C., Seniot, C.A., Banks, H., Gregory, J.M., Johns, T.C., Mitchell, J.F.B. and Wood, R.A. 2000. The simulation of SST, sea ice extents and ocean heat transports in a version of the Hadley Centre coupled model without flux adjustments. Climate Dynamics, 16, 147–168.

Guisan, A. and Thuiller,W. 2005. Predicting species distribution: Offering more than simple habitat models. Ecology Letters, 8, 993–1009.

Hannah, H., Midgley, G.F., Andelman, S., Araújo, M.B., Hughes, G., Martínez-Meyer, E., Pearson, R. and Williams, P. 2007. Protected area needs in a changing climate. Frontiers in Ecology and Environment, 5, 131–138.

Harrison, J.A., Allan, D.G., Underhill, L.G., Herremans, M., Tree, A.J., Parker, V. and Brown, C.J. 1997. The atlas of southern African birds. Birdlife South Africa, Johannesburg.

Hastie, T.J. and Tibshirani, R. 1996. Generalised additive models. Chapman Hall, London.

Hewitson, B. 2003. Developing perturbations for climate change impact assessments. Transactions of the American Geophysical Union, 84, 337–341.

Hewitson, B.C. and Crane, R.G. 2005. Consensus between GCM climate change projections with empirical downscaling: Precipitation downscaling over South Africa. International Journal of Climatology, 26, 1315–1337.

Hockey, P.A.R., Dean,W.R.J. and Ryan, P.G. 2005. Roberts – birds of Southern Africa, 7th edn. The Trustees of the John Voelcker Bird Book Fund, Cape Town.

Hole, D.G., Willis, S.G., Pain, D.J., Fishpool, L.D., Butchart, S.H.M., Collingham, Y.C., Rahbek, C. and Huntley, B. 2009. Projected impacts of climate change on a continent-wide protected area network. Ecology Letters, 12, 420–431.

Hudson,D.A. and Jones, R.G. 2002. Regional climate model simulations of present-day and future climates of southern Africa. Hadley Centre Technical Note 39. Meteorological Office Hadley Centre, Exeter, UK.

IPCC. 2007. Intergovernmental Panel on Climate Change. Climate Change 2007: the Physical Science Basis, AR4 Synthesis Report. Available at: http://www.ipcc.ch (last accessed 3 December 2007).

IPCC-TGICA. 2007. General guidelines on the use of scenario data for climate impact and adaptation assessment. Prepared by T. R. Carter on behalf of the IPCC Task Group on Data and Scenario Support for Impact and Climate Assessment. Available at: http://www.ipcc-data.org/guidelines/index.html

IUCN. 2006. IUCN Red List of threatened species, IUCN-SSC. Available at: http://www.iucnredlist.org (last accessed 15 May 2007).

Jones, R.G., Noguer,M., Hassell, D.C., Hudson, D.,Wilson, S.S., Jenkins, G.J. and Mitchell, J.F.B. 2004. Generating high resolution climate change scenarios using PRECIS. Meteorological Office Hadley Centre, Exeter, UK.

Lee, T.M. and Jetz, W. 2008. Future battlegrounds for conservation under global change. Proceeding of the Royal Society B:Biological Sciences, 275, 1261–1270.

Lennon, J.J., Greenwood, J.J.D. and Turner, J.R.G. 2000. Bird diversity and environmental gradients in Britain: A test of the species–energy hypothesis. Journal of Animal Ecology, 69, 581–598.

McPherson, J.M. and Jetz,W. 2007. Effects of species ecology on the accuracy of distribution models. Ecography, 30, 135–151.

Margules, C.R. and Pressey, R.L. 2000. Systematic conservation planning. Nature, 405, 243–253.

Marmion, M., Parviainen, M., Luoto, M., Heikkinen, R.K. and Thuiller, W. 2009. Evaluation of consensus methods in predictive species distribution modelling. Diversity and Distributions, 15,59–69.

Midgley, G.F., Hannah, L., Millar, D., Rutherford, M.C. and Powrie, L.W. 2002. Assessing the vulnerability of species richness to anthropogenic climate change in a biodiversity hotspot. Global Ecology and Biogeography, 11, 445–451.

Nakicenovic, N., Swart, R. (eds) 2000. Emissions scenarios. Special Report of the Intergovernmental Panel on Climate Change. Cambridge, University Press, Cambridge. UK.

New, D., Lister, D., Hulme, M. and Makin, I. 2002. A high-resolution data set of surface climate over global land areas. Climate Research, 21, 1–25.

Olwoch, J.M., Reyers, B., Engelbrecht, F.A. and Erasmus, B.F.N. 2008. Climate change and the tick-borne disease, Theileriosis (East Coast fever) in sub-Saharan Africa. Journal of Arid Environments, 72, 108–120.

Opdam, P. and Wascher, D. 2004. Climate change meets habitat fragmentation: Linking landscape and biogeographical scale levels in research and conservation. Biological Conservation, 117, 285–297.

Parmesan, C. and Yohe, G. 2003. A globally coherent fingerprint of climate change impacts across natural systems.Nature, 421, 37–42.

Pearson, R.G. and Dawson, T.P. 2003. Predicting the impacts of climate change on the distribution of species: Are bioclimate envelope models useful? Global Ecology and Biogeography, 12, 361–371.

Pearson, R.G., Thuiller, W., Araújo, M.B., Martínez-Meyer, E., Brotons, L.,McClean, C.,Miles, L., Segurado, P., Dawson, T.P. and Lees, D.C. 2006. Model-based uncertainty in species range prediction. Journal of Biogeography, 33, 1704–1711.

Pressey, R.L., Watts, M.E., Barrett, T.W. and Ridges, M.J. 2009. The C-Plan conservation planning system: Origins, applications, and possible futures. Spatial models for conservation (ed. by A. Moilanen, H.P. Possingham and K.A. Wilson). Oxford University Press, Oxford.

R Development Core Team. 2006. R: a language and environment for statistical computing. R Foundation for Statistical Computing, Vienna, Austria. Available at: http://www.R-project.org (last accessed 6 November 2007).

Raupach, M.R., Marland, G., Ciais, P., Le Quéré, C., Canadell, J.P., Klepper, G. and Field, C.B. 2007. Global and regional drivers of accelerating CO_2 emissions. Proceedings of the National Academy of Sciences USA, 104, 10288–10293.

van Rensburg, B.J., Chown, S.L. and Gaston, K.J. 2002. Species richness, environmental correlates, and spatial scale: A test using South African birds. The American Naturalist, 159, 566–577.

van Rensburg, B.J., Erasmus, B.F.N., van Jaarsveld, A.S., Gaston, K.J. and Chown, S.L. 2004. Conservation during times of change: Correlations between birds, climate and people in South Africa. South African Journal of Science, 100, 266–272.

Reyers, B. 2004. Incorporating anthropogenic threats into evaluations of regional biodiversity and prioritisation of conservation areas in the Limpopo Province, South Africa. Biological Conservation, 118, 521–531.

Simmons, R.E., Barnard, P., Dean, W.R.J., Midgley, G.F., Thuiller, W. and Hughes, G. 2004. Climate change and birds: Perspectives and prospects from southern Africa. Ostrich, 75,295–308.

Swets, J.A. 1988. Measuring the accuracy of diagnostic systems. Science, 240, 1285–1293.

Tadross, M., Jack, C. and Hewitson, B. 2005. On RCM-based projections of change in southern African summer climate. Geophysical Research Letters, 32, L23713.

Thomas, C.D., Cameron, A., Green, R.E., Bakkenes, M., Beaumont, L.J., Collingham, Y.C., Erasmus, B.F.N., de Siqueira, M.F., Grainger, A., Hannah, L., Hughes, L., Huntley, B., van Jaarsveld, A.S., Midgley, G.F., Miles, L., Ortega-Huerta, M.A., Peterson, A.T., Phillips, O.L. and Williams, S.E. 2004. Extinction risk from climate change. Nature, 427, 145–148.

Thuiller, W. 2003. BIOMOD – optimizing predictions of species distributions and projecting potential future shifts under global change. Global Change Biology, 9, 1353–1362.

Thuiller, W. 2004. Patterns and uncertainties of species' range shifts under climate change. Global Change Biology, 10, 2020–2027.

Thuiller, W. 2007. Climate change and the ecologist. Nature, 448, 550–552.

Thuiller, W., Lavorel, S., Araújo, M.B., Sykes, M.T. and Prentice, I.C. 2005. Climate change threats to plant diversity in Europe. Proceedings of the National Academy of Sciences USA, 102, 8245–8250.

Thuiller, W., Albert, C., Araújo, M.B., Berry, P.M., Cabeza, M., Guisan, A., Hickler, T., Midgley, G.F., Paterson, J., Schurr, F.M., Sykes, M.T. and Zimmermann, N.E. 2008. Predicting global change impacts on plant species' distributions: Future challenges. Perspectives in Plant Ecology, Evolution and Systematics, 9, 137–152.

附录

表 S1 集成预报所使用 64 个组合模型 (50 个特有鸟种的 16 个模型, 4 个气候变化模型) 的主成分载荷 (主成分分析法)。其中仅第一主成分中 9 个最高载荷模型的数据列于此。模型命名遵循传统气候变化模型、生态位模型以及评价方法如 CCAM.GBM.ROC 表示 CCAM 气候变化模型、GBM 生态位模型与 ROC 变换方法。文中有对模型与变换的详细描述。

模型	PC1	PC2	PC3	PC4	PC5
累积解释方差 (%)	46.78	52.93	56.74	58.86	60.25
CCAM.GBM.ROC	−0.138	0.077	−0.073	0.042	−0.005
MM5.GBM.ROC	−0.138	0.077	−0.073	0.042	−0.005
PRECIS.GBM.ROC	−0.138	0.077	−0.073	0.042	−0.005
CCAM.GBM.TSS	−0.138	0.084	−0.068	0.038	−0.020
MM5.GBM.TSS	−0.138	0.084	−0.068	0.038	−0.020
PRECIS.GBM.TSS	−0.138	0.084	−0.068	0.038	−0.020
CCAM.CTA.TSS	−0.137	0.066	−0.007	0.041	−0.008
MM5.CTA.TSS	−0.137	0.066	−0.007	0.041	−0.008
PRECIS.CTA.TSS	−0.137	0.066	−0.007	0.041	−0.008

CCAM: 变形立方大气模型; **MM5:** 地物中尺度模型; **PRECIS:** 区域气候影响研究模型; **GBM:** 广义增强模型; **CTA:** 分类树分析; **ROC:** 接受者操作特性; **TSS:** 真实技巧统计。

表 S 2　当前研究模型中的特有物种 (n=50)。每个物种所占的 0.25°×0.25° 格网单元的现有数量；在完全扩散 (FD) 与不扩散 (ND) 两种假设下增加与减少的气候适宜空间；现有重要鸟区数量以及完全扩散时气候变化集成预测下的重要鸟区数量。Roberts 号指 Hockey 等 (2005) 中的物种代码，同时也包含物种名字。

Roberts 号	通用名称	现有格网单元占有量	变化百分比完全扩散	变化百分比无扩散	现有重要鸟区数量	完全扩散假设下重要鸟区数量
92	Southern Bald Ibis	256	106.64	31.64	28	49
150	Forest Buzzard	149	168.46	69.13	26	50
190	Greywinged Francolin	492	−75.20	−75.20	39	11
195	Cape Spurfowl	225	−8.89	−27.56	17	12
208	Blue Crane	723	−78.15	−84.79	55	17
234	Blue Korhaan	365	−74.25	−80.55	21	7
239	**Southern Black Korhaan**	**1069**	**−85.31**	**−90.27**	**40**	**9**
362	Cape Parrot	72	533.33	38.89	10	38
370	Knysna Turaco	220	123.64	16.82	32	49
480	Ground Woodpecker	494	−81.17	−81.17	38	10
484	Knysna Woodpecker	107	−12.15	−46.73	13	11
492	Melodious Lark	159	−61.01	−76.10	8	4
495	Cape Clapper Lark	882	−86.85	−89.12	37	10
502	Karoo Lark	256	−44.53	−45.31	10	6
504	Red Lark	45	173.33	53.33	2	3
512	Large-billed Lark	691	−83.50	−83.50	24	7
551	Grey Tit	463	−58.53	−60.04	16	10
565	Bush Blackcap	84	117.86	44.05	14	25
566	Cape Bulbul	262	−46.18	−52.29	18	12
581	Cape Rock Thrush	586	40.27	9.22	57	63
582	Sentinel Rock Thrush	282	−3.55	−13.83	34	29
588	Buffstreaked Chat	227	155.95	53.30	31	52
591	**Sicklewinged Chat**	**555**	**−84.50**	**−85.41**	**19**	**4**
598	Chorister Robin-chat	214	162.62	24.30	33	60
611	Cape Rockjumper	51	101.96	66.67	9	10
612	**Drakensberg Rockjumper**	**80**	**−80.00**	**−80.00**	**12**	**2**
616	Brown Scrub-Robin	101	735.64	124.75	17	68
639	Barratt's Warbler	134	61.94	30.60	22	31
640	Knysna Warbler	36	77.78	11.11	5	10
641	Victorin's Warbler	64	−26.56	−51.56	9	4
660	Cinnamonbreasted Warbler	70	278.57	195.71	5	9
661	Cape Grassbird	520	22.31	0.00	54	58
686	Karoo Prinia	989	−64.21	−64.21	57	31
687	Namaqua Warbler	359	−30.92	−51.25	12	9
706	Fairy Flycatcher	902	−80.27	−84.26	42	15

63

续表

Roberts 号	通用名称	现有格网单元占有量	变化百分比完全扩散	变化百分比无扩散	现有重要鸟区数量	完全扩散假设下重要鸟区数量
721	**African Rock Pipit**	**266**	**−85.71**	**−87.22**	**15**	**2**
725	Yellowbreasted Pipit	44	1036.36	256.82	5	41
742	Southern Tchagra	301	29.90	−18.27	28	36
759	**Pied Starling**	**1165**	**−85.75**	**−85.92**	**58**	**17**
773	Cape Sugarbird	150	−10.67	−25.33	15	11
777	Orangebreasted Sunbird	138	−31.88	−40.58	14	7
783	Southern Doublecollared Sunbird	674	−23.44	−36.65	50	26
785	Greater Doublecollared Sunbird	487	64.27	−2.05	51	63
796	Cape White-eye	1457	−20.73	−29.51	90	80
813	Cape Weaver	921	−11.29	−18.57	67	65
850	Swee Waxbill	379	87.60	22.69	49	67
873	Forest Canary	214	7.01	−20.56	32	34
874	Cape Siskin	128	−11.72	−17.19	13	10
875	Drakensberg Siskin	49	−79.59	−79.59	5	2
880	Protea Seedeater	74	66.22	39.19	8	11

表 S 3 对 16 个模型、4 个气候模型下的 50 种特有鸟类进行集成预测时 64 种模型组合中主成分分析的主成分载荷。所有模型都列出了，并且用黑体标出的 9 种模型被选来进行集成预测。模型名称采用以下规则：气候变化模型、生态位模型以及评价方法。例如 CCAM.GBM.Roc 指 CCAM 气候变化模型、GBM 生态位模型以及 Roc 变换方法。模型缩写详见文本。

模型	主成分 1	主成分 2	主成分 3	主成分 4	主成分 5
累计方差 (%)	46.78	52.93	56.74	58.86	60.25
CCAM.GBM.Roc	**−0.138**	**0.077**	**−0.073**	**0.042**	**−0.005**
MM5.GBM.Roc	**−0.138**	**0.077**	**−0.073**	**0.042**	**−0.005**
PRECIS.GBM.Roc	**−0.138**	**0.077**	**−0.073**	**0.042**	**−0.005**
CCAM.GBM.TSS	**−0.138**	**0.084**	**−0.068**	**0.038**	**−0.020**
MM5.GBM.TSS	**−0.138**	**0.084**	**−0.068**	**0.038**	**−0.020**
PRECIS.GBM.TSS	**−0.138**	**0.084**	**−0.068**	**0.038**	**−0.020**
CCAM.CTA.TSS	**−0.137**	**0.066**	**−0.007**	**0.041**	**−0.008**
MM5.CTA.TSS	**−0.137**	**0.066**	**−0.007**	**0.041**	**−0.008**
PRECIS.CTA.TSS	**−0.137**	**0.066**	**−0.007**	**0.041**	**−0.008**
CCAM.RF.Roc	−0.135	0.074	−0.098	−0.005	−0.064
MM5.RF.Roc	−0.135	0.074	−0.098	−0.005	−0.064
PRECIS.RF.Roc	−0.135	0.074	−0.098	−0.005	−0.064
CCAM.CTA.Roc	−0.135	0.089	−0.011	0.038	−0.034
MM5.CTA.Roc	−0.135	0.089	−0.011	0.038	−0.034
PRECIS.CTA.Roc	−0.135	0.089	−0.011	0.038	−0.034
CCAM.RF.TSS	−0.134	0.059	−0.113	0.000	−0.072

续表

模型	主成分1	主成分2	主成分3	主成分4	主成分5
累计方差(%)	46.78	52.93	56.74	58.86	60.25
MM5.RF.TSS	−0.134	0.059	−0.113	0.000	−0.072
PRECIS.RF.TSS	−0.134	0.059	−0.113	0.000	−0.072
CCAM.GAM.TSS	−0.134	0.052	−0.097	0.000	−0.062
MM5.GAM.TSS	−0.134	0.052	−0.097	0.000	−0.062
PRECIS.GAM.TSS	−0.134	0.052	−0.097	0.000	−0.062
CCAM.GLM.TSS	−0.133	0.087	−0.120	0.010	−0.048
MM5.GLM.TSS	−0.133	0.087	−0.120	0.010	−0.048
PRECIS.GLM.TSS	−0.133	0.087	−0.120	0.010	−0.048
CCAM.GAM.Roc	−0.133	0.060	−0.099	0.005	−0.055
MM5.GAM.Roc	−0.133	0.060	−0.099	0.005	−0.055
PRECIS.GAM.Roc	−0.133	0.060	−0.099	0.005	−0.055
CCAM.GLM.Roc	−0.132	0.097	−0.121	0.010	−0.048
MM5.GLM.Roc	−0.132	0.097	−0.121	0.010	−0.048
PRECIS.GLM.Roc	−0.132	0.097	−0.121	0.010	−0.048
CCAM.MARS.Roc	−0.129	0.003	0.025	0.116	0.353
MM5.MARS.Roc	−0.129	0.003	0.025	0.116	0.353
PRECIS.MARS.Roc	−0.129	0.003	0.025	0.116	0.353
CCAM.MARS.TSS	−0.128	−0.015	0.028	0.112	0.365
MM5.MARS.TSS	−0.128	−0.015	0.028	0.112	0.365
PRECIS.MARS.TSS	−0.128	−0.015	0.028	0.112	0.365
HadCM3.GLM.TSS	−0.124	−0.180	−0.059	−0.079	−0.024
HadCM3.CTA.Roc	−0.123	−0.193	0.019	−0.025	−0.031
HadCM3.GBM.TSS	−0.123	−0.196	−0.019	−0.052	−0.046
HadCM3.GAM.TSS	−0.122	−0.185	−0.062	−0.080	−0.032
HadCM3.GLM.Roc	−0.122	−0.185	−0.043	−0.073	−0.020
HadCM3.GBM.Roc	−0.122	−0.204	−0.007	−0.051	−0.036
HadCM3.GAM.Roc	−0.121	−0.186	−0.054	−0.072	−0.031
HadCM3.RF.Roc	−0.121	−0.200	−0.006	−0.065	−0.046
HadCM3.RF.TSS	−0.121	−0.204	−0.008	−0.064	−0.029
HadCM3.CTA.TSS	−0.120	−0.208	0.032	−0.024	−0.031
HadCM3.MARS.Roc	−0.113	−0.234	0.009	−0.060	0.007
HadCM3.MDA.Roc	−0.111	−0.225	0.034	−0.021	−0.117
CCAM.ANN.TSS	−0.110	0.024	0.282	0.203	−0.140
MM5.ANN.TSS	−0.110	0.024	0.282	0.203	−0.140
PRECIS.ANN.TSS	−0.110	0.024	0.282	0.203	−0.140
HadCM3.MDA.TSS	−0.109	−0.232	0.029	−0.030	−0.102
CCAM.MDA.TSS	−0.107	0.121	0.199	−0.317	0.047
MM5.MDA.TSS	−0.107	0.121	0.199	−0.317	0.047
PRECIS.MDA.TSS	−0.107	0.121	0.199	−0.317	0.047
CCAM.ANN.Roc	−0.106	0.007	0.293	0.222	−0.128
MM5.ANN.Roc	−0.106	0.007	0.293	0.222	−0.128
PRECIS.ANN.Roc	−0.106	0.007	0.293	0.222	−0.128

续表

模型	主成分1	主成分2	主成分3	主成分4	主成分5
累计方差(%)	46.78	52.93	56.74	58.86	60.25
CCAM.MDA.Roc	−0.106	0.136	0.200	−0.303	0.040
MM5.MDA.Roc	−0.106	0.136	0.200	−0.303	0.040
PRECIS.MDA.Roc	−0.106	0.136	0.200	−0.303	0.040
HadCM3.MARS.TSS	−0.103	−0.222	0.027	−0.031	0.044
HadCM3.ANN.TSS	−0.101	−0.259	0.021	−0.071	0.032
HadCM3.ANN.Roc	−0.098	−0.266	0.035	−0.067	0.043

表 S 4　利用50种特有鸟类的分布范围变化来评价气候变化对重要鸟区的影响。现今重要鸟区的特有物种丰富度；完全扩散假设下16个模型与4个气候变化模型下集成预测的2070—2100年期间物种丰富度、增加或减少的物种、现今的不可替代性、就物种减少方面来说的气候变化影响(归一化到0-1)都显示在列表中。结果是在完全扩散情境下得到的。黑体的重要鸟区的不可替代性值>0.5，并且受到气候变化的高度威胁(归一化值>0.5)。N.R.=自然保护区；N.P.=国家公园；G.R.=猎物禁猎区；M=高山；N.H.S=自然遗产区；SW=Swaziland (位于南非和莫桑比克之间的东南非洲国家)；L=Lesotho。

重要鸟区编号	重要鸟区名	现今丰富度	气候变化影响下集成丰富度预测(完全扩散)	减少/增加的物种	不可替代性	CC影响
1	Vhembe N.R.	0	2	2	0.98	0.44
2	**Kruger N.P. & adjacent areas**	**17**	**12**	**−5**	**1.00**	**0.65**
3	**Soutpansberg**	**14**	**10**	**−4**	**0.99**	**0.62**
4	**Blouberg vulture colonies**	**5**	**3**	**−2**	**0.84**	**0.56**
5	**Wolkberg forest belt**	**17**	**13**	**−4**	**0.89**	**0.62**
6	Pietersburg N.R.	0	0	0	0.33	0.50
7	Waterberg system	8	13	5	0.84	0.35
8	Nylriver floodplain	5	7	2	0.83	0.44
9	Northern turf thornveld	3	3	0	0.41	0.50
10	**Blyderivier canyon**	**16**	**13**	**−3**	**0.90**	**0.59**
11	Graskop Grasslands	0	0	0	0.08	0.50
12	Mac-Mac escarpment & forests	17	15	−2	0.29	0.56
13	Misty M. N.H.S.	0	0	0	0.01	0.50
14	Blue Swallow N.H.S.	16	12	−4	0.41	0.62
15	Loskopdam N.R.	12	10	−2	0.05	0.56
16	Steenkampsberg	13	13	0	0.20	0.50
17	**Songimvelo G.R.**	**22**	**15**	**−7**	**0.75**	**0.71**
18	**Amersfoort-Bethal-Carolina district**	**15**	**14**	**−1**	**0.79**	**0.53**
19	Chrissie pans	15	15	0	0.39	0.50
20	**Grassland Biosphere R.**	**27**	**19**	**−8**	**0.76**	**0.74**
21	Blesbokspruit	10	13	3	0.27	0.41

续表

重要鸟区编号	重要鸟区名	现今丰富度	气候变化影响下集成丰富度预测(完全扩散)	减少/增加的物种	不可替代性	CC 影响
22	Suikerbosrand N.R.	15	14	−1	0.09	0.53
23	Pilansberg N.P.	7	7	0	0.49	0.50
24	Botsalano N.R.	2	2	0	0.38	0.50
25	Magalies & Witwatersberg	13	15	2	0.79	0.44
26	Barberspan & Leeupan	4	3	−1	0.31	0.53
27	**Kalahari-Gemsbok N.P.**	**2**	**0**	**−2**	**0.91**	**0.56**
28	Spitskop dam	3	0	−3	0.02	0.59
29	**Augrabies Falls N.P.**	**6**	**4**	**−2**	**0.81**	**0.56**
30	Orangeriver mouth wetlands	3	5	2	0.49	0.44
31	Dronfield farm	0	0	0	0.15	0.50
32	Kamfersdam	0	0	0	0.24	0.50
33	Benfontein gamefarm	0	0	0	0.05	0.50
34	Mattheus-Gat	4	4	0	0.87	0.50
35	**Haramoep & Black M. N.R**	**7**	**6**	**−1**	**0.91**	**0.53**
36	Bitterputs	3	3	0	0.74	0.50
37	Platberg-Karoo conservancy	20	7	−13	0.19	0.88
38	Middle Vaal River	11	13	2	0.16	0.44
39	Sandveld & Bloemhof N.R.	6	2	−4	0.47	0.62
40	Sterkfontein-Merinodal	0	0	0	0.01	0.50
41	Voordeel conservancy	0	0	0	0.00	0.50
42	Alexpan	0	0	0	0.00	0.50
43	Bedford-Chatsworth	9	10	1	0.00	0.47
44	Willem Pretorius G.R.	7	4	−3	0.01	0.59
45	Murphys Rust	0	0	0	0.02	0.50
46	Sterkfonteindam N.R.	27	13	−14	0.04	0.91
47	Golden Gate & QwaQwa N.P.	21	18	−3	0.03	0.59
48	Fouriesburg-Bethlehem-Clarens	17	17	0	0.01	0.50
49	Soetdoring N.R.	12	2	−10	0.02	0.79
50	Kalkfonteindam N.R.	10	1	−9	0.01	0.76
51	Gariep/Oviston/Tussen-d-Riviere	18	9	−9	0.02	0.76
52	Ndumo G.R.	4	4	0	0.84	0.50
53	Kosibay system	3	11	8	0.60	0.26
54	L. Sibaya	0	0	0	0.53	0.50
55	Pongolapoort N.R.	4	5	1	0.79	0.47
56	Itala G.R.	9	10	1	0.02	0.47
57	Mkuzi G.R.	5	8	3	0.86	0.41
58	L. St. Lucia & Mkuzi swamps	7	11	4	0.96	0.38
59	Chelmsford Nature Reserve	15	12	−3	0.00	0.59
60	Hluhluwe-Umfolozi P.	5	13	8	0.60	0.26

续表

重要鸟区编号	重要鸟区名	现今丰富度	气候变化影响下集成丰富度预测(完全扩散)	减少/增加的物种	不可替代性	CC 影响
61	L. Eteza N.R.	0	0	0	0.22	0.50
62	Spioenkop N.R.	15	10	−5	0.04	0.65
63	Umlalazi N.R.	6	8	2	0.64	0.44
64	Natal Drakensberg P.	29	31	2	0.06	0.44
65	Ongoye forest R.	4	7	3	0.64	0.41
66	Entumeni N.R.	0	0	0	0.16	0.50
67	Dhlinza forest N.R.	0	0	0	0.16	0.50
68	Weenen G.R.	12	9	−3	0.00	0.59
69	Umvoti vlei	0	0	0	0.01	0.50
70	Blinkwater N.R.	0	0	0	0.01	0.50
71	KwaZulu Natal Mistbelt forests	26	21	−5	0.12	0.65
72	Hlatikulu N.R.	0	0	0	0.05	0.50
73	Umvoti estuary	0	0	0	0.14	0.50
74	Karkloof N.R.	0	17	17	0.04	0.00
75	Umgeni vlei N.R.	22	19	−3	0.02	0.59
76	Midmar N.R.	17	20	3	0.02	0.41
77	Impendle N.R.	22	20	−2	0.03	0.56
78	KwaZulu Natal Mistbelt grasslands	24	22	−2	0.24	0.56
79	Richards Bay G.R.	3	7	4	0.77	0.38
80	Ingangwana river (Coleford N.R.)	0	0	0	0.01	0.50
81	Franklin Vlei	14	20	6	0.01	0.32
82	Matatiele commonage	0	0	0	0.15	0.50
83	Penny Park	22	21	−1	0.01	0.53
84	M. Currie N.R.	13	17	4	0.00	0.38
85	Oribi gorge N.R.	13	15	2	0.42	0.44
86	Umtamvuna N.R.	14	16	2	0.02	0.44
87	Mkambati N.R.	4	17	13	0.06	0.12
88	Collywobbles vulture colony	7	15	8	0.00	0.26
89	Dwesa & Cwebe N.R.	11	13	2	0.08	0.44
90	Karoo N.R. Incl Graaf-Reinet	19	5	−14	0.01	0.91
91	Katberg-Readsdale forest	26	19	−7	0.01	0.71
92	Amatole forest complex	29	20	−9	0.02	0.76
93	Kouga-Baviaanskloof complex	34	22	−12	0.08	0.85
94	Alexandria coastal belt	17	9	−8	0.15	0.74
96	Swartkops estuary & Chatty pans	0	0	0	0.18	0.50
97	Maitland-Gamtoos coast	0	0	0	0.12	0.50
98	Tsitsikamma N.P.	22	20	−2	0.04	0.56
99	Olifantsriver estuary	0	0	0	0.06	0.50
101	Cederberg-Kouebokkeveld	29	35	6	0.22	0.32

续表

重要鸟区编号	重要鸟区名	现今丰富度	气候变化影响下集成丰富度预测(完全扩散)	减少/增加的物种	不可替代性	CC影响
102	Karoo N.P.	17	6	−11	0.19	0.82
103	Verlorenvlei	0	0	0	0.04	0.50
104	Lower Bergriver wetlands	14	18	4	0.07	0.38
105	Westcoast N.P & Saldanhabay	16	23	7	0.09	0.29
106	Swartberg M.	32	15	−17	0.19	1.00
107	Eastern Falsebay M.	31	35	4	0.09	0.38
108	Anysberg N.P.	20	14	−6	0.10	0.68
111	Rietvlei wetland R.	16	23	7	0.09	0.29
112	Outeniqua M.	31	24	−7	0.06	0.71
113	Southern Langeberg M.	34	24	−10	0.11	0.79
114	Wilderness-Sedgefield L.	29	19	−10	0.05	0.79
115	Overberg wheatbelt	32	33	1	0.20	0.47
116	False Bay P.	16	18	2	0.25	0.44
118	Botriviervlei & Kleinmond estuary	0	0	0	0.07	0.50
119	De Hoop N.R.	25	20	−5	0.10	0.65
121	Heuningsnes river & estuary	17	20	3	0.16	0.41
SW001	Malolotja N.R.	16	11	−5	0.09	0.65
SW002	Hlane & Mwawula N.R.	2	6	4	0.90	0.38
L001	Liqobong	0	0	0	0.03	0.50
L002/004	Upper Senqu/ Sehonghong	29	31	2	0.05	0.44
L003	Mafika Lisiu	16	18	2	0.03	0.44
L005	Sehlabathe N.P.	0	0	0	0.03	0.50
L006	Upper Quthing Valley	8	19	11	0.03	0.18

全球鸟类物种丰富度的历史组成在区域上的差异[①]

Gavin H. Thomas C. David L. Orme Richard G. Davies Valerie A. Olson Peter M. Bennett Kevin J. Gaston Ian P. F. Owens Tim M. Blackburn

摘要:

目标: 利用现存鸟类物种分布的全球数据库,研究当代鸟类多样性进化起源的空间变化证据。特别评估山脉隆升时期在促进不同地区多样化过程中可能发挥的作用。

位置: 全球

方法: 我们制作了在 1° 等面积格网上四个分类层次 (taxonomic levels) 的鸟类丰富度分布图。研究了相邻分类层次的丰富度之间的关系(例如种丰富度和属丰富度)。我们对这些丰富度之间的关系进行线性回归分析并绘制其残差,以确定那些相对于较高层次分类单元的数量而言较低层次分类单元[②] (taxon) 的数量具有异常的地区。为了探究海拔和温度对相邻分类层次间相对丰富度的影响,我们使用了广义最小二乘模型。

结果: 种丰富度在新热带界的峰值与属丰富度的分布格局一致,而澳大利亚和喜马拉雅地区的种丰富度峰值与属和科丰富度的分布格局一致。非洲界的热点地区没有反映较高分类单元的模式。不同地区在相邻分类级别上丰富度的关系揭示了分类单元共现[③](taxon co-occurrence) 模式的变化。种和属的共现在世界大部分地区与海拔范围呈正相关。在新热带界新种的诞生与海拔范围和温度的

[①] 原文: Gavin H. Thomas, C. David L. Orme, Richard G. Davies, Valerie A. Olson, Peter M. Bennett, Kevin J. Gaston, Ian P. F. Owens and Tim M. Blackburn. 2001. Regional variation in the historical components of global avian species richness. Global Ecology and Biogeography, 17, 340–351. DOI: 10.1111/j.1466-8238.2008.00384.x.

推荐: 宫鹏; 翻译: 李雪艳; 校阅: 宫鹏、林光辉; 辅助校阅: 赵圆圆、应清、张海英。

注: Reprinted, with permission from John Wiley and Sons and the authors。

[②] 分类单元(taxon, 复数 taxa) 是分类工作中的客观操作单位, 有特定的名称和分类特征, 是指具体的分类群。如一个具体的属、一个具体的科、一个具体的目等。

[③] 译者注: 这里应该不是指不同分类单元在进化时的同时出现, 而是指在某一地区共存, 与出现早晚没有关系。因为本文没有分析时间尺度, 而是主要做了每种鸟的分布, 探讨地理分布格局。

正交互作用有关。

结论: 这些结果表明,当代物种丰富度格局与较高级分类单元丰富度在不同地区有着不同的关系,这意味着历史过程对当代格局的影响在各地区也是不同的。我们认为这是由于扩散的限制,并且生理耐受极限的系统发育约束也促进了分化。我们推测分化速率响应地形的长期变化,并且热带山脉的作用可能是当代多样性的一个相关要素,也是鸟类进化史中分化的一个来源。

关键词: 生物多样性　鸟类　造山运动　物种丰富度　类群比例　地形

1. 引言

现今的物种丰富度格局是历经数百万年演化的结果,然而过去和现代过程在确定当今大尺度多样性格局中所起的作用大小仍存在争议(Fischer, 1960; Simpson, 1964; Pianka, 1966; Rohde, 1992; Rosenzweig, 1995; Gaston, 2000; Hawkins, 2001; Rahbek and Graves, 2001; Whittaker et al., 2001, 2003; Jetz and Rahbek, 2002; Francis and Currie, 2003; Hawkins et al., 2003, 2005, 2006; Qian and Ricklefs, 2004; Ricklefs, 2004)。关于大尺度物种丰富度格局的讨论大多集中在纬向的物种丰富度梯度上。对于热带地区物种丰富度的驱动力有多种解释,有的认为是反映环境支持类群共存的能力的生态过程,有的认为是较快的分化速率和长期的气候稳定性等历史过程,还有的认为是历史过程和生态过程两者的组合。

最近的一个假说,被称为热带生态位保守性(tropical niche conservatism),汇集了以往的历史解释以及物种特征和他们的环境之间的关系(Wiens and Donoghue, 2004)。根据热带生态位保守性的假设,热带地区高的物种丰富度是由于该区域(久远的)年代和大的区域面积,并作为对因为有限的生态位和扩散能力而不太可能入侵温带地区的物种进行选择的结果。热带生态位保守性假设被引为几组丰富度格局的解释,包括澳大利亚鸟类(Hawkins et al., 2005),叶口蝠(Phyllostomid bats)(Stevens, 2006) 和雨蛙(hylid frogs)(Wiens et al., 2006)。对热带生态位保守性假说的一个额外期望是进化枝[①](clade) 应该起源于热带地区并在近代向更高纬度扩散。Hawkins 等 (2006) 发现在新大陆热带地区鸟类多样性的优势种来自从鸟类系统发生树的根分开的无节点的进化枝。然而在新大陆温带地区,是来自从鸟类系统发生树的根分开的多节点的进化枝。他们认为这种格局来自于以下结果: 即更高纬度的较老谱系在面对始新世后的气候变化时灭绝,而那些来自于古老进化枝的分类群普遍地没有再次侵入高纬度地区。

[①] 进化枝(clade): 源自某一共同祖先DNA 序列的所有DNA 序列形成的一组单源DNA 序列即为一个进化枝。

虽然有人支持用热带生态位保守性假说解释热带地区物种丰富度升高,但值得注意的是,物种丰富度格局往往比简单的全球纬向梯度变化更加复杂。例如,现今的鸟类和哺乳动物的物种丰富度峰值出现在热带山脉地区,特别是安第斯山脉 (the Andes)、东非大裂谷山脉 (rift valley mountains) 和喜马拉雅山脉 (the Himalayas)(Rahbek and Graves, 2001; Jetz et al., 2004; Orme et al., 2005; Grenyer et al., 2006; Davies et al., 2007)。事实上,最近的一项研究显示海拔范围和温度是与全球鸟类物种丰富度分布最密切相关的因子 (Davies et al., 2007)。然而,对山地物种的起源和他们是否反映了纯粹的生态或历史进化过程仍不清楚。一种假设是,山地动物群有他们自己在低地地区的起源、分散以及种群数量扩张,紧跟着驱动物种丰富度的变异 (Brumfield and Edwards, 2007, Ribas et al., 2007)。另一种假设是,古代谱系也可能分布在低地和预隆起山地,并在新形成的山地栖息地分化前的造山运动时期被 (被动地) 运输到各地 (Ribas et al., 2007)。最近对热带安第斯山脉的鸟类和植物的进化研究支持后一种解释,该研究表明发生在山脉隆起之后的分化,而不是迁徙或范围扩张,是这些山脉地区物种丰富度的重要驱动力 (Hughes and Eastwood, 2006; Ribas et al., 2007)。

如果山脉能促进被动迁徙到那里的谱系的分化,那么谱系年龄应该与山地隆升的时间相关 (Hughes and Eastwood, 2006)。如果高山地区的丰富度与被动迁徙的古代谱系分化无关,并且假设扩散和范围变化的潜力与谱系年龄无关,我们预期谱系年龄在这些区域呈随机分布。然而,如果伴随着分化的被动造山迁徙是重要的,那么我们希望看到不同年龄的谱系丰富度的区域差异。例如,喜马拉雅山脉有一个持续了 55Myr[①] 的隆升历史时期 (Valdiya, 2002),其中显著隆升的时间有 8~10Ma[②] (Zhisheng et al., 2001)。与此相反,东非大裂谷山脉发生隆起的时期距今更近,是在过去的 7Myr(Fjeldså, 1994)。安第斯造山运动更加复杂。安第斯山脉在近 25Ma 时达到现在高度的约 50%,但北部和中部隆起的最后阶段发生在 3~5Ma(Gregory-Wodzicki, 2000; Hughes and Eastwood, 2006)。因此,我们可以预测喜马拉雅地区的丰富度可能有足以产生物种增加的悠久历史,在裂谷山脉大量的年轻谱系增加可能距现在更近,而安第斯山脉可能有两个分化时期也是至今为止最主要的两个山脉隆起时期。

基于造山运动的预测也许不能推广到所有的山地范围,尤其是北半球的大部,例如落基山脉和欧洲阿尔卑斯山,在他们近代历史的大部分时期都有冰盖覆盖,并且自最长 18 000 年前的上个冰期以来,他们的大部分植物群和动物群都只能通过迁徙和范围扩张到达 (Lomolino et al., 2006)。除此以外,在温带地区,海拔梯度可能比在热带地区对扩散的阻碍作用更小 (Janzen, 1967)。温带山脉地区经历不同季节的温度变化,例如高海拔和低海拔都在一年的不同时期有温暖和

---

① Myr:million years, 百万年。

② Ma:million years, 百万年。

寒冷的温度变化,这造成了温度范围在极端海拔梯度上的重叠。相反,热带山脉地区在对季节温度变化的响应上更统一,所以在山峰和山谷的极端温度不会重叠。Janzen 认为在热带温度的季节同质性 (seasonal homogeneity) 导致了物种对于气候变化的低耐受性,而温带物种能适应更大的季节变化从而具有更广泛的气候耐受性。因此,Janzen 的假设强调在热带地区山脉作为扩散的生理隔离作用表现得更加明显,这里许多物种的气候耐受性被认为是有限的。这些预测的一个重要的推论是,热带山地扩散成本的增加导致基因流动降低并促进异地物种形成(Ghalambor et al., 2006),因此我们希望隆起后分化的证据能更加普遍存在于热带山地地区。

本文中我们有两个主要的目标。第一,我们考察更古老的谱系中鸟类种群丰富度的地理分布以评估当代物种丰富度格局是否反映了更古老谱系的分布。第二,我们调查不同年龄谱系的丰富度的地理差异是否与山脉隆升的时期一致,特别是在热带地区。具体来说,在物种丰富度的热点地区将山脉隆起时期和不同更高类群的年龄相匹配,我们推测最近裂谷山脉的隆起可能在种水平上对分化产生影响,但在属或科水平上没有影响,因为这些较高等级分类群大部分(属)或全部 (科) 的起源都早于这些山脉的起源。相比之下,安第斯造山运动时期提供了在山脉隆起和现有属等级的种类分化之间建立一种因果关系的可能性。至少,他们的隆升不能对在属水平上的分化产生重大影响,因为大部分种和目的起源早于安第斯山脉。喜马拉雅隆升的延长和持续的历史表明这可能对从种到属的所有分类单元上的分化产生影响。我们现在的分析不仅要检验这些预测,也将潜在地证明这些假设。

2. 方法

2.1 制作更高等级丰富度分布图

我们的分析基于一个包含 9 626 种现存的已发现的鸟类分布图的数据库 (Orme et al., 2005)。繁殖范围来源于一系列公开发表的数据,用矢量或"多边形"表示并转化为等面积分辨率为 96.5 千米的栅格;即 30° 纬度处 1° 经度的距离。进一步的细节和范围数据的来源列表由 Orme 等提供 (2005, 2006)。

通过叠加所有种、属、科和目的分类单元我们得到了所有陆地鸟类的物种丰富度,基于 Sibley and Monroe(1993,1990) 的分类法排序,在分类目录中我们排除了外来种和海鸟。除了所有鸟类的全球分布图 (图 1),我们还分别制作了非雀形目 (见补充材料中的 图 S1) 和雀形目(见补充材料中的图 S2) 的分布图。

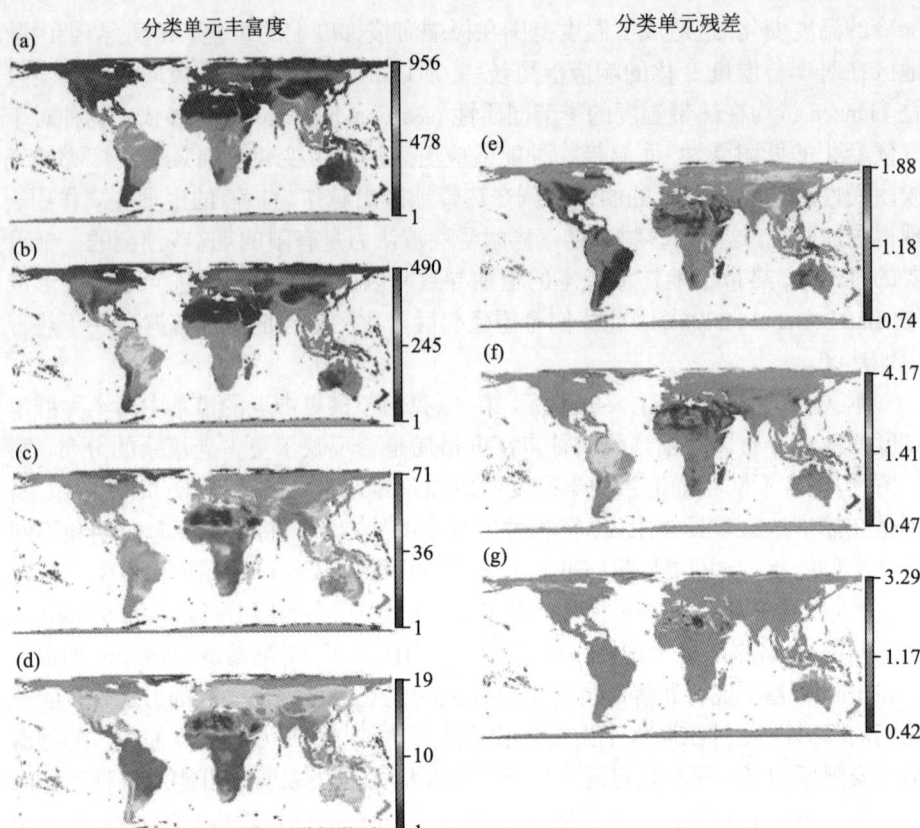

图1 (见彩图) (a) 总的种丰富度,(b) 总的属丰富度,(c) 总的科丰富度,(d) 总的目丰富度的地理分布和 (e) 属对种的丰富度, (f) 科对属的丰富度, (g) 目对科的丰富度的期望偏差。左侧分类丰富度地图 (a)–(d) 的图例表明相应的颜色比例,即依据分类单元数量进行线性变化。左侧回归残差地图 (e)–(g) 的图例表示较低分类单元的观测数量作为来自于分别回归的较低分类单元的期望数目的倍数。大于1的值表示格网比期望的较低分类单元数量而小于1的值表示该格网比期望的较低分类单元数量小。所有地图中的灰色区域都是在我们的数据库中没有物种记录的区域。

2.2 分类单元共生的地理分布格局

我们通过绘制种 – 属、属 – 科和科 – 目数量关系图来确定相邻分类层次上丰富度之间的关系。为了找到那些含有相对高级分类单元的数量而言,数量异常大的低级单元的地区 (例如相对种的数目而言属的数量大),我们首先对所有数据进行 $\log_{10}$ 变换,并分别对种 (因变量) 对属 (自变量)、属对科以及科对目进行线性拟合。我们分析这些回归的残差,正的残差表明分类单元具有比期望更多的较低类别,而负残差表明单元具有比期望更少的较低类别。然后绘制全球所有鸟类的残差以确定世界上哪些地区有异常大的相对属数量的种数量, 相对科数量的属数量和相对目数量的科数量。补充材料中还分别提供了同样的雀形目和非雀形目的分布图。

2.3 分类层次的遗传距离

在分析谱系年龄过程中我们做了两个明确的假设。首先,假设较低分类单元(即较少的遗传扩散)比高等级相对年轻(例如,种比属年轻)。其次,假设一个指定分类等级中的分类单元和另一个是等同的,忽略地理位置的影响。

目前还没有一个针对所有现存鸟类的完整假说。因此,为了对谱系年龄进行推断,我们使用的分类体系 (Sibley and Monroe, 1990, 1993) 基于一个由 DNA–DNA 杂交距离 (DNA–DNA hybridization distance) 数据[①](Sibley and Ahlquist, 1990) 驱动的分类假说。$\Delta T_{50}H$ (Sibley and Ahlquist, 1990) 是一个测量距离的单位,大致相当于雀形目分化 2.3Myr 而大部分非雀形目分化 2.3~4.7Myr 产生的。根据 Sibley and Ahlquist (1990),同属内不同种具有一个 $0\sim2.2\Delta T_{50}H$,相当于 0~10.34Myr 的年龄范围,同科内不同属相距 $2.2\sim9\Delta T_{50}H$,相当于 5.06~42.3Myr 的年龄范围,而同目内不同科 (Sibley and Ahlquist, 1990) 相距 $9\sim20\Delta T_{50}H$,相当于 20.7~94.0Myr 的年龄范围。虽然在不同分类单元之间的推断的年龄有重叠,但大体假设认为,平均而言,种代表最近分化的谱系,目代表最古老的谱系,科和属介于二者之间。

早期的分类方法,例如,基于形态和行为的分类法,物种可能会被分到不同的分类层次中,因为不同的分类学者持有的标准不同。如果不同的分类学家在世界的不同地区工作,这可能反过来又导致在属内不同种之间、科内不同属之间之类的年龄范围上的地理偏差。然而,我们所使用的分类方法是严格基于遗传距离的,所以这样的偏差应该是微乎其微的。不过,虽然 DNA–DNA 杂交图 (tapestry)(Sibley and Ahlquist, 1990) 包括大部分的科和目,但它缺少许多属和种的数据,这意味着对于一些类别而言,分类推断只能来自于先前的分类方法而不是基于基因距离。

为了探究我们假设的有效性,即较低的分类单元平均而言比较高的分类单元更年轻,并且对一个在给定分类层级中的分类单元来说,不论地理位置,它与另一个分类单元是等同的,我们采用 Geneious version 2.06 (Drummond et al., 2006) 对 3 459 个种测定了线粒体蛋白质编码细胞色素 (cytochrome)-b 基因的序列 (对鸟类最广泛采用的基因测序)。该序列的长度随着起始密码子和终止密码子位置的变化而不同,从 300 到 1 137 个碱基对不等。我们使用 Se-Al v2.0a11(Rambaut,

---

① 分类学上不同物种的 DNA 分子之间可以进行分子杂交,但是,远缘物种的 DNA 分子之间进行杂交分子的可能性远比近缘物种的要小得多。在生物进化过程中,DNA 中的碱基序列也发生了变化。两种生物的 DNA 单链之间互补程度越高,通过分子杂交形成双螺旋片段的程度也就越高,二者的亲缘关系就越近;反之,亲缘关系就越远。所以,可以通过 DNA 分子杂交技术来鉴定物种之间亲缘关系的远近。

2002) 对序列进行目视排列,并且利用广义时间可逆模型 (GTR) 得到了一个遗传距离矩阵,这个模型的核苷酸演化使用 PAUP 4.0b10 软件 (Swofford, 2000)。我们在 WWF 生态区域地图 (Olson et al., 2001) 上分别为 8 个生物地理分界 (新北界、古北界、新热带界、非洲界、东洋界、澳新界、大洋区和南极界) 生成了距离矩阵。为了估计属内种间的遗传距离,我们首先计算每个属内不同种间的平均距离,然后对所有样本的距离进行平均。为了估计科内属间的遗传距离,我们首先将每个属的种间最大距离作为属内最深分裂的评估值,然后计算一个科内所有属的平均评估值。我们再次对所有科平均评估值求均值。为了估计目内科间的遗传距离,我们首先将每个科内的种间最大距离作为评价一个科的最深分裂的评估值,然后计算一个目内所有科的平均评估值。最后再次对所有目的平均评估值求均值。因为我们没有所有鸟类的样本,我们对科内属间遗传距离的计算和目内科间距离的计算可能被低估了。鉴于现有可用数据的范围,这是不可避免的。尽管如此,我们的样本数量 (3 459 种) 是 Sibley and Ahlquist (1990) 研究中所包含的两倍,并且相信我们的距离测量方法足以作为探讨地理区域间分类方法差异的手段。

2.4 生物地理区域中的分类比例

除了绘制上述回归的残差分布以外,我们还研究了每个区域中较低分类单元与较高分类单元的数量比。我们使用 WWF(世界自然基金会) 的生态区域地图确定 8 个生物地理分界 (Olson et al., 2001),计算了每个区域的格网中种与属、属与科、科与目的平均数量比,分别按四种格网大小计算,即一、二、四和八纬度,以探究空间尺度的影响。

2.5 统计分析

以前的研究已经探讨了环境和物种丰富度之间的关系,包括区域和全球性的分析 (Rahbek and Graves, 2001; Hawkins et al., 2003; Davies et al., 2007)。我们的主要目的是测试那些相对于较高分类单元具有异常多数量的较低分类单元的地区与热带山脉范围是否有关,和上述预测一致。我们没有完全模拟众多推断与物种丰富度相关的环境因子,但是除了海拔范围 (米) 我们还采用了年均温 (°C) 作为当代气候的指标,因为随着海拔的变化,它被证明是一个有效的全球物种丰富度的预测因子 (Davies et al., 2007)。环境数据来源于 Davies et al. (2007)。

我们为每个生物地理分界(不包括大洋区和南极界,因为在这些区域环境数据不完整)建立了三个模型集,每个模型集由一个因变量定义。使用的三个因变量分别是种丰富度、属丰富度和科丰富度。对于以种丰富度作为因变量的模型集,我们使用了包括下列自变量的五个模型: (1) 属丰富度,海拔范围,年均温以及海拔范围和年均温之间的相互作用; (2) 属丰富度,海拔范围,和年均温; (3) 属丰富度和海拔范围; (4) 属丰富度和年均温; (5) 属丰富度。当属丰富度是因变量的时候, 我们使用科丰富度代替产生同样的模型。同样的, 当科丰富度作为因变量的时候我们用目丰富度代替。在所有的模型中, 分类层次丰富度值都经过了$\log_{10}$变换。我们把较高等级丰富度作为协变量包括到模型中, 因为像多元回归模型的残差分析这类的其他方法, 会导致参数估计的偏差 (Freckleton, 2002)。

所有的分析都是使用正规误差广义最小二乘模型, 并通过 R 软件包中的 nlme 程序实现 (Pinheiro et al., 2006)。我们使用经度和纬度格网质心作为空间变量拟合指数空间协方差结构①。在拟合模型的同时估计发生空间自相关的最大地理间隔 (或参数 ρ, 以度为单位)。该估计值用相应的普通最小二乘法 (OLS) 模型残差的半方差进行目视检查。如果估计的参数范围明显过高 (如果出现一系列明显超出范围的数据) 那么就使用一个来自于 OLS 残差的半方差的估计的拟合范围参数对模型进行验证。采用赤池信息标准 (AIC; Burnham and Anderson, 2002) 对候选模型的拟合值进行比较, 计算每个模型的赤池权重 (ω) 来鉴别那个包含最佳拟合模型的模型集, 其标志是他们的联合概率达到 0.95。我们还用球面空间协方差结构重复了上述分析。无论是指定一个固定间隔的参数还是使用一个球面空间协方差结构, 都不能改变一个给定的包含五个模型的模型集中的最适拟合模型, 或者模型参数的定性解释。广义最小二乘空间模型没有产生 R^2 值 (Pärtel et al., 2007) 所以作为模型的一个拟合估计, 对于每个模型, 我们计算了相对于一个只有常数项的空模型 (Pärtel et al., 2007) 的基于似然比统计的伪 R^2, 并在附录 S1 中提交了所有模型的这些值。

考虑到内存的大小的限制, 不能对完整的古北界进行分析。为了将数据降至合适的大小我们采取了两种措施: 首先, 我们将该界拆分成具有同样格网数量的两块; 其次, 我们使用相当于 2° 纬度的格网。采用这两种方法我们对所有古北界的模型都进行了计算。

3. 结果

3.1 分类单元丰富度

等面积格网上鸟类地理分布的种丰富度 (图 1a)、属丰富度 (图 1b)、科丰富度 (图 1c) 和目丰富度 (图 1d) 地图的绘制表明较高分类单元丰富度热点地区并不是种丰富度热点的简单反映。发现物种丰富度的峰值分布在安第斯地区、喜马拉雅和裂谷山脉的相对受限区域 (图 1a; 见 Orme et al., 2005)。遗传丰富度峰值沿安第斯山脉分布, 但在圭亚那地区和大西洋森林以及南美亚马孙盆地西部也很

---

① Exponential spatial covariance structure 是空间分析中对数据的半方差图进行拟合的一种函数。另外一种函数是后面会提到的 Spherical spatial covariance structure。

高 (图 1b)。最高的科丰富度出现在新热带界和喜马拉雅的部分地区 (图 1c)。目丰富度首先在新热带界的大部分地区都很高, 其次是南美的大西洋森林 (图 1d)。

3.2 分类共生

格网上相邻鸟类分类等级丰富度间关系图 (例如种丰富度与属丰富度、属丰富度与科丰富度、科丰富度与目丰富度) 的绘制揭示了不同区域在地区共存的分类数量上表现出的定量差异 (图 2)。最值得注意的是, 我们发现在种对属和属对科关系图中的分叉 (图 2a,b,d,e,g,h)。这些分叉主要是由新热带界与其他地

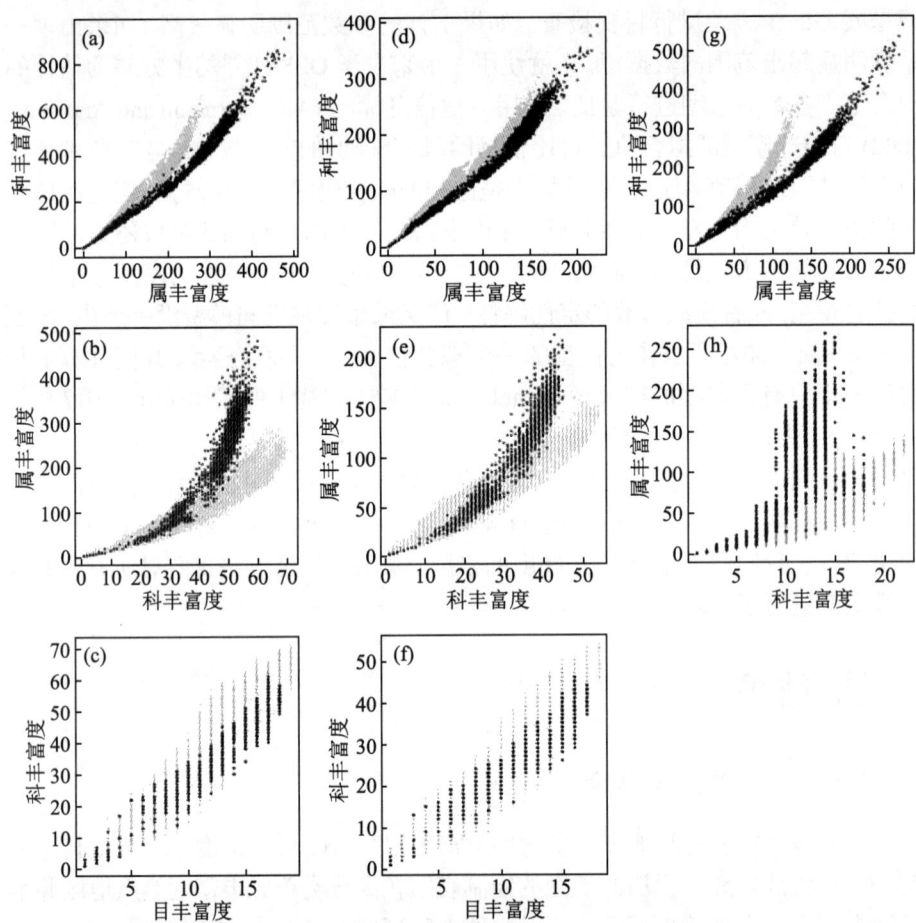

图 2　全球等面积格网上鸟类分类数目之间的关系: (a) 种丰富度和属丰富度 (所有鸟类); (b) 属丰富度和科丰富度 (所有鸟类); (c) 科丰富度和目丰富度 (所有鸟类); (d) 种丰富度和属丰富度 (非雀形目); (e) 属丰富度和科丰富度 (非雀形目); (f) 科丰富度和目丰富度 (非雀形目); (g) 种丰富度和属丰富度 (雀形目); (h) 属丰富度和科丰富度 (雀形目)。黑点代表来自于新热带界的格网, 来自于所有其他区域的数据都被表示为灰色。

区间的差异导致的。目前, 这些分叉在非雀形目 (non-passerines) 中远比雀形目 (passerines) 中要少, 说明相对于世界上的其他地区, 新热带界在分类共生格局方面的特殊性在很大程度上是由雀形目的差异驱动的 (见图 S1 和图 S2)。

对于一个地区给定相邻上一级分类的丰富度的情况下, 使用较低等级丰富度作为模型自变量的较高分类等级的回归模型残差可以确定一个地区在特定分类水平上是相对稀少或丰富。在海岛上科丰富度与目丰富度高度相关 (图 1g)。然而, 这也可能是这些地区目丰富度较低造成的 (图 1d)。在新热带界, 特别是热带安第斯山脉的东部, 属丰富度与科丰富度高度相关 (图 1f)。在新热带界以外, 丰富度峰值出现在马来西亚和喜马拉雅山脉北部, 尽管这些在图 1(f) 中并不明显, 属丰富度相对于种丰富度的峰值出现在裂谷山脉和喜马拉雅山脉 (图 1e)。

通过比较每个地区格网上平均较低和较高分类单元的比值, 新热带界和世界其他地区在分类共生上的根本区别得到了进一步的阐明 (图 3)。无论计算比率时的网格尺寸是多大, 每个地区内的每个属内种的数量和每个目内科的数量几乎没有差别。然而, 相对于科的数量, 新热带界拥有的属数目极高。我们注意到, 较低和较高分类单元的比值在南极界和大洋区明显较低。在这些地区, 分类学可能无法做系统发生的替代指标 (见下文)。

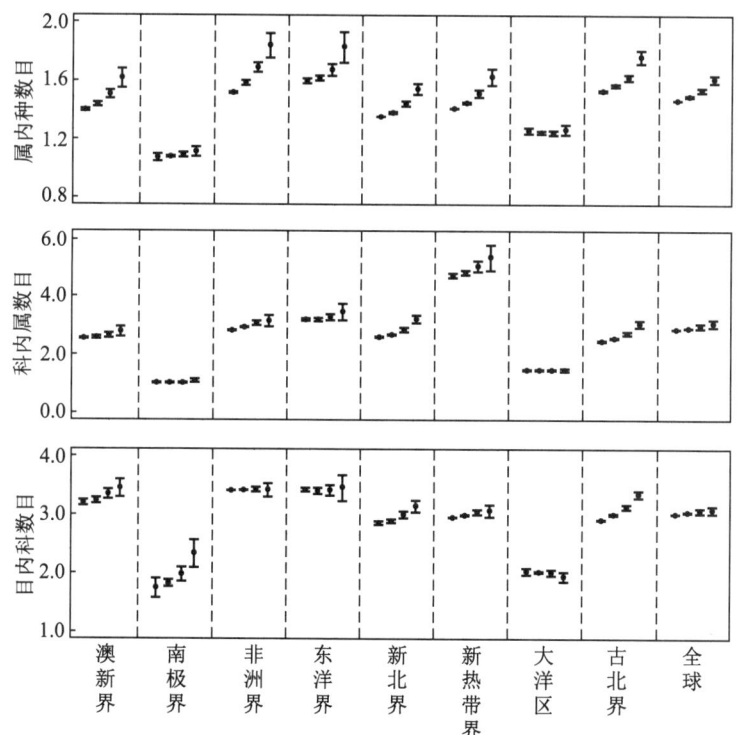

图 3　较低相对于较高分类单元的平均比。每个区域的比率都是所有格网的平均值。从左至右的每个区域, 置信区间为 95% 的格网大小相当于 1°、2°、4° 和 8°。

3.3 分类级别的遗传距离

尽管有一些波动,但我们在主要大陆区域的属内种间、科内属间、和目内科间的遗传距离上没有发现明显的系统差异 (图 4)。然而, 在大洋区和南极界的遗传距离显著低于其他六个区域。此外, 在所有区域中, 属内种间的遗传距离最小,其次是科内属间, 最大遗传距离出现在目内科间。综合考虑, 这意味着, 至少在地区尺度上, 我们使用的分类法可能不会在六个主要生物地理区域的比较中引入偏差, 但是与大洋区和南极界这样的低丰富度地区的比较可能没有意义。

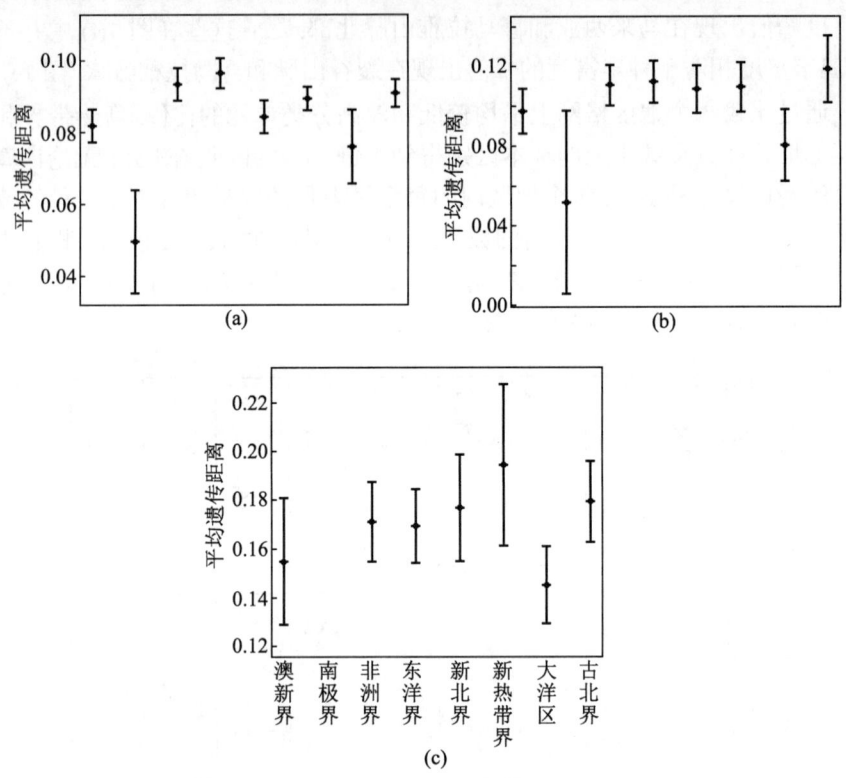

图 4 每个生物地理区域内的 (a) 种和属,(b) 属和科以及 (c) 科和目之间的细胞色素 –b 基因的遗传距离。单位由每个地点替代。

3.4 空间显式模型

较低分类单元数量作为较高分类单元数量、海拔范围和温度的函数所建立的模型再次说明了新热带界不仅在物种总数上, 而且在多样性如何产生上都与众不同(表 1, 所有模型的具体细节见表 S1)。目的数量现在并不能单独解释新热带界的科丰富度 —— 温度和海拔间存在高度显著的正相关。与此相反, 只包含目丰富度的模型在澳新界、新热带界、新北界和东洋界对科丰富度而言是最佳

表 1 每个区域较高分类单元丰富度的最适模型和环境变量作为较低分类单元丰富度的预测因子。每个区域的缩写为: Aus (澳新界), Aft (非洲界), Ind(东洋界), Nea (新北界), Neo (新热带界), Pal 1 和 Pal 2 (古北界,将全部 1° 数据集分成两等分进行分析), Pal 2°(古北界,在全部 2° 格网上进行分析)。每个模型的反应变量表示为 Sp (种丰富度), Gen (属丰富度) 或者 Fam(科丰富度)。每个区域的每个反应变量的最佳模型 (或多个模型) 当预测变量集是以下五个可能的模型之一时才被表示出来: (1) 较高分类单元丰富度, 海拔范围, 年均温以及海拔范围和年均温之间的相互作用 (全部); (2) 较高分类单元丰富度, 海拔范围和年均温 (temp+elev); (3) 较高分类单元丰富度和海拔范围 (elev); (4) 较高分类单元和年均温 (temp); (5) 较高分类单元丰富度 (richness)。对于每个模型中的有关预测变量, 正斜率被表示为 + 而负斜率由 − 表示。+ 或 − 的个数表明显著性水平: $P < 0.001$, +++/−; $P < 0.01$, ++/−; $P < 0.05$, +/−; 不显著, ns。

区域	因变量	最佳模型	伪 R^2	AIC 权重	丰富度	海拔范围	均温	相互作用
澳新界	种丰富度	海拔范围	0.906	0.909	+++	+++		
	属丰富度	丰富度	0.809	0.837	+++			
		海拔范围	0.809	0.150	+++	+++		
	科丰富度	丰富度	0.656	0.997	+++			
非洲界	种丰富度	温度+海拔范围	0.822	0.760	+++	++		
		海拔范围	0.822	0.240	+++	+++		
	属丰富度	海拔范围	0.711	0.574	+++	+++		
		温度+海拔范围	0.711	0.421	+++	+++		
	科丰富度	丰富度	0.886	0.999	+++			
东洋界	种丰富度	海拔范围	0.880	0.999	+++	+++		
	属丰富度	海拔范围	0.839	0.995	+++	+++		
	科丰富度	丰富度	0.810	0.999	+++			
新北界	种丰富度	海拔范围	0.782	0.998	+++	+++		
	属丰富度	海拔范围	0.538	0.989	+++	+++		
	科丰富度	丰富度	0.353	0.999	+++			
新热带界	种丰富度	全部	0.859	0.999	+++	ns	−	+++
	属丰富度	全部	0.601	0.999	+++	ns	ns	+++
	科丰富度	全部	0.479	0.999	+++	−	ns	+++
古北界 1	种丰富度	海拔范围	0.785	0.998	+++	+++		
	属丰富度	全部	0.608	0.998	+++	+	−	+++
	科丰富度	丰富度	0.328	0.732	+++			
		海拔范围	0.327	0.266	+++	+++		
古北界 2	种丰富度	海拔范围	0.828	0.999	+++	+++		
	属丰富度	全部	0.670	0.932	+++	ns	−	+++
		海拔范围	0.670	0.068	+++	+++		
	科丰富度	海拔范围	0.426	0.883	+++	+++		
		温度+海拔范围	0.426	0.077	+++	+++	−	
古北界2°	科丰富度	丰富度	0.394	0.954	+++			

模型。古北界的最佳模型并不确定, 因为三种分析结果存在差异。有证据表明在特定目丰富度前提下海拔范围和科的相关较弱, 但是证据的权重与 2° 分析和一种棋盘分析①(checkerboard analysis) 的结果一致, 表明只包含目丰富度的模型是最适模型。

---

① 一种基因分析方法, 一般用于不同形状交叉配对试验。

属丰富度模型揭示了在新热带界和古北界温度和海拔的正相关。用科丰富度和海拔作为因变量的模型对于考察东洋界和新北界的属丰富度而言是最好的。在新热带界它也是最适模型，至少比包括科丰富度、海拔和温度作为主要因子的模型要好。在澳新界单独的科丰富度也是属丰富度模型的最佳预测因子。

在澳新界、东洋界、新北界和古北界，包括属丰富度和海拔的模型比单独的属丰富度能更好地解释种丰富度。在非洲界最适模型包括属丰富度、海拔和温度。然而新北界再次呈现了海拔和温度之间的强正相关。

4. 讨论

我们的结果表明鸟类类群分类组成上存在大尺度的差异。最近确定的鸟类物种丰富度热点地区 (Orme et al., 2005) 也包含着相对于较高分类单元而言异常多的较低分类单元。然而，在不同的生物地理区域类群累积的分类单元不同。例如，裂谷山脉有相对于属数量异常高的种数量，然而热带安第斯山脉隐含了异常的相对于科数量的属数量 (图 1)。这样的在分类单元构成上的差异出现于整个地区。新热带界有差不多其他地区两倍的每科内属数量，并且这种现象并不是一个简单的尺度问题；这一趋势也出现在对其他四种不同空间尺度的评估中 (图 3)。最高的每科内属数量显然出现在热带安第斯地区，并且确实带动了整个新热带界的属和科比例的提高。

这些结果对理解空间上的谱系累积有什么意义呢？首先考虑的是他们是人工分类的结果。例如，如果鸟类分类学家在新热带界试图将种分入世界其他地区更多的属中而更少的科中，图 2 中的分叉可能来自分类实际的误差而不是分类构成。我们不相信这就是事实，原因如下：最重要的一点，我们没有找到任何证据证明属内种间、科内属间或目内科间遗传分化的程度在新热带界和其他主要陆地生物地理区域间有显著的不同。此外，我们的结果并不是关于分类层次间丰富度的比例本身，而是空间上不同分类级别的分布。因此，相对于世界其他部分的等面积地区，新热带界的属种比 (属：种) 明显异常 (图 2)，而全部热带界物种总的属种比例并不异常 (图 3)。新热带界总体的每属内种的数量并不少，尽管它的很多局部地区每属内种的数量较少。虽然属科比在整个新热带界和这一区域的许多地方都很高，但是种、属比的结果表明把在地区内部的比值和整个地区尺度上的比值联系在一起是没有必要的。因此，虽然分类实践可以解释一些地区间构成的不同，但它不能完全解释地区内观测到的明显的空间格局。

毫无疑问，我们对鸟类系统发生史理解的进步将会导致分类学的改变，进而改变分类比例 (Nunn et al., 1996; Slikas et al., 1996; Riesing et al., 2003; Bridge et al., 2005)。然而，我们相信这些不仅发生在新热带界和世界其他地区之间，也发生在热带安第斯地区和新热带界的其他地方之间的基本差异随着分类学的变化不太可能消失。这样的影响需要分类学家在安第斯进化枝而不是其他地区的进化枝上做属的分离和/或合并。我们相信这样的改变是不太可能的，特别是根据最近在热带界鸟类中隐存种①的证据。

尽管不太可能对空间谱系累积格局进行人为解释，我们的结果依然显示了在不同地区历史影响的时序差异。因此，我们绘制的残差图表明不同年龄的分类群的数量峰值分布在不同的地方 (图1)。对此的一个可能解释是，基于我们上面提供的宽泛的年龄范围，这些峰值与山脉隆起的时间相一致。例如，裂谷山脉，仅在最近的 7Myr 内有定居的可能性，就与相对于属数量而言高的种数量 (最年轻的谱系) 相一致，但是与较老的早于造山运动的谱系 (属、科、目) 不一致。安第斯山脉地区的多样性通常被认为产生在更近的时期，或者是作为在晚上新世和早更新世时期的山脉隆升晚期阶段的结果 (Hughes and Eastwood, 2006)，或是跟随上一百万年的冰川周期②(glacial cycle) 的开始 (Weir, 2006)。我们的结果意味着现在的鸟类物种丰富度可能是在大约 25Ma 的安第斯山脉隆起的早期阶段的一个结果，至少是部分的结果。这是由于安第斯山脉地区是属科比的热点地区，在雀形目中尤为显著。我们强调在缺乏鲁棒的、标准的、物种级别的所有现存鸟类物种水平系统演化树的条件下，这个解释是不确定的。然而，我们发现最近的在更好的空间和系统尺度上的研究也开始为山脉隆升在驱动多样化中的作用提供证据 (Hughes and Eastwood, 2006; Ribas et al., 2007)。最近研究的焦点集中在热带安第斯地区，而更远的与其他山脉范围相关的进化枝的系统发育研究则需要评价假设的普遍性，即造山运动在时间和空间上都与多样化有关。

虽然分类群残差图表明在一些地区山脉可以促进分化，特别是在分类层次与山脉隆起时间一致的情况下，但抬升本身未必是热带山脉地区异常的分类丰富度的唯一原因。例如，我们在新北界和古北界都找到了海拔范围和较低分类层次丰富度之间的正相关性，尽管 18 000 年前广布的冰川运动使得这些地区不适宜栖息。因此，在这些区域海拔和较低分类单元丰富度之间的关系可能更能说明一个非随机谱系集在冰川撤退后为何再次占领这些地区。我们还以与 Janzen 生理耐受假设相一致的方式 (Janzen, 1967)，找到证据证明海拔范围在新热带界特别重要。我们在预测新热带界的科、属和种水平丰富度的过程中找到了海拔和温度之间的强相关，这也与气候梯度在安第斯地区造成分散的有效屏障的假设相一致。与假设相符，Kozak and Wiens (2007) 最近利用蝾螈的姐妹多重进化枝证明了气候和海拔分歧程度的区域差异。他们认为热带和温带新大陆地区山脉间

---

① 隐存种 (cryptic species)：同一个属里的物种，形态十分相似，根据表面特征不能把它们清楚地区分出来。或形态难以区分，但有生殖隔离的不同种。

② 冰川周期 (glacial cycle) 又称冰期旋回 (cycle of glacial age)。一个冰川周期由冰期和间冰期两个互相对立而又互相转化的气候期组成。冰期由初冰期开始，进入最盛的全冰期阶段，然后冰期减弱，向气候增暖的负冰期转化，最后进入湿热的间冰期。

的海拔气候地带分布的主要差异增加了地理隔离和物种生成的可能性。Janzen假设的另外两个预测,即物种分布范围将会缩小并且物种演替会增加,也适用于安第斯地区 (Graves and Rahbek, 2005; Orme et al., 2006; Gaston et al., 2007)。

虽然 Janzen 假设由于显著提高了物种丰富度 (Ghalambor et al., 2006) 而受到了争议,我们认为它可能也会对更深的分歧产生影响。如果温度的生理耐受性在热带地区受限于系统发生 (即紧密相关的物种比那些较疏远的物种的生理耐受范围更加一致),那么扩散隔离可能不仅是现今物种沿垂直梯度演替的主因,而且导致那些在更早时期就建立起更深谱系的物种也发生了演替。我们的推论暗示生态位保护不仅在决定物种丰富度的宽泛纬度梯度方面非常重要,就像 Hawkins 和他的同事们所说的那样 (Hawkins et al., 2005, 2006),而且在决定区域内海拔梯度方面也很重要。然而,在生态位保持推测出的两个尺度上,物种丰富度梯度可能通过不同的机制起作用。在大尺度上,物种灭绝可能是高纬度地区物种丰富度较低的原因 (Hawkins et al., 2005, 2006),然而在区域内部,扩散限制① (dispersal limitation)、较低基因流动和较高分化的结合,貌似是物种丰富度的气候和海拔梯度的一个更加合理的解释。事实上,最近 Weir (2006) 证明了安第斯山脉鸟类进化枝在高地比低地的分化率更高。

在解释大尺度现代多样性格局中,当代和历史过程的相对角色曾经是个有争议的话题 (Whittaker et al., 2001; Francis and Currie; 2003; Qian and Ricklefs, 2004; Ricklefs, 2004; Hawkins et al., 2005)。如果我们实验性的解释是正确的,热带山脉范围的角色不仅与当代多样性有关,也是跨越重要的鸟类进化历史时期的分化的源头。如果这些与当今鸟类物种丰富度最紧密相关的环境因子也与远古时期的分化事件有关,那就有协调生物多样性差异的当代和历史的解释的可能性。综上所述,我们的分析使当代鸟类分布的来源和发展的真相大白于天下。我们认为当前的多样性格局确实能通过较高分类单元的多样性格局反映历史过程。此外,我们的分析还揭示了和世界其他地区相比,南美鸟类群体的分类体系存在着出乎意料的数量上的差异,特别是对于雀形目而言。南美洲仿佛不仅在鸟类物种丰富度方面,而且在这些物种如何共存上都与众不同。

致　谢

我们感谢 S.Butchart, T-S.Ding, H.Fry, P.Rasmussen, R.Ridgeley, C.Robertson, A.Stattersfield, P.Williams, J.Zook, 国际鸟盟 (BirdLife International), 澳大利亚鸟类学会 (Birds Australia), 保护国际 (Conservation International), NatureServe 和新西兰

---

①扩散限制 (dispersal limitation): 某一区域内种群没有达到环境最大承载量情况下的限制。其中扩散(dispersal)是指个别植物、动物或其传播体(种子、孢子、幼体等)主动或被动地从某个种群或种群区域中移出或移入。

鸟类学会提供数据以及 Albert Phillimore, Andy Purvis 和 Donald Quicke 的卓有见地的讨论。这个项目的资金由自然环境研究理事会 K.J.G. 的英国皇家学会 Wolfson 研究优异奖提供。

参 考 文 献

Bridge, E.S., Jones, A.W. and Baker, A.J. (2005) A phylogenetic framework for the terns (Sternini) inferred from mtDNA sequences: implications for taxonomy and plumage evolution. *Molecular Phylogenetics and Evolution*, **35**, 459–469.

Brumfield, R.T. and Edwards, S.V. (2007) Evolution into and out of the Andes: a Bayesian analysis of historical diversification in *Thamnophilus* antshrikes. *Evolution*, **61**, 346–367.

Burnham, K.P. and Anderson, D.R. (2002) *Model selection and multi-model inference: a practical information-theoretic approach*, Springer, New York.

Davies, R.G., Orme, C.D.L., Storch, D., Olson, V.A., Thomas, G.H., Ross, S.G., Ding, T.S., Rasmussen, P.C., Bennett, P.M., Owens, I.P.F., Blackburn, T.M. and Gaston, K.J. (2007) Topography, energy and the global distribution of bird species richness. *Proceedings of the Royal Society Series B: Biological Sciences*, **274**, 1189–1197.

Drummond, A., Kearse, M., Heled, J., Moir, R., Thierer, T., Ashton, B. and Wilson, A. (2006) *Geneious*, version 2.0. Available from http://www.geneious.com/.

Fischer, A.G. (1960) Latitudinal variation in organic diversity. *Evolution*, **14**, 64–81. Fjeldså, J. (1994) Geographical patterns for relict and young species of birds in Africa and South America and implications for conservation priorities. *Biodiversity and Conservation*, **3**, 207–226.

Francis, A.P. and Currie, D.J. (2003) A globally consistent richnessclimate relationship for angiosperms. *The American Naturalist*, **161**, 523–536.

Freckleton, R.P. (2002) On the misuse of residuals in ecology: regression of residuals vs. multiple regression. *Journal of Animal Ecology*, **71**, 542–545.

Gaston, K.J. (2000) Global patterns in biodiversity. *Nature*, **405**, 220–227.

Gaston, K.J., Davies, R.G., Orme, C.D.L., Olson, V.A., Thomas, G.H., Ding, T.S., Rasmussen, P.C., Lennon, J.J., Bennett, P.M., Owens, I.P.F. and Blackburn, T.M. (2007) Spatial turnover in the global avifauna. *Proceedings of the Royal Society Series B: Biological Sciences*, **274**, 1567–1574.

Ghalambor, C.K., Huey, R.B., Martin, P.R., Tewksbury, J.J. and Wang, G. (2006) Are mountain passed higher in the tropics? Janzen's hypothesis revisited. *Integrative and Comparative Biology*, **46**, 5–17.

Graves, G.R. and Rahbek, C. (2005) Source pool geometry and the assembly of continental avifaunas. *Proceedings of the National Academy of Sciences USA*, **102**, 7871–7876.

Gregory-Wodzicki, K.M. (2000) Uplift history of the Central and Northern Andes: a review. *GSA Bulletin*, **112**, 1091–1105.

Grenyer, R., Orme, C.D.L., Jackson, S.F., Thomas, G.H., Davies, R.G., Davies, T.J., Jones, K.E., Olson, V.A., Ridgely, R.S., Rasmussen, P.C., Ding, T.S., Bennett, P.M., Blackburn, T.M.,Gaston, K.J., Gittleman, J.L. and Owens, I.P.F. (2006) Global distribution and conservation of rare and threatened vertebrates. *Nature*, **444**, 93–96.

Hawkins, B.A. (2001) Ecology's oldest pattern? *Trends in Ecology and Evolution*, **16**, 470.

Hawkins, B.A., Field, R., Cornell, H.V., Currie, D.J., Guégan, J.-F., Kaufman, D.M., Kerr, J.T., Mittelbach, G.G., Oberdorff, T., O'Brien, E.M., Porter, E.E. and Turner, J.R.G. (2003) Energy, water, and broad-scale geographic patterns of species richness. *Ecology*, **84**, 3105–3117.

Hawkins, B.A., Diniz-Filho, J.A.F. and Soeller, S.A. (2005) Water links the historical and contemporary components of the Australian bird diversity gradient. *Journal of Biogeography*, **32**, 1035–1042.

Hawkins, B.A., Diniz-Filho, J.A.F., Jaramillo, C.A. and Soeller, S.A. (2006) Post-Eocene climate change, niche conservatism, and the latitudinal diversity gradient of New World birds. *Journal of Biogeography*, **33**, 770–780.

Hughes, C. and Eastwood, R. (2006) Island radiation on a continental scale: exceptional rates of plant diversification after uplift of the Andes. *Proceedings of the National Academy of Sciences USA*, **103**, 10334–10339.

Isler, M.L., Isler, P.R. and Whitney, B.M. (2007) Species limits in antbirds (Thamnophilidae): the warbling antbird (*Hypocnemis cantator*) complex. *The Auk*, **124**, 11–28.

Janzen, D.H. (1967) Why mountain passes are higher in the tropics. *The American Naturalist*, **101**, 233–249.

Jetz, W. and Rahbek, C. (2002) Geographic range size and determinants of avian species richness. *Science*, **297**, 1548–1551.

Jetz, W., Rahbek, C. and Colwell, R.K. (2004) The coincidence of rarity and richness and the potential signature of history in centres of endemism. *Ecology Letters*, **7**, 1180–1191.

Kozak, K.H. and Wiens, J.J. (2007) Climatic zonation drives latitudinal variation in speciation mechanisms. *Proceedings of the Royal Society Series B: Biological Sciences*, **274**, 2995–3003.

Lomolino, M.V., Riddle, B.R. and Brown, J.H. (2006) *Biogeography*, Sinauer, Sunderland, MA. Magee, L. (1990) R2 measures based on Wald and likelihood ratio joint significance tests *The American Statistician*, **44**, 250–253.

Mittelbach, G.G., Schemske, D.W., Cornell, H.V., Allen, A.P., Brown, J.M., Bush, M.B., Harrison, S.P., Hurlbert, A.H., Knowlton, N., Lessios, H.A., McCain, C.M., R, M.A., McDade, L.A., McPeek, M.A., Near, T.J., Price, T.D., Ricklefs, R.E., Roy, K., Sax, D.F., Schluter, D., Sobel, J.M. and Turelli, M. (2007) Evolution and the latitudinal diversity gradient: speciation, extinction and biogeography. *Ecology Letters*, **10**, 315–331.

Nunn, G.B., Cooper, J., Jouventin, P., Robertson, C.J.R. and Robertson, G.G. (1996) Evolutionary relationships among extant albatrosses (Procellariiformes: Diomedeidae) established from complete cytochrome-B gene sequences. *The Auk*, **113**, 784–801.

Olson, D.M., Dinerstein, E., Wikramanayake, E.D., Burgess, N.D., Powell, G.V.N., Underwood, E.C., D'amico, J.A., Itoua, I., Strand, H.E., Morrison, J.C., Loucks, C.J., Allnutt, T.F., Ricketts, T.H., Kura, Y., Lamoreux, J.F., Wettengel, W.W.,Hedao, P. and Kassem, K.R. (2001) Terrestrial ecoregions of the world: a new map of life on Earth. *BioScience*, **51**, 933–938.

Orme, C.D.L., Davies, R.G., Burgess, M., Eigenbrod, F., Pickup, N., Olson, V., Webster, A.J., Ding, T.-S., Rasmussen, P.C., Ridgely, R.S., Stattersfield, A.J., Bennett, P.M., Blackburn, T.M., Gaston, K.J. and Owens, I.P.F. (2005) Global hotspots of species richness are not congruent with endemism or threat. *Nature*, **436**, 1016–1019.

Orme, C.D.L., Davies, R.G., Olson, V.A., Thomas, G.H., Stattersfield, A.J., Bennett, P.M., Owens, I.P.F., Blackburn, T.M. and Gaston, K.J. (2006) Global patterns of geographic range size in birds. *PLoS Biology*, **4**, 1276–1283.

Pärtel, M., Helm, A., Reitalu, T., Liira, J. and Zobel, M. (2007) Grassland diversity related to the Late Iron Age human population density. *Journal of Ecology*, **95**, 574–582.

Pianka, E.R. (1966) Latitudinal gradients in species diversity: a review of concepts. *The American Naturalist*, **100**, 33–46.

Pinheiro, J., Bates, D., DebRoy, S. and Sarkar, D. and The R Core Team (2006) *nlme: linear and nonlinear mixed effects models*. R package version 3.1–78.

Qian, H. and Ricklefs, R.E. (2004) Taxon richness and climate in angiosperms: is there really a globally consistent relationship that precludes region effects? *The American Naturalist*, **163**, 773–779.

Rahbek, C. and Graves, G.R. (2001) Multiscale assessment of patterns of avian species richness. *Proceedings of the National Academy of Sciences USA*, **98**, 4534–4539.

Rambaut, A. (2002) *Se-Al sequence alignment program*, version 2.0a11. http://tree.bio.ed.ac.uk/software/seal/.

Ribas, C.C., Moyle, R.G., Miyaki, C.Y. and Cracraft, J. (2007) The assembly of montane biotas: linking Andean tectonics and climatic oscillations to independent regimes of diversification in *Pionus* parrots. *Proceedings of the Royal Society Series B: Biological Sciences*, **274**, 2399–2408.

Ricklefs, R.E. (2004) A comprehensive framework for global patterns in biodiversity. *Ecology Letters*, **7**, 1–15.

Riesing, M.J., Kruckenhauser, L., Gamauf, A. and Haring, E. (2003) Molecular phylogeny of the genus Buteo (Aves : Accipitridae) based on mitochondrial marker sequences. *Molecular Phylogenetics and Evolution*, **27**, 328–342.

Rohde, K. (1992) Latitudinal gradients in species diversity: the search for the primary cause. *Oikos*, **65**, 514–527.

Rosenzweig, M.L. (1995) *Species diversity in space and time*. Cambridge University Press, Cambridge. Sibley, C.G. and Ahlquist, J.E. (1990) *Phylogeny and classification of birds: a study in molecular evolution*. Yale University Press, New Haven, USA.

Sibley, C.G. and Monroe, B.L. (1990) *Distribution and taxonomy of birds of the world*. Yale University Press, New Haven, USA. Sibley, C.G. and Monroe, B.L. (1993) *Distribution and taxonomy of birds of the world: supplement*. Yale University Press, New Haven, USA.

Simpson, G.G. (1964) Species density of North American Recent mammals. *Systematic Zoology*, **13**, 57–73.

Slikas, B., Sheldon, F.H. and Gill, F.B. (1996) Phylogeny of titmice (Paridae): Estimate of relationships among subgenera based on DNA–DNA hybridization. *Journal of Avian Biology*, **27**, 70–82.

Stevens, R.D. (2006) Historical processes enhance patterns of diversity along latitudinal gradients. *Proceedings of the Royal Society Series B: Biological Sciences*, **273**, 2283–2289.

Swofford, D.L. (2000) PAUP*. *Phylogenetic analysis using parsimony (*and other methods)*, version 4. Sinauer Associates, Sunderland, MA. Valdiya, K.S. (2002) Emergence and evolution of Himalaya: reconstructing history in the light of recent studies. *Progress in Physical Geography*, **26**, 360–399.

Weir, J. (2006) Divergent timing and patterns of species accumulation in lowland and highland neotropical birds. *Evolution*, **60**, 842–855.

Whittaker, R.J., Willis, K.J. and Field, R. (2001) Scale and species richness: towards a general, hierarchical theory of species diversity. *Journal of Biogeography*, **28**, 453–470.

Whittaker, R.J., Willis, K.J. and Field, R. (2003) Climate-energetic explanations of diversity: a macroscopic perspective. *Macroecology: concepts and consequences* (ed. by T.M. Blackburn and K.J. Gaston), pp. 107–129. Blackwell Science, Oxford. Wiens, J.J. and Donoghue, M.J. (2004) Historical biogeography, ecology and species richness. *Trends in Ecology and Evolution*, **19**, 639–644.

Wiens, J.J., Graham, C.H., Moen, D.S., Smith, S.A. and Reeder, T.W. (2006) Evolutionary and ecological causes of the latitudinal diversity gradient in Hylid frogs: treefrog trees unearth the roots of high tropical diversity. *The American Naturalist*, **168**, 579–596.

Zhisheng, A., Kutzbach, J.E., Prell, W.L. and Porter, S.C. (2001) Evolution of Asian monsoons and phased uplift of the Himalaya-Tibetan plateau since Late Miocene times. *Nature*, **411**, 62–66.

5. 补充材料

表 S1 较低分类单元丰富度的局部模型使用较高分类单元丰富度和环境变量，见 http://onlinelibrary.wiley.com/store/10.1111/j.1466-8238.2008.00384.x/asset/

supinfo/GEB_384_sm_AppendixS1.doc?v=1&s=a717e530a77a991e7000e27224bdda5e4e926e3e

图 S1 非雀形目的地理分布,见 http://onlinelibrary.wiley.com/store/10.1111/j.1466-8238.2008.00384.x/asset/supinfo/GEB_384_sm_FigureS1.doc?v=1&s=36ace14ce69f2416ae60305e7f34881b63f22a4b

图 S2 雀形目的地理分布,见 http://onlinelibrary.wiley.com/store/10.1111/j.1466-8238.2008.00384.x/asset/supinfo/GEB_384_sm_FigureS2.doc?v=1&s=f63a686132740b0b62fccb10610c8407741d0ce4

以上材料来自于部分在线文章: http://www.blackwell-synergy.com/doi/abs/10.1111/j.1466-8238.2008.00384.x(此链接至文章摘要)

鸟类地理分布范围尺度的全球格局[①]

C. David L. Orme　　Richard G. Davies　　Valerie A. Olson　　Gavin H. Thomas
Tzung-Su Ding　　Pamela C. Rasmussen　　Robert S. Ridgely　　Ali J. Stattersfield
Peter M. Bennett　　Ian P. F. Owens　　Tim M. Blackburn　　Kevin J. Gaston

摘要：物种分布范围面积空间变化的大尺度格局是宏观生态学和保护生物学中多种基本问题的焦点。但是，由于先前的研究或者具有地理局限性，或者仅建立在较小的分类类群基础之上，因此，这些格局的全球性特征仍存有争议。本文利用鸟类繁殖分布数据库，报告了第一组全球范围内完整纲级的物种分布范围大小变化图(据作者所知)。分析表明，物种分布范围的面积大小并非简单地遵循纬度模式。本研究所取得的物种分布范围面积的最小值位于岛屿和山区，并且大部分位于南半球；与此趋势不同的是，鸟类物种丰富度峰值则分布于赤道附近以及较高纬度地区。尽管这些纬度模式差异巨大，但空间显式模型却呈现出这样一种趋势，即具有较高物种丰富度的地区可容纳分布范围中值较小的物种的趋势较弱。总体而言，这些结果表明，对于鸟类这一物种的分布范围大小在地理区域受限制分析方面的多种描述不能反映全球规律。从构成生物多样性的诸多方面来说(例如，物种组合、物种形成率、灭亡率以及扩散率的地域分异等)，分布范围大小的全球格局能否得以最好的阐释仍有待于进一步探讨。

1. 引言

物种地理分布范围大小的空间变化的大尺度格局是宏观生态学及保护生物学中许多基本问题的核心。它们包括多样性的起源和保持、环境变化的潜在影响以及区域保护的优先级别[1-6]等。然而，这些格局在分布范围大小方面的形式一直存有争议。

许多学者最感兴趣的是地理分布范围大小和纬度之间的关系，Lutz 第一次提

[①] 原文：C. David L. Orme, Richard G. Davies, Valerie A. Olson, Gavin H. Thomas, Tzung-Su Ding, Pamela C. Rasmussen, Robert S. Ridgely, Ali J. Stattersfield, Peter M. Bennett, Ian P. F. Owens, Tim M. Blackburn, Kevin J. Gaston. 2006. Global patterns of geographic range size in birds. PLoS Biol 4(7): 1276-1283. DOI: 10.1371/journal.pbio.0040208.
推荐：宫鹏；翻译：张海英；校阅：宫鹏、林光辉；辅助校阅：应清、李雪艳。
注：Reprinted, with permission from Public Library of Science and the authors。

出这一关系的存在[7]。在此基础上,Rapoport[1]进一步提出了物种分布范围的大小由高纬向低纬呈现降低的趋势,这就是后来被正式定名的"Rapoport规则"[2]。它的普适性一直备受争议。许多研究者已证实这一模式有经验实例来支持[2],另外一些研究者则认为经验实例十分不足[16~25]。一些研究曾就缺乏足够普遍性的模式被定义为"规则"而进行争论[5,17,20,24~26],另一些研究则或视其为普遍性规则,或将其作为尚未解决的问题[3,11,21,27~31]。

地理分布范围大小的纬向梯度曾引起广泛关注,这主要是由于物种丰富度对于空间变化的内在机制可能具有重要意义,尤其在热带地区物种丰富度具有增加的趋势。事实上,Stevens[2]也认为二者之间或许存在联系。由于温带地区物种对环境条件具有更大的耐受度,因此温带地区比热带地区的物种可能具有更大的分布范围,这是由于在这种条件下不同个体区域的更大的差异使然。它将进一步促进热带地区的物种通过"规模效应"(mass effect)①[32]在更高级别上共生,因此,有些物种的产生来自于种群微生境以外的外来物种个体进入。

基于物种的生存或物种分布范围大小的纬向梯度理论,大多数研究对物种丰富度的空间变化和分布范围大小之间的关系进行了间接的实验。然而,正如近期发表的第一幅鸟类物种丰富度地图清晰地证实的一样[34],物种数量不仅仅随距离赤道的远近而变化[33]。鸟类物种丰富度的热点地区与热带地区的山脉分布较为一致,并且在其两侧物种丰富度逐渐下降。如果物种丰富度和分布范围的大小存在因果关系,那么,我们就可以预料分布范围大小的空间变化也同样具有某种结构。然而,对于这种关系的直接实验仍较为匮乏,既有研究赞同这种关系[15,35,36],也有反驳的研究存在[6,14,18,37]。

值得关注的是,到目前为止,对于分布范围的大小和纬度范围的大小,以及物种丰富度两者之间关系的大多数分析,是在各自的生物地理分区内进行的,其结果可能依赖于所采用的地理分布区或更小的生物地理单元的类型[17,20,22,23,25,38]。特别是支持Rapoport规则存在的研究大多仅局限于新北区[5,20],这不免会引起这样一个疑问:这一规则或许仅说明了一个局部地区的现象,并不具有普遍性[17]。此外,将分析局限于个别的生物地理分区内也同样意味着超出地理分布范围的物种被忽视了,或者说它们的分布范围被缩减至有限的区域[5]。这些结果还不确定,但对于分布范围跨越多个生物地理分区的大多数的物种来说是值得关注的。

目前,在对物种分布范围大小的空间变化的讨论中较为缺乏的是以一种全球的观点对待主要类群。以往局限于生物地理分区的所有研究都受到格局普适性的困扰,因此,它不能解决物种分布范围大小的空间变化实质的不确定性问题。本文提出了第一个全球现存所有鸟类物种的分布范围大小的空间变化分析方法。作者利用全球鸟类分布数据库(以比例尺等于1°栅格的等面积投影制图),

---

① mass effect: the establishment of species in sites where they cannot be self-maintaining(参考文献[32])。规模效应或聚集效应,即在不能进行物种自我维持的地区的物种的建立。

得出鸟类物种的地理繁殖范围面积的估算值 (主要排除海洋鸟类, 见 "材料与方法" 部分)。此前, 鸟类物种丰富度的全球格局是用这个数据库确定的[34], 通过利用空间范围和分辨率不一致的数据, 我们可以在细节上进一步探究分布范围大小的空间变化及其与物种丰富度之间的关系。

2. 结果

2.1 物种分布范围面积的分布

图 1 概略描述了全球鸟类物种范围的分布, 呈现明显的右偏 (图 1a), 其中, 9 505 种现存鸟类物种的分布范围面积均值为 $2.82×10^6$ km², 大于分布范围面积的中值 $(0.87×10^6$ km²)。1/4 以上 (27.6%) 的鸟类分布范围面积小于 225 000 km², 小于大不列颠或美国明尼苏达州的面积。物种分布范围面积的分布既不呈对数正态分布 (图 1b; $D = 0.065\ 6$, $p \ll 0.001$), 也不符合 logit 正态分布 ($D = 0.0636$,

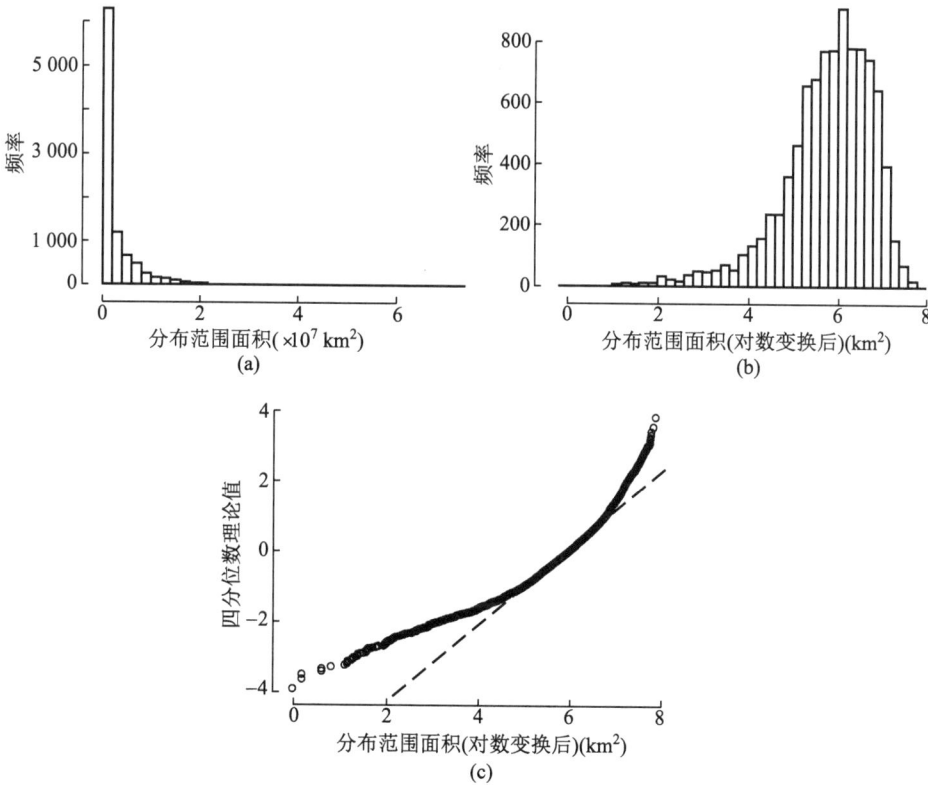

图 1　全球鸟类物种分布范围面积的分布 (a) 未进行变换的分布范围面积; (b) 对数变换的范围面积; (c) 对数变换的范围面积的正态概率分布图, 虚线代表正态分布的期望值, 圆圈代表观测值。

$p \ll 0.001$), 且在两种情形下都呈现明显的左偏。正态分布图显示,受到更多限制以及分布更广的物种的分布范围面积相对于期望值较小 (图 1c)。

2.2 地理分布范围面积的空间变化

图 2 展示了物种地理分布范围面积的主要空间格局。在每个栅格单元内与之相重合的物种地理分布范围面积的中值具有明显的空间格局 (图 2a)。范围面积中值在岛屿、低纬度山区最小, 并且大部分位于南半球 (图 2a), 范围面积的最小值总体上也是如此分布 (每个栅格单元内分布范围最小的物种的范围面积, 图 2b)。北半球分布范围面积的方差更高, 尤其是中纬度地区 (图 2c)。先前的一些关于地理分布范围空间变化的分析大多集中于物种分布的纬向跨度变化的研究。与每个栅格单元重合的鸟类物种的纬向跨度的中值却展示了一种不同于范围面积分布的、但同样复杂的情况 (图 2d)。相对于物种分布范围的格局来说, 尽管物种分布范围中值最小的分布区相似, 但是它也存在差异, 其主要差异在于高纬度热带和较低纬古北界, 尤其是山区和岛群。物种在纬向跨度最小的地区的空间分布 (在每个栅格单元中分布范围最狭小的物种的范围, 图 2e) 与它们在物种分布范围面积最小的地区的分布非常相似 (图 2b)。

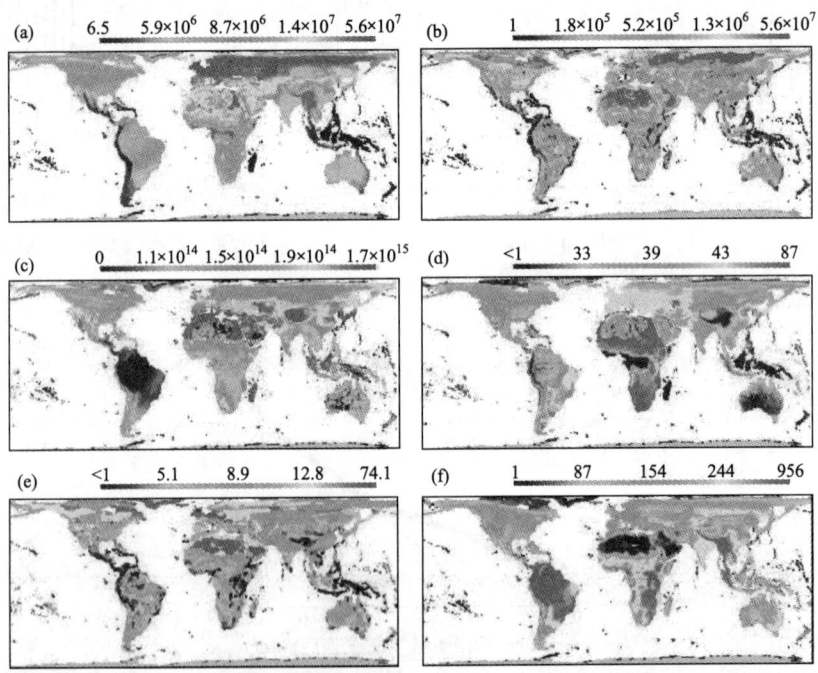

图 2 (见彩图) 全球鸟类地理分布范围面积、纬向跨度以及物种丰富度的地理分布 (a) 分布范围面积的中值 (km^2); (b) 分布范围面积的最小值 (km^2); (c) 分布范围面积的方差 (km^2); (d) 纬度范围的中值 (°); (e) 纬度范围的最小值 (°); (f) 总物种丰富度制图比例尺基于四分位数, 比例尺上分别标出每幅地图四分位数的值。

物种分布范围大小的纬向变化趋势如图 3 所示。与 Rapoport 规则的预测结果相反,物种分布范围面积在南北半球内向热带地区均不呈现减小的趋势 (图 2a,表 1)。相反,物种分布范围面积中值在北半球高纬度取得最大值,尽管不是最高纬;并向南半球高纬度区降低。这一关系揭示了赤道地区随坡度大小的细微变化,但未能证明 Rapoport 规则所预言的变化 (图 3a,将南纬记作负值,所有单元内物种分布范围大小与纬度的关系: $r = 0.60, n=17\,867, p \ll 0.001$;对于每个纬度带内的单元的分布范围的均值: $r = 0.89, n=151, p \ll 0.001$)。一旦通过在纬度带内平均化的方式使得北半球在样本大小上的优势丧失 (所有的单元: $r = 0.45, n = 17\,867, p \ll 0.001$;对于每个纬度带单元的平均值: $r = 0.07, n=151, p = 0.40$),那么分布范围面积的中值和绝对纬度之间就毫无关联 (无论是南半球还是北半球)。

在各自的生物地理分区和不同的半球内,仅有 7/13 的物种分布范围面积的中值随纬度增大,这其中的 6/7 位于北半球 (表 1;见附录 S2 中利用所有单元进行实验)。而物种丰富度指数与纬度之间存在较强的相关关系,在热带地区相关性最高,峰值位于安第斯山脉的山峰、喜玛拉雅山和非洲裂谷带 [图 2f;所有单元的丰富度指数 (平方根变换后) 与纬度的关系:南半球 $r = -0.56, n=4\,903, p \ll 0.001$;北半球 $r = -0.39, n=12\,964, p \ll 0.001$。每个纬度带的单元内物种丰富度与每个单元纬度的关系:南半球 $r = -0.98, n=75, p \ll 0.001$;北半球 $r = -0.77, n=76, p \ll 0.001$]。此外,南半球中低纬度比北半球具有更高的物种多样性,并且多样性随着纬度升高而剧减 (图 3b)。这些分析或对于岛屿单元的遗漏不敏感,或对于利用纬度差异来解释纬度自相关的更保守的实验不敏感 (见附录 S2)。

分布范围的面积与纬度之间的关系并不像分布范围大小变化的量化方法那样。基于物种分布范围大小特征的分析可能会因物种组成相互影响而造成偏差,因此,我们利用"中点法"对其关系也进行了检验[16]。这种方法根据物种分布范围的纬度中点的位置,将所有物种分配并分装于各自的纬度间隔,因此,每一物种只对一个数据点起作用;被分装到同一纬度间隔的物种的分布范围面积的中值与其纬度之间的关系如图 3c 所示。从全球来看,这些数据显示分布范围面积的中值随纬度由南向北呈增加趋势 ($r = 0.58, n = 126, p \ll 0.001$),利用中点法,在北半球高纬地区分布范围面积呈现减小的趋势,这一点更值得关注。从半球来看,南半球分布范围面积随纬度变化不存在全球趋势,北半球随纬度增加呈显著的增加趋势;从半球和分区的角度来看,仅有 3/13 的物种分布范围面积的中值随纬度增加而显著增加 (见附录 S2)。尽管系统发育自相关对结果有影响,但有证据显示物种的分布范围面积对系统发育的依赖程度很小[5,39] (见附录 S2),因此,自相关的影响微弱。

各纬度范围内地域面积的纬向梯度 (图 3d) 与分布范围面积密切相关 (图 3a, $r = 0.72, n = 152, p \ll 0.000\,1$),特别是当忽略上述两变量在纬度大于 67°N 的锐减时 ($r = 0.95, n = 146, p \ll 0.000\,1$)。对这些格局的一种可能的解释是分布范围

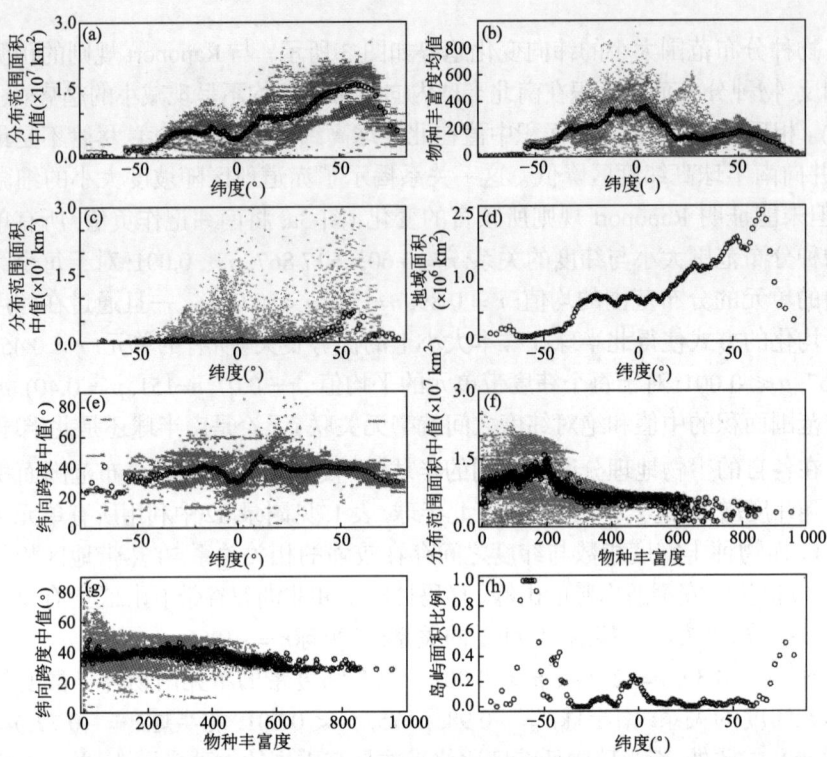

图 3 分布范围面积、纬度范围跨度、物种丰富度、陆地面积、岛屿面积以及纬度之间的全球关系 (a) 分布范围面积中值与纬度; (b) 物种丰富度均值与纬度; (c) 分布范围面积中值与物种的中点落入各自纬度带内的纬度; (d) 纬度带内的地域面积; (e) 纬向跨度中值和纬度; (f) 分布范围面积的中值和物种丰富度; (g) 纬向跨度中值和物种丰富度; (h) 岛屿面积的比例与纬度; a~c,e,f 中的圆圈代表纬向均值,灰点表示个体栅格单元值的扩散;南纬记为负,北纬记为正。

的纬向跨度随纬度 (如图 2d) 由低到高而增长, 但是经度对于分布范围面积的抑制掩盖了这种关系。而纬向梯度 (图 3e) 在物种纬向范围跨度内对 Rapoport 规则的支持力度比在分布范围面积方面更弱。总体来看, 在南北两半球内, 纬向跨度由低纬向高纬降低而并非增长 (表 1)。在各生物地理分区和南北半球内, 只有 6/13 的物种的纬向范围随纬度的增加而增长 (表 1)。事实上, 在北半球, 陆地面积的增加似乎掩盖了更高纬地区的纬向范围的减少。

2.3 地理分布范围的面积和物种丰富度指数

地理分布范围面积的中值与物种丰富度 (图 3f) 这二者之间在全球尺度内呈显著负相关关系, 在 3/8 的生物地理分区内呈正相关关系 (表 1)。一旦由空间自相关产生的邻近单元的相似性可用模型显式表达, 那么, 就能产生更加一致的结果。这一方法揭示了在全球尺度上, 范围面积的中值与物种丰富度之间呈负相关 (表 1)。而且, 当单独考虑独立的生物地理分区时,7/8 的范围面积与物种丰富度之间会存在一种负相关关系, 仅有 1/8 在统计学呈不显著的正相关关系 (表 1)。

表 1 地理分布范围大小的全球和分区格局。

生物地理区	分布范围面积与纬度[a]					纬向跨度与纬度[b]				范围面积与物种丰富度[c]				
	南半球		北半球			南半球	北半球		非空间模型		空间模型			
	r	n	r	n		R	r		R	n	坡度	坡度的标准误差	F	
全球	−0.87****	75	0.68****	76		−0.62****	−0.32***		−0.113****	8 942	−4.45×10⁻⁸	≤1×10⁻⁷	51.82****	
澳新界	−0.16	63	0.85*	7		−0.36***	0.70		0.081**	1 481	−0.000 01	1.90×10⁻⁶	43.30****	
南极界	0.70***	20	—	—		0.66***	—		−0.332****	213	−6.07×10⁻⁷	≤1×10⁻⁷	31.98****	
非洲界	−0.49****	48	0.77****	34		−0.14	0.46***		−0.156****	2 564	−0.000 01	≤1×10⁻⁷	514.30****	
印度-马来西亚界	0.23	14	0.95****	44		0.96****	0.69****		−0.295****	1 285	2.02×10⁻⁶	1.21×10⁻⁶	2.8	
新北界	—	—	0.76****	50		—	−0.74****		−0.183****	2 979	−5.02×10⁻⁷	≤1×10⁷	23.63****	
新热带界	−0.96****	63	−0.64****	35		0.53****	0.79****		0.425****	2 471	−0.000 02	1.19×10⁷	204.52****	
大洋区	−0.14	36	0.44**	36		−0.34*	−0.08		−0.278****	288	−1.22×10⁻⁷	≤1×10⁻⁷	16.74****	
古北界	—	—	0.11	56		—	−0.65****		0.233***	6 586	−1.09×10⁻⁷	≤1×10⁻⁷	0.51	

a. 在半球尺度上各纬度带上各纬度带内平均物种分布范围面积的中值与纬度之间的关系。面积随纬度增加的显著相关关系在图中用粗体标出。b. 在半球尺度上各纬度带内平均纬向范围的中值随纬度增加的显著相关关系在图中用粗体标出。纬向范围面积随纬度中值与物种丰富度、标明了非相关模型的相关系数 (r), 分布范围面积作为响应变量) 得出的 F 值 (见材料与方法部分)。可释方差的估计值不能从空间模型中得到。将物种的丰富度进行平方根变换, 用以分析全球和大洋洲。显著性水平: *p: 0.05; **p: 0.01; ***p: 0.001; ****p: 0.000 1。

3. 讨论

全球物种-范围面积分布呈现显著的右偏,大部分物种具有较小(但不是最小)的地理分布范围(图1)。这与先前的研究是一致的,对于生物地理分区内的鸟类以及其他种群也都是如此[5,6,40-43]。曾被提出过的两个随机模型(与对数正态分布和logit正态分布的偏离),也与这些研究的结果一致[5,43]。这个偏离是由于稀有物种相对于期望值缺少或过剩引起的[6,44,45],这里的正态分布图(图1c)表明对于对数正态分布和logit正态分布来说,普遍分布的物种的地理分布范围面积相对于期望值都较小。这可能是由于物种在一个地域范围的子区内的扩散受到限制造成的,因为即使是分布最为广泛的物种也不可能遍布全球。

总体而言,鸟类的地理分布范围面积在纬向跨度方面,向热带地区并不呈现减小的全球趋势(图2a,2d)。然而,从北纬高纬区到南纬高纬区,分布范围面积的中值普遍呈现一种下降趋势(图3a)。这在整体上导致物种分布范围面积在不同生物地理分区内与纬度之间关系的不同,北半球符合Rapoport规则,南半球则不符合(表1)。这既证明了Rapoport规则不具有普遍性[17,20,46],也告诫我们不能作出北温带相对较成熟的生物学模式同样也适用于世界其他地区的假定[47]。目前有证据表明对于其他非鸟类的物种来说,Rapoport规则也基本局限于与鸟类相同的区域内。不过,本文已指出为了了解地理分布范围大小的空间差异,确实需要一种全球化的视角,这是因为基于单一的、具有局限性的生物地理数据基础之上的结论对于全球格局或许并不具有启发性。测试出对于鸟类具有更广泛的普遍性、同时对于其他种群也是可行的关系是非常有意义的。

仅以纬度来描述鸟类地理分布范围面积的差异会掩盖真实的空间格局,尤其是低纬度地区及南半球(图2a)。物种分布范围面积小的区域与岛屿以及热带、亚热带的山脉有关。这表明分布区域可能会由于地域面积的可利用性而被局限到最适宜物种的气候区内[48]。因此,比如在南美地区,热带低地亚马孙流域气候一致区域的范围扩大,有利于促进本区域物种在广大地理分布范围内进化;相比之下,对于具有局限性的地区来说,例如,处于热带的安第斯山脉,这种具有局限性的气候区的物种进化则要利用安第斯山脉任何适合的高度才能维持。这一观点与地理分布范围面积的中值由北纬高纬度向南纬高纬度地区的全球下降趋势一致(它主要是由于不同气候带中可利用地域的范围不同引起的)。总体的下降趋势与物种分布的陆地范围的纬度模式非常符合(图3d)。此外,具有较小范围面积中值的区域与岛屿占地域面积百分比较高的区域吻合度高(图3h),尽管后一模式本身并不足以产生分布范围的纬向梯度(见附录S2)。

物种分布范围面积的中值由北纬高纬向南纬高纬呈下降趋势,物种丰富度的峰值位于赤道,这二者之间形成显著对比,并且这一强烈对比表明任何一种对于地理分布范围面积和物种丰富度之间关系的简单描述是不可靠的(图3f;或纬度地域范围与物种丰富度之间的关系:图3g)。然而,两变量的空间变化格局的复杂性意味着利用非空间模型可能存在问题,尽管如此,但是二者之间存在一种显著的负相关(尽管相关性很弱)(表1)。这一点可以从以下现象中反映出来:即其中五个单独的生物地理分区内的物种分布范围大小与物种丰富度之间存在弱的负相关关系,而另外三个则显示范围大小与物种丰富度之间存在显著正相关关系(这与Rapoport规则相悖)(表1)。然而,物种丰富度与地理分布范围之间的关系可能深受空间自相关性的影响,这是由于邻域内通常包括同样数量、平均范围大小的物种,因此它们并不单独向联合的实验提供信息。

所以,就出现了运用空间模型这种截然不同的想法。全球范围内范围面积的中值和物种丰富度呈显著负相关,如在表1的四个生物地理分区内。而在接下来的一个地区——东洋界,运用空间模型则使得先前的显著负相关关系变为非显著;在另外两个地区——新热带界和澳新界,当控制了空间自相关之后,显著正相关变为显著负相关关系。在上述的最后两区域中,落入亚马孙流域和澳大利亚中部沙漠的许多栅格单元主导了简单模型。但是,有些地区被分布范围广的物种占据,这些地区的物种组成单元之间的相似性则意味着很高的空间自相关。对于安第斯山、大分水岭山区(great dividing range)的地形变化大、物种丰富度高,但物种的地理分布范围面积小的区域,在支持未得以充分表达、伪重复区域少的空间模型中,空间自相关的影响受到抑制。因此,具有最小的分布范围面积均值的物种的丰富度最高的地区被容纳地理分布范围广泛的物种的丰富度较低的地区在数值上的优势所掩盖。这强调了空间显式观点对于理解生物多样性的大尺度格局问题的潜在重要性,它是一种缺乏对以往地理分布范围大小的空间变化进行思考的方法。它还提出当鸟类处于全球尺度时,几乎没有证据支持Stevens关于物种分布范围大小与纬向梯度之间关系的观点,但仍有证据可支持他提出的对于地理分布范围大小和物种丰富度之间的关系的观点。

最后,我们提出关于生态和进化机制中值得注意的两点,它们可能是构成地理分布范围大小和物种丰富度之间关系的起因。第一,尽管我们已经在统计学上发现了物种的地理分布范围大小与物种丰富度这两者的显著关联,但是这种关系的关联度还不强。对于那些基于非空间模型的分析,可释方差的最大比例仅为18%(表1),对于这里用到的空间模型,可释方差还不能得出(和缓的斜率反映了两变量之间的相关度)。虽然有较强的证据表明分布范围的面积与物种丰富度二者之间无论在全球尺度还是在生物地理分区尺度都不是完全独立的,但是不能因此而得出更小的分布范围面积与更高的生物多样性密切相关的错误推论。第二,目前,我们主要在Stevens[2]关于团块效应机制的背景下讨论了分布范围与物种之间的关系,但是可能也有其他机制同样会引起这一格局。例如,有研究提出地理分布范围大小的空间格局或许起因于物种形成和灭亡过程中的地理分异,最终导致生物多样性产生[5,49]。尽管目前的研究已经证实分枝进化的净速率具有地理差异[5,50,51],但是,这些现象在决定生物多样性的大尺度格局方面的相对作用仍有待于进一步发现。

4. 材料和方法

4.1 数据

这篇论文是基于先前报道的关于9 505种现存的、根据标准鸟类分类体系[52]可辨识的鸟类数据库[34]。在分类体系中,基本排除了海洋鸟类物种,这是由于它们的地理分布范围绝大多数位于海洋,习性差异很大,因此其数据可比性较差。海鸟一般是指繁殖季节觅食距离陆地超过50 km的鸟类(因此,对于它们来说,陆地通常不是它们的主要地理分布范围),这已被多种资料认同[53-58],在这篇论文的分析中已经排除了它们。为了得到鸟类全球尺度的地理繁殖范围数据,我们利用了一系列的数据源[34],在附录S1中对它们以及方法和可行性做了详尽描述。简言之,已出版的鸟类繁殖范围数据源已被矢量化、保存为多边形,以及转为等面积格网以待分析。这个栅格格网采用Behrmann投影,每个单元大小(96.3 km)等于位于30°纬度处的1°的栅格大小。单元的垂直边界与1°经线重合,水平边界则因纬度分割而呈现有规律的变化,总共产生360列152行。我们利用面积相等的152个经度带来计算纬向的平均值,并根据纬度范围的中点将物种分装。如果物种落入栅格单元的任何矢量数据源的边界内,则被标识到现有的栅格单元中。总体物种丰富度是通过累加栅格单元内存在的各种物种的方式得到。栅格单元的陆地面积通过利用划分为大陆和岛屿陆地两部分的海岸线矢量数据集[59]计算出。个体种群的地理分布范围面积通过累加其内部被标识为存在的单元的面积的方式估算得到。这将导致不成比例地过高估算个别窄域分布物种的范围面积,以及物种具有线性分布特征的那些地区(如山脉、河流),但是,这不可能会影响本文提出的大范围格局。纬向跨度被定义为南、北半球矢量地图上显示的每一物种的繁殖范围的极值的差值。生物地理分区的界限根据世界野生动物基金会(WWF)的生态区地图划定[60]。

4.2 分析

为了计算物种地理分布范围面积的logit变换,我们利用全球所有物种的繁殖区域作为个体种群出现的极值的上限[43]。对数变换、logit变换后的范围面积分布的图形用Kolmogorov-Smirnov检验进行评价,这一检验方法将变换后的数据与正态分布变换后的均值和标准差进行对比。物种丰富度没有进行变换或为了进行分析做了平方根变换,这些均视情况而定,目的都是为了使其分布标准化,以更好地进行检验。地理分布范围面积的中值/纬向跨度或物种丰富度和纬度之间的关系通过相关系数进行确定,利用正规误差广义最小二乘法模型 (normal errors generalised least squares (GLS) models),在 SAS 9.1.3 下以经向、纬向单元的质心值作为空间变量的方式拟合球面空间协方差结构[62]。GLS 模型将考虑生物地理分区的主要差异,通过最大距离或范围参数 q 的测定,可以观察到和模型误差无关的空间自相关关系。它包括通过非空间正规误差模型 (包括对每个不同的分区单独进行预测) 的残差的半方差图估计 q 值。对 q 的八个估算值作为空间协方差参数全部输入模型,假定位于同一分区内的观测值空间自相关。由于受到计算机内存的限制 (甚至当运行于大型计算机时),全球模式通常运行在全部数据集的 50% 的栅格单元;在区域数据子集进行的检验证明运用简化后的数据集不会改变结果。

5. 补充材料

附录 S1. 数据源和数据可用性
见 DOI: 10.1371/journal.pbio.0040208.sd001 (90 KB DOC).

附录 S2. 岛屿效应分析的结果: 与纬度之间关系的差分: 地理范围面积的系统发育自相关
见 DOI: 10.1371/journal.pbio.0040208.sd002 (46 KB DOC).

致　　谢

感谢众多的鸟类学家和观鸟者对全球鸟类地理分布知识的贡献,感谢 M. Burgess, F. Eigenbrod, and N. Pickup 在地图数字化工作中所提供的帮助,感谢 K. L. Evans 以及三名匿名评审者对于文章的讨论和评语。关于数据的可用性,请联系 I. P. F. Owens (i.owens@imperial.ac.uk).

作者分工及各自贡献: 构思: KJG; 分析方法设计: CDLO, RGD 和 KJG; 分析方法的实施: CDLO, RGD 和 GHT; 数据贡献者: VAO, TSD, PCR, RSR, AJS 和 PMB; 撰写: CDLO, RGD, IPFO, TMB 和 KJG。

基金支持: 本研究得到自然环境研究所委员会基金资助。

竞争性利益声明: 作者声明无任何竞争性利益存在。

参 考 文 献

[1] Rapoport EH (1982) Areography: Geographical strategies of species. Oxford: Pergamon. 269 p.
[2] Stevens GC (1989) The latitudinal gradient in geographical range: How so many species co-exist in the tropics. Am Nat 133: 240–256.

[3] Colwell RK, Hurtt GC (1994) Nonbiological gradients in species richness and a spurious Rapoport effect. Am Nat 144: 570–595.

[4] Brown JH, Stevens GC, Kaufman DM (1996) The geographic range: Size, shape, boundaries, and internal structure. Annu Rev Ecol Syst 27: 597–623.

[5] Gaston KJ (2003) The structure and dynamics of geographic ranges. Oxford: Oxford University Press. 266 p.

[6] Graves GR, Rahbek C (2005) Source pool geometry and the assembly of continental avifaunas. Proc Natl Acad Sci USA 102: 7871–7876.

[7] Lutz FE (1921) Geographic average, a suggested method for the study of distribution. Am Mus Novitates 5: 1–7.

[8] Pagel MP, May RM, Collie AR (1991) Ecological aspects of the geographic distribution and diversity of mammalian species. Am Nat 137: 791–815.

[9] Letcher AJ, Harvey PH (1994) Variation in geographical range size among mammals of the Palearctic. Am Nat 144: 30–42.

[10] Cowlishaw G, Hacker JE (1997) Distribution, diversity, and latitude in African primates. Am Nat 150: 505–512.

[11] Mourelle C, Ezcurra E (1997) Rapoport's rule: A comparative analysis between South and North American columnar cacti. Am Nat 150: 131–142.

[12] Johnson CN(1998) Rarity in the tropics: Latitudinal gradients in distribution and abundance in Australian mammals. J Anim Ecol 67: 689–698.

[13] Fortes RR, Absala˜o RS (2004) The applicability of Rapoport's rule to the marine molluscs of the Americas. J Biogeogr 31: 1909–1916.

[14] Smith KF, Gaines SD (2003) Rapoport's bathymetric rule and the latitudinal species diversity gradient for Northeast Pacific fishes and Northwest Atlantic gastropods: Evidence against a causal link. J Biogeogr 30: 1153–1159.

[15] Arita HT, Rodrl' guez P, Va' zquez-Doml' nguez E (2005) Continental and regional ranges of North American mammals: Rapoport's rule in real and null worlds. J Biogeogr 32: 961–971.

[16] Rohde K, Heap M, Heap D (1993) Rapoport's rule does not apply to marine teleosts and cannot explain latitudinal gradients in species richness. Am Nat 142: 1–16.

[17] Rohde K (1996) Rapoport's rule is a local phenomenon and cannot explain latitudinal gradients in species diversity. Biodiv Lett 3: 10–13.

[18] Roy K, Jablonski D, Valentine JW (1994) Eastern Pacific molluscan provinces and latitudinal diversity gradient: No evidence for Rapoport's rule. Proc Natl Acad Sci U S A 91: 8871–8874.

[19] Ruggiero A (1994) Latitudinal correlates of the sizes of mammalian geographical ranges in South America. J Biogeogr 21: 545–559.

[20] Gaston KJ, Blackburn TM, Spicer JI (1998) Rapoport's rule: Time for an epitaph? Trends Ecol Evol 13: 70–74.

[21] Ruggiero A, Lawton JH, Blackburn TM (1998) The geographic ranges of mammalian species in South America: Spatial patterns in environmental resistance and anisotropy. J Biogeogr 25: 1093–1103.

[22] Koleff P, Gaston KJ (2001) Latitudinal gradients in diversity: Real patterns and random models. Ecography 24: 341–351.

[23] Macpherson E (2003) Species range size distributions for some marine taxa in the Atlantic Ocean. Effect of latitude and depth. Biol J Linn Soc 80: 437–455.

[24] Reed RN (2003) Interspecific patterns of species richness, geographic range size, and body size among New World venomous snakes. Ecography 26: 107–117.

[25] Herna′ndez CE, Moreno RA, Rozbaczylo N (2005) Biogeographical patterns and Rapoport's rule in southeastern Pacific benthic polychaetes of the Chilean coast. Ecography 28: 363–373.
[26] Ferna′ndez MH, Vrba ES (2005) Rapoport effect and biomic specialization in African mammals: Revisiting the climatic variability hypothesis. J Biogeogr 32: 903–918.
[27] Kolasa J, Hewitt CL, Drake JA (1998) Rapoport's rule: An explanation or a byproduct of the latitudinal gradient in species richness? Biodiv Conserv 7: 1447–1455.
[28] Hecnar SJ (1999) Patterns of turtle species' geographic range size and a test of Rapoport's rule. Ecography 22: 436–446.
[29] Sax DF (2001) Latitudinal gradients and geographic ranges of exotic species: Implications for biogeography. J Biogeogr 28: 139–150.
[30] Brown JH, Sax DF (2004). Gradients in species diversity: Why are there so many species in the tropics? In: Lomolino MV, Sax DF, Brown JH, editors. Foundations of biogeography. Chicago: Chicago University Press. pp. 1145–1154.
[31] Parmesan C, Gaines S, Gonzalez L, Kaufman DM, Kingsolver J, et al. (2005) Empirical perspectives on species borders: From traditional biogeography to global change. Oikos 108: 58–75.
[32] Shmida A, Wilson MV (1985) Biological determinants of species diversity. J Biogeog 12: 1–20.
[33] Gaston KJ (2000) Global patterns in biodiversity. Nature 405: 220–227.
[34] Orme CDL, Davies RG, Burgess M, Eigenbrod F, Pickup N, et al. (2005) Biodiversity hotspots of species richness, threat, and endemism are not congruent. Nature 436: 1016–1019.
[35] Smith FDM, May RM, Harvey PH (1994) Geographical ranges of Australian mammals. J Anim Ecol 63: 441–450.
[36] Mora C, Robertson DR (2005) Causes of latitudinal gradients in species richness: A test with fishes of the Tropical Eastern Pacific. Ecology 86: 1771–1782.
[37] McCain CM (2003) North American desert rodents: A test of the middomain effect in species richness. J Mammalogy 84: 967–980.
[38] Blackburn TM, Gaston KJ, Lawton JH (1998) Patterns in the geographic ranges of the world's woodpeckers. Ibis 140: 626–638.
[39] Ricklefs RE (2005) Taxon cycles: insights from invasive species. In: Sax DF, Stachowicz JJ, Gaines SD, editors. Species invasions: Insights into ecology, evolution, and biogeography. Sunderland (Massachusetts): Sinauer Associates. pp. 165–199.
[40] Anderson S (1984) Geographic ranges of North American birds. Am Mus Novitates 2785: 1–17.
[41] Schoener TW (1987) The geographical distribution of rarity. Oecologia 74: 161–173.
[42] Blackburn TM, Gaston KJ (1996) Spatial patterns in the geographic range sizes of bird species in theNew World. Phil Trans R Soc Lond B 351: 897–912.
[43] Gaston KJ, Davies RG, Gascoigne CE, Williamson M (2005) The structure of global species-range size distributions: Raptors and owls. Global Ecol Biogeogr 14: 67–76.
[44] Gregory RD (1994) Species abundance patterns of British birds. Proc R Soc Lond B 257: 299–301.
[45] Harte J, Kinzig A, Green J (1999) Self similarity in the distribution and abundance of species. Science 284: 334–336.
[46] Gaston KJ, Chown SL (1999) Why Rapoport's rule does not generalise. Oikos 84: 309–312.
[47] Chown SL, Sinclair BJ, Leinaas HP, Gaston KJ (2004) Hemispheric asymmetries in biodiversity—A serious matter for ecology. PLoS Biol 2: e406. DOI: 10.1371/journal.pbio.0020406.
[48] Chown SL, Gaston KJ (1999) Exploring links between physiology and ecology at macro-scales: The role of respiratory metabolism in insects. Biol Rev 74: 87–120.
[49] Jablonski D, Roy K (2003) Geographic range and speciation in fossil and living molluscs. Proc R Soc

Lond B 270: 401–406.

[50] Cardillo M (1999) Latitude and rates of diversification in birds and butterflies. Proc R Soc Lond B 266: 1221–1225.

[51] Cardillo M, Orme CDL, Owens IPF (2005) Testing for latitudinal bias in diversification rates: An example using New World birds. Ecology 86: 2278–2287.

[52] Sibley CG, Monroe BL Jr (1990) Distribution and taxonomy of birds of the world. New Haven: Yale University Press. 1111 p.

[53] del Hoyo J, Elliott A, Sargatal J. (1992) Handbook of the birds of the world. Vol. 1. Ostrich to ducks. Barcelona: Lynx Edicions. 696 p.

[54] Gaston AJ, Jones IL (1998) Bird families of the world, Vol. 5. The auks. Oxford: Oxford University Press. 349 p.

[55] Harrison P (1983) Seabirds: An identification guide. London: Croom Helm. 448 p.

[56] Nelson JB (1979) Seabirds: Their biology and ecology. London: Hamlyn. 224 p.

[57] Warham J (1996) The behaviour, population biology, and physiology of the petrels. London: Academic Press. 613 p.

[58] Williams TD (1995) Bird families of the world, Vol. 2. The penguins. Spheniscidae. Oxford: Oxford University Press. 352 p.

[59] US Defense Mapping Agency (1992) Digital chart of the world. Fairfax (Virginia): US Defense Mapping Agency.

[60] Olson DM et al. (2001) Terrestrial ecoregions of the worlds: A new map of life on Earth. Bioscience 51: 933–938.

[61] Littell RC, Milliken GA, Stroup WW, Wolfinger RD (1996) SAS system for mixed models. Cary (North Carolina): SAS Institute. 633 p. PLoS Biology.

能量、动态范围和全球物种丰富度格局：协调鸟类多样性的中域效应和环境决定因素[①]

David Storch Richard G. Davies Samuel Zajicek C. David L. Orme Valerie Olson
Gavin H. Thomas Tzung-Su Ding Pamela C. Rasmussen Robert S. Ridgely
Peter M. Bennett Tim M. Blackburn Ian P. F. Owens Kevin J. Gaston.

摘要：物种丰富度的空间分布格局依气候和环境的变化而变化，但是也能反映物种分布范围的随机动态性(中域效应[②]，mid-domain effects, MDE)。通过使用鸟类全球分布数据，我们对基于能量可用性做出的预测(实际蒸散量,AET,禽类丰富度的最佳单相关因子)和根据分布范围动态模型的预测进行了比较。在全球陆地生态系统中发挥作用的 MDE 预测物种丰富度变化的能力很差，但是如果它独立作用于传统的生物地理分区中，则比 AET 更能解释全球物种丰富度的变化。但是，最佳预测是由 AET 调节的全球分布动态模型得出的，比如，一个物种的分布范围蔓延到一个地区的概率与其 AET 成正比。这个模型还准确地预测了物种丰富度的纬度变化和物种丰富度在生境内和生境间的变化规律，因此很好地刻画了描述全球生物多样性变化主要趋势的机制。

关键词 生物地理学 气候-物种丰富度关系 热点 生物多样性纬向梯度 中域效应 更多个体的假设 山区 生产力 空间模型 物种-能量关系

[①]原文：David Storch, Richard G. Davies, Samuel Zajicek, C. David L. Orme, Valerie Olson, Gavin H. Thomas, Tzung-Su Ding, Pamela C. Rasmussen, Robert S. Ridgely, Peter M. Bennett, Tim M. Blackburn, Ian P. F. Owens and Kevin J. Gaston. 2006. Energy, range dynamics and global species richness patterns: reconciling mid-domain effects and environmental determinants of avian diversity. Ecology Letters, 9:1308-1320. DOI: 10.1111/j.1461-0248.2006.00984.x.
推荐：宫鹏；翻译：应清；校阅：宫鹏、林光辉；辅助校阅：张海英、李雪艳、赵圆圆。
注：Reprinted, with permission from Blackwell Publishing Ltd/CNRS and the authors。
[②]中域效应：由 Colwell 和 Lees 于 2000 年提出的一种解释生物多样性地理格局的假说，认为物种在其分布范围内是连续分布的，且不同物种的分布范围相互重叠；在一个区域(domain)内，由于边界对物种分布的限制，使得不同物种的分布范围在边界地区重叠度较小，而在中心地区重叠度较大，从而造成中心地区出现的物种较多，物种丰富度较高。

1. 引言

物种丰富度 (species richness) 并没有在地球表面平均分布。最典型的物种丰富度分布格局是从热带向极地逐渐下降，即纬向梯度丰富度格局。目前有数十种假设来解释这种趋势，但是只有很小一部分有一些实际数据的支持 (Willing et al., 2003)。最可能的观点之一是不同种类的物种，其丰富度受气候控制 (Hawkins et al., 2003; Currie et al., 2004)。实际上，气候因子被认为是物种丰富度在区域内和不同区域之间的最有效的指示因子 (Francis and Currie 2003)。研究人员现在仍然在热烈讨论气候对物种影响的因果机制 (Currie et al., 2004; Evans et al., 2005; Clarke and Gaston, 2006)。研究确认有两种特别的现有能量的替代形式是潜在重要的。一种是以温度来度量的环境能和太阳能，通过作用于生物过程 (包括物种形成的速率) 来影响物种丰富度分布 (Rohde, 1992; Allen et al., 2002)。另一种是生产能 (productive energy)，是对植物在生物量的初级生产中所利用的能量的一种估计，它能限制最终流过食物网的能量，从而限制物种数量的增长 (Waide et al., 1999; Mittelbach et al., 2001)。根据"物种 – 能量理论"的最新发展，生产力可能正面影响一个区域内的个体数量 (因此影响到物种)，然而温度到底在何种程度上影响个体数量则依物种而定 (Allen et al., in press)。对于这两种能量形式，生产能被认为是大尺度生物多样性梯度的最通用的描述子 (Turner and Hawkins, 2004)。

物种丰富度分布格局并不只受当代的环境因素的影响。不同区域的生物群系构成还是受历史影响的结果。这种影响通过单一物种在地理范围内的时空动态过程实现。在极端情况下，这种动态过程本身甚至足以产生已经观察到的格局而不需要环境因素的作用。由于动态范围 (即物种在时空动态过程中发展时所涉及的地理范围) 受陆地的自然位置和形状制约，大范围分布的物种必然能到达各自领地的中间部分。因此，区域中部的物种丰富度应该比四周的高。这就是中域效应 (MDE)(Colwell and Hurtt, 1994; Colwell and Lees, 2000)，最近的研究认为它是生物多样性空间分布格局的零 (待检) 解释 (a null explanation)，并在一些实验中显示出预测结果与观测格局的很好吻合 (Lees et al., 1999; Jetz and Rahbek, 2001, 2002; Colwell et al., 2004; Bellwood et al., 2005)。但是，关于这种过程现实性的争论仍然存在 (Koleff and Gaston, 2001; Zapata et al., 2003, 2005; Colwell et al., 2005; Hawkins et al., 2005)。部分争议来自于范围定义的不确定性 —— 我们可以在什么分布范围内假设随机动态过程？如果我们假设的随机动态范围由占主导地位的生态条件限制，比如生态群系，则这个模型可能已经包含了足够多的环境信息。由此预测的物种丰富度将必然是生态过程本身和决定地表环境分布的气候 (或其他) 因子共同作用的结果。我们对作用域的界定越详细，预测的结果就与观测值越吻合，因为我们总是把作用域内特定物种的出现 (和它们的分布) 假设成一种先验。另一方面,由于假设任一物种能在任何地方出现和传播不现实,宽泛的范围界定将得到更差的预测。

这些争议与目前正在讨论的物种丰富度的独特区域效应有关。一种极端的观点认为某一特定地区的总物种丰富度由历史偶然 (historical contingencies) 唯一决定,在不说明进化历史的情况下,我们不能明白不同区域物种丰富度的区别 (例如, Latham and Ricklefs, 1993; Qian and Ricklefs, 1999)。辩论的另一方认为,当代的生态条件限制了局地和区域的物种丰富度,因此可以单从这些生态条件预测出物种丰富度的区域差异 (Francis and Currie, 2003)。由于前者的观点放弃了基于普适规律,即全球一致性,解释区域间差异的努力,它证明给定独立的区域 (生物地理分区, 大陆, 生物群系或者其他的生物相关单元 – 注意界定这些单元的问题依然存在), 并试图用不同规律解释这些区域的物种丰富度差别, 包括中域效应, 这是合理的。另一方面, 如果局地生态的 (如气候) 限制必然存在并且全球普遍, 我们应该能在不说明不同区域的历史和地理条件的情况下解释物种丰富度格局。

对物种丰富度分布格局的解释,一种是基于气候的和能量的环境变量,另一种则基于限制域内的动态范围,当然,两者不必是相互排斥的。还有第三种可能,即动态范围并不是完全随机的,也不是只受固定域的边界限制,而是每个物种分布范围内的空间动力过程本身也受气候因子的调节。这些过程会作用于全球,即不考虑任何基于生态条件的域内限制,仅仅因为起调节作用的环境因子本身的区别,物种丰富度的分布格局也会在不同区域产生区别。

我们已经用最综合的数据集之一来验证了这一观点,所用数据集为动物的一个主要类别 (即所有陆地鸟类) 的全球分布 (见 Orme et al., 2005, 2006)。许多生态和进化过程依空间尺度和物种特性有不同的重要性, 全球鸟类丰富度分布格局显然归因于此 (Rahbek and Graves, 2001; Jetz and Rahbek, 2002)。但是, 由于已经广泛证明鸟类丰富度分布与能量可用率强相关, 我们假设这中间的复杂性可以描述成一个简单的过程, 它能包含物种动态过程的一个重要特征, 即物种出现的概率与生产力成正比。显然, 除了生产力, 物种的形成、动态范围和局部灭绝还受很多因素的影响, 但是如果生产力在所有这些过程中影响物种出现, 与生产力相关的全球物种丰富度分布格局就可能由一种具有简化假设的简单动态范围模型衍生出来。

我们将说明受生产力调制的全球动态范围模型能解释物种丰富度的变化,就像受独立生物地理分区的边界约束的纯 MDE 的表现一样,并且对物种丰富度在不同大区间和同一大区内的变化预测得很好。而且, 相比纯生产力效应, 这个动态模型基本上能提供对物种丰富度的更好的预测。我们已经观察到物种丰富度与生产力的关系, 这个模型能帮助我们理解其中的机制。这个过程适用于物种丰富度格局的零 (待检) 假设 (a null hypothesis),其残差则提供信息并且在预测其他关键环境梯度时很重要。

2. 资料和方法

2.1 物种数据

本文的分析基于之前所提到的数据集 (Orme et al., 2005),即现存的已被识别的 9 626 种鸟类的分布图,制图数据来自于各种各样的发表文献 (详细资料和方法请见 Orme et al., 2006)。简单来说,我们把文献中描述的繁殖范围制成矢量图或 "多边形" 图,再转换成同等面积的格网来分析。格网数据采用 Behrmann 投影,格网分辨率为 96 486.2 m。每个格网单元相当于南北纬 30° 附近 1°×1° 的大小(即采用 WGS84 基准、Behrmann 投影下全球 1/360 的宽度)。如此,不计纬度高于 87.13° 的部分,全球格网包含 360×152 个单元。如果任何可用的资料显示繁殖地在一个单元范围里,则标记物种在该单元里存在。生物地理分区规定使用世界野生动物基金会 (the World Wildlife Fund) 的生态区地图 (新北界, 古北界, 新热带界, 非洲界, 东洋界和澳新界) (Olson et al., 2001)。

2.2 环境数据

对每个 1° 网格,我们获得生产能的三种测量值,即实际蒸散量 (AET) (University of Delaware Global Climate Resource Pages, 见 http://climate.geog.udel.edu/~climate/html_pages/download.html)、归一化差异植被指数 (NDVI, The International Satellite Land-Surface Climatology Project (ISLSCP) Initiative II Data Archive (2004) 见 http://islscp2.sesda.com/ISLSCP2_1/html_pages/groups/veg/fasir_ndvi_monthly_xdeg. html; see also Kerr & Ostrovsky 2003)、和净初级生产力 (NPP; Cramer et al., 1999)。年际测量数据用于所有分析。我们将这些数据重采样到与物种数据 (见上) 同样的等面积投影和空间分辨率,使其对应区域一致。由于缺少相关环境数据,我们从数据集中排除了 Antarctica 和 Oceania,但保留了岛屿,并划归到剩下的六个生物地理分区里 (见图 1)。

既然已经判定 AET 是全球鸟类丰富度的最好单相关 ($r=0.714$,见图 2a),并且与 NPP 强相关 ($r=0.912$),我们选择这个变量作为调节物种动态范围的因子。实际上,我们所有的分析都用了这三种测量数据,但是结果并没有质量上的不同。用 NDVI 比用 AET 或 NPP 得到的结果稍差,显然是因为 NDVI 与物种丰富度的相关性较弱 ($r=0.650$),与 AET 和 NPP 的相关性也较弱 (分别为 $r=0.834$ 和 $r=0.838$)。

2.3 模型

我们模拟了物种分布范围的随机动态过程和由生产能调制的动态过程,使

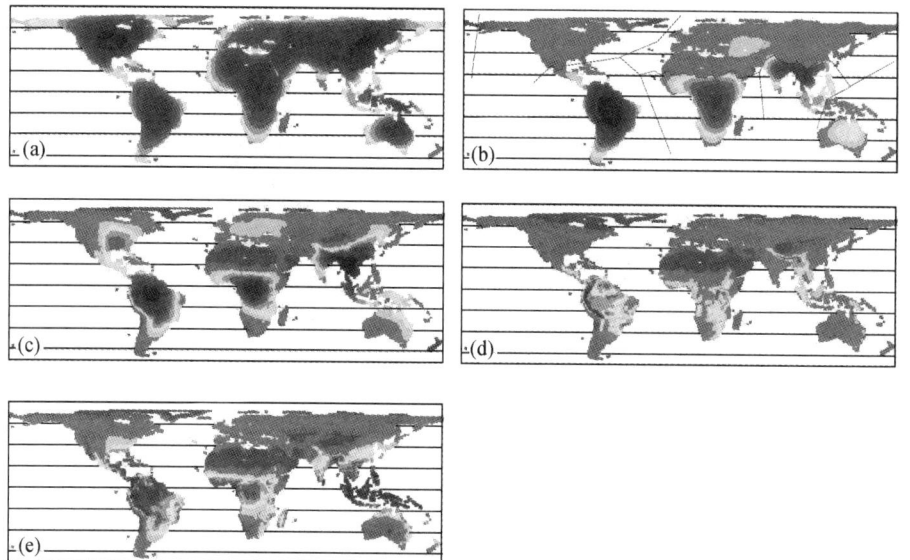

图1 (见彩图)物种丰富度的等面积图,分辨率大约为1°×1°格网;从深绿色到深红色的梯度表示从低到高的物种丰富度的梯度,(a)基于全球MDE模型的预测,(b)MDE分别在各自独立的生态地理区划内模拟的预测(界内MDE模型;边界由实线表示),(c)全球AET驱动的动态范围模型的预测,(d)观测到的物种丰富度,(e)AET值的变化,用于比较。注意物种丰富度范围在每一个预测中都被重采样,即一种特定颜色表示每个预测中不同的丰富度水平;见图2所示每一种情况的物种丰富度范围和AET值。

用同样的流程即广义染料扩散模型①(the generalized spreading dye model)(Jetz and Rahbek, 2001)。模型假设物种分布范围是邻接的,并且从起始点向适宜的邻接格网单元扩张,直到占有最后的格网单元,因此可计算范围大小(即观察到的范围大小通过占有的格网单元数目来计算)。我们运行了三种模型(对所有鸟类物种),将预测的结果与观测到的物种丰富度进行比较,还与纯AET效应的预测比较。

全球MDE模型

首先从全球陆地格网中随机挑选出物种分布的起始单元。接着,一个物种扩散到邻近的格网单元,单元被选择的概率为 $P_i = 1/N_{adj}$,其中 N_{adj} 是已被占有格网的空邻域单元的数量(即一个已被占有单元的 $N_{adj} \leqslant 8$,但是在相互邻接的被占单元大于1的情况下,N_{adj} 通常要大)。传统的方法对于物种分布的动态范围中出现中域效应时,假设这个范围严格受领地边界限制。但是,在我们的全球动态范围模型中,一个物种(特别是那些分布很广的物种)可能扩散到边界受限并且比其原有分布范围要小的区域。这时,当一个物种布满了某个领地(岛屿或大

---

①广义染料扩散模型:在一个起始点上,物质开始向四周等概率扩散,直到布满整个由边界限制的范围,就像一滴染料在水中的扩散。除了各向同性扩散,还有各向异性扩散。本文后面就以AET控制扩散方向的概率。

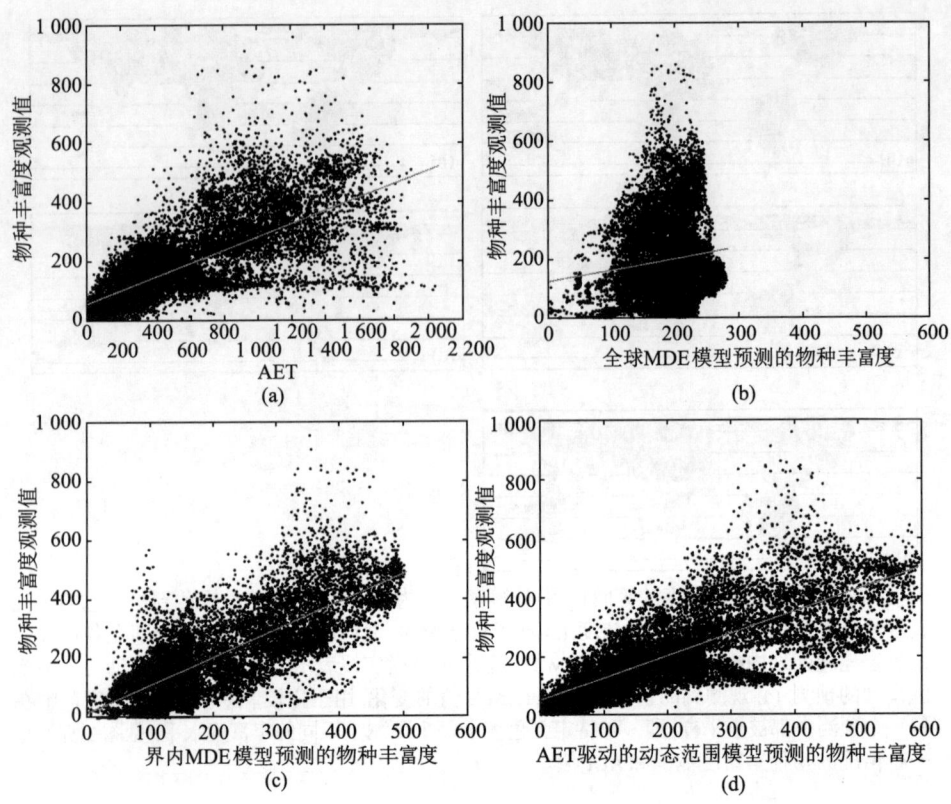

图 2 预测的物种丰富度变化 (a) 纯 AET 效应, (b) 全球 MDE, (c) 界内 MDE, 和 (d) 全球 AET 驱动模型。提供了普通最小二乘回归线。

陆),它可以跳到另一个不同的领地,跳到与前一个领地的最后一个占有单元距离最近的格网单元。这可以模拟罕见的远距离扩张现象。物种要向新的远距离大陆或岛屿扩张,这种现象是必需的。在栖息地扩张之后,分布范围动态过程依之前所述的规律在新的领地内继续发展;长距离的跃迁只在必要时才会发生(如完全占领一个领地之后),而且实际上非常罕见(每次模拟中只有大约 5% 的物种会经历这种跃迁)。

界内 MDE 模型

处理过程与前一个模型相同,但是分别在分隔的生物地理分区里运行。这等同于假设生物地理分区间的边界是不可逾越的,并且物种只能在边界内扩张。大区内总体的物种丰富度因此固定在实际观察上,正如每个大区内物种分布范围的大小。如果一个物种的范围出现在几个大区里,我们将其视为独立的物种,在各自的大区内处理。这当然是一种简化,但考虑到大范围的分布可能并不会表现得像一致的单元,如果它们发生在几个大陆上,它们也不会是邻接的,而各自大陆上的动态过程也受各自的域边界影响,那么这种简化也并非不现实。

AET 驱动模型

在这个 AET 调节的动态范围模型里,初始单元不是随机选择的,而是以概率 $P_i = AET_i/AET_{tot}$ 来选择,这里 AET_i 指某一单元格的 AET 值,AET_{tot} 是所有单元格的 AET 值之和。在接下来所有步骤中,只有邻接已被占用的网格的空单元才可以被选择,概率为 $P_i = AET_i/AET_{adj.tot}$,其中 $AET_{adj.tot}$ 是与已占用的网格相邻的所有空单元 AET 值的和。因此,在这个模型里我们简单地假设每一步物种出现的概率受空间限制 (即受大陆边界和已被占有的情况限制),并且精确地与用 AET 测量的环境生产力成正比。AET 与通过生产者的所有的能流成正比,因此与消费者可用的资源总量成正比这个事实证明了后一个假设。当一类物种布满一个领地时,它能跳到另一个不同的领地,就像 MDE 模型那样。这个模型必然产生一些 MDE(因为动态范围由领地边界和大的范围限制,从而必定会扩散到陆地的中心部分)。但是,由于它在这些动态过程中显式地包含了环境生产力的效应,所以完全不同于先前研究中定义的零 (待检) 中间域模型 (the null mid-domain model)。

对每个模型 (所有物种) 都进行了 100 次模拟,从中计算出每个格网单元的物种丰富度均值。

2.4 分析

用标准 t 检验比较不同模型的预测均值与观测到的物种丰富度的关系。为了评价不同的模型是否在合理范围内显示出显著性差异,我们检验了在每个给定的地理范围内 (即全球或大区内) 相关系数的显著性差异 (Sokal and Rohlf, 1995)。这些检验可以基本反映各个预测物种丰富度的模型 (在模型集里称为预测器) 的强度,但不能评价所有候选模型集里每个预测器的总体相对重要性,包括那些其他预测器也有贡献的模型集。为了达到这个目标,我们依据所有对物种丰富度的预测结果,包括全球的和每个大区内的,进行多重回归来选择模型 (纯 AET、MDE 模型的预测和 AET 驱动模型)。

用假设独立误差的普通最小二乘回归 (ordinary least squares regression, OLS regression) 可能会在空间结构化的数据中误导相关系数或回归斜率 (Clifford et al., 1989; Cressie, 1991)。因此,我们用广义最小二乘回归 (generalized least squares regression, GLS regression),这样它的指数空间协方差结构 (exponential spatial covariance structures) 能被拟合,赤池信息准则 (Akaike information criterion, AIC) 的最低值显示这是空间协方差里最佳的拟合方案。取经向和纬向的单元中心值作为空间变量,并且所有模型在 SAS 9.1 中用 PROC MIXED 程序来运行 (Littell et al., 1996)。全球空间模型考虑到了生物地理分区在最大地理距离或范围参数 (ρ)

上的差异,以度来测量,这时能观察到等 OLS 残差的空间自相关。这涉及从标准 OLS 模型的残差的半方差图 (semi-variogram) 估计 ρ, 包括单独对每个大区内相关组合的预测。所有的 ρ 的 6 种估计作为模型的空间协方差参数输入, 并假定同一个大区内的观测存在空间自相关。用于独立生物地理分区的模型使用对应给定大区的空间协方差参数的估计值。

全球和生物地理分区内, 模型选择是用 7 个 GLS 空间模型的结果来代表三个预测器的所有可能组合: AET、MDE 模型预测集和 AET 驱动模型预测集。全球尺度上, 全球 MDE 预测集作为一个预测器, 而对独立的生物地理分区则用界内 MDE 预测集作为被测试的 MDE 模型。模型选择是基于 AIC 来比较待选模型的拟合度, 因为这种方法能随着作为零 (待检) 假设检验的备择假设的获得而迅速得到认可 (Burnham and Anderson, 2001; Johnson and Omland, 2004; Whittingham et al., 2006)。根据 Burnham 和 Anderson (2001)、Johnson 和 Omland (2004), 我们计算了 Δ_i, 或者各个模型与最佳拟合模型的 AIC 值之差, 最佳拟合模型具有最小的 AIC 值 (因此, $\Delta_i = AIC_i - AIC_{\min}$)。每个模型的 Akaike 权重由下式得到:

$$W_i = \frac{\exp(1/2\Delta_i)}{\sum_{j=i}^{R} \exp(-1/2\Delta_j)}$$

这里每个模型的 W 值就是在所有被考察的 R 模型中归一化的模型似然值, 可以理解为每个模型在所有模型中提供与观测值的最佳拟合的概率。我们接着确定了模型候选集, 包括 $W \geqslant 0.1$ 的模型。根据 Johnson 和 Omland (2004), 对于物种丰富度的这三种预测器, 我们对所有模型的 Akaike 权加和。这些模型里包含了给定的预测器, 用来估计三种预测器在预测物种丰富度时的相对重要性。

我们还比较了 GLS 模型集与假设独立误差的 OLS 模型集的拟合度。在所有情况下, 取 -2 倍的限制似然数的对数值, OLS 模型集比 GLS 模型集的值大 (见附录表 S1), 表明校正空间自相关产生了一个物种丰富度变异的更精确一致的描述 (Littell et al., 1996)。因此, 本文只展现了 GLS 模型结果。

3. 结果

3.1 全球 MDE 模型

不出所料, 只受陆地分布限制的随机物种动态范围的纯随机模型并没有预测出观测到的物种丰富度格局 (图 1a, 比较见图 1d)。由这个模型预测的物种丰富度峰值出现在大陆的中间区域, 虽然他们的精确位置受陆地形状和他们与其他陆地事物的空间关系的影响。一个物种丰富度峰值的大小显然与陆地大小有关, 因为任何给定的格网单元成为初始点的可能性相同, 因此更多的物种会在更大的陆地上开始扩张。预测的物种丰富度变化远比观测到的要小 (见图 2b 的标尺轴)。全球 MDE 模型没有预测到物种丰富度的纬向梯度 (图 3a)。

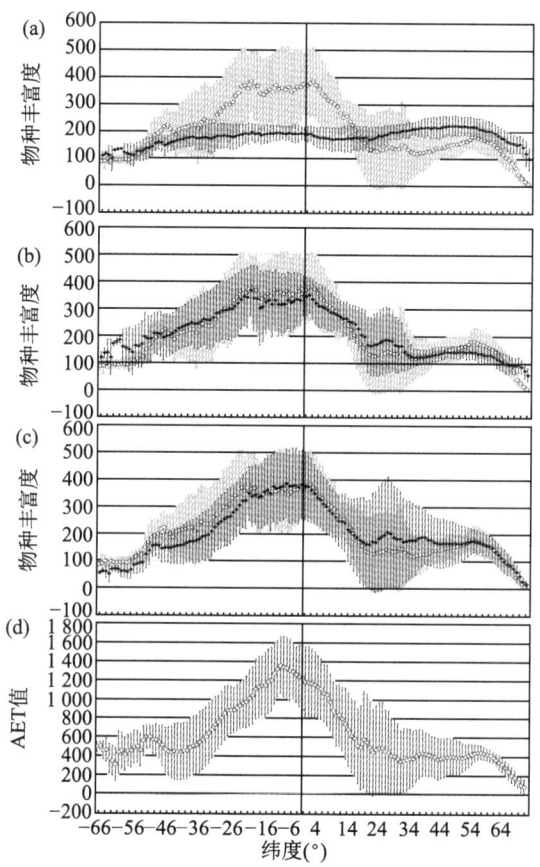

图 3 观测的物种丰富度纬向趋势(在 1°为单元的纬度带的所有格网单元上的物种丰富度值, 等面积格网上重采样)与 (a) 全球 MDE, (b) 界内 MDE, (c)AET 驱动模型的比较, 观测丰富度值的均值和标准差分别由空心圆和灰色柱表示, 预测丰富度值的均值和方差分别由黑色点和实线表示, 以及 (d) AET 值纬向变化的比较 (均值和方差)。

3.2 界内 MDE 模型

当我们为每个生物地理分区单独运行 MDE 模型时, 结果就非常不同。全球物种丰富度的所有预测分布格局大致与观测到的格局相似 (图 1b, 比较见图 1d), 并且这个模型解释了物种丰富度 60.35% 的变异 (图 2c), 比纯 AET 效应要好, 因为纯 AET 效应没有假设任何动态范围 (表 1)。这个简单的模型同样精确地预测了物种丰富度的纬向梯度 (图 3b), 尽管通过假设总物种数和单个大区的范围大小 (依纬度变化) 与观察到的相同, 纬度差异已经部分解决了, 但结果仍要谨慎对待。模型预测了单个大区内物种丰富度的部分差异,尽管不同大区的预测数量不同,并且在大部分情况下低于纯 AET 效应所揭示的变化 (表1, 图 S1)。

3.3 AET 驱动模型

由 AET 调节的动态范围全球模型对全球物种丰富度变异 (60.00%) 的解释与界内 MDE 模型相似 (图 1c 和 2d),这个差别在统计上不显著 (表1)。并且,尽管这个模型没有假设不同陆地间的物种丰富度的任何初始差别,但它对物种丰富度的纬向趋势预测非常准确 (图 3c)。在大区内,对所有的情况,AET 驱动模型预测的变化比界内 MDE 模型更大 (六种情况中的四种变异显著),同样也比纯 AET 效应大 (六种情况中的五种, 表1, 图 S1)。AET 驱动模型同样预测了不同大区内物种丰富度均值的主要差别 (图 4)。一些生物地理分区明显略有高估 (东洋界和新北界),一些略有低估 (非洲界和新热带界),但是基本格局还是与观测一致。注意大区间的物种丰富度均值的差别很大程度上归因于 AET 的不同 (图 S2)。

表 1 不同模型能解释的变异的比例 (γ^{2}[①]) 之比较 (包括纯 AET 效应),包括全球和单个生物地理分区内的结果。

区划	AET	全球 MDE	界内 MDE	AET 驱动
全球	0.51	0.017	0.603[a]	0.600[a]
澳新界	0.030[ab]	0.055[a]	0.018[b]	0.291
非洲界	0.279[a]	0.062	0.325[ab]	0.355[b]
东洋界	0.045	0.121	0.220[a]	0.284[a]
新北界	0.304[a]	0.317[a]	0.226	0.345[a]
新热带界	0.436	0.255	0.384	0.619
古北界	0.42	0.084	0.142	0.523

上标表示没有显著差别的值 ($p < 0.05$); 为了多次比较,显著性值用 Bonferroni 校正法[②]进行校准。

3.4 物种丰富度预测器的 GLS 比较

无论是全球还是单独的生物地理分区里, AET 驱动模型的预测都是最佳拟合 (最低 AIC 值)(表2; 又见表 S2)。模型中预测器的 Akaike 权加和显示 AET 驱动模型预测是一个在全球尺度上、除澳新界之外的所有生物地理分区里最重要的预测器 (权重和为 1.0)。在澳新界里,它重要性仅次于界内 MDE 模型预测 (表 3)。在所有以 AET 驱动模型预测作为最重要的预测器的情况下,它远比其他预测器

---

① γ^2: 样本判定系数,为拟合优度的一种常用度量。

② Bonferroni 校正法: 是在进行两两比较时对检验水准进行调整的方法,如果在同一数据集上同时检验 n 个独立的假设,那么用于每一假设的统计显著水平,应为仅检验一个假设时的显著水平的 $1/n$。

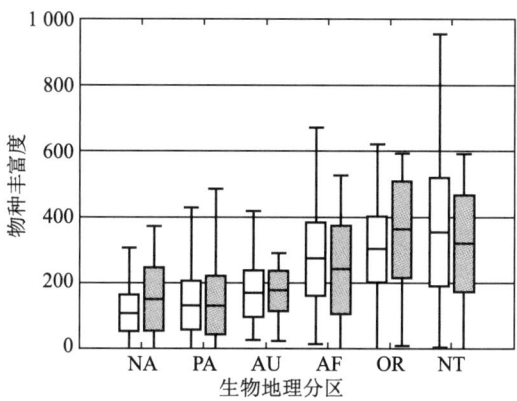

图4 不同生物地理分区的物种丰富度: 白色格子表示观察到的丰富度, 灰色格子表示AET驱动模型预测的丰富度。均值(格子中间的水平线)、标准差(格子)和非异常范围如图所示。

表 2 模型选择: 三个预测器的七种组合方式的空间GLS回归模型, 分别在全球和六个独立的生物地理分区里进行运算。

模型	预测器			全球	
	AET	全球 MDE	AET 驱动	AIC	W
1			√	140 074.7	0.000
2		√		141 810.4	0.000
3	√			153 428.8	0.000
4	√		√	14 0063	0.000
5		√	√	**140 028.2***	**1.000**
6	√	√		141 256	0.000
7	√	√	√	140 059.2	0.000

模型	预测器			澳新界		非洲界		东洋界	
	AET	界内 MDE	AET 驱动	AIC	W	AIC	W	AIC	W
1			√	11 654.4	0.008	22 501.4	0.000	**10 981.9**	**0.157**
2		√		**11 647.6**	**0.229**	22 566.9	0.000	11 008.4	0.000
3	√			1 1913	0.000	22 752.8	0.000	1 1074	0.000
4	√		√	11 655.1	0.005	22 504.4	0.000	**10 980.7**	**0.287**
5		√	√	11 652.2	0.023	**22 478.6***	**0.971**	**10 980.4***	**0.333**
6	√	√		11 653.3	0.013	22 520.3	0.000	11 015.6	0.000
7	√	√	√	**11 645.3***	**0.722**	22 485.6	0.029	10 981.2	0.223

续表

模型	预测器 AET	预测器 界内 MDE	预测器 AET 驱动	澳新界 AIC	澳新界 W	非洲界 AIC	非洲界 W	东洋界 AIC	东洋界 W
1			√	20 509.9	0.000	24 067.1	0.000	50 137.7	0.000
2		√		20 729.4	0.000	24 173.5	0.000	50 786.3	0.000
3	√			20 556	0.000	24 393.9	0.000	50 704.6	0.000
4	√		√	**20 482.9**	**0.269**	**24 007.5***	**0.802**	**50 099.2***	**1.000**
5		√	√	20 512.2	0.000	24 052.1	0.000	50 161.7	0.000
6	√	√		20 532.8	0.000	24 171.9	0.000	50 699.4	0.000
7	√	√	√	**20 480.9***	**0.731**	**24 010.3**	**0.198**	5 0121	0.000

* 表示赤池信息标准 (AIC) 的最低值, 因此是七个模型中的最佳拟合模型。Akaike 权 $W \geqslant 0.1$ 的模型可作为备选最佳拟合模型, 用粗体标示。

表3 所有七种可能的空间 GLS 回归模型里单个预测器的 Akaike 权之和。

预测器	全球	澳新界	非洲界	东洋界	新北界	新热带界	古北界
AET	0.000	0.741	0.029	0.510	1.000	1.000	1.000
全球 MDE	1.000	—	—	—	—	—	—
界内 MDE	—	0.987	1.000	0.556	0.731	0.198	0.000
AET 驱动	1.000	0.758	1.000	1.000	1.000	1.000	1.000

重要 (基于对每个预测器 Akaike 权重和的排序), 除了全球预测, 因为全球 MDE 模型预测与之同等重要 (表 3; 又见表 S2)。

在这七种全球空间 GLS 模型中, 基于 $W \geqslant 0.1$ 的标准, 只有拟合 AET 驱动模型的预测和全球 MDE 模型的预测能当作备选最佳拟合模型 (表 2)。对于所有的生物地理分区, 备选最佳拟合模型 (基于相同的标准) 都包含了 AET 模型预测, 除了澳新界, 因为其次最佳拟合模型只包含了界内 MDE 预测 (表 2)。综合来看, 这些结果表明动态范围的 AET 驱动模型在物种丰富度预测方面比 AET 和 MDE 模型要好, 并且即使其他预测器也有一些效果, 它还是解释了相当数量的变异。

3.5 界内 MDE 模型和 AET 驱动模型的残差

通过观察值与预测值之差得到的残差空间分布图, 可以看出界内 MDE 模型与 AET 驱动模型略有差别 (图 5), 但是最显著的格局是一致的: 山区, 特别是热带山区, 普遍观测物种丰富度值远高于预测值。一些生物多样性的热点地区, 特别是巴西的大西洋森林也很明显。在另一方面, AET 驱动模型在一些低地区域明显地高估了物种丰富度, 如美国东南部、刚果盆地、亚马孙盆地部分地区和东南亚。

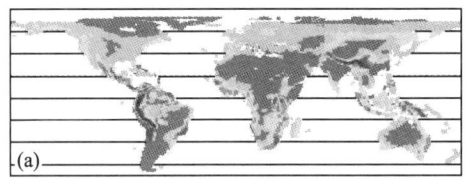 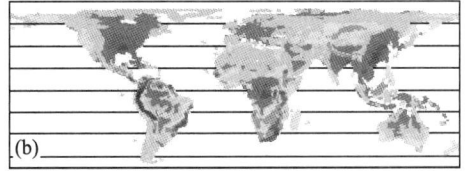

图 5 (见彩图) 界内 MDE 模型 (a) 和 AET 驱动模型 (b) 的残差。色彩梯度与图 1 相同。

4. 讨论

尽管 AET 作为生产力的度量是全球尺度鸟类物种丰富度的一个强预测器, 但基于动态范围的两个模型无论是在全球尺度还是在大部分区划内对此的预测都更好。物种范围的随机动态过程只受独立的生物地理分区的边界限制 (界内 MDE), 在预测物种丰富度上显示出可观的能力, 动态范围的 AET 驱动模型表现与之相似。从这个标准来看, 这些模型表现都差不多。但是, 在其他细节上我们认为 AET 驱动模型更优越。

中域效应只有在各个生物地理分区被认为是独立时, 是全球物种丰富度格局的一个好的预测器。对比其他模型 (表 1), 全球 MDE 模型明显落后, 它对鸟类丰富度只能解释 1.7% 的全球变化。而且, 它预测了物种丰富度峰值约为 280 种 (图 2b), 峰值区域应该位于东亚, 任何给定陆地的物种丰富度峰值应该与其面积成比例 (图 1a)。这些预测都没有被鸟类数据支持。当各个区划单独模拟时, MDE 模型对全球物种丰富度格局的模拟更加现实。但是, 这个模型要求给出每个区划里物种丰富度的先验值, 并且生物物种不能跨越区划边界 (或者如果它们跨过了边界, 它们在不同区划里的表现是独立的)。与之对照, AET 驱动模型对全球鸟类丰富度格局的预测与界内 MDE 模型一样好, 但没作任何关于物种如何在大区间分布或跨越大区边界的假设。它很好地拟合了物种丰富度的纬向梯度 (图 3c), 而 MDE 模型只有在纬向梯度的一个元素通过领地内丰富度与它结合并且只预测独立领地内的物种丰富度时 (图 4), 才能拟合 (如只为界内 MDE 模型)。另外, 即使未作任何关于大区物种丰富度的假设, AET 驱动模型预测的独立大区内物种丰富度格局比界内 MDE 模型的预测更好地 (常常更充分地) 符合实际格局 (表 1)。因此这个生产力驱动模型比纯 MDE 模型更合适。因为它不仅预测了大区内的变化, 也预测了不同生物地理分区间的广义差别, 并具有更现实的动力学假设。

动力学模型比一个简单的环境变量对观测物种丰富度格局的拟合更好, 这一点非常重要。它表明物种丰富度不单由环境限制条件驱动, 还受物种扩张到喜好的领地的能力限制。确保一定程度的范围连续性的过程, 即人口动态驱动和空间扩散的限制, 制约了在同一时间蔓延到某些地方, 即使这些地方生态条件适

宜 (Gaston, 2003)。例如，通过这种作用半岛区域的生产力将枯竭，仅仅因为跨洲际扩张的物种抵达半岛的概率很小，即使他们优先扩散到生产潜力更大的地方。实际上，这种"半岛效应"已经被广泛报道了 (比如 Taylor and Regal, 1978; Lawlor, 1983)。当然，最明显的半岛效应发生在岛屿上，那里有由移入隔离的限制效应所引起的众所周知的贫乏，这是生态最普遍的格局之一 (MacArthur and Wilson, 1967; Rosenzweig, 1995)。

我们的方法调和了不相上下的两种主要方法来解释物种丰富度格局：一个把历史的思维方式与物种空间分布动力学和影响物种范围的过程结合起来 (例如 Dynesius and Jansson, 2000)，另一个把外部环境限制当作决定物种丰富度格局的基础 (例如 Francis and Currie, 2003)。我们发现动态范围和环境限制都对物种丰富度有影响，各自独立提供了一部分解释，因此这两者可以并且应该同时考虑。这得到一致认可，一个普遍的观念认为动态范围和环境效应总是紧密相连的，因为物种丰富度的空间格局几乎必须由空间分布和物种范围重叠引起，同时物种动态范围甚至范围邻接性很大程度上由独立物种感知的环境变量的空间排列驱动 (Gaston, 2003; Zapata et al., 2005)。

我们的动态范围生产力驱动模型或许可以归为这么一种理论，它试图解释观察到的能量可用率与物种丰富度的正相关，即物种 – 能量关系 (Gaston, 2000; Currie et al., 2004; Evans et al., 2005; Clarke and Gaston, 2006)。根据我们的模型，物种 – 能量关系是物种动态范围的结果，这种动态范围受出现概率与能量可用率之间正相关关系所影响。有一系列原因导致这种关系的出现。更高的资源丰富度能允许潜在的更高的种群密度，减少灭绝的可能性，符合更多个体的假设 (Wright, 1983)。另外，一个生产力更高的环境可能会更异质，从而提供更多的生态位 (Hurlbert, 2004)。"更多个体"效应对某些种群更重要，而"栖息地异质性"对其他种群更重要，也是很有可能的。实际上有证据证明这两种效应 (Kerr, et al., 2001; Bonn et al., 2004; Pautasso and Gaston, 2005)。但是，随着能量可用率的增加，物种出现概率也会上升，这可能代表观察到的物种 – 能量关系的一个更高阶的解释，即使在现实中这种解释只对部分物种有效，即有更大分布范围的物种 (见 Jetz and Rahbek, 2002; Lennon et al., 2004)。

没有模型能提供对物种丰富度变化的精确预测，并且预测的残差与模型拟合度本身一样有意义。一些物种丰富度预测与观测值的偏差很可能归因于环境生产力的测量方式。例如，有证据显示季节性测量与在有明显季节性和相当比例的规律迁徙物种的区域里生活的鸟群更相关 (Hurlbert and Haskell, 2003)。因此，通过使用关于鸟群更具体的变量来提高这种模型的拟合度是可能的。但是，在目前的研究中，将观察的物种丰富度的残差的空间分布与模型预测进行回归分析，明显预示有其他重要的系统效应作用于物种丰富度。研究广泛认为山区相对高的物种丰富度，特别是在热带，具有最明显的偏差格局 (Fjeldsa et al., 1999; Rahbek and Graves, 2001; Jetz and Rahbek, 2002; Orme et al., 2005)。这是因为较高的地理障碍密度导致物种多样性比率的上升 (Fjeldsa and Lovett, 1997),各种栖息地类型的稳定持续导致灭绝率降低 (Fjeldsa et al., 1999),或者山区里 (特别是热带) 物种生存的狭窄海拔带也导致灭绝率降低 (Janzen, 1967)。

但是,更令人不解的是在某些低地的物种丰富度观测值低于模型预测。有可能是因为在那种情况下,大部分生态系统生产力适宜人类,因而没有适合于鸟类种群的。实际上,预测值与观测值的偏差在美国东南部、印度和中国的东部地区特别明显,这些地方都是农业产量高的区域。在这些地方,实际蒸散量显然不是鸟类可用资源量的最佳量测表征。刚果盆地的物种丰富度观测值低于模型预测,亚马孙盆地低的程度略小。这些暗示还有其他因子,包括进化历史的特质,可能也影响全球物种丰富度格局。

可用资源总量只是物种丰富度的几个关键环境驱动力之一,并且物种动态范围也必定比本文所述的模型更复杂。但是,由生产力驱动动态范围模型得到的大区内和大区间物种丰富度变化一般预测良好,这说明种群动力学规律和环境/能量约束在全球范围内效用相当,并且它们能解释全球物种丰富度观测的主要空间变化。

致　　谢

我们感谢众多的鸟类学家和观鸟者,他们为世界鸟类生物地理分布的知识做出了贡献;还感谢 M. Burgess, F. Eigenbrod 和 N. Pickup 在数字化地图方面的帮助;谢谢 K. L. Evans 和三位匿名评审的有用评论。本工作得到如下项目支持:自然环境研究理事会 (基金号为 NER/O/S/2001/01258, NER/O/S/2001/01257, NER/O/S/2001/01230 和 NER/O/S/2001/01259),捷克共和国基金委员会 (GACR 206/03/D124),捷克共和国科学院基金委员会 (KJB6197401),捷克教育部资助项目号 LC06073 和研究项目 CTS MSM0021620845。K. J. G. 拥有英国皇家学会 – Wolfson 研究优异奖。

参 考 文 献

Allen, A.P., Brown, J.H. and Gillooly, J.F. (2002). Global biodiversity, biochemical kinetics, and the energetic-equivalence rule. Science, 297, 1545–1548.

Allen, A.P., Gillooly, J.F. and Brown, J.H. (in press). Recasting the species-energy hypothesis: the different roles of kinetic and potential energy in regulating biodiversity. In: Scaling Biodiversity (eds Storch, D., Marquet, P.A. and Brown, J.H.). Cambridge University Press, Cambridge.

Bellwood, D.R., Hughes, T.P., Connolly, S.R. and Tenner, J. (2005). Environmental and geometric constraints on Indo-Pacific coral reef biodiversity. Ecol. Lett., 8, 643–651.

Bonn, A., Storch, D. and Gaston, K.J. (2004). Structure of the species-energy relationship. Proc. R. Soc. Lond. B, 271, 1685–1691.

Burnham, K.P. and Anderson, D.R. (2001). Model Selection and Multi-Model Inference: A Practical Information-Theoretic Approach. Springer-Verlag, New York.

Clarke, A. and Gaston, K.J. (2006). Climate, energy and diversity. Proc. R. Soc. Lond. B, 273, 2257–2266.

Clifford, P., Richardson, S. and Hemon, D. (1989). Assessing the significance of the correlation between two spatial processes. Biometrics, 45, 123–134.

Colwell, R.K. and Hurtt, G.C. (1994). Nonbiological gradients in species richness and a spurious Rapoport effect. Am. Nat., 144, 570–595.

Colwell, R.K. and Lees, D.C. (2000). The mid-domain effect: geometric constraints on the geography of species richness. Trends Ecol. Evol., 15, 70–76.

Colwell, R.K., Rahbek, C. and Gotelli, N.J. (2004). The mid-domain effect and species richness patterns: what have we learned so far? Am. Nat., 163, E1–E23.

Colwell, R.K., Rahbek, C. and Gotelli, N.J. (2005). The mid-domain effect: there's a baby in the bathwater. Am. Nat., 166, E149–E154.

Cramer, W., Kicklighter, D.W., Bondeau, A., Moore, I.B., Churkina, G., Nemry, B. et al. (1999). Comparing global models of terrestrial net primary productivity (NPP): overview and key results. Global Change Biol., 5(Suppl.), 1–15.

Cressie, N. (1991). Statistics for Spatial Data. Wiley, New York.

Currie, D.J., Mittelbach, G.G., Cornell, H.V., Field, R., Gue'gan, J.F., Hawkins, B.A. et al. (2004). Predictions and tests of climatebased hypotheses of broad-scale variation in taxonomic richness. Ecol. Lett., 7, 1121–1134.

Dynesius, M. and Jansson, R. (2000). Evolutionary consequences of changes in species_ geographical distributions driven by Milankovitch climate oscillations. Proc. Natl Acad. Sci., 97, 9115–9120.

Evans, K.L., Warren, P.H. and Gaston, K.J. (2005). Species–energy relationships at the macroecological scale: a review of the mechanisms. Biol. Rev., 80, 1–25.

Fjeldsa°, J. and Lovett, J.C. (1997). Geographical patterns of old and young species in African forest biota: The significance of specific montane areas as evolutionary centres. Biodivers. Conserv., 6, 325–346.

Fjeldsa°, J., Lambin, E. and Mertens, B. (1999). Correlation between endemism and local bioclimatic stability documented by comparing Andean bird distributions and remotely sensed land surface data. Ecography, 22, 63–78.

Francis, A.P. and Currie, D.J. (2003). A globally-consistent richnessclimate relationship for angiosperms. Am. Nat., 161, 523–536.

Gaston, K.J. (2000). Global patterns in biodiversity. Nature, 405, 220–227.

Gaston, K.J. (2003) The Structure and Dynamics of Geographic Ranges. Oxford University Press, Oxford.

Hawkins, B.A., Field, R., Cornell, H.V., Currie, D.J., Guegan, J., Kaufman, D.M. et al. (2003). Energy, water, and broad-scale geographic patterns of species richness. Ecology, 84, 3105–3117.

Hawkins, B.A., Diniz-Filho, J.A.F. and Weis, A.E. (2005). The middomain effects and diversity gradients: is there anything to learn? Am. Nat., 166, E140–E143.

Hurlbert, A.H. (2004). Species–energy relationships and habitat complexity in bird communities. Ecol. Lett., 7, 714–720.

Hurlbert, A.H. and Haskell, J.P. (2003). The effect of energy and seasonality on avian species richness and community composition. Am. Nat., 161, 83–97.

Janzen, D.H. (1967). Why mountain passes are higher in the tropics. Am. Nat., 101, 233–249.

Jetz, W. and Rahbek, C. (2001). Geometric constraints explain much of the species richness pattern in African birds. Proc. Natl Acad. Sci. U.S.A., 98, 5661–5666.

Jetz, W. and Rahbek, C. (2002). Geographic range size and determinants of avian species richness. Science, 297, 1548–1551.

Johnson, J.B. and Omland, K.S. (2004). Model selection in ecology and evolution. Trends Ecol. Evol., 19, 101–108.

Kerr, J.T. and Ostrovsky, M. (2003). From space to species: ecological applications for remote sensing. Trends Ecol. Evol., 18, 299–305.

Kerr, J.T., Southwood, T.R.E. and Cihlar, J. (2001). Remotely sensed habitat diversity predicts butterfly species richness and community similarity in Canada. Proc. Natl Acad. Sci. U.S.A., 98, 11365–11370.

Koleff, P. and Gaston, K.J. (2001). Latitudinal gradients in diversity: Real patterns and random models. Ecography, 24, 341–351.

Latham, R.E. and Ricklefs, R.E. (1993). Continental comparisons of temperate-zone tree species diversity. In: Species Diversity in Ecological Communities: Historical and Geographical Perspectives (eds Ricklefs, R.E. and Schluter, D.). The University of Chicago Press, Chicago, IL, pp. 294–314.

Lawlor, T.E. (1983). The peninsular effect on mammalian diversity in Baja California. Am. Nat., 121, 432–439.

Lees, D.C., Kremen, C. and Andriamampianina, L. (1999). A null model of species richness gradients: bounded range overlap of butterflies and other rainforest endemics in Madagascar. Biol. J. Linnean Soc., 67, 529–584.

Lennon, J.J., Koleff, P., Greenwood, J.J.D. and Gaston, K.J. (2004). Contribution of rarity and commonness to patterns of species richness. Ecol. Lett., 7, 81–87.

Littell, R.C., Milliken, G.A., Strop, W.W. and Wolfinger, R.D. (1996). SAS System for Mixed Models. SAS Institute, Cary, NC.

MacArthur, R.H. and Wilson, E.O. (1967). The Theory of Island Biogeography. Princeton University Press, Princeton, PA.

Mittelbach, G.G., Steiner, C.F., Scheiner, S.M., Gross, K.L., Reynolds, H.L., Waide, R.B. et al. (2001). What is the observed relationship between species richness and productivity? Ecology, 82, 2381–2396.

Olson, D.M., Dinerstein, E., Wikramanayake, E.D., Burgess, N.D., Powell, G.V.N., Underwood, E.C. et al. (2001). Terrestrial ecoregions of the worlds: a new map of life on Earth. Bioscience, 51, 933–938.

Orme, C.D.L., Davies, R.G., Burgess, M., Eigenbrod, F., Pickup, N., Olson, V.A. et al. (2005). Global hotspots of species richness are not congruent with endemism or threat. Nature, 436, 1016–1019.

Orme, C.D.L., Davies, R.G., Olson, V.A., Thomas, G.H., Ding, T-S., Rasmussen, P.C. et al. (2006). Global patterns of geographic range size in birds. PLoS Biol., 4, 1276–1283.

Pautasso, M. and Gaston, K.J. (2005). Resources and global avian assemblage structure in forests. Ecol. Lett., 8, 282–289.

Qian, H. and Ricklefs, R.E. (1999). A comparison of the taxonomic richness of vascular plants in China and the United States. Am. Nat., 154, 160–181.

Rahbek, C. and Graves, G.R. (2001). Multiscale assessment of patterns of avian species richness. Proc. Natl Acad. Sci. U.S.A., 98, 4534–4539.

Rohde, K. (1992). Latitudinal gradients in species diversity – the search for the primary cause. Oikos, 65, 514–527.

Rosenzweig, M.L. (1995). Species Diversity in Space and Time. Cambridge University Press, Cambridge.

Sokal, R.R. and Rohlf, F.J. (1995). Biometry. W.H. Freeman and Company, New York.

Taylor, R.L. and Regal, P.J. (1978). The peninsular effect on species diversity and the biogeography of Baja California. Am. Nat., 112, 583–593.

Turner, J.R.G. and Hawkins, B.A. (2004). The global diversity gradient. In: Frontiers of Biogeography: New Directions in the Geography of Nature (eds Lomolino, M.V. and Heaney, L.R.). Sinauer, Sunderland, MA,

Waide, R.B., Willig, M.R., Steiner, C.F., Mittelbach, G., Gough, L., Dodson, S.I. et al. (1999). The relationship between productivity and species richness. Ann. Rev. Ecol. Syst., 30, 257–300.

Whittingham, M.J., Stephens, P.A., Bradbury, R.B. and Freckleton, R.P. (2006). Why do we still use stepwise modelling in ecology and behaviour? J. Anim. Ecol., 75, 1182–1189.

Willig, M.R., Kaufman, D.M. and Stevens, R.D. (2003). Latitudinal gradients of biodiversity: patterns, process, scale, and synthesis.Ann. Rev. Ecol. Syst., 34, 273–309.

Wright, D.H. (1983). Species–energy theory: an extension of species–area theory. Oikos, 41, 496–506.

Zapata, F.A., Gaston, K.J. and Chown, S.L. (2003). Mid-domain models of species richness gradients: assumptions, methods, and evidence. J. Anim. Ecol., 72, 677–690.

Zapata, F.A., Gaston, K.J. and Chown, S.L. (2005). The mid-domain effect revisited. Am. Nat., 166, E144–E148.

附录

下面的补充材料可用于本文：

表 S1 对空间 GLS 的负 2 倍的受限似然求对数，和三个物种丰富度预测器的所有七个组合的对等的非空间 OLS 回归模型，包括全球的和六个生物地理分区内的。所有模型的 OLS 变换值（负 2 倍的受限似然对数）比对应的 GLS 变换值大，这表明空间自相关的校正产生了一个一致且更精确的物种丰富度变异的描述 (Littell et al., 1996)。

模型	预测器			全球	
	AET	全球 MDE	AET 驱动	GLS	OLS
1			1	140 062.7	192 603.6
2		1		141 798.4	207 383.7
3	1			143 416.8	195 930.7
4	1		1	140 051.0	191 427.2
5		1	1	140 016.2	192 029.6
6	1	1		141 244.0	194 846.7
7	1	1	1	140 047.2	191 383.8

模型	预测器			澳新界		非洲界		东洋界	
	AET	界内 MDE	AET 驱动	GLS	OLS	GLS	OLS	GLS	OLS
1			1	11 652.4	13 852.7	22 499.4	29 561.7	10 979.9	13 426.3
2		1		11 645.6	14 264.7	22 564.9	29 674.4	11 006.4	13 526.6
3	1			1 1911	14 254.6	22 750.8	29 840.9	11 072.0	13 761.1
4	1		1	11 653.1	13 858.7	22 502.4	29 548.0	10 978.7	13 368.0
5		1	1	11 652.2	13 831.5	22 476.6	29 470.2	10 964.0	13 428.5
6	1	1		11 666.7	14 189.0	22 518.3	29 260.9	11 013.6	13 433.3
7	1	1	1	11 645.3	13 772.7	22 483.6	29 200.5	10 979.2	13 362.2

模型	预测器			新北界		新热带界		古北界	
	AET	界内 MDE	AET 驱动	GLS	OLS	GLS	OLS	GLS	OLS
1			1	20 507.9	30 094.5	24 065.1	28 045.0	50 135.7	68 062.0
2		1		20 727.4	30 570.5	24 171.5	29 165.4	50 784.3	71 788.9
3	1			20 554.0	30 269.5	24 391.9	28 963.2	50 702.6	69 309.6
4	1		1	20 480.9	30 076.1	24 005.5	28 047.2	50 097.2	68 000.0
5		1	1	20 510.2	29 983.7	24 050.1	28 050.1	50 159.7	67 365.0
6	1	1		20 530.8	29 825.8	24 169.9	28 240.9	50 697.4	67 494.8
7	1	1	1	20 478.9	29 831.5	24 008.3	28 045.3	50 119.0	66 959.0

表 S 2　三个预测器的所有七个组合的空间 GLS 回归模型结果,包括全球的和六个生物地理分区内的。参数估计(斜率)和在括号里表示其标准差(SE),及 F 值如表所示。显著性水平为: ***, $p < 0.001$; **, $0.001 \leqslant P < 0.01$; *, $0.01 \leqslant P < 0.05$。观测值的数量为: 全球,16 444; 澳新界,1 268; 非洲界,2 494; 东洋界,1 143; 新北界,2 876; 新热带界,2 323; 古北界,6 340。因此,令与 F 值相关的自由度(df)= 观测值的数量 – 拟合的预测值的数量 –1。注意比较 AET 驱动模型与其他所有预测器的不变最高 F 值。

预测器	AET		全球 MDE		AET 驱动	
全球	斜率(±SE)	F 值	斜率(±SE)	F 值	斜率(±SE)	F 值
Model 1					0.650(±0.014)	2 150.5***
Model 2			0.593(±0.028)	437.56***		
Model 3	0.066 (±0.003)	709.23***				
Model 4	−0.014 (±0.003)	21.77***			0.693(±0.017)	1 713.3***
Model 5			0.127(±0.031)	17.12***	0.623(±0.015)	1 656.48***
Model 6	0.053(±0.003)	437.60***	0.59(±0.029)	424.47***		
Model 7	−0.011(±0.003)	13.65***	0.094(±0.031)	8.9**	0.667(±0.019)	1 260.63***
澳新界	斜率(±SE)	F 值	斜率(±SE)	F 值	斜率(±SE)	F 值
Model 1					0.346(±0.074)	22.1***
Model 2			0.410(±0.148)	7.62**		
Model 3	−0.006(±0.006)	1.3				
Model 4	−0.018(±0.006)	7.51**			0.386(±0.075)	26.56***
Model 5			0.267(±0.127)	4.46*	0.288(±0.078)	13.54***
Model 6	−0.009(±0.006)	1.96	0.412(±0.120)	11.8**		
Model 7	−0.015(±0.007)	5.23*	0.244(±0.087)	2.5	0.288(±0.087)	11.06***
非洲界	斜率(±SE)	F 值	斜率(±SE)	F 值	斜率(±SE)	F 值
Model 1					0.688(±0.037)	347.57***
Model 2			0.877(±0.053)	273.14***		
Model 3	0.063(±0.007)	78.56***				
Model 4	−0.018(±0.008)	4.72*			0.747(±0.046)	265.89***
Model 5			0.376(±0.073)	26.29***	0.502(±0.052)	94.05***
Model 6	0.051(±0.007)	55.38***	0.833(±0.053)	248.12***		
Model 7	0.0064(±0.010)	0.4	0.406(±0.087)	21.94***	0.466(±0.075)	38.24***
东洋界	斜率(±SE)	F 值	斜率(±SE)	F 值	斜率(±SE)	F 值
Model 1					0.442(±0.046)	93.17***
Model 2			0.672(±0.084)	63.56***		
Model 3	−0.008(±0.008)	1.1				
Model 4	−0.023(±0.008)	9.18**			0.470(±0.047)	101.85***
Model 5			0.230(±0.114)	4.07*	0.356(±0.063)	32.19***
Model 6	−0.007(±0.008)	0.8	0.670(±0.084)	63.18***		
Model 7	−0.021(±0.008)	7.03**	0.162(±0.117)	1.9	0.406(±0.065)	38.6***
新北界	斜率(±SE)	F 值	斜率(±SE)	F 值	斜率(±SE)	F 值
Model 1					0.503(±0.031)	259.73***
Model 2			0.398(±0.076)	27.59***		
Model 3	0.068(±0.005)	213.9***				
Model 4	0.035(±0.006)	35.6***			0.354(±0.040)	78.77***
Model 5			0.075(±0.076)	1.0	0.494(±0.033)	230.91***
Model 6	0.067(±0.005)	212.91***	0.378(±0.073)	26.71***		
Model 7	0.038(±0.006)	39.95***	0.178(±0.077)	5.29*	0.320(±0.042)	56.94***

续表

预测器	AET 斜率(±SE)	AET F 值	全球 MDE 斜率(±SE)	全球 MDE F 值	AET 驱动 斜率(±SE)	AET 驱动 F 值
新热带界						
Model 1					0.865(±0.045)	374.98***
Model 2			0.942(±0.059)	253.59***		
Model 3	0.044(±0.009)	24.3***				
Model 4	−0.084(±0.010)	67.83***			1.141(±0.055)	424.88***
Model 5			0.336(±0.079)	18.25***	0.688(±0.061)	128.5***
Model 6	0.026(±0.009)	9.25**	0.917(±0.060)	236.97***		
Model 7	−0.082(±0.012)	49.39***	0.040(±0.088)	0.2	1.112(±0.085)	170.64***
古北界	斜率(±SE)	F 值	斜率(±SE)	F 值	斜率(±SE)	F 值
Model 1					0.635(±0.023)	734.41***
Model 2			0.421(±0.063)	44.55***		
Model 3	0.064(±0.006)	132.33***				
Model 4	−0.047(±0.007)	46.79***			0.767(±0.030)	640.83***
Model 5			0.017(±0.061)	0.1	0.637(±0.024)	710.4***
Model 6	0.065(±0.006)	140.19***	0.439(±0.062)	50.95***		
Model 7	−0.049(±0.007)	49.01***	−0.084(±0.062)	1.8	0.784(±0.032)	611.1***

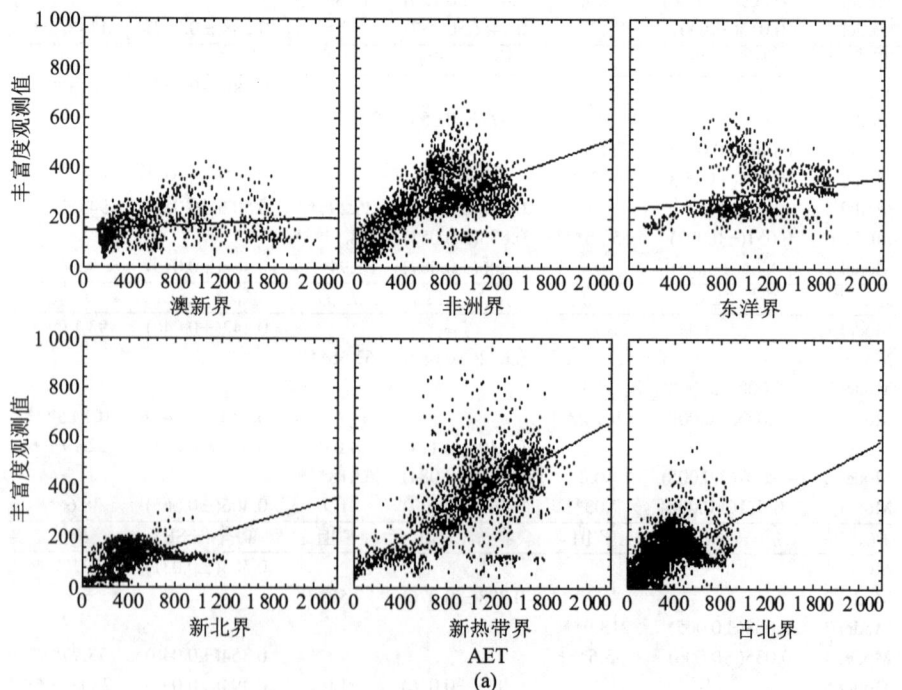

(a)

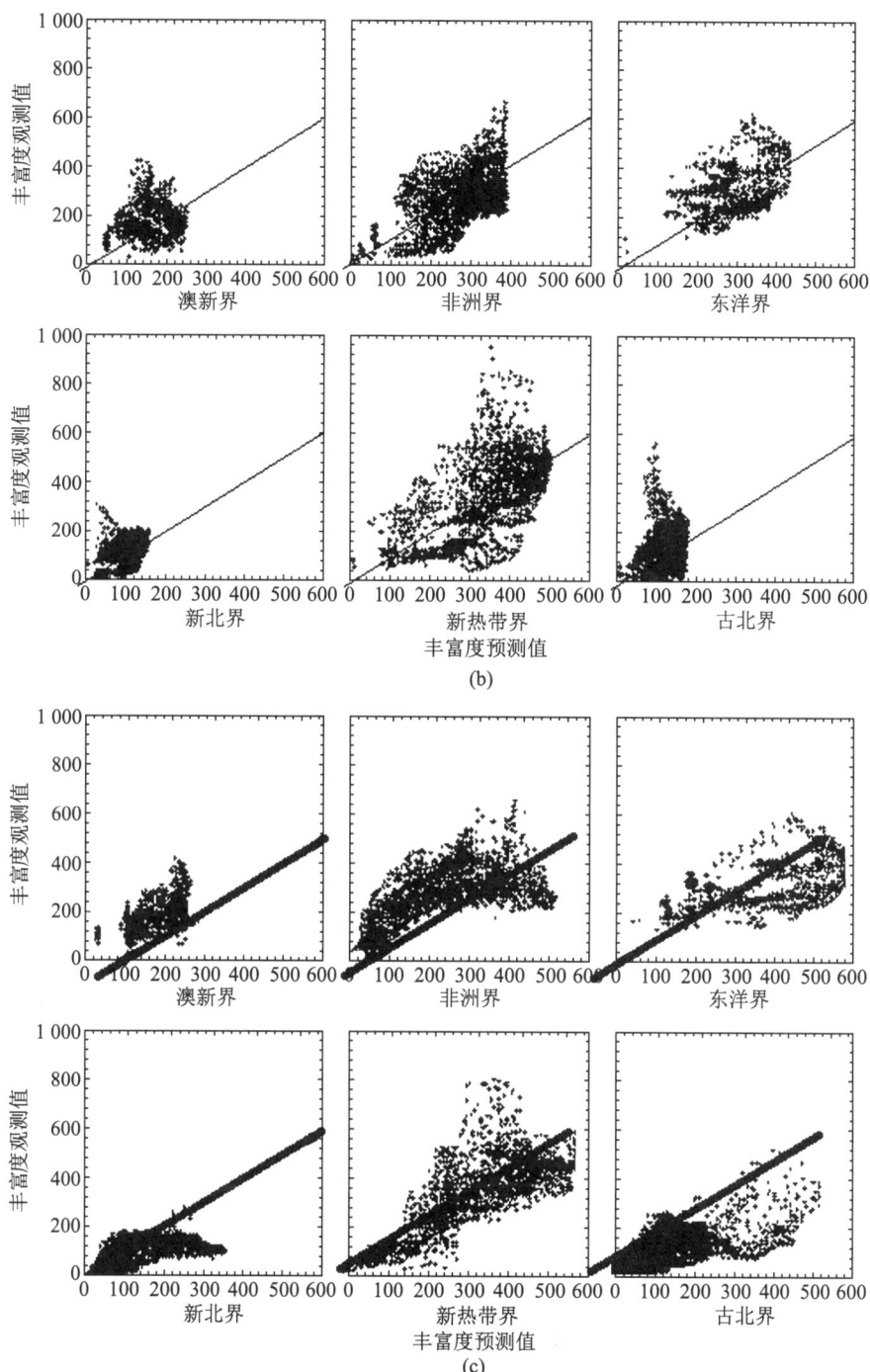

图 S1 (a) AET 和物种丰富度观测值的关系,(b) 独立的生物地理分区范围界内 MDE 模型与观测值的关系,(c) AET 驱动模型预测值与观测值的关系。在图 (a) 中,斜线表示回归线,在图 (b) 和图 (c) 中,斜线表示预测值与观测值之比为 1:1 的直线。

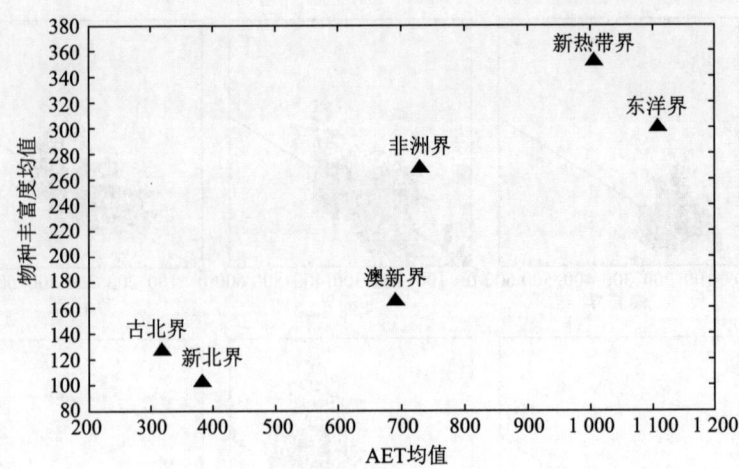

图 S2　独立生物地理分区内的格网单元的 AET 均值与物种丰富度均值的关系。显然，大区间的物种丰富度均值的差别主要归因于 AET 的差别，尽管物种丰富度在非洲界与澳新界的差别并不完全由 AET 解释。

这些资料是在线论文的一部分，可从以下网址获得：http://www.blackwell-synergy.com/doi/full/10.1111/j.1461-0248.2006.00984.x。请注意：Blackwell 出版社不对任何作者提供的补充资料的内容和功能负责。任何询问 (除了丢失的资料) 应直接联系本文作者。

编辑, Howard Cornell
初稿收于 2006 年 6 月 5 日
2006 年 7 月 17 日第一次修改
2006 年 8 月 29 日第二次修改
2006 年 9 月 12 日接收

气候和土地利用变化对全球鸟类多样性的影响预测[①]

Walter Jetz　David S. Wilcove　Andrew P. Dobson

在过去几十年,土地利用和气候变化已经导致大量物种分布区收缩和物种灭绝。21世纪全球预计会出现更加强烈的土地覆盖变化。我们使用千年生态评估的情景来评价气候和土地利用变化预计会引起的土地覆盖变化对所有8 750种鸟类的影响。在这一首次基线评估中,我们假设物种的地理分布是固定的,这可能高估分布区的减少量。即使在对环境友好的情景下,到2050年至少也有400种鸟预计会丧失多于50%的分布区(到2100年有900种鸟)。虽然高纬度地区的气候变化预计会更加明显,但是濒临危险中的鸟类主要分布在小范围的热带地区,在这些地方预计人类的土地转化将导致物种分布区收缩。然而这些鸟类当前大多没有被认为处于危险之中。物种分布区丧失的原因、程度和地理分布格局在各个社会经济情景中是不同的,但是所有的情景(甚至那些对环境最友好的情景)都导致许多种鸟的大量减少。尽管气候变化会严重影响生物多样性,但是在不久的将来,热带地区的土地利用变化甚至可能导致更多的物种灭亡。我们需要在热带地区广泛扩张自然保护区网络,并配合更多减小气候变化的宏伟目标,以此把全球化的物种灭绝降到最低限度。

作者总结　土地转化和气候变化已经深刻影响到生物多样性及其相关的生态系统服务。利用最近完成的千年生态评估(Millennium Ecosystem Assessment, MA)所预计的未来土地覆盖图,我们发现到2100年,世界上8 750种鸟当中的900~1 800种将因为气候变化和土地转化而陷入危险境地。这些预计基于这样一个假设,在应对气候变化时,鸟类不会明显转移它们的分布区域,而转移过程将会降低我们预计的分布区收缩量。虽然气候变化是高纬度分布区收缩的主要驱动力,但是我们的预测结果揭示了土地转化(比如砍伐森林、把草地变为农田等)将对热带地区的物种造成更大的影响。这是因为热带地区鸟的种类特别多,但是分布区通常比较小,这使得它们特别容易灭绝;相反,高纬度地区鸟的种类

[①] 原文:Walter Jetz, David S. Wilcove, Dobson Andrew P. 2007. Projected impacts of climate and land-use change on the global diversity of birds. PLoS Biol 5(6): e157. DOI: 10.1371/journal.pbio.0050157.
推荐:宫鹏;翻译:李展;校阅:宫鹏、林光辉;辅助校阅:付薇、杨长虹。
注: Reprinted, with permission from Public Library of Science and the authors。

要少一些,而且分布区通常较大。我们需要在热带地区广泛扩张自然保护区网络,并配合更多降低气候变化的宏伟目标,以此来降低温室气体排放和监测其对生物多样性的影响,从而把全球化的物种灭绝降到最低程度。

1. 引言

逐渐加速的气候变化和人类活动直接导致自然栖息地的破坏是威胁陆地生物多样性的两大因素。最近几十年以来,这两个因素已经导致生物分布区的大量减小甚至物种灭绝[1-5]。21世纪预计会出现更强烈的环境变化[6-8]。大量证据表明人类的土地利用变化是导致物种减少和灭绝的重要原因[5,6,9-12]。近期的研究开始高度关注人类引起的气候变化在目前和未来对物种生存所造成的影响[2-4,13,14],并且强调设置环境保护优先等级应该首先关注气候变化[15,16]。这些研究大多基于温带的数据进行分析,因为温带地区的气候变化预计会更加强烈。迄今为止,还没有在全球范围内预测未来的气候变化和栖息地减少对脊椎动物分布的相关影响及他们的协同影响。而且,是什么导致一些地区或者某些物种容易受到某种威胁的破坏,对此我们在概念上的理解依然很有限。我们通过分析气候和土地利用变化对全球土地覆盖的综合影响,将气候和土地利用变化对物种造成的威胁融合到一起,并且探究了这些威胁导致全球陆地上8 750种鸟的分布区的减小和可能的灭绝。为了做全球范围的估计,我们作了一个简单但是明晰的假设,即生物活动的地理范围是固定的,这样方便我们定量描述物种目前分布区内预计的植被变化对其带来的危险。虽然这个假设会产生最坏的预测,并且许多因素将改变预测的局部细节和时段,但是我们认为预测的总体结果是可靠的:未来的栖息地减少和气候变化对全球鸟类多样性的相对影响呈现出明显的地理差异。

我们采用"千年生态评估"(MA)的全球情景作为未来环境的例子[8,17,18]。这四种MA情景使用较为可信的未来温室气体的分布范围以及人口和经济增长数据来估计一个地区将被人类导致的气候变化和农业扩张影响到何种程度。四种情景根据人类发展和生态系统管理的不同途径来区分。对人类发展来说,其中两个情景("全球协调(global orchestration)"和"高科技园(technogarden)")假设世界全球化趋势越来越明显,另外两个("国力排序(order from strength)"和"适应性多合体(adapting mosaic)")则假设区域化发展加剧。在生态系统管理方面,"全球协调"和"国力排序"这两个情景是被动的,它们假设导致生态系统崩溃的环境问题只有在发生以后才会被解决。另外两个情景("高科技园"和"适应性多合体")则假设环境问题会被主动解决。

MA的建模框架整合了未来气候和土地利用变化的相互影响,并且预测了由此产生的18种自然和人造土地覆盖类型的地理分布变化[17,19,20]。这些变化分为两类, 一类由气候变化引起 (从一种自然覆盖类型改变到另一种自然覆盖类型), 另一类则直接由人类导致的土地利用变化引起 (从自然覆盖类型改变到人造覆盖类型)。我们将这些土地覆盖变化的地理分布范围和鸟类分布数据叠加到一起, 以此来推测变成不同栖息地的地区范围, 从而估计每个物种在全球可能丧失的分布区。由于缺少世界范围内广泛的实地调查, 我们使用改进后的物种出现范围以便将分布区的高估值降到最低。我们认识到分布地图是对实际出现物种的区域进行抽象的结果, 而且是一种依赖于尺度的抽象[21], 因此会限制我们在精细地理尺度上解释问题。不过, 如果假设分布区的高估没有严重影响到地理或者生态意义上的趋势, 那么, 关于威胁生物多样性的两大因素将在全球尺度上产生何种影响和相互作用, 我们的方法能够给出一些可靠并且迫切的认识。

2. 结果

在所有四种 MA 情景中, 不同物种的分布区减少量差别非常大 (图 1 和图 S1)。到 2050 年, 各个情景下物种分布区的平均减少量为 21%~26% (取决于不同的情景), 到 2100 年上升到 29%~35% (算术平均值)。在那些不够关心环境的情景下, 到 2050 年, 预计大约 400~900 种鸟的当前分布区有 50% 以上会变成不同的栖息地 (表 1 和表 S1); 这个数字到 2100 年大约会加倍。广泛分布的物种所丧

表 1 预计的环境变化对鸟类的影响。

情景	IPCC 年份	环境变化				预计的影响					
		气候		土地覆盖		丧失 ≥50% 分布区			受到威胁		灭绝	
		CO_2	ΔT	Clim.	Hab.	鸟类种数	分布区丧失比例, Hab.	鸟类种数, excl. ||| 鸟类种数 (IUCN)	分布区丧失比例, Hab.	鸟类种数 (IUCN)	分布区丧失比例, Hab.
								Hab.	Clim.				
高科技园	B1 2050	4.7	1.6°	11%	8%	448	43%	268	79	170 (92)	54%	48 (29)	43%
	2100	3.1	1.9°	15%	10%	988	45%	510	97	253 (112)	63%	51 (31)	45%
适应性多合体	B2 2050	13.3	1.9°	11%	7%	398	39%	169	68	216 (91)	57%	48 (24)	39%
	2100	11.0	3.0°	16%	9%	952	48%	334	112	328 (118)	58%	61 (32)	48%
全球协调	A1 2050	20.1	2.1°	11%	9%	540	70%	377	6	214 (97)	72%	52 (25)	70%
	2100	14.8	3.4°	17%	13%	1 767	72%	908	111	380 (151)	71%	73 (40)	72%
国力排序	A2 2050	15.4	1.8°	10%	10%	906	79%	704	38	261 (96)	80%	51 (26)	79%
	2100	18.2	3.2°	14%	14%	1 804	84%	1 101	64	456 (161)	81%	80 (41)	84%

在 MA (IMAGE 2.2 模型) 的四种社会经济情景及其相关的 IPCC 情景[18,20,26]下, 预计的环境变化对鸟类影响的总结。CO_2 的全球总排放量用 "Gt/a" 表示。ΔT 表示与 1970 年相比平均每年的温度变化值, 单位为 °C。土地覆盖变化采用全球陆地土地转化的百分比, 对气候变化 (Clim.) 和人类土地利用变化 (Hab.) 引起的变化分别表示。物种数根据三种威胁类型列出: (i) 目前的分布区丧失 50% 以上的物种, (ii) 根据 IUCN 准则 (分布区丧失 50% 以上且预计分布区面积小于 20 000 km^2) 在未来极可能被认为受到威胁的物种, (iii) 将会灭绝的物种 (分布区丧失 100%)。在 "丧失 ≥50% 分布区" 这一类中, 我们也分别列出了只存在气候变化或者只存在土地利用变化时 (excl.), 分布区丧失的物种数。括号中的数字表示现在被 IUCN 列为受威胁 (极危、濒危和易危) 物种的种数。对每一种威胁类型, 我们列出所有物种因为人类土地利用变化 (Hab.) 而丧失的分布区的比例, 用 100% 减去此比例就是因为气候变化而丧失的比例。我们所有的计算都假设物种分布区的位置保持固定, 并且鸟类没有足够的时间来适应未来的气候或者土地利用变化。doi:10.1371/journal.pbio.0050157.t001.

失的分布区很小,这证实了大的分布范围能够为抵御环境变化提供缓冲区(图1,图S1和图S2)。相反,那些分布范围受限的物种丧失的分布区很大(图S2)。对那些数量较少和需要特殊栖息地的物种,以及陷入随机种群过程带来的高度灭绝危险中的物种来说,上述事实凸显了它们加倍危险的境况[22]。

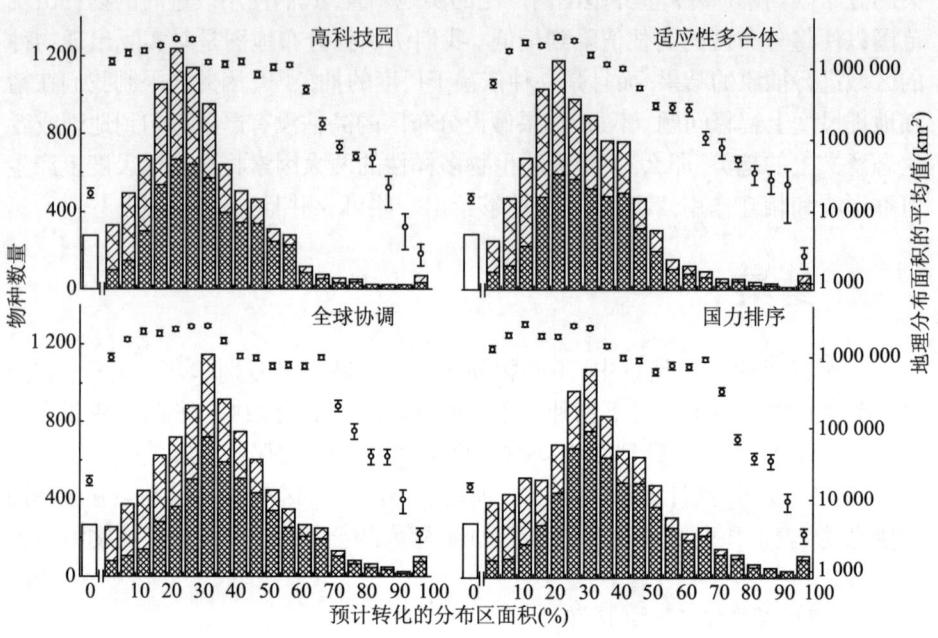

图1 预计的分布区转化。

到2100年,在MA的四种社会经济情景下,8 750种鸟的分布区预计转化量的频率分布(左边的坐标轴表示直方图)。在每个条柱内,阴影的高度表示由栖息地转化(深灰色)导致的分布区转化比例,或者由气候变化(浅灰色)导致的转化比例。分布区转化为0的鸟类种数用空条柱表示,并用空隙将其和其他表示分布区转化比例为0~100%的条柱分开。带有误差线的点给出每个分布区转化类别中,目前的地理分布面积(单位:km²)的平均值(±SE)。虽然任何一种情景都不可能预测到实际的土地覆盖变化模式,但是它们在最大的可信程度上提供了未来可能的变化范围。在材料和方法部分将对四种情景给予简要介绍。doi:10.1371/journal.pbio.0050157.g001.

较小的数量或者分布区,以及栖息地的快速消失是官方刻画红色名录中物种的部分特征,而这些物种灭绝的风险很大[23,24]。在所有四个MA情景中,到2050年,预计大约170~260个物种的分布区会显著下降至不到20 000 km² (到2100年,预计另外83~195个物种同样如此)。如果发生这种情况,由于它们本来就较小的分布区持续减少,以及整个范围受到威胁(进一步的讨论请参考文献[25]),那么根据世界自然保护联盟(The World Conservation Union, IUCN)的"受限分布"准则(准则B),这些物种在未来可能至少被分为"易危(vulnerable)"(或者现在被分为"近危(near threatened)")。目前,通过该方式确认的物种中只有不到一半被 IUCN 收录。根据这些准则分析,受威胁的物种总数到 2050 年将增加 19%~30%,到 2100 年将增加 29%~52%。而且,该分析得到的受威胁物种有 886 种目前已经被收录,预计其中 418~475 个物种的分布区在所有情景下,到 2050 年将进一步降低至少 20%。因此,这些物种的灭绝危险极可能显著上升。

首先,我们使用"适应性多合体"情景来说明环境变化的地理分布[18]。这种相对乐观的情景展示了一个主动解决环境问题的世界;尽管如此,从现在到 2100 年,该情景预计目前 25% 的自然土地覆盖将会被改变 —— 其中的 16% 由气候变化引起,9% 由土地利用变化引起。虽然土地覆盖变化预计全球都会出现,但是其呈现出显著的区域和纬度分布模式 (图 2a 和图 3a)。由气候变化引起的土地覆盖变化在西伯利亚高纬度地区 (>30°) 和北美地区最为明显,反映了这些地区的气温预计会升高很多[26]。相反,在低纬度地区,特别是在中美洲和南美洲、非洲中部以及印度和中国的部分地区,人类引起的土地利用变化是土地覆盖变化的主导因素,反映出这些地区将要出现经济和人口的高度增长。另外一种情景"国力排序"展示了一个仅仅被动处理环境问题的世界,预计将有 28% 的土地覆盖发生变化,其中半数由人类的土地利用改变引起;大部分地区,比如非洲中部,将变为农田 (图 2b)。在该情景下,热带和亚热带地区的栖息地环境将直接丧失,这个丧失量大约是"适应性多合体"情景下的两倍 (比较图 3a 和图 3b)。在这两个情景中,如果物种分区减少的程度是轻微或者中等程度,那么气候变化和土地利用变化在分布区减少中所起的作用大致相当 (图 1 和表 1)。然而,如果物种的分布区大量减少,那么情况很不一样,大部分的减少量由人类的土地利用变化直接引起。

每个预测结果反映了不同影响的空间分布和鸟类分布的生物地理特征之间的协变性。气候变化引起的土地覆盖变化总是预计会对远离赤道生活的物种产生最大的潜在影响,特别是在大范围的北方大陆,因为那里特有的物种倾向于广泛分布,并且整个群落的丰富度低下 (图 3 和图 S3)。生活在纬度 0°~20° 之间的鸟类分布区面积不到纬度 40°~60° 之间的一半 (5.4×10^6 km² 相比于 11.1×10^6 km²,算术平均值)。各个纬度带的鸟类平均分布区面积向极地平稳增加 (斯皮尔曼等级相关系数: $r_s = 0.96, p < 0.001, n = 75$; 所有 8 750 个物种),这个格局主要由北半球的物种驱动 (图 3a 和图 3b)。纬度越高,物种越稀少;在北纬 40° 以上或者南纬 40° 以上只有 1 186 种鸟,但是在北纬 20° 和南纬 20° 之间存在 7 485 种鸟 (大约占总数的 86%);每 1° 纬度带中的物种数量随着纬度的增加而逐渐下降 ($r_s = 0.98, p < 0.001, n = 75$)。由此可知,在高纬度地区,气候引起的土地覆盖变化导致分布区大量减少,却只影响到少数物种 (图 3c 和图 3d)。相反,即使在对环境更友好的"适应性多合体"情景中,在热带和亚热带地区,对许多小范围分布的物种来说,土地利用变化引起分布区的丧失会导致毁灭性的后果 (图 3a 和图 3c)。在该情景下,分布区减少量的一半以上由土地利用变化引起,相对而言,土

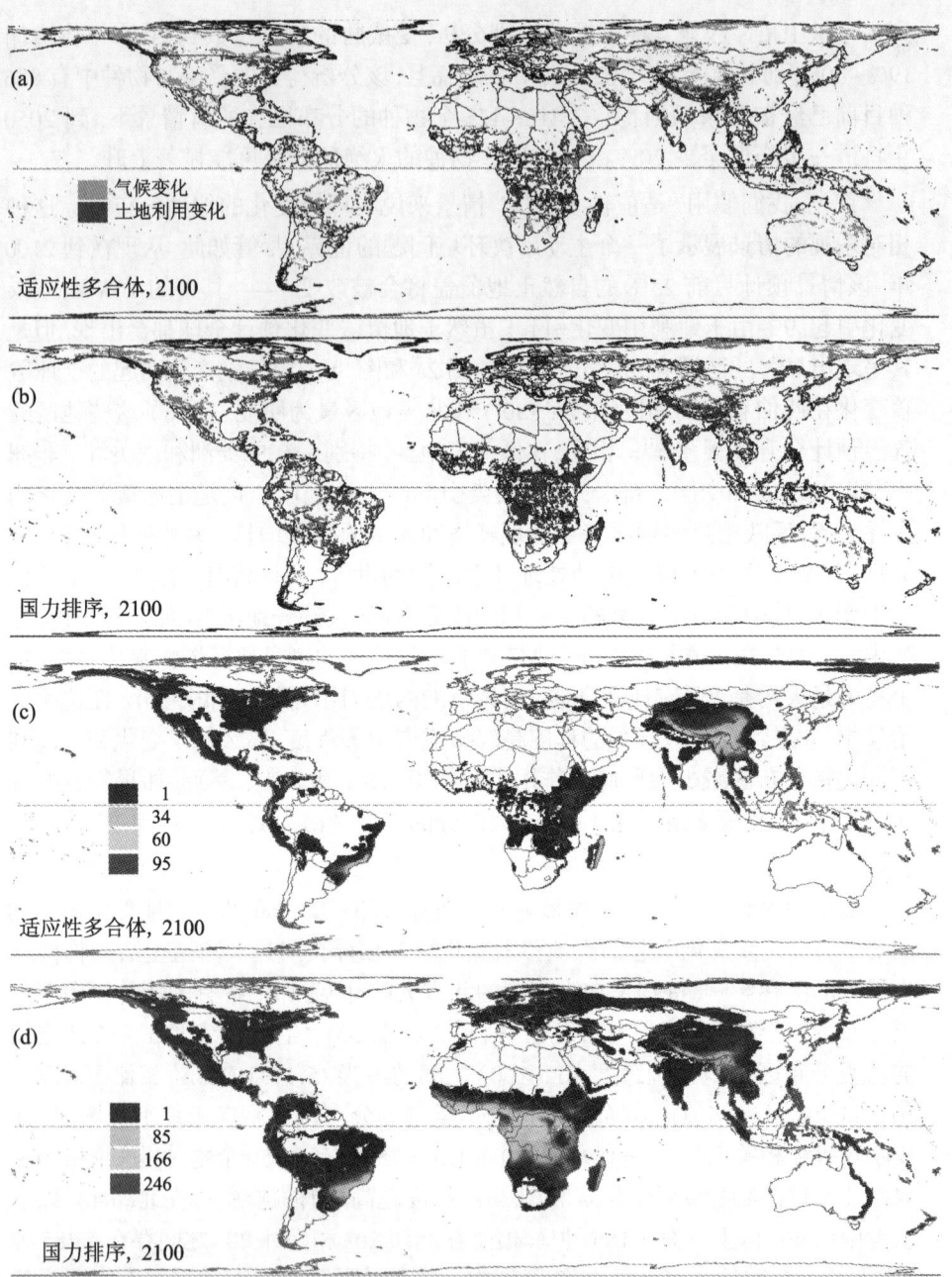

图2 (见彩图) 环境变化的地理分布格局及其预计的影响。

(a,b) 到 2100 年,由土地利用变化和气候变化引起的土地覆盖变化的模式。(c,d) 对鸟类产生的可能影响:预计分布区减少 50% 以上的鸟类丰富度格局。这代表 0.5° 网格内各种鸟到目前为止被观察到的次数。(a,c) 是主动处理环境问题的 "适应性多合体" 情景的模式, (b,d) 是被动处理环境问题的 "国力排序" 情景的模式。地图采用等面积圆柱投影绘制。c 和 d 中的颜色从深蓝色变化到深红色, 图例标示出连续刻度中的几个值 (最小值, 最大值的 1/3, 最大值的 2/3, 最大值)。doi:10.1371/journal.pbio.0050157.g002.

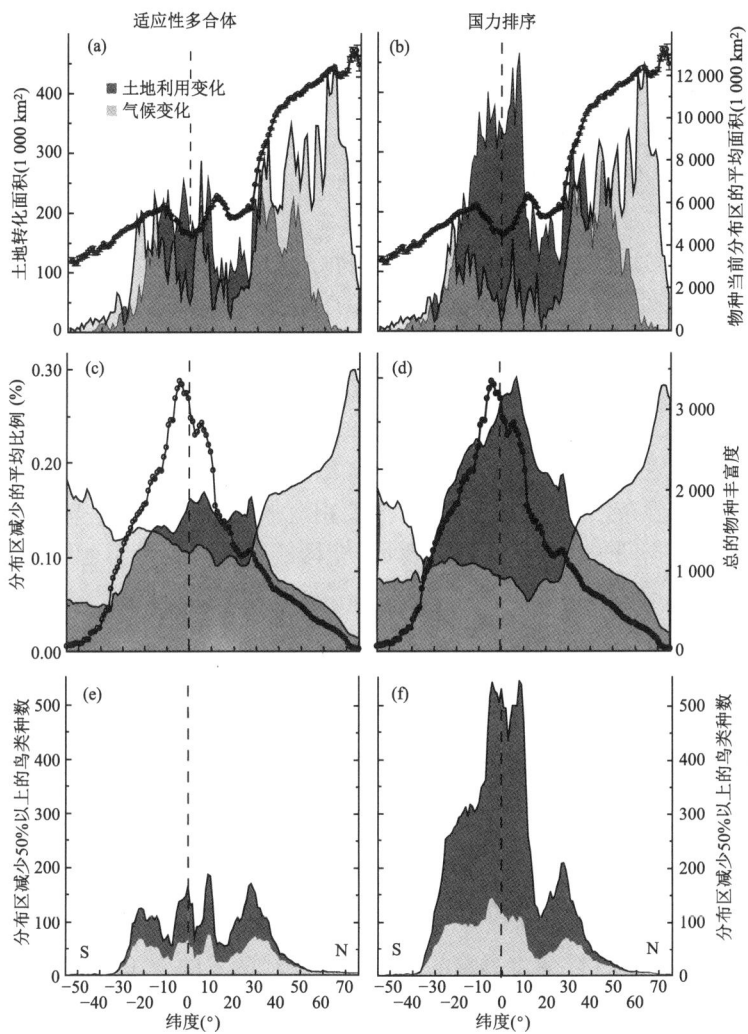

图3 环境变化、鸟类的生物地理特征和分布区的丧失。

全球环境变化、物种分布区的面积、物种丰富度以及分布区的减少量沿纬度分布的模式 (8 750 种鸟, 1° 间隔的纬度带)。对两种情景, 现在到2100年之间的气候变化 (蓝绿色, 上方, 半透明颜色) 和土地利用变化 (红色) 进行评价: 左边,"适应性多合体" (a,c,e); 右边,"国力排序" (b,d,f)。顶部 (a,b): 每个纬度带上土地转化的总面积 (面积图, 浅色表示有重叠), 以及每个纬度带上物种当前分布区的平均面积 (±SE, 点图和线图); 中部 (c,d): 分布区减少的平均比例 (面积图, 浅色表示有重叠), 以及每个纬度带上目前分布区有重叠的鸟类总数 (点图和线图)。底部 (e,f): 由气候或土地利用变化共同导致分布区减少 50% 以上的鸟类种数 (堆积面积图, 不同颜色代表不同变化分别导致分布区减少的比例)。虽然气候变化导致极地和温带地区的栖息地发生明显的变化, 但是这些地区的鸟类种数少并且都拥有很大的分布范围。因此, 鸟类分布区的减少比例在这里远小于鸟类种类繁多的热带地区, 热带鸟类的小面积分布区会因为土地利用变化而发生明显的减少。结果是热带和次热带地区的大量物种的分布区明显减少, 因为这里栖息地的转化同时伴随着很高的物种丰富度。这种情况在被动处理环境问题的 "国力排序" 情景中表现得特别明显, 因为在该情景中大量土地被开垦为农田。doi:10.1371/journal.pbio.0050157.g003.

131

地利用变化导致分布区减少一半以上的物种数量是气候变化的两倍(图 3e 和表 1)。在"国力排序"情景中,纬度 20° 以内的地区中,土地利用变化的面积几乎是"适应性多合体"情景中的两倍,同时可以看到在该地区,物种分布区面积呈现低值,而物种丰富度则呈现峰值;这样,在热带地区,大量的土地利用变化伴随着许多小范围分布的物种,预示着相当多的物种可能丧失 50% 以上的分布区(图 3b,图 3d 和图 3f)。

环境变化的预计影响在四种社会经济情景中表现得很不一样 (表 1, 图 1 和图 S1)。不同之处主要因为土地利用变化的程度在不同情景之间的差异很大,这个差异大于气候变化的差异 (表 1)。预计的影响取决于每个情景中对待生物多样性和生态系统服务的经济、道德价值观念。采用被动管理环境方式的情景会丧失更大的分布区,其中大部分由人类直接的土地转化引起。相反,关注环境保护或者寻求技术途径解决环境问题的情景导致丧失主要分布区的物种要少一些。在这些丧失的分布区中,有 1/4 到 1/2 主要由气候驱动的土地覆盖变化引起,这个比例取决于我们采用的指标,是统计分布区的平均减少量还是只统计减少量达到 50% 以上的分布区[①] (表 1)。在所有情景中,始终是那些物种种类最多的地区遭受更加严重的分布区丧失,这些地区是美洲中部、巴西东南部、马达加斯加东部和喜马拉雅山 (图 2c 和图 2d)。用生物类群多样性和栖息地丧失的当前速度进行分析,这些地区都已经被确认为关键性的生物多样性热点区域[27]。我们的预测表明安第斯山脉和非洲中部同样需要自然保护人士更多的关注,因为这些地区预计会丧失大量栖息地。

3. 讨论

我们对物种受气候变化影响的评价基于土地覆盖的变化,并且依赖于一个比较肯定的关系:土地覆盖受气候条件影响。我们的评价是明晰的,并且避免了复杂方法可能带来的概念和方法上的潜在错误。不过这里给出的方法做了几个重要假设:我们假设鸟类和栖息地之间具有固定的联系,并且假设鸟类的迁移范围受限。有些时候,栖息地专家可能更愿意从物种栖息地的迁移进行分析,而没有利用现成的土地覆盖分类数据来分析,这可能导致低估气候变化对物种的影响。反过来,分布区的迁移可能减轻气候变化的影响[2,28,29] (也因此凸显了其他威胁因素的相对重要程度)。这会导致我们高估气候变化的影响,除了在高纬度地区,因为那些地方供物种迁移的面积有限[30]。同样的道理,人类土地利用变化的影响可能也会被物种迁移而减轻(但是考虑到影响在地理上相互隔离,这个减轻的效应很可能非常小)。不幸的是,识别更加精确的气候生态位边界以及从空间数据中估计分布区迁移这个工作本身就非常困难。类似的,对灭绝风险进行建

---

① 译者注:即表 1 中"丧失 ≥ 50% 分布区"一栏。

模要求我们对物种间的生态相互作用、关键的生态位组成以及潜在的栖息地障碍的变化做出一些重要假设。即使我们在这方面取得了重大进展,考虑到大多数热带物种的相关数据很有限,我们对哪种模型能够提供最好的结果仍然难以达成共识。此外,对气候和土地利用变化之间的相互作用进行更加精细的建模,理论上还应该考虑其他威胁因素,比如传染病、物种入侵和不断增加的干扰,这些都可能额外影响生物数量的减少。一个比较乐观的观点是,目前被专家们所识别的物种可能能够适应一些新的栖息地,包括人工干预创造出来的栖息地[33,34]。一些栖息地,比如再生林,在我们的分析中认为不会出现原始森林的物种,但事实上可能可以支持某些原始森林物种的生存。类似的,我们的分析使用改进后的分布区地图,因此不是所有目前或者预计中的分布区都被完全占领;这不可避免地导致我们低估相当多的物种受到的环境变化影响,特别是那些占据特殊生态位的物种和现有地理分布区不均匀分布的物种。我们认为对这些问题在精细尺度上做进一步理解和建模非常重要。明显有必要进行大规模的研究来发展单个物种模型,同时探讨各个结果对假设和方法的敏感性。补充的进展来源于细致的研究,这些研究集中于焦点地区和较少数量的生物类群,仔细考虑尽量多的可能驱动分布区迁移、收缩和适应的因素。然而,考虑到这些分析所需的详细信息,这些研究不太可能给如今那些解决气候变化和栖息地丧失问题的决策者们提供及时的建议。进一步的大规模工作需要从以下几个方面着手:沿海拔梯度对栖息地的丧失进行显式建模,评估长距离迁徙的威胁,以及考虑建立全球自然保护区网络,这也许能够成功抵御土地利用的影响,但是对气候变化依然无能为力。

据我们所知,这是第一个在全球范围全面地对物种丰富的生物分支探讨气候变化影响的研究,也是第一个同时评价土地利用变化影响的研究。我们的结果和以前的研究明显不同(比如文献[15]);这可能是因为以前的研究只估计气候变化,或者研究方法不同,或者以前的研究大多数关注温带物种(温带的气温变化预计最大)。我们的结果表明气候变化引起的土地覆盖变化对鸟类分布区的影响非常大。不过,在经济正新兴发展的热带国家,物种栖息地的丧失将对更多的鸟类产生更加直接和立即的威胁。虽然影响的地理位置、程度和类型主要依赖于不同国家选择的社会经济发展道路,但是即使是在最乐观的情景下也将可能丧失相当多的物种分布区,尤其对那些当前分布区有限而易于灭绝的物种来说。只有我们迅速扩张热带地区的保护区网络,才有希望阻止许多物种陷入危险甚至是灭绝的地步。主动意识到自然环境能够为人类经济发展提供重要服务的发展情景似乎更有可能维持更高质量的人类生活和更丰富的物种多样性。

4. 材料和方法

物种及其分布区的来源。我们评价了土地覆盖变化对8 750种陆地鸟类(总共9 713种鸟) 的分布区域的影响, 排除掉了水鸟和一些小海岛上的地方性鸟类, 因为这些海岛太小而没有被纳入 "千年生态评估" 项目 (纳入和排除的鸟类请分别参考表 S2 和表 S3)。我们参照 Sibley、Ahlquist[37] 和 Barker 等人[38] 的方法分别对非雀形目 (nonpasserines) 和雀形目 (passerines) 进行分类, 并且根据最新描述的物种和最近的种类区分和归并结果对分类进行更新。我们利用最精确的数据源编制物种分布区, 这些数据是根据专家意见 (有关物种出现区域的意见) 绘制的关于某一片地理区域或者某一种生物类群的分布区地图 (详情请参考图 S4 和表 S2)。文献 [39] 实质上也采用了相同的数据源。这些地图最初以多边形格式存储, 后来被重采样为地理坐标系下分辨率为 0.01° 的地图以便做进一步的分析。

改进物种出现范围图。 物种出现范围图是全球尺度上唯一可用的物种分布信息。从其定义来看, 出现范围会高估物种的栖息地面积[40], 由此可能导致我们严重低估物种分布区的相对减少量。为了解决这个问题, 我们把明显不适合物种生存的栖息地类型从栅格化的物种分布图中切除掉, 以此精简物种出现范围图。我们使用更高分辨率的环境数据集 (地理坐标系) 对物种分布图 (0.01° 的分辨率, 地理坐标系) 分两步进行修剪。我们的分析在物种分布图的分辨率下进行: 只要环境数据图层表明物种分布图 0.01° 网格内的大部分不适宜物种生存, 那么就从分布图中去掉该网格。在第一步中, 对高程值超出物种观察记录的高程范围 (4 726 种鸟的数据可用[41]) 的区域, 我们予以去除, 高程数据采用 0.0083° 分辨率的 GTOPO30 数字高程模型[42]。在第二步中, 我们首先从文献中整理了各个物种可能的栖息地列表[41]; (所有 8 750 种鸟可查阅到 3 472 种不同的栖息地描述)。然后我们将这些栖息地记录和 "Global Land Cover 2000 (GLC 2000)" 数据库[43] 中具有代表性的 22 种栖息地的一种或者多种类型对应起来。这样就得到了每个物种可能占据的土地覆盖类型列表。最后, 将每个物种的分布图和 GLC 2000 土地覆盖类型图叠加在一起 (在地理投影下, 0.008 9° 分辨率, 即赤道附近的网格大小约为 1 km^2), 如果一块分布区内所有的土地覆盖类型都不在该物种的栖息地列表之中, 那么就去除这块分布区。总的来说, 与原始的物种出现范围图相比, 这些步骤导致每个物种的分布区面积平均减少了 21.5% (标准差为 3.5%), 而误删的面积却很小 [少于 1% (Jetz, 未发表的数据)]。通过未精简的物种出现范围图也可以得到性质相似的结果, 但是这样得到的分布区的相对减少量要小一些, 从而导致我们低估了可能受到威胁的物种数量 (表 S1)。

为了计算一个物种的地理分布面积, 我们首先将地理坐标系下分辨率为 0.01° 的世界地图投影到等面积投影坐标系中, 然后计算每个 0.01° 网格的准确面积 (单位 km^2)。分布区内所有 0.01° 网格的面积之和就是一个物种的地理分布面积。但是 MA 的土地覆盖预测结果的分辨率更粗 (地理坐标系下 0.5°), 因此, 对 MA 的每个 0.5° 的网格所包含的 0.01° 的网格, 找出那些存在物种生存的 0.01° 网格, 计算这些网格的面积之和, 并记录到该 0.5° 的网格中。这套数据在后面用于计算分布区面积的相对转化量。所有的叠置分析和地图计算都使用 ESRI Arc 和 Grid 软件 (V. 9.0;ESRI 2004, http://www.esri.com) 进行。

"千年生态评估"的情景。MA 开发了四种情景, 用于检查和比较在一系列多样的、不同的社会和政治前景下土地利用和全球气候的变化。这些情景用来比较 2050 年时可能出现的极端情况, 同时也将结果外推到 2100 年 [[8], [18], 关于区域和尺度的重要性请参考文献 [44]]。这些情景不是预测, 它们的主要作用在于描绘未来可能出现的变动。下面对这四种情景做简要描述[8,18]: (i) 适应性多合体。在该情景下, 区域性的政治和经济活动更加关注每个主要的小流域。地区机构得到加强, 并且主动管理各个地区的生态系统。经济增长开始较慢, 但随着时间逐渐加快。人口水平接近为该情景所估计的最高人口增长率。(ii) 国力排序。该情景呈现了一个注重安全和保护而呈现区域化和分裂的世界; 这个世界几乎不关心公共事务, 对环境问题也采取被动的处理方式。它的经济增长在四种情景里最低 (甚至随着时间下降), 但是却伴随着最高的人口增长速率。(iii) 高科技园。该情景描绘了一个强烈依赖环保技术而且全球相连的世界。生态系统越来越依靠技术来修复。经济增长水平较高并且在加速, 而人口维持在预计的中等水平上。(iv) 全球协调。在该情景下, 全球化的社会关注全球贸易和经济自由化, 却对生态系统问题采取被动的处理方式。该情景也通过投资基础设施和教育来采取一些有力措施, 以此降低贫困和不公平现象。该情景的全球经济增长速率最高, 2050 年的人口也最少。

土地覆盖的预测和分布区转化的百分比。我们根据 IMAGE 2.2 模型[19] 对 MA 情景做评价, 这个模型是一个动态的地球系统模型, 它考虑了一系列涵盖自然环境和社会经济系统的驱动力、压力、状态和反馈变量, 来估计地球上的土地覆盖在未来如何变化。该模型显式集成了两种因素, 一种是预计的人类的直接干预活动, 另一种是 BIOME 模型[45] 预计的气候变化对植被地理特征的影响, 同时也考虑两者之间的相互影响 (关于植被变迁和适应速度的详细假设请参考文献[19])。我们注意到这种集成模型在未来十年可能有重要改进, 并且随着这个领域 (以及区域驱动因子的相关知识) 的进步, 预计的变化热点地区在地理位置上可能会有所变动。

IMAGE 2.2 模型提供了 0.5° 分辨率下的 18 种不同土地覆盖类型在目前和未来的分布情况, 其中三种覆盖类型从农业或者城市化方面体现了人类的直接影响, 分别是农田、永久性牧场和再生林[18,20]。我们对 1985 年 (位于物种分布图资料来源覆盖时期中间的时间) 到 2050 年、2010 年发生的土地覆盖变化分别作了评价。除了 822 种至少能够承受轻微人类入侵活动的鸟类 (根据前面所述的栖息地适宜性分析得到) 以外, 对其他所有鸟类而言, 从 15 种自然覆盖类型之一到 3 种人工土地覆盖类型之一的变化都被认为是土地利用变化引起的转化。而在没有人类影响的情况下, 从某一种到另外一种自然覆盖类型的变化被认为是气候变化引起的转化。在有些情况下(少于转化网格总数的10%),根据某个物种的栖息地列表来看,新的栖息地也适合该物种生存。但是考虑到大多数栖息地转化将引起明显的干扰,我们还是认为该物种丧失了这个网格中的栖息地。虽然这种方法从技术上看会高估气候变化的影响,但是并不会影响定性的结果,因为这些适应很多种栖息地的物种几乎都是广泛分布的,因此它们的栖息地相对丧失得少。在21世纪,一些地区预计会在经历土地利用变化之前遭受气候变化,反之亦然。因此,如果一个网格在2050年的时候已经发生了土地覆盖变化,那么到2100年,该网格的土地覆盖变化类型和2050年的保持一致。土地覆盖变化的预计图和物种的分布范围图叠置在一起,对于每一个覆盖类型发生变化的0.5°的网格,将其中的物种分布面积从原始的分布面积中减去。剩下未发生土地覆盖变化的物种分布面积在1 km^{2}分辨率下进行计算,并且和原始的分布面积相比。

假设。我们的方法从全球综合考虑气候和土地利用变化驱动的土地覆盖变化对生物多样性的影响。该方法的优势在于它对许多物种来说都是明晰而且有用的。另外,它没有受制于数据局限或者方法上可能的缺陷,而在试图定量描述物种准确的环境生态位和适应潜力的时候这些误差可能会同时出现。最近一些有关气候导致物种灭绝的预测都依靠如下方法,发展气候和当前物种分布之间的相关关系,并评价这些"生物气候包络"的潜在转移[15,16],从而估计分布区的损失。我们的方法假设核心栖息地之间存在关联,并且估计了一个物种的分布区有多少比例的面积将会因为气候变化而转变为不适合的栖息地。该方法很好地利用了物种长久栖息地条件的特征。物种应对气候变化而转移分布区的现象可能降低分布区丧失比例的估计值。考虑到分布区转移的方向和程度是不确定的,并且土地利用变化的影响大多针对亚热带和热带地区(这些地方受到气候变化的影响更微弱),物种分布区的转移对土地利用变化影响的缓解效应更不可靠,极可能更小。当环境变化发生在小于本文使用的空间分辨率(一个0.5°网格面积在赤道附近约为1 540 km^2,在50°纬度附近约为990 km^2)中时,可能得到物种栖息地和分布区更多的丧失量,从而发现这里没有评估到的其他威胁。与此相反,因为在一个网格中,即使网格中的大部分都发生了土地覆盖变化,也不是网格中的所有部分都发生变化,从而导致我们高估了丧失量。物种在分布区内并不是均匀分布,意味着分布区的收缩不一定等同于物种数量的减少[46]。最后,栖息地更多的微弱变化可能太细小了,使得MA情景无法提供这些变化类型,这也可能导致分布区额外的丧失量,同时,一些适应多种环境的物种可能不会受到土地覆盖变化的影响。我们承认这些问题都需要在区域和单个物种的层次上做进一步细致的分析。但是没有理由断定上述问题会使我们的分析产生系统偏差。

相关信息[①]

图 S1 根据未精简的物种分布范围图预计的2050年的分布区转化图

---

①译者注: 相关信息部分的译文见附录。

查阅: doi:10.1371/journal.pbio.0050157.sg001 (71 KB PDF)

图 S2 分布区大小及其预计的减少量

查阅: doi:10.1371/journal.pbio.0050157.sg002 (97 KB PDF)

图 S3 到 2050 年和 2100 年, 环境变化的情况、鸟类的生物地理特征和分布区的减少量

查阅: doi:10.1371/journal.pbio.0050157.sg003 (793 KB PDF)

图 S4 鸟类分布的数据源

查阅: doi:10.1371/journal.pbio.0050157.sg004 (196 KB PDF)

表 S1 预计的环境变化及其对鸟类的影响 —— 基于未精简的地图

查阅: doi:10.1371/journal.pbio.0050157.st001 (113 KB DOC)

表 S2 单个物种的分布区丧失比例 (8 750 种)

查阅: doi:10.1371/journal.pbio.0050157.st002 (1.0 MB PDF)

表 S3 没有分析的物种 (1 125 种)

查阅: doi:10.1371/journal.pbio.0050157.st003 (793 KB PDF)

致　谢

我们很感激 MA/IMAGE 2.2 小组对未来的土地覆盖进行建模, 也要感谢 Detlef van Vuuren 给我们提供这些数据。我们要感谢 Miguel Araujo、Kyle Ashton、Lauren Buckley、Josh Hooker、Jeremy Kerr、Russ Lande、Tien Ming Lee、Andy Purvis、Jon-Paul Rodriguez、Jorn Scharlemann、Chris Thomas、Detlef van Vuuren 以及几位匿名审稿人对本文原稿的反馈意见。如果没有众多原始资料来源和次级资料来源的作者, 没有学生、出版商的帮助, 没有导师在精神和经济上的支持, WJ 就不可能完成鸟类分布信息的编制工作。对 Jane Gamble、Hilary Lease、Terressa Whitaker、Josep del Hoyo (Lynx Ediciones)、Andrew Richford (Academic Press,Elsevier)、Cathy Kennedy (OUP)、Chris Perrins、Robert Ridgely、Tzung-Su Ding、Rob McCall、Paul H. Harvey、Stuart Pimm 以及 James H. Brown 表示特别感谢。

作者贡献。 WJ、DSW 和 APD 构思、设计该实验, 并提供原始数据、材料和分析工具, 以及撰写文章。WJ 实施该实验并分析数据。

资助。 本研究由 DAAD, 德国研究公司和德国国家学术基金支持。

利益冲突。 本文作者声明不存在利益冲突。

参 考 文 献

[1] Warren MS, Hill JK, Thomas JA, Asher J, Fox R, et al. (2001) Rapid responses of British butterflies to opposing forces of climate and habitat change. Nature 414: 65–69.

[2] Parmesan C, Yohe G (2003) A globally coherent fingerprint of climate change impacts across natural systems. Nature 421: 37–42.

[3] Walther GR, Post E, Convey P, Menzel A, Parmesan C, et al. (2002) Ecological responses to recent climate change. Nature 416: 389–395.

[4] Root TL, Price JT, Hall KR, Schneider SH, Rosenzweig C, et al. (2003) Fingerprints of global warming on wild animals and plants. Nature 421: 57–60.

[5] Pimm SL, Raven P (2000) Biodiversity—Extinction by numbers. Nature 403: 843–845.

[6] Sala OE, Chapin III FS, Armesto JJ, Berlow E, Bloomfield J, et al. (2000) Global biodiversity scenarios for the year 2100. Science 287: 1770–1774.

[7] Scharlemann JPW, Green RE, Balmford A (2004) Land-use trends in endemic bird areas: Global expansion of agriculture in areas of high conservation value. Global Change Biol 10: 2046–2051.

[8] Carpenter SR, Pingali PL, Bennett EM, Zurek MB (2005) Ecosystems and human well-being: Scenarios, Volume 2. Washington (D.C.): Island Press. 515 p.

[9] Wilcove DS, Rothstein D, Dubow J, Phillips A, Losos E (1998) Quantifying threats to imperiled species in the United States. Bioscience 48: 607–615.

[10] Czech B, Krausman PR (1997) Distribution and causation of species endangerment in the United States. Science 277: 1116–1117.

[11] Balmford A, Moore JL, Brooks T, Burgess N, Hansen LA, et al. (2001) Conservation conflicts across Africa. Science 291: 2616–2619.

[12] Dobson AP, Rodriguez JP, Roberts WM, Wilcove DS (1997) Geographic distribution of endangered species in the United States. Science 275: 550–553.

[13] Pounds AJ, Bustamante MR, Coloma LA, Consuegra JA, Fogden MPL, et al. (2006) Widespread amphibian extinctions from epidemic disease driven by global warming. Nature 439: 161–167.

[14] Huntley B, Collingham YC, Green RE, Hilton GM, Rahbek C, et al. (2006) Potential impacts of climatic change upon geographical distributions of birds. Ibis 148.s1: 8–28.

[15] Thomas CD, Cameron A, Green RE, Bakkenes M, Beaumont LJ, et al. (2004) Extinction risk from climate change. Nature 427: 145–148.

[16] Thuiller W, Lavorel S, Arau' jo MB, Sykes MT, Prentice IC (2005) Climate change threats to plant diversity in Europe. Proc Natl Acad Sci U S A 102: 8245–8250.

[17] Van Vuuren D, Sala OE, Pereira HM (2006) The future of vascular plant diversity under four global scenarios. Ecol Soc 11: 25. Available: http://www.ecologyandsociety.org/vol11/iss2/art25/. Accessed April 25, 2007.

[18] Cork S, Peterson GD, Petschel-Held G, Alcamo J, Alder J, et al. (2005) Four scenarios. In: Carpenter SR, Pingali PL, Bennett EM, Zurek MB, editors. Ecosystems and human well-being: Scenarios. Washington (D.C.): Island Press. pp. 223–296.

[19] IMAGE-TEAM (2001) The IMAGE 2.2 implementation of the SRES scenarios: A comprehensive analysis of emissions, climate change and impacts in the 21st century. CD-ROM. Bilthoven (The Netherlands): RIVM (Rijksinstituut voor Volksgezondheid en Milieu/National Institute of Public Health and the Environment).

[20] Alcamo J, Vuuren D, Ringler C, Alder J, Bennett EM, et al. (2005) Methodology for developing the MA Scenarios. In: Carpenter SR, Pingali PL, Bennett EM, Zurek MB, editors. Ecosystems and human well-being.

[21] Washington (D.C.): Island Press. pp. 145–172.

[22] Hurlbert AH, White EP (2005) Disparity between range map- and surveybased analyses of species richness: Patterns, processes and implications. Ecol Lett 8: 319–327.

[23] Lande R, Engen S, Saether B-E (2003) Stochastic population dynamics in ecology and conservation. Oxford: Oxford University Press. 212 p. 23. Butchart SHM, Stattersfield AJ, Bennun LA, Shutes SM, Akcakaya HR, et al.

[24] (2004) Measuring global trends in the status of biodiversity: Red list indices for birds. PLoS Biol 2: e383.

[25] The World Conservation Union (IUCN) (2001) IUCN red list categories and criteria (version 3.1). Gland (Switzerland): IUCN. 30 p.

[26] Akcakaya HR, Butchart SHM, Mace GM, Stuart SN, Hilton-Taylor C (2006) Use and misuse of the IUCN red list criteria in projecting climate change impacts on biodiversity. Global Change Biol 12: 2037–2043.

[27] Intergovernmental Panel on Climate Change (2001) Climate change 2001: Synthesis report. Cambridge(Massachusetts): Published for the Intergovernmental Panel on Climate Change by Cambridge University Press. 397 p.

[28] Myers N, Mittermeier RA, Mittermeier CG, da Fonseca GAB, Kent J (2000) Biodiversity hotspots for conservation priorities. Nature 403: 853–858.

[29] Parmesan C, Ryrholm N, Stefanescu C, Hill JK, Thomas CD, et al. (1999) Poleward shifts in geographical ranges of butterfly species associated with regional warming. Nature 399: 579–583.

[30] Huntley B (1990) European post-glacial forests: compositional changes in response to climate change. J Veg Sci 1: 507–518.

[31] Pounds JA, Fogden MPL, Campbell JH (1999) Biological response to climate change on a tropical mountain. Nature 398: 611–615.

[32] Pearson RG, Thuiller W, Arau' jo MB, Martinez-Meyer E, Brotons L, et al. (2006) Model-based uncertainty in species range prediction. J Biogeogr 33: 1704–1711.

[33] Arau' jo MB, Rahbek C (2006) How does climate change affect biodiversity? Science 313: 1396–1397.

[34] Daily GC, Ehrlich PR, Sa'nchez-Azofeifa GA (2001) Countryside biogeography: Use of human-dominated habitats by the avifauna of southern Costa Rica. Ecol Appl 11: 1–13.

[35] Pereira HM, Daily GC, Roughgarden J (2004) A framework for assessing the relative vulnerability of species to land-use change. Ecol Appl 14: 730–742.

[36] Wright SJ, Muller-Landau HC (2006) The future of tropical forest species. Biotropica 38: 287–301.

[37] Lemoine N, Bo¨hning-Gaese K (2003) Potential impact of global climate change on species richness of long-distance migrants. Conserv Biol 17: 577–586.

[38] Sibley CG, Ahlquist JE (1990) Phylogeny and classification of birds: A study in molecular evolution. New Haven (Connecticut): Yale University Press. 976 p.

[39] Barker FK, Cibois A, Schikler P, Feinstein J, Cracraft J (2004) Phylogeny and diversification of the largest avian radiation. Proc Natl Acad Sci USA 101: 11040–11045.

[40] Orme CDL, Davies RG, Burgess M, Eigenbrod F, Pickup N, et al. (2005) Global hotspots of species richness are not congruent with endemism or threat. Nature 436: 1016–1019.

[41] Gaston KJ (1994) Rarity. London: Chapman and Hall. 220 p.

[42] Sibley CG, Monroe BL (1991) Distribution and taxonomy of birds of the world. New Haven (Connecticut): Yale University Press. 1136 p.

[43] USGS (1996) GTOPO30. Earth Resources Observation and Science (EROS) Data Centre, Sioux Falls, Iowa, United States. U.S. Geological Survey. Available: http://edc.usgs.gov/products/elevation/gtopo30/gtopo30.html.

[44] Accessesd: 18 April, 2007.

[45] Global Land Cover 2000 database. European Commission, Joint Research Centre, 2003. Available: http://www-gem.jrc.it/glc2000. Accessed 18 April, 2007.

[46] Busch G (2006) Future European agricultural landscapes—What can we learn from existing quantitative

land use scenario studies? Agr, Ecosyst Environ 114: 121–140.
[47] Prentice IC, Cramer W, Harrison SP, Leemans R, Monserud RA, et al. (1992) A global biome model based on plant physiology and dominance, soil properties and climate. J Biogeogr 19: 117–134.
[48] Rodriguez JP (2002) Range contraction in declining North American bird populations. Ecol Appl 12: 238–248.

附录

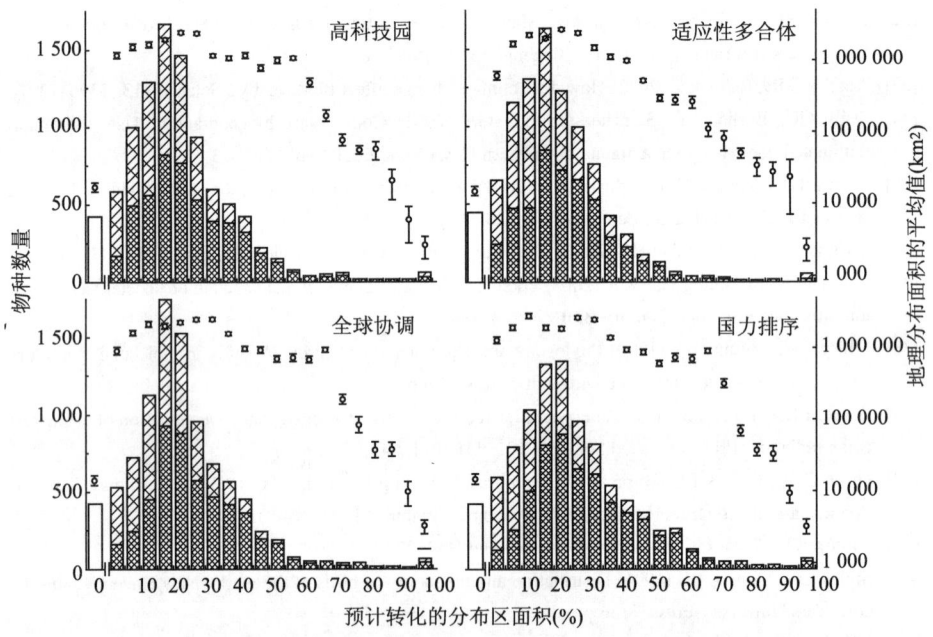

图 S1 到 2050 年, 预计的分布区转化。

到 2050 年, 在 MA 的四种社会经济情景下, 8 750 种鸟的分布区预计转化量的频率分布 (左边的坐标轴表示直方图)。在每幅图中, 条柱的高度表示由土地利用变化 (深灰色) 导致的分布区转化比例, 或者由气候变化 (浅灰色) 导致的转化比例。误差线给出每个分布区转化类别中, 目前的地理分布面积 (单位: km^2) 的平均值 (±SE)。

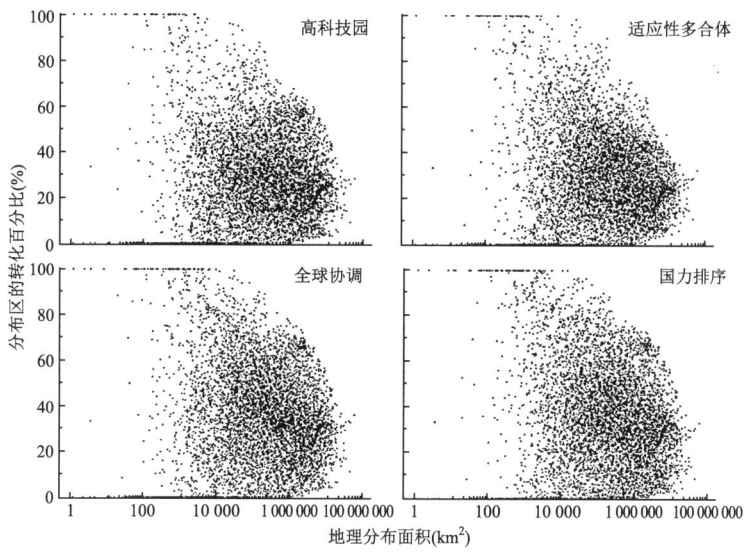

图 S2 分布区大小及其预计的减少量。

到 2100 年, 四种社会经济情景下, 目前的地理分布面积 (基于精简后的物种出现范围图) 和预计的分布区转化量 (综合了气候变化和土地利用变化的影响) 之间的关系。每个点表示一个物种。

表S1 预计的环境变化及其对鸟类的影响 —— 基于未精简的地图。

	IPCC	年份	丧失 ≥ 50% 分布区		受到威胁		灭绝		灭绝的鸟种数	
			鸟类种数	农业开垦 (Agr.) 导致的分布区减小量	鸟类种数 (IUCN)	农业开垦 (Agr.) 导致的分布区减小量	鸟类种数 (IUCN)	农业开垦 (Agr.) 导致的分布区减小量	Agr.	Clim.
高科技园	B1	2050	448	43%	170 (92)	54%	48 (29)	43%	20	27
		2100	988	45%	253 (112)	63%	51 (31)	45%	22	27
适应性多合体	B2	2050	398	39%	216 (91)	57%	48 (24)	39%	18	27
		2100	952	48%	323 (118)	58%	61 (32)	48%	26	27
全球协调	A1	2050	540	70%	214 (97)	72%	52 (25)	70%	34	12
		2100	1 767	72%	380 (151)	71%	73 (40)	72%	46	14
国力排序	A2	2050	906	79%	261 (96)	80%	51 (26)	79%	37	9
		2100	1 804	84%	456 (161)	81%	80 (41)	84%	60	9

在 "千年生态评估" 的四种社会经济情景下, 环境变化对鸟类预计影响的总结 —— 基于未精简的物种出现范围图。物种种数根据三种威胁类型列出: 目前的分布区丧失 50% 以上的物种, 根据 IUCN 准则 (分布区丧失 50% 以上且预计分布区面积小于 20 000 km^2) 在未来极可能被认为受到威胁的物种, 将会灭绝的物种 (分布区丧失 100%)。在 "丧失 ≥50% 分布区" 这一类中, 我们也另外列出了只存在一种威胁类型时 (气候变化, Clim., 或者土地利用变化, Hab.) 分布区丧失 50% 以上的物种种数 (excl.)。括号中的数字表示现在被 IUCN 列为受威胁 (极危、濒危和易危) 物种的种数。对每一种威胁类型, 我们列出所有物种因为农业开垦 (Hab.) 而丧失的分布区的比例, 用 100% 减去该比例就是因为气候变化而丧失的比例。我们所有的计算都假设物种分布区的位置保持固定, 并且鸟类没有足够的时间来适应未来的气候或者土地利用变化。

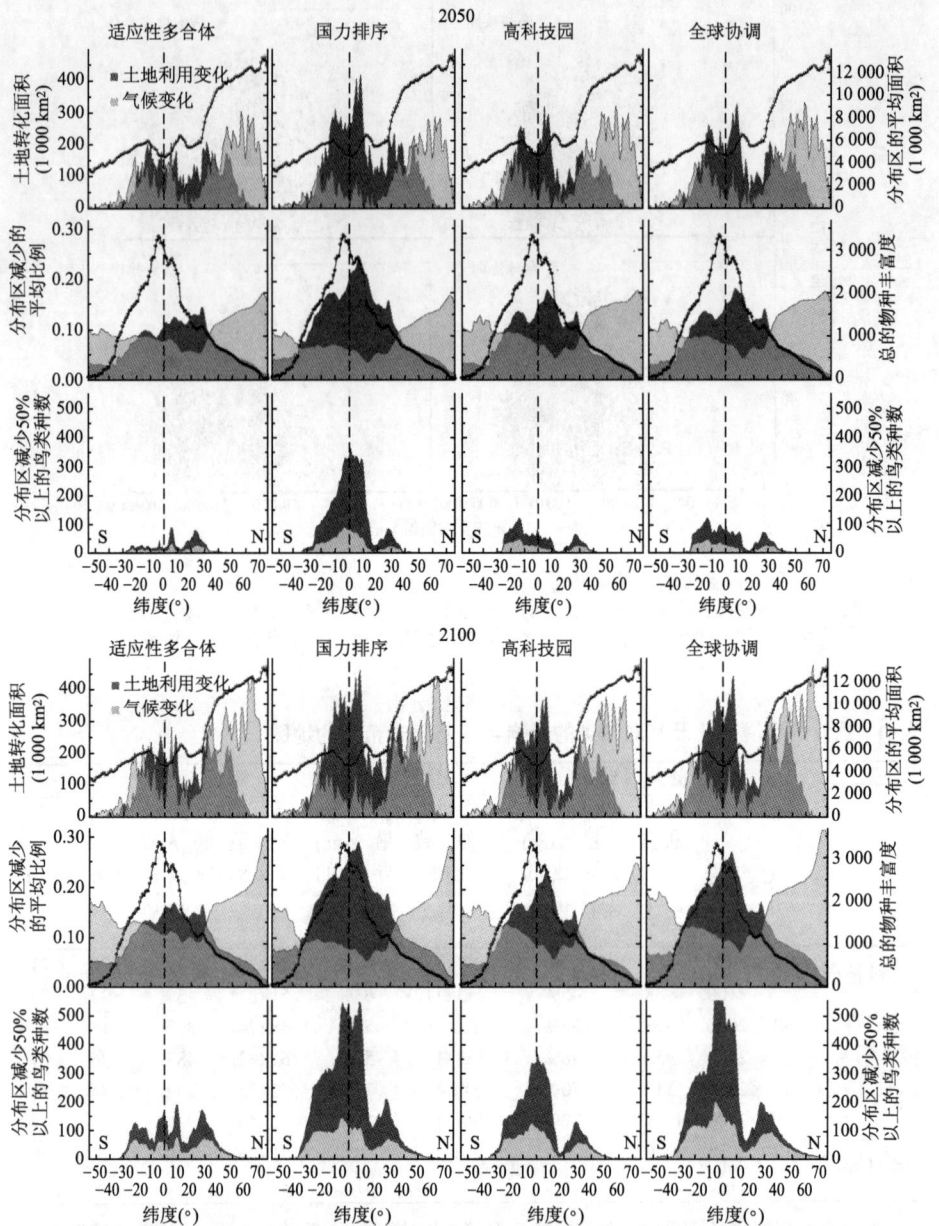

图 S 3 到 2050 年和 2100 年,环境变化的情况、鸟类的生物地理特征和分布区的减少量。

全球环境变化、物种分布区的面积、物种丰富度以及分布区的减少量沿纬度分布的模式 (8 750 种鸟,1° 间隔的纬度带)。对四种情景,现在到 2050 年和 2100 年之间的气候变化和土地利用变化进行评价。第一行: 每个纬度带上土地转化的总面积,以及每个纬度带上物种当前分布区的平均面积 (±SE); 第二行: 分布区减少的平均比例,以及每个纬度带上目前分布区有重叠的鸟类总数; 第三行: 由气候或土地利用变化共同导致分布区减少 50% 以上的鸟类种数 (不同颜色代表不同变化分别导致分布区减少的比例)。请注意 2100 年的左边六个子图和文章中的图 3 完全相同。

图S4 鸟类分布的数据源。该图表示了各个地理子区域的鸟类数据的主要参考文献。同时包括挑选出来的额外数据源，比如海岛鸟类列表[①]。

表S2[②] 单个物种的分布区丧失比例(8 750 种)。

IUCN: "T" 表示 IUCN 认为 "受到威胁" 的物种 (红色名录, 2004)。Ag: "H" 标识的物种至少有一块栖息地遭受了直接的人类活动影响 (农业开垦, 城市化)。对这些物种, 我们保守地假设物种对人类导致的土地利用变化具有完全的抵御能力, 并且估计了仅由气候变化导致的分布区损失量。
R: "x" 标识的物种在精简的物种出现范围图中, 当前面积小于 20 000 km²。
分布区的数据源: 物种出现范围图的数据源 (见下文)
地理分布区面积减小的百分比: 目前分别到 2050, 2010 年之间, 在精简的物种出现范围图中, 由于土地利用变化 (H) 和气候变化 (C) 而减小的面积百分比。我们评估了四种情景 (见图 1): TG: 高科技园; AM: 适应性多合体; GO: 全球协调; OS: 国力排序。对每一种鸟和情景的预测, 我们采用 (x) 表示变化后的分布区面积是否小于 20 000 km²。

表S3[③] 没有分析的物种 (1 125 种)。

IUCN: "T" 表示 IUCN 认为 "受到威胁" 的物种 (红色名录, 2004)。
R: "x" 标识的物种在精简的物种出现范围图中, 当前面积小于 20 000 km²。

---

①译者注: 详细的数据源文献及对应示意图请查阅 http://www.plosbiology.org/article/fetchSingleRepresentation.action?uri=info:doi/10.1371/journal.pbio.0050157.sg004。
②译者注: 该表格数据量十分庞大, 因此没有在译文中给出, 但是给出表格说明信息的译文, 表格详情以及具体的数据源文献列表请查阅: http://www.plosbiology.org/article/fetchSingleRepresentation.action?uri=info:doi/10.1371/journal.pbio.0050157.st002。
③译者注: 该表格数据量十分庞大, 因此没有在译文中给出, 但是给出表格说明信息的译文, 表格详情请查阅: http://www.plosbiology.org/article/fetchSingleRepresentation.action?uri=info:doi/10.1371/journal.pbio.0050157.st003。

生态因子决定大尺度格局下鸟类系统发生①的多样性分化②

Albert B. Phillimore   Robert P. Freckleton   C. David L. Orme   Ian P. F. Owens

摘要：进化生物学中最显著的格局是，进化枝(clades)在其所包含的物种数量上存在极大差异。为解释这一现象，人们试图提出很多假设，有些已经通过系统发生方法(phylogenetic methods)得到验证。但是，所有这些验证到目前为止解释力都不太强，这引发了人们对随机过程的关注。生态学变量在以往的模型中常被忽略，本文中我们将利用系统发生的方法去验证，在鸟类种群中生态学变量可否解释鸟类系统发生树(phylogenetic trees)的不平衡。研究结果表明，多样性的分化速率(diversification rate)在科(families)之间起到系统发生中间信号的作用。随后，通过系统发生比较法，我们建立的多预测因子模型可以解释进化枝之间50%以上的分化速率的变异。高的年际扩散(annual dispersal)被认为是物种高分化速率最佳预测变量。除此之外，高分化速率同食谱广度(feeding generalization)之间的关联也很强。本研究使用了一套不同的系统进化方法以验证这些重要观点，在排除了包含5种以下物种的小型进化枝的情况下，除发现一个例外，结果基本都保持准确。总结而言，这些结果表明，鸟类多样性的大尺度格局可以用生物体本质特性③的变化来解释。

关键词：鸟类　多样性　系统发生　生态学　扩散　个体大小

系统发生树的不平衡，是进化生物学中最普遍的现象之一，指的是不同系

---

① phylogenetic，系统发生或系统发育，指生物谱系的分支演化历史或过程。译者理解：发生强调产生新物种、物种形成、进化；而发育强调演化过程，种群的发展史。于是这里译成系统发生。

② 原文：Albert B. Phillimore, Robert P. Freckleton, C. David L. Orme, Ian P. F. Owens. 2006. Ecology predicts large-scale patterns of phylogenetic diversification in birds. The American Naturalist 168(2): 220-229. 推荐：宫鹏；翻译：刘爽；校阅：宫鹏、林光辉；辅助校阅：梁璐、王芳、姚文博。
注：Reprinted, with permission from The University of Chicago and the authors。

③ 这里的生物体本质特性，与后文所述的谱系特异化(lineage-specific)特征、生态学变量，所指相同。

统发生谱系 (lineages) 含有物种的数量不同(Willis, 1922; Dial and Marzluff, 1989; Guyer and Slowinski, 1991; Nee et al., 1992; Slowinski and Guyer, 1993; Mooers and Heard, 1997; Gittleman and Purvis, 1998; Owens et al., 1999; Ricklefs, 2003; Stuart-Fox and Owens, 2003; Davies et al., 2004; Isaac et al., 2005;Jones et al., 2005)。进化枝丰富度 (clade richness) 指的是一个谱系中现存物种的数量,关于为什么进化枝丰富度上有如此多的变化,已经引发了大量的工作且得到很多生物学解释。这里使用谱系特异化 (lineage-specific) 特征来解释进化枝多样性的变异,包括个体大小 (body size) (Hutchinson and MacArthur, 1959; Brown et al., 1993),生活史 (life history) (Marzluff and Dial, 1991),性别选择 (sexual selection) (Darwin, 1871; Lande, 1981; Barraclough et al., 1995; Stuart-Fox and Owens, 2003),生态泛化 (ecological generalization) (Rosenzweig, 1995),生态特异化 (ecological specialization) (Schluter, 1996,2000),行为驱动 (behavioral drive) (Wyles et al., 1983),以及地理范围大小 (geographical range size) (Rosenzweig, 1978,1995)。对上述假设进行独立验证,一部分已经得到经验研究的支持 (例如,性别选择; Barraclough et al., 1995),另外一部分则被批驳否定 (例如,个体大小; Orme et al., 2002)。最值得注意的是,虽然一些特征与进化多样性之间的关联在统计学上显著,但它们所能解释的变异比例普遍较小 (例如, Gardezi and da Silva, 1999; Owens et al., 1999; Belliure et al., 2000)。极少使用的多预测因子的对比分析,解释力也较低,通常只能解释 10%～25%的变异 (Gittleman and Purvis, 1998; Stuart-Fox 和 Owens, 2003; Isaac et al., 2005)。

在试图解释进化枝丰富度的高比例变异方面一直未有突破进展,因此最近人们对以前提出的一种假设重新产生兴趣,该假设认为对于所关注的有机体内在生物学来说,分枝进化 (cladogenesis) 可能是随机或近似随机的 (Ricklefs, 2003; Davies et al., 2004)。例如,雀形目 (passerine birds) 进化枝丰富度的频率分布与几何分布具有明显的相似性,据此,Rickledfs 等提出,相对于进化枝的内在生物特性,大部分进化枝丰富度的变异是随机的 (Ricklefs, 2003)。这一研究也为一些特例给出解释,例如,某些谱系中出现的物种会比随机模型预测的多,则可能是受到外部过程,如构造运动的影响。此外,雀形目谱系进化枝内包含的物种比几何分布模型预测的要少,是与其外围形态相吻合的 (Ricklefs, 2005)。

本研究的总体目标是,以鸟类物种为例,是否能通过运用新的系统发生方法和大尺度生态数据库建立适当的模型,通过现存鸟类的分化速率中存在的变异来解释进化枝丰富度。以鸟类为研究对象,是因为在这一进化枝上生态学和系统进化知识和数据储备丰富,积累了大量可用信息,并且关于鸟类分枝进化格局和过程的理论论述也较为完善 (例如, Lack, 1947; Mayr, 1963; Nee et al., 1992; Barraclough et al., 1995; Mitra et al., 1996; Møller and Cuervo, 1998; Hubbell, 2001; Bennett and Owens, 2002; Cockburn, 2003; Ricklefs, 2003,2005; Sol el al., 2005)。本文的分析主要分为三个阶段。首先,验证鸟类系统发生树的拓扑不平衡性。然后,研究分化速率和其他特征在多大程度上可由物种系统发生决定。最后，建立多元回归模型，以探索与分化速率强相关的生态因子。为了验证这些关联的稳健性，我们用另外的系统发生和分析方法重复了这些分析。此外，Ricklefs (2005) 提出一些小型进化枝在多样性方面可能表现出异常格局，因此我们剔除了物种贫乏的进化枝，重复上述主要分析。

1. 方法

1.1 系统发生结构

本研究中主要使用的系统发生是 Sibley 和 Ahlquist 提出的 DNA-DNA 杂交系统进化理论 (Sibley and Ahlquist, 1990)。在方法上，DNA-DNA 杂交法有较强的理论支持，得到的树形拓扑也是有效的 (Houde, 1987; Harshman, 1994; Barker et al., 2004; Cracraft et al., 2004)。对于大多数鸟类科属而言，它仍是唯一包括分枝长度的系统发生。为了检验依据这个系统发生而得出的一些推论，是否会因为该系统内部误差而有偏差，我们也同时分析了雀形目的另一种系统发生数据 (Barker et al., 2004)。对于雀形目，我们使用了由 Barker 提供的 100 个系统发生树，它们是经过罚似然方法平滑后 (Sanderson, 2002)，利用 RAG-1 和 RAG-2 核基因序列的伪样本数据集重建的。我们尽可能使包含在雀形目系统发生内的分类群与 Sibley 和 Monroe(1990) 系统发生保持一致。然而，对一些被确认为侧群系 (paraphyletic) 的科，就将分立的进化枝归并到一起 [例如鸦科 (Corvidae) 和伯劳科 (Lanidae)]。当科表现出多源性，就将他们分离 (例如鹟科 (Muscicapidae))。一般认为莺科 (Sylviidae) 的多源性特征明显 (Barker et al., 2004; Beresford et al., 2005)，因而除了噪鹛属 (*Garrulax*) 和莺属 (*Sylvia*)，其他所有属都从雀形目系统发生中排除。我们对雀形目系统发生树抽取 100 个重抽样样本 (Barker et al., 2004)，在此基础上建立分析，虽然最终在文中仅给出了均值和中位数。

1.2 树形结构

我们假设，所有的谱系产生分枝的可能性相等 (Raup et al., 1973)，在此基础上，我们用等变化率马尔可夫模型 (ERM) 对构建的系统发生树进行检验。根据 Agapow 和 Purvis(2002) 以及 Purvis 等 (2002) 的方法，计算出系统发生树内的节点不对称性 I'。该方法的优点是可以在树的节点上加入进化枝丰富度信息，并且可以应用在具有多分枝的系统发育树上。节点不对称性的验证，是在 ERM 模型下通过威尔克森符号秩和检验 (Wilcoxon signed-ranks) 进行的。

1.3 系统发生信号

我们用广义最小二乘法 (GLS) 去检验个体特征的系统发生信号,以及每种特征与分化速率之间的协方差 (Grafen, 1989; Martins and Hansen, 1997; Pagel, 1999; Freckleton et al., 2002)。对内部分支,用一个取值在 0 到 1 之间的乘数 λ (Pagel, 1999),修正信号强度。最终值若为 0,则代表系统发生独立,值越偏向 1,则代表系统发生关联性越强。乘数 λ 用以估计发生树内物种特性的变化/协方差在多大程度上与 Brownian 过程一致 (Freckleton et al., 2002)。在分析分化速率时,$\lambda=0$ 代表相对于系统发生,分化速率随机变化,$\lambda=1$ 则代表分化速率保持系统发育守恒 (phylogenetically conserved);即亲缘关系越近的组群,其分化速率更相似。通过似然面上值的似然比检验可计算 λ 最大似然值的近似置信区间。(Freckleton et al., 2002)

1.4 分化速率的多预测模型

本文使用的响应变量是分化速率,它的优势在于不需要科相当 (equivalence of families) 的假设。分化速率等于进化枝年龄除以进化枝丰富度的自然对数 (Isaac et al., 2003)。对分化速率的估计是基于 Yule(1925) 提出的物种形成的纯出生模型。科内的进化枝丰富度从 Sibley 等人的标准鸟类分类学中获得 (Sibley and Monroe, 1990),进化枝年龄是基于分枝的终端的长度计算出的。在 Sibley 和 Ahlquist (1990) 经典的 "tapestry"① 中,初始的分枝终端长度是从自溶解曲线的 ΔT_{50} 值中估算出来的。由于不同进化枝的分子进化差异性,Sibley 等谨慎建议,要获取数百万年内的进化年龄 (假设一个分子时钟),雀形目和非雀形目的 ΔT_{50} 分枝长度应分别乘以 2.3 和 4.7。在本研究中,我们采用了这些校正,但是也承认由于其他因子的影响,如初次育种年龄,雀形目与非雀形目的分化速率可能有所不同 (Sibley and Ahlquist, 1990)。Barker 等 (2004) 的雀形目系统发生已经经过罚似然率平滑 (Sanderson, 2002),因此这里用分支末端长度作为进化枝年龄的直接估计。

候选解释变量指标包括个体大小、生活史、性别选择、生态泛化、地理范围大小、成鸟扩散 (adult dispersal) 和岛屿定居 (island dwelling)。除却地理范围大小和岛屿定居指标,所有这些变量数据主要来自 Bennett 等 (2002)《鸟类进化生态学》一书的附录 1 和附录 2。作为补充数据的雀形目等科进化枝 (family-equivalent clades) (Barker et al., 2004),是由近年的鸟类专著中整理出来 (Beehler et al., 1986; Cramp, 1988; Cramp and Perrins, 1994; Lambert and Woodcock, 1996; Urban et al., 1997; Frith and Beehler, 1998; Fry et al., 2000)。用进化枝中雌性平均体重 (g) 作为个体大小的指数。之所以选择雌性体重而非雄性体重,是为了在对个体

---

① Sibley 等《鸟类系统发育及其分类》一书卷末提供了三十几种系统发生树,tapestry 是其中著名的演化树复合图表,全部展开有 5 m 长,"挂毯" 一名可能由此而来。

大小的测量中,使性别选择信号最小化 (Owens and Bennett, 1995)。选择窝卵数[①] (clutch size) 作为生活史变异指标,因为它与科属水平鸟类生活史的其他方面紧密相关 (Owens and Bennett, 1995; Bennett and Owens, 2002)。性别双色性 (sexual dichromatism) 被用作性别选择强度的一个指标,指的是两性间体色不同的情形在科内所有物种中所占的比例。该指标已成功应用于以往研究 (Barraclough et al., 1995),但值得注意的是它无法测量到二色性紫外波段上的差异 (Eaton, 2005)。在大量的鸟类研究中,个体大小的性二型性[②] (sexual size dimorphism) 也被用作性别选择的一个指标 (例如, Owens et al., 1999; Morrow and Pitcher, 2003)。但本研究并不使用这一指标,因为考虑到二型性的程度和方向也受到交配和显示特性的影响 (Székely et al., 2000, 2004)。再者,通过鸟类配偶选择进行估计的性别双色性,也被认为是一种更好的性别选择指标 (Owens and Hartley, 1998)。对于一个鸟类科属,栖息地分布 (habitat generalization) 模型值的确定是通过繁殖栖息地的数量,而食谱广度 (feeding generalization) 模型值则由科内所有物种食物种类的数量确定。由于 Bennett 等 (2002) 在附录 2 中错误地把"特异化" (specialization) 写成"泛化" (generalization),为了准确地得到这些指标,本研究对该书中使用的生态特异化得分系统进行修改。成鸟扩散 (adult dispersal) 的模型值通过一个分数测量,与扩散个体的习性相一致,这也是基于 Bennett 和 Owens 的研究 (2002)。地理范围大小指标是一个科内所有物种活动的平均范围大小。这些信息来源于一个全球的地理等积数据库,将所有生存鸟类物种的繁殖分布投射到分辨率为 1° 的网格上 (Orme et al., 2005)。本研究对地理范围大小的测量与早期的几个研究不同,在那些研究中使用更高的分类等级考察范围大小与物种丰富度的关系 (Gaston and Blackburn, 1997; Owens et al., 1999),而本研究使用一个科内物种范围大小 (经过自然对数转换) 的平均值,而非总和。岛屿定居指标同样来源于全球鸟类地理范围数据库 (Orme et al., 2005),离最近大陆海岸线离岸超过 50 km 的网格单元被分类为岛屿。随后计算鸟类繁殖网格中被划分为岛单元的比例,并计算每个科内所有物种该指标的平均值。由于数据的整体分布呈正偏,因此在分析之前,对所有科的均值做了取自然对数变换 (Freckleton, 2000)。本文中大部分数据集都附录在《美国博物学家》杂志的网络版本中。

  本研究使用 GLS 多元回归分析分化速率的多元关系。该方法中的系统发生协方差的构建,是通过转换所共有的分枝长度的残差,应用 λ 的最大似然值建立

[①] 窝卵是指一次筑巢产于巢中的全部卵。窝卵数的进化过程,是亲本与子代都参与的过程,是有关亲本所携有限资源如何分配的过程。窝卵数的大小直接关系到所产幼鸟的数目、幼鸟的存活率、幼鸟未来的繁殖能力、成鸟存活率及其未来繁殖能力等一系列过程,进而影响种群动态、生活史进化和物种进化等。

[②] 在雌雄异体的有性生物中,反映身体结构和功能特征的某些变量在两性之间常常出现固有的和明显的差别,使得人们能够以此为根据判断一个个体的性别,这种现象被称为性二型。

系统发生的方差/协方差矩阵 (Freckleton et al., 2002)。之所以用 λ 的最大似然值进行系统发生的方差/协方差矩阵变换,是因为其与特性进化的 Brownian 模型吻合度最好。GLS 多元回归代表一种对分化速率与无效 ERM 模型关联的检验,而无效 ERM 模型假定每个谱系分枝速率是正态分布随机变数。本研究选择 GLS 作为主要方法,是由于当一个或多个特征存在系统发生不稳定的情况下,要解决检验物种形成 (Paradis, 2005) 或分枝进化 (Isaac et al., 2003) 的关联问题,存在方法论上的技术困难。这样的模型依赖于对于祖先状态的估计,但是众所周知,准确地重建不稳定变量的祖先特征是十分困难的 (Webster and Purvis, 2002)。

为了检验研究结果是否只是由于包含物种贫乏的进化枝而产生的人为假象,我们剔除那些只包含很少量物种类型的科,重复主要分析过程。这样做的目的是为了回应 Ricklefs(2005) 的研究,他认为物种贫乏的鸟类进化枝 (含有 ≤5 个物种) 比物种丰富的进化枝占据更显著的外围形态空间。这里"外围"指的是采用主成分分析探测到的离物种形态空间的特征中心距离较远的一些物种特性值。在剔除了拥有 5 种或更少物种的科后,我们重复了上述分析。

最后,为了检验我们的结果与替代分析方法的结果是否一致,用 MacroCAIC 再次对数据进行分析,该方法可检验某个系统发生内分化速率的关联 (Isaac et al., 2003)。该方法要求对内部节点的进化枝丰富度求和,对所有的分枝节点计算分化速率的相对变化 (计算公式为 $\ln[n_i/n_j]$,n_i 和 n_j 分别指代进化枝内的物种较大和较小的节点预测因子值)。本文没有完整展示该方法的结果,但其与 GLS 结果的相同与不同之处在检验中会被提及。

我们采取一种简单的信息理论方法,即简化版的 Akaike 信息准则 (AIC_c),来判断一个模型在除去一个参数之后,相比原模型表现如何 (Burnham and Anderson, 2004)。

对于所有的模型,为了检查异常值,异方差性和非正态误差,我们检查了所有的诊断图。除另加说明以外,本研究的统计分析都是在 R 环境下运行的 (R Development Core Team, 2004),系统发生的计算使用的是 APE 包 (Paradis et al., 2004)。

2. 结果

2.1 树形结构

本研究中所检验的两个系统发生树表现出显著的不平衡,表现了分枝进化格局的非随机性。复合树的不平衡程度 I' 是 0.74,而雀形目树是 0.85(表 1)。这个结果允许我们拒绝所有鸟种和雀型目内部的进化枝发育 ERM 模型。

表 1 鸟类系统发生树不平衡。

系统发生进化枝	系统发生方法	中位数 I'	N	威尔克森秩和检验
所有鸟种	DNA 杂交	0.74	133	13 534*
雀形目	罚似然序列	0.85	41	3 543*

注: I' 是 I 的中位数 (Purvis et al., 2002); N 是二元的节点数, 包括超过三个末端分枝点, 在其上可以计算不平衡性。马尔可夫无效模型产生的偏差由威尔克森秩和检验。所有雀形目系统发生值的计算表现为伪样本数据集 100 个系统发生中位数。* 代表 $P < 0.001$。

2.2 系统发生信号

两个系统发生都拒绝接受分化速率的系统发生信号 (λ) 为 1 的假设 (表 2)。在两个实例中, 系统发生信号都为中间值 (尽管如此, 在雀形目实例中置信区间几乎跨越可能值的全部范围), 这表明亲缘关系越近的鸟种, 它们的分化速率越趋于相同。

在处理方法中使用与独立解释变量相关联的系统发生信号时, 我们发现不同的变量表现出很大差异 (表 2)。个体大小和窝卵数的 λ 值都偏大, 表明这些特征的系统发生依赖很强。性别二色性、栖息地分布, 以及地理范围大小的 λ 值都偏低, 暗示这些性状在系统发生中比所预期的纯 Brownian 模型更不稳定。岛屿定居和食谱广度的信号值在所有鸟种中很低, 但在雀形目中却很高。年度分散则刚刚相反, 在所有鸟种中 λ 是中间值, 在雀形目中检验则受限, 系统发生信号很弱。

表 2 所有鸟类系统发生信号, 包括单独每一项的系统发生信号以及每一个变量与分化速率的协方差。

特征	所有鸟种		雀形目	
	单独特征值	协方差	单独特征值	协方差
分化速率	0.55(0.35~0.79)	…	0.66(0.01~1.00)	…
雌性体重	1.00(0.92~1.00)	0.48(0.26~0.74)	1.00(0.41~1.00)	0.27(0.02~1.00)
窝卵数	0.76(0.41~1.00)	0.58(0.37~0.82)	0.98(0.03-1.00)	0.04(0.00~0.93)
性二色性	0.10(0.00~0.76)	0.63(0.39~0.89)	0.41(0.14~0.97)	0.25(0.01~1.00)
栖息地分布	0.00(0.00~0.58)	0.70(0.45~0.97)	0.00(0.00~0.51)	0.43(0.00~1.00)
食谱广度	0.14(0.01~0.65)	0.73(0.48~0.99)	0.62(0.14~1.00)	0.36(0.03~1.00)
年际扩散	0.21(0.00~0.68)	0.83(0.57~1.00)	0.00(0.00~0.64)	0.22(0.01~0.99)
地理范围大小	0.03(0.00~0.32)	0.55(0.34~0.79)	0.00(0.00~0.71)	0.79(0.02~1.00)
岛屿定居	0.00(0.00~0.62)	0.55(0.35~0.80)	0.99(0.34~1.00)	0.51(0.01~1.00)

注: λ 的最大似然值是由圆括号中的值的置信区间给出的 (详见 "方法")。

在随后的系统发生信号检验中, 经计算分化速率和解释变量的协方差, 我们发现在所有情况下, 最大似然 λ 都介于 0 与 1 之间 (表 2)。对于所有鸟种, 也可能拒绝大多数系统发生信号的协方差等于 0 或 1 这一原假设。然而, 雀形目中的 λ 置信区间更宽。我们的发现表明, 一般来说探测分化速率关联的 GLS 方法

可能比假设 λ 等于 0 (例如, 没有系统发生修正) 或者 1(例如, 一个基于 Brownian 特征进化的模型; Freckleton et al., 2002) 的方法更适合。

表 3 全部鸟类系统发生分化速率的多元模型。

特征	系数	r^2	p
雌性体重	−0.01	0.05	0.04
窝卵数	0.01	0.00	0.60
性二色性	−0.01	0.01	0.49
栖息地分布	0.00	0.00	0.60
食谱广度	0.03	0.17	< 0.001
年际扩散	0.03	0.24	< 0.001
地理范围大小	−0.01	0.02	0.19
岛屿定居	−0.00	0.00	0.91

注: 完整模型的: $\lambda = 0.85(0.56 \sim 1.00), r^2 = 0.53, df = 89$ 值参考合成鸟类系统发生的广义最小二乘分析输出的最大模型。加粗的项仍旧是在 AIC_c 最优模型中, $\lambda = 0.86(0.57 \sim 1.00), r^2 = 0.52, df = 92$。

2.3 分化速率的多预测因子分析

所有鸟种的模型可解释分化速率 53% 的总体变异 (表 3)。模型中最显著的变量是年际扩散, 表明进化枝越分散, 分化速率越快。研究发现食谱广度和分化速率之间有极显著的正相关关系, 而雌性体重则是显著的负协变。在 AIC_c 最优模型中, 这三项变量保持显著, 同样显著的还有地理范围大小, 其与分化速率之间呈负相关。

对雀形目的分析与所有鸟种的分析一致性很高 (表 4), 模型的解释力也很强 ($r^2 = 0.65$)。年际扩散和食谱广度是显著的分化速率预测因子。在这个模型中没有其他特征项是显著的, 虽然在 AIC_c 最优模型中窝卵数仍旧是负的协变量。

表 4 多元模型分化速率关联项的强健性检验。

特征	雀形目树			除去进化枝所含物种数 ⩽ 5		
	系数	r^2	P	系数	r^2	P
雌性体重	−0.01	0.07	0.20	−0.01	0.04	0.11
窝卵数	0.06	0.11	0.09[4]	−0.00	0.00	0.93
性二色性	0.02	0.01	0.55	−0.01	0.01	0.44
栖息地分布	0.00	0.00	0.86	0.00	0.00	0.91
食谱广度	0.03	0.19	0.02[94]	0.03	0.17	< 0.001
年际扩散	0.03	0.23	0.01[98]	0.03	0.19	< 0.001
地理范围大小	−0.02	0.10	0.12	−0.01	0.02	0.28
岛屿定居	−0.05	0.03	0.41	−0.00	0.00	0.90

注: 值参考广义最小二乘分析输出的最大模型。加粗的 r^2 项仍旧是在 AIC_c 最优模型中。Barker 等 (2004) 提出的雀形目系统发生: $\lambda = 0.00(0.00 - 0.51), r^2 = 0.65, df = 23.9$。这里给出的值是伪样本数据集中选出的 100 个系统发生样本的均值。上标值代表伪样本系统发生的数量, 这些系统发生项是显著的 ($P < 0.05$)。除去进化枝所含物种数 ⩽ 5: $\lambda = 0.91(0.57 - 1.00), r^2 = 0.43, df = 62$。

排除包含5种以下物种的科进行研究分析,并没有造成 AIC_c 最优模型的显著变化。扩散和食谱广度在所有鸟种的模型中仍旧是显著项,在整体分布中与分化速率协变方向一致(表4)。这个结果表明,本研究所得的结论并不只是由物种贫乏的进化枝和其余进化枝的分叉(dichotomy)造成的。虽然模型适宜性在这个例子中比较低 ($r^2 = 0.43$),但是与以往一些试图在进化枝丰富度中解释变量的研究相比,解释力仍旧很高。在 AIC_c 最优模型中,扩散和食谱广度仍旧是正相关项,地理范围大小是负相关项。

在用 MacroCAIC 做替代比较分析时,年际扩散是与系统发生节点间分化速率相关的重要因子。但是,此模型所有其他项都不显著。模型的解释力仍较高 ($r^2 = 0.36$) 但是比对应的 GLS 要低。

3. 讨论

本文结果表明,有可能在鸟类科属层面,建立一个系统发生模型来解释大部分分化速率的变异。我们建立的模型可容纳系统发生中的不稳定特性,和一系列生态学变量,并最终解释了所获得的超过50%的所有鸟种间分化速率的变异。这实质上大大高于以往模型的结论只能解释的10%~25%的变异(例如,Gittleman and Purvis, 1998; Gardeziand da Silva, 1999; Stuart-Fox and Owens, 2003; Isaac et al., 2005)。本研究的模型中,与分化速率关联最强的特性是年际扩散和食谱广度。其他特征中,所有鸟种模式下唯一显著项是个体大小,进化枝个体平均大小越小,分化速率越快。但这一结果在雀形目分析中非显著,这与"个体小且分化速度快的雀形目,与个体大且分化速度慢的非雀形目的差异,会造成所有鸟种间的负相关关系"这一假设,是一致的(Nee et al., 1992)。

研究发现,几个其他变量与分化速率的关联的假设,稳健性较弱。例如,所有鸟种的情况下,地理范围大小在 AIC_c 最优模型中仍是负协变。然而这一特征在雀形目的情况下不显著。相反,窝卵数在雀形目中是负协变,而在所有鸟种中不显著。

其余的变量在所有的分析中都是非显著的。研究发现性别二色性与物种丰富度的增加没有强健的关联,这与 Morrow 等(2003)的结论相一致。这表明,较早之前与本研究使用相同的方法标记性别二色性的两个研究得到的结论(Barraclough et al., 1995; Owens et al., 1999),可能是因为只考虑到分化速率与系统发生树末端相邻科属的进化枝丰富度的关系。这种差异的生物学意义还有待检验。栖息地分布在所有的分析中都是不显著的项,再次与较早的引导系统发生配对的单变量研究结果不一致(Owens et al., 1999)。最后,我们没有确定岛屿定居作为分化速率强关联物,这与较早之前的鸟类科间进化枝丰富度和范围分裂研究结果背道而驰(Owens et al., 1999)。二者之间的区别可能源自范围分裂(岛屿定居) 在以往的研究中是计算所有进化枝的和, 而不是如本研究中统计进化枝成员的平均值。

本研究结果不但论证鸟类分化速率的两个强健生态关联, 而且也表明这种格局即便在排除了物种贫乏的进化枝后, 性质上依然不改变。进行额外的分析, 是为了回应鸟类的分枝进化格局很大程度上是随机过程这一观点 (Ricklefs, 2003)。Ricklefs (2005) 提出, 在非随机模型下进行分枝进化预测, 过量的物种匮乏组群与觅食器 (feeding apparatus) 之间倾向于表现出异常的形态学特征。因此, 当涉及进化谱系的内在生物学特性时, 本研究发现, 鸟类在科属层面, 即便小的进化枝被删除的情况下, 分化速率仍有一致的生态关联, 这与 "大尺度格局下, 鸟类变异本质上是随机的" 这一概念是不符的。

对于鸟类科的物种形成和消失, 这些研究结果又可以告诉我们什么? 因为本研究的分析是基于纯出生模型下的分化速率, 它们被视为净分化速率的试验, 而不是作为物种形成本身的速率。但是, 我们仍旧可以推测净分化速率与已经确定的生态关联的关联机制。例如, 在成年扩散的例子中, 就有先验假设预测物种形成速率和消失速率之间的联系。较高水平的扩散可能通过增加新栖息地出现的速率来增加物种形成的机会 (Rosenzweig, 1978,1995)。相反地, 一个高水平在群体间流动的基因流会降低群体间的分异 (Slatkin, 1987)。事实上, 扩散和进化枝丰富度之间的这种负相关在英国鸟类 (Belliure et al., 2000) 和夏威夷蕨类 (Ranker et al., 2000) 的研究中已经被提及。这些对立的趋势导致关于物种形成概率的预测可能在中间扩散距离 (intermediate dispersal distance) 被最大化 (Mayr, 1963; Price and Wagner, 2004)。然而对于非线性关系的深入研究指出, 我们需要高度敏感的扩散指数。另外, 我们的研究结果与这样一个模型是一致的, 在该模型中, 更广泛扩散的科属, 对局部的物种灭绝和周期性的生态变化, 其承受力更强, 因此消失速率更低 (Brown and Kodric-Brown, 1977; Holyoak and Lawler, 1996)。很可能的情况是, 扩散的重要性来源于这些机制之间的相互作用。

同样, 食谱广度被引入两个模型导致物种形成的提高, 从而模型导致扩散的降低。根据我们的预测, 当遇到环境异常时, 食谱广度更大的物种更易稳定, 因而增加了分区/邻接种群的物种形成机会 (Mayr, 1963; Rosenzweig, 1978,1995)。一个可能的解释是, 泛食性的科属消失速率较低。事实上, 有比较研究证明生态特异化与高灭绝风险紧密相连 (Owens and Bennett, 2000; 另见Ricklefs, 2005)。因此我们认为该变量是分化速率的强健关联项, 因为它能提升物种形成的速率并且降低物种消失的速率。

有一些尚不确定的证据表明, 越小的地理范围伴随着越高的分化速率, 这反驳了 Rosenzweig (1978,1995) 的预测, 他认为分区物种形成的概率随着边界范围增加 (但若范围内出现突然的阻隔, 这个一直增长趋势可能被抑制)。由于与其他因子的关联, 如扩散或多度, 替代模型预测物种形成与地理范围大小是负相关的

关系 (Jablonski and Roy, 2003)。有趣的是, 尽管这一领域的其他研究已经确定扩散与范围大小之间的负相关关系, 最近一份关于莺属鸣鸟的研究报告指出, 扩散是地理范围大小的关键预测因子 (Böhning-Gaese et al., 2006) (例如, Paradis et al., 1998)。因为扩散在所有模型中都作为显著特征项, 本研究所发现的格局可能是分区物种形成的结果。我们提出更高的分区物种形成率可能导致范围分裂的增长, 分化速率较快的鸟类科属占有更小的地理范围 (Barraclough and Vogler, 2000)。大量关于地理范围大小和灭绝风险的关联的理论和实证表明, 小的地理范围与高的灭绝风险相关联, 这与本研究的发现恰恰相反 (Pimm et al., 1988; Gaston, 1994; Jones et al., 2003)。

4. 结论

本研究的主要发现是, 鸟类科属层面分化速率的变化与两个生态因子密切关联, 扩散和食谱广度。这些变量可以独立解释超过40%的分化速率变异。但是我们不主张建立最终模型来解释鸟类科属间的非随机性分化。本研究模型的局限性在于, 不包含特征和分化间的非线性关系 (Quader et al., 2004) 和特征项之间的相互作用 (de Queiroz, 2002), 并且在大部分情况下, 我们不能区分物种形成速率的增加和物种灭绝速率的降低 (Coyne and Orr, 2004)。此外, 尚有其他值得关注的变量未被包含在本模型中, 如通过鸣唱控制的性别选择 (Slabbekoorn and Smith, 2002; Lachlan and Servedio, 2004; Edwards et al., 2005), 以及行为灵活性 (Nikolakakis et al., 2003; Sol et al., 2005), 而这些也可能用于预测分化速率。因此我们仍需要进一步的研究, 以增强这些模型的解释力。至于在其他分类单元或其他分类学级别中, 生态学变量是否还能作为分化的强健关联因子 (Katzourakis et al., 2001), 或者即便生态因子依然占据重要地位, 这些因子是否与鸟类系统发育确定的强关联因子相同, 亦有待观察。

致 谢

感谢Barker提供雀型目的再抽样系统发生, 感谢T. Barraclough, P. Bennett, S.Clegg, A. de Queiroz, J. Hadfield, A. Purvis, R. Ricklefs, G. Thomas, 以及两位匿名审稿人提供的帮助和讨论; 并感谢自然环境研究委员会的资助。

参 考 文 献

Agapow,P. M.,and A. Purvis. 2002. Power of eight tree shape statistics to detect nonrandom diversification: a comparison by simulation of two models of cladogenesis. Systematic Biology 51:866-872.

Barker,F. K.,A. Cibois,P. Schikler,J. Feinstein,and J. Cracraft. 2004. Phylogeny and diversification of the largest avian radiation. Proceedings of the National Academy of Sciences of the USA 101:11040–11045.

Barraclough,T. G.,and A. P. Vogler. 2000. Detecting the geographical pattern of speciation from species-level phylogenies. American Naturalist 155:419–434.

Barraclough,T.G.,P. H. Harvey,and S. Nee. 1995. Sexual selection and taxonomic diversity in passerine birds. Proceedings of the Royal Society of London B 259:211–215.

Beehler,B. M. ,T. K. Pratt,and D. A. Zimmerman. 1986. Birds of New Guinea. Princeton University Press,Princeton,NJ.

Belliure,J.,G. Sorci,A. P. Møller,and J. Clobert. 2000. Dispersal distances predict subspecies richness in birds. Journal of Evolutionary Biology 13:480–487.

Bennett,P. M. ,and I. P. F. Owens. 2002. Evolutionary ecology of birds: life histories,mating systems and extinction. Oxford University Press,Oxford.

Beresford,P.,F. K. Barker,P. G. Ryan,and T. M. Crowe.2005.African endemics span the tree of songbirds (Passeri): molecular systematics of several evolutionary "enigmas". Proceedings of the Royal Society of London B 272: 849–858.

Böhning-Gaese,K.,T. Caprano,K. van Ewijk,and M. Veith. 2006. Range size: disentangling current traits and phylogenetic and biogeographic factors. American Naturalist 167:555–567.

Brown,J. H.,and A. Kodric-Brown. 1977. Turnover rates in insular biogeography: effect of immigration on rates of extinction. Ecology 58:445–449.

Brown,J. H. ,P. A. Marquet,and M. L. Taper. 1993. Evolution of body size: consequences of an energetic definition of fitness. American Naturalist 142:573–584.

Burnham,K. P.,and D. R. Anderson. 2004. Multimodel inference:understanding AIC and BIC in model selection. Sociological Methods and Research 33:261–304.

Cockburn,A. 2003. Cooperative breeding in oscine passerines: does sociality inhibit speciation? Proceedings of the Royal Society of London B 270: 2207–2214.

Coyne,J. A. ,and H. A. Orr. 2004. Speciation.Sinauer,Sunderland,MA.

Cracraft,J.,F. K. Barker,M. Braun,J. Harshman,G. J. Dyke,J. Feinstein,S. Stanley,et al. 2004. Phylogenetic relationships among modern birds (Neornithes): toward an avian tree of life. Pages 468–489 in J. Cracraft and M. J. Donoghue,eds. Assembling the tree of life. Oxford University Press,New York.

Cramp,S. 1988. Handbook of the birds of Europe,the Middle East and North Africa: the birds of the western Palearctic.Vol.5. Oxford University Press,Oxford.

Cramp,S.,and C. M. Perrins.1994. Handbook of the birds of Europe,the Middle East and North Africa: the birds of the western Palearctic.Vol.8.Oxford University Press,Oxford.

Darwin,C. 1871. The descent of man,and selection in relation to sex. J. Murray,London.

Davies,T.J.,T. G. Barraclough,M. W. Chase,P. S. Soltis,D. E. Soltis,and V. Savolainen. 2004. Darwin's abominable mystery: insights from a supertree of the angiosperms. Proceedings of the National Academy of Sciences of the USA 101:1904–1909.

de Queiroz,A. 2002. Contingent predictability in evolution: key traits and diversification. Systematic Biology 51:917–929.

Dial,K. P.,and J. M. Marzluff. 1989. Nonrandom diversification within taxonomic assemblages. Systematic Zoology 38:26–37.

Eaton,M.D.2005.Human vision fails to distinguish widespread sexual dichromatism among sexually "monochromatic" birds. Proceedings of the National Academy of Sciences of the USA 102: 10942–10946.

Edwards,S. V.,S. B. Kingan,S. D. Calkins,C. N. Balakrishnan,W. B. Jennings,W. J. Swanson,and M. D. Sorenson.2005.Speciation in birds: genes,geography,and sexual selection. Proceedings of the National Academy of Sciences of the USA 102:6550–6557.

Freckleton,R. P. 2000. Phylogenetic tests of ecological and evolutionary hypotheses: checking for phylogenetic independence. Functional Ecology 14:129–134.

Freckleton,R. P.,P. H. Harvey,and M. Pagel. 2002. Phylogenetic analysis and comparative data: a test and review of evidence. American Naturalist 160:712–726.

Frith,C. B.,and B. M. Beehler.1998.The birds of paradise. Oxford University Press,Oxford. Fry,C. H.,S. Keith,and E. K. Urban. 2000. The birds of Africa. Academic Press,London.

Gardezi,T.,and J. da Silva. 1999. Diversity in relation to body size in mammals: a comparative study. American Naturalist 153:110–123.

Gaston,K. J. 1994. Rarity. Chapman&Hall,London.

Gaston,K. J.,and T. M. Blackburn. 1997. Age,area and avian diversification. Biological Journal of the Linnean Society 62:239–253.

Gittleman,J. L.,and A. Purvis. 1998. Body size and species-richness in carnivores and primates. Proceedings of the Royal Society of London B 265: 113–119.

Grafen,A.1989. The phylogenetic regression. Philosophical Transactions of the Royal Society of London B 326: 119–156.

Guyer,C.,and J. B. Slowinski. 1991. Comparisons of observed phylogenetic topologies with null expectations among 3 monophyletic lineages. Evolution 45: 340–350.

Harshman,J. 1994. Reweaving the tapestry: what can we learn from Sibley and Ahlquist(1990)? Auk 111:377–388.

Holyoak,M.,and S. P. Lawler. 1996. Persistence of an extinctionprone predator-prey interaction through metapopulation dynamics. Ecology 77:1867–1879.

Houde,P. 1987. Critical evolution of DNA hybridization studies in avian systematics. Auk 104:17–32.

Hubbell,S. P. 2001. The unified neutral theory of biodiversity and biogeography. Princeton University Press,Princeton,NJ.

Hutchinson,G. E.,and R. H. MacArthur. 1959. A theoretical ecological model of size distributions among species of animals. American Naturalist 93:117–125.

Isaac,N. J. B.,P. M. Agapow,P. H. Harvey,and A. Purvis. 2003. Phylogenetically nested comparisons for testing correlates of species richness: a simulation study of continuous variables. Evolution 57:18–26.

Isaac,N. J. B.,K. E. Jones,J. L. Gittleman,and A. Purvis. 2005. Correlates of species richness in mammals: body size,life history,and ecology. American Naturalist 165:600–607.

Jablonski,D.,and K. Roy. 2003. Geographic range and speciation in fossils and living mollusks. Proceedings of the Royal Society of London B 270: 401–406.

Jones,K. E.,A. Purvis,and J. L. Gittleman. 2003. Biological correlates of extinction rates in bats. American Naturalist 161:601–614.

Jones,K.E.,O. R. P. Bininda-Emonds,and J. L. Gittleman. 2005. Bats,clocks,and rocks: diversification patterns in Chirpotera. Evolution 59:2243–2255.

Katzourakis,A.,A. Purvis,S. Azmeh,G. Rotheray,and F. Gilbert. 2001. Macroevolution of hoverflies (Diptera:Syrphidae): the effect of using higher-level taxa in studies of biodiversity,and correlates of species richness. Journal of Evolutionary Biology 14:219–227.

Lachlan,R. F.,and M. R. Servedio. 2004. Song learning accelerates allopatric speciation. Evolution 58: 2049–2063.

Lack,D. 1947. Darwin's finches. Cambridge University Press,Cambridge.

Lambert,F.,and M.Woodcock.1996.Pittas,broadbills and asities. Pica,Mountfield.

Lande,R. 1981. Models of speciation by sexual selection on polygenic characters. Proceedings of the National

Academy of Sciences of the USA 78:3721–3725.

Martins,E.,and T. F. Hansen. 1997. Phylogenies and the comparative method: a general approach to incorporating phylogenetic information into the analysis of interspecific data. American Naturalist 149:646–667.

Marzluff,J. M.,and K. P. Dial. 1991. Life history correlates of taxonomic diversity. Ecology 72:428–439.

Mayr,E. 1963. Animal species and evolution. Harvard University Press,Cambridge,MA.

Mitra,S.,H. Landel,and S. Pruett-Jones. 1996. Species richness covaries with mating system in birds. Auk 113:544–551.

Møller,A. P.,and J. J. Cuervo. 1998. Speciation and feather ornamentation in birds. Evolution 52:859–869.

Mooers,A.O.,and S. B. Heard. 1997. Inferring evolutionary process from phylogenetic tree shape. Quarterly Review of Biology 72: 31–54.

Morrow,E. H.,and T. E. Pitcher. 2003. Sexual selection and the risk of extinction in birds. Proceedings of the Royal Society of London B 270: 1793–1799.

Morrow,E. H.,T. E. Pitcher,and G. Arnqvist. 2003. No evidence that sexual selection is an "engine of speciation" in birds. Ecology Letters 6: 228–234.

Nee,S.,A. O. Mooers,and P. H. Harvey. 1992. Tempo and mode of evolution revealed from molecular phylogenies. Proceedings of the National Academy of Sciences of the USA 89:8322–8326.

Nikolakakis,N.,D. Sol,and L. Lefebvre. 2003. Behavioural flexibility predicts species richness in birds,but not extinction risk. Animal Behaviour 63:445–452.

Orme,C. D. L.,N. J. B. Isaac,and A. Purvis. 2002. Are most species small? not within species-level phylogenies. Proceedings of the Royal Society of London B 269: 1279–1287.

Orme,C. D. L.,M. Burgess,F. Eigenbrod,N. Pickup,R. G. Davies,V. Olson,A. J. Webster,et al. 2005. Global hotspots of species richness are not congruent with endemism or threat. Nature 436:1016–1019.

Owens,I. P. F.,and P. M. Bennett. 1995. Ancient ecological diversification explains life-history variation among living birds. Proceedings of the Royal Society of London B 261:227–232.2000.Ecological basis of extinction risk in birds: habitat lossversus human persecution and introduced predators. Proceedings of the National Academy of Sciences of the USA 97:12144–12148.

Owens,I.P.F.,and I.R.Hartley.1998.Sexual dimorphism in birds: why are there so many different forms of dimorphism? Proceedings of the Royal Society of London B 265: 397–407.

Owens,I. P. F.,P. M. Bennett,and P.H.Harvey.1999.Species richness among birds: body size,life history,sexual selection or ecology? Proceedings of the Royal Society of London B 266: 933–939.

Pagel,M. 1999. Inferring the historical patterns of biological evolution. Nature 401: 877–884.

Paradis,E. 2005. Statistical analysis of diversification with species traits. Evolution 59: 1–12.

Paradis,E.,S. R. Baillie,W. J. Sutherland,and R. D. Gregory. 1998. Patterns of natal and breeding dispersal in birds. Journal of Animal Ecology 67: 518–536.

Paradis,E.,J. Claude,and K. Strimmer. 2004. APE: analyses of phylogenetics and evolution in R language. Bioinformatics 20:289–290.

Pimm,S. L.,H. L. Jones,and J.Diamond.1988.On the risk of extinction. American Naturalist 132:757–785.

Price,J.P.,and W.L.Wagner.2004.Speciation in Hawaiian angiosperm lineages: cause,consequence,and mode. Evolution 58:2185–2200.

Purvis,A.,A. Katzourakis,and P.M.Agapow.2002.Evaluating phylogenetic tree shape: two modifications to Fusco and Cronk's method. Journal of Theoretical Biology 214:99–103.

Quader,S.,K. Isvaran,R. E. Hale,B. G. Miner,and N. E. Seavy. 2004. Nonlinear relationships and phylogenetically independent contrasts. Journal of Evolutionary Biology 17:709–715.

Ranker,T.A.,C. E. C. Gemmill,and P. G. Trapp. 2000. Microevolutionary patterns and processes of the native Hawaiian colonizing fern Odontosoria chinensis (Lindsaeaceae). Evolution 54:828–839.

Raup,D. M.,S. J. Gould,T. J. M. Schopf,and D. S. Simberloff. 1973. Stochastic models of phylogeny and the evolution of diversity. Journal of Geology 81:525–542.

R Development Core Team. 2004. R: a language and environment for statistical computing. R Foundation for Statistical Computing,Vienna.

Ricklefs,R. E. 2003. Global diversification rates of passerine birds. Proceedings of the Royal Society of London B 270:2285–2291. 2005. Small clades at the periphery of passerine morphological space. American Naturalist 165: 651–659.

Rosenzweig,M. L. 1978. Geographical speciation: on range size and the probability of isolate formation. Pages 172–194 in D. Wollkind, ed. Proceedings of the Washington State University Conference on Biomathematics and Biostatistics,Pullman.1995. Species diversity in space and time. Cambridge University Press,Cambridge.

Sanderson,M. J. 2002.Estimating absolute rates of molecular evolution and divergence times: a penalized likelihood approach. Molecular Biology and Evolution 19:101–109.

Schluter,D. 1996. Ecological causes of adaptive radiation. American Naturalist 148(suppl.): S40–S64. 2000. The ecology of adaptive radiation. Oxford University Press,Oxford.

Sibley,C. G.,and J. E. Ahlquist. 1990. Phylogeny and classification of birds. Yale University Press,New Haven,CT.

Sibley,C. G., and B. L. Monroe. 1990. Distribution and taxonomy of birds of the world. Yale University Press,New Haven,CT.

Slabbekoorn,H.,and T. B. Smith. 2002. Bird song,ecology and speciation. Philosophical Transactions of the Royal Society of London B 357: 493–503.

Slatkin,M. 1987. Gene flow and the geographic structure on natural populations. Science 236:787–792.

Slowinski,J. B.,and C. Guyer. 1993. Testing whether certain traits have caused amplified diversification: an improved method based on a model of random speciation and extinction. American Naturalist 142:1019–1024.

Sol,D.,S. D. Gray,and L. Lefebvre.2005.Behavioral drive or behavioral inhibition in evolution: subspecies diversification in Holarctic passerines. Evolution 59: 2669–2677.

Stuart-Fox,D.,and I. P. F. Owens. 2003. Species richness in agamid lizards: chance,body size,sexual selection or ecology? Journal of Evolutionary Biology 16:659–669.

Székely,T.,J. D. Reynolds,and J. Figuerola. 2000. Sexual size dimorphism in shorebirds,gulls,and alcids: the influence of sexual and natural selection. Evolution 54:1404–1413.

Székely,T.,R. P. Freckleton,and J. D. Reynolds. 2004. Sexual selection explains Rensch's rule of size dimorphism in shorebirds. Proceedings of the National Academy of Sciences of the USA 101:12224–12227.

Urban,E.K.,C. H. Fry,and S.Keith.1997.The birds of Africa.Vol.5.Academic Press,London.

Webster,A.J.,and A. Purvis. 2002. Testing the accuracy of methods for reconstructing ancestral states of continuous characters. Proceedings of the Royal Society of London B 269: 143–149.

Willis,J. C. 1922. Age and area. Cambridge University Press,Cambridge.

Wyles,J. S.,J. G. Kunkel,and A. C. Wilson. 1983. Birds,behavior and anatomical evolution. Proceedings of the National Academy of Sciences of the USA 80: 4394–4397.

Yule,G.U. 1925. A mathematical theory of evolution,based on the conclusions of Dr. J. C. Willis,FRS. Philosophical Transactions of the Royal Society of London B 213: 21–87.

全球鸟类的空间更替①

Kevin J. Gaston Richard G. Davies C. David L. Orme
Valerie A. Olson Gavin H. Thomas Tzung-Su Ding
Pamela C. Rasmussen Jack J. Lennon Peter M. Bennett
Ian P. F. Owens Tim M. Blackburn

关于全球物种出现空间更替变化的研究,尽管对许多生态问题具有重要意义,却不像全球物种丰富度模式变化那样受到广泛关注。本文利用一个鸟类繁殖分布的数据库,展示第一幅全球所有鸟类的空间更替分布图。此前全球鸟类空间更替格局主要根据理论期望和对不同生物地理分区偏差外推而来。我们利用这些分布图来检测生态位理论对鸟类空间更替形式的四种预测,即更替会随着物种丰富度和环境梯度的增加而增加,向低纬度地区靠近而增加,更替速度的变化主要由稀有物种决定。与这些预测相反,我们的结果显示更替在物种丰富度极低和极高的地区均很高,不随与热带距离的减小而增加,并且与平均环境条件和这些条件的空间变异都有关系。这些结果与一个更为重要的新发现密切相关,即全球鸟类空间更替的格局主要是由分布广的物种决定,而不是稀有物种。这补充了近来"物种丰富度的空间模式主要是由分布广的物种决定"的观点,对构建能够解释陆地生物多样性在地球主要大陆群内部和相互之间如何变化的统一模型也具有重要的意义。

关键词:beta 多样性 环境梯度 全球鸟类 生态位理论 空间更替

---

① 原文: Kevin J. Gaston, Richard G. Davies, C. David L. Orme, Valerie A. Olson, Gavin H. Thomas, Tzung-Su Ding, Pamela C. Rasmussen, Jack J. Lennon, Peter M. Bennett, Ian P. F. Owens and Tim M. Blackburn. 2007. Spatial turnover in the global avifauna. Proc. R. Soc. B 274, 1567-1574. DOI: 10.1098/rspb.2007.0236.
推荐:宫鹏;翻译:梁菲菲;校阅:宫鹏、林光辉;辅助校阅:梁璐、王晓昳、徐玥、刘爽。
注: Reprinted, with permission from The Royal Society and the authors。

1. 引言

物种集群①(assemblages)组成的空间更替②(turnover,从一个地方到另一个地方物种的增加和缺失)是许多重要的生态学问题的核心,包括更替的幅度、区域与全球物种丰富度的关系、气候变化的可能生物响应和保护区网络的设计 (Harrison, 1993; Gaston, 2000; Condit et al., 2002; Groves, 2003; Wiersma and Urban, 2005)。然而,与物种丰富度格局本身相比,对全球空间更替的地理模式的研究仍然很少,对其影响因素的研究也很少 (Lawton, 2000)。在特定的区域所得的结果,并不知道可以推广到多大范围 (Willig and Sandlin, 1991; Blackburn and Gaston, 1996; Gregory et al., 1998; Williams et al., 1999; Lennon et al., 2001; Koleff et al., 2003a),更难以解释最近在不同生物地理分区发现的宏观生态学格局的显著差异 (Orme et al., 2006)。

鸟类空间更替格局的两个主要理论框架分别植根于生态位限制和扩散限制 (Gaston et al., 2007)。生态位③(Ecological niche)过程认为影响物种生存和繁殖所需生物及非生物条件的要素限制该物种的分布,物种对环境的适应特征影响它们分布区域的范围。由于不同的物种进化出不同的适应性,因此在环境梯度上,物种组成就会发生改变。而扩散过程认为物种的分布完全是由其扩散能力决定的。大多数物种集群受生态位限制和扩散限制的共同影响,但在考虑了地理尺度上关于更替的大多数论述后,从生态位限制中提出四种简单预测 (Gaston et al., 2007)。首先,由于不同物种出现在不同的环境中,两地区之间的距离越远,平均环境条件的差异越大 (Williamson, 1987)。物种组成的空间更替与物种丰富度正相关,一个地区的更替越大,物种越多 (Stevens, 1989; Gaston and Williams, 1996; Willig et al., 2003; Lomolino et al., 2006)。其次,由于环境条件具有显著的纬向梯度,空间更替也有类似的趋势 (Stevens, 1989; Gaston and Williams, 1996; Koleff et

---

①集群:指(1)偶然聚在某个地方的一群生物;(2)特定生境中可能出现的可作为该生境指示生物的植物或/和动物组合;(3)在某个生境斑块中出现在一起的动植物。

②更替:半个世纪前,生态学家 R. H. Whittaker 开创性地提出物种多样性有3个不同方面:(1) alpha 多样性,用以测度群落内的物种多样性;(2) beta 多样性,用以测度群落的物种多样性沿着环境梯度变化的速率,描述物种组成在时空尺度上的变化;(3) gamma 多样性,用以测度一定区域内总的物种多样性的度量。Cody (1970) 则从空间尺度及其决定因素方面扩展了 beta 多样性研究的视野,将其从群落尺度延伸到地理尺度,并且指出区域间物种组成的变化有两种情形:距离很近的不同生境间和隔离甚远的相似生境间,这对 beta 多样性形成机制的研究影响很大。同时,Cody 提出一个新名词"turnover (更替)"来描述生境间物种多样性沿空间环境梯度的变化速率,并被广泛应用。

③生态位:指一个种群在生态系统中,在时间空间上所占据的位置及其与相关种群之间的功能关系与作用。生态位包括该物种生物群落中的生活地位、活动特性以及它与食物、敌害的关系等的综合境况。每个物种都有自己独特的生态位,借以跟其他物种作出区别。

al., 2003a; Willig et al., 2003)。如果物种丰富度的纬向梯度是空间更替的结果,那么可以由前者预测后者的模式。再次,环境条件的空间梯度越大,则地区间的共有物种越少,空间更替就越大 (Whittaker, 1994),那么我们认为是由稀有物种来驱动更替格局的,而不是分布广的物种。

这里我们展示第一幅全球主要类别鸟类的空间更替分布图,并利用一个现存鸟类繁殖范围的地理分布数据库检测了上述预测。该数据库建立在分辨率近似为 1°×1° 的等面积格网上,已有数据证明该格网的实验效果最好 (Orme et al., 2005)。

2. 材料和方法

(a) 数据

本文的分析基于此前公布的一个现存 9 626 种鸟类矢量分布图的数据库 (详见 Orme et al., 2005,2006)。简言之,多边形范围被转化成一个分辨率为 96.5×96.5 km 的等面积 Behrmann 格网 (给出 17 924 个格网单元用于分析)。如果有任一数据显示某物种的繁殖范围落入格网单元边界,则记录在当前单元内 "存在" 该物种。

空间更替的地理格局在传统意义上被解释为环境条件和物种环境适应性变异的响应梯度,梯度越大更替越大 (Whittaker, 1960,1972)。然而,平均环境条件可以影响物种在某区域的个体数量 (Gaston, 2000) 和更广泛的区域分布潜力,从而也可能构建更替模式。利用环境因子为先验知识,基于此前关于它们可能作为丰富度或更替重要影响因素的经验论证,我们对空间更替的地理变异在全球尺度上建模 (Gaston, 2000; Lennon et al., 2001)。模型中包含周围环境能量 (温度) 及生产能量 (均一化植被指数, NDVI) 的平均值和粗糙度 (局部梯度)、生境多样性 (土地覆盖类型的数目) 和高程。

选择四个环境变量的来源和原始分辨率,重采样成 1° 的 Behrmann 格网如下:

(i) 1961—1990 年由站平均值进行 10′ 分辨率插值得到的年平均温度数据 (°C);

(ii) 1982—1996 年 0.25° 分辨率的年平均遥感数据 NDVI [经过傅里叶校正 (Fourier adjusted), 传感器和太阳天顶角校正, 插值, 重构 (FASIR) 调整的归一化植被指数: 在 http://islscp2.sesda.com/ISLSCP2_1/html_pages/groups/veg/fasir_ndvi_monthly_xdeg.html 获得];

(iii) 从 1992 年 4 月到 1993 年 3 月分辨率为 30″ 的遥感数据,依照全球生态系统 100 种土地覆盖类型进行分类,得到一个网格单元中的土地覆盖类型的数量 (生境多样性) (全球土地覆盖描述 v.2: 在 http://edcdaac.usgs.gov/glcc/glcc.asp 获

得; Olson 1994a,b);

(iv) 30 秒分辨率的高程数据 [美国地质调查局 (USGS) 地球资源观测卫星数据中心建立的全球 30 角秒高程数据集 (GTOPO30), 在 http://edcdaac.usgs.gov/gtopo30/gtopo30.asp 可获取]。

由于无法获得大洋洲和南极洲的环境数据, 环境分析忽略了格网单元落在这些区域的情况。为了将原始环境数据中对陆地面积的定义标准化, 先叠加高分辨率的陆地面积地图 (世界数字地图, 加州 ESRI 公司, 1993) 重采样成 1° 的 Behrmann 格网。落在格网外部的单元不在重采样计算范围之内, 部分落在格网外部的单元按落入网格内的权重计算面积。

为符合分析的前提假定, 对 NDVI 和高程取对数。平均环境条件取自焦点格网单元。除了生境多样性以外, 将焦点单元与其临近单元可获得环境数据绝对差的平均值算作粗糙度。生境多样性的粗糙度利用焦点单元与邻近单元生境的 β_{sim} (见下文) 方程计算得到。

(b) 分析

空间更替量主要由匹配成分[①] (matching component) a、b、c 计算得到, 其中, a (连续量) 是两个区域的共有物种数目; b (增加量) 是目标区域没有而某个邻域有的物种数目; c (减少量) 是目标区域有而并非所有邻域都有的物种数目。我们计算每个格网单元 3 个成分的平均值, 与它的 n (n 最大为 8) 个邻域作比较 (Lennon et al., 2001)。

对 a、b、c 做不同运算可以获得不同的空间更替指数 (Koleff et al., 2003b)。我们关注代表不同方面的三个指数。第一个是应用最广泛的惠特克指数 (Whittaker's index) (Whittaker, 1960), 表达式为 $\beta_w = (a+b+c)/(a+c)$, 每个格网单元与 n 个邻域的物种集群之和做运算 (Lennon et al., 2001)。这是一个广义的更替量 (Koleff et al., 2003b), 对由于局部丰富度梯度引起的物种组成差异不进行修正。第二个是修正辛普森指数 (modified Simpson's index), 它量化了物种增加或减少的相对量, 表达式为 $\beta_{sim} = \min(b,c)/(\min(b,c)+a)$ (Lennon et al., 2001)。这是一个狭义的更替量 (Koleff et al., 2003b), 反映了物种增加或减少的相对量而不是局部丰富度梯度 (Lennon et al., 2001)。第三个是补充杰卡德指数 (complement of Jaccard's index), 也是一个广义的更替量, 因某物种只在一个地方出现而导致两个地区间

[①] 匹配成分: 计算涉及目标格网单元及其 8 个邻域, 如图 (1), 其中阴影区为目标格网单元。图 (2) 所示阴影区的物种数为匹配成分 a。图 (3) 所示阴影区的物种数为匹配成分 b。图 (4) 所示阴影区的物种数为匹配成分 c。

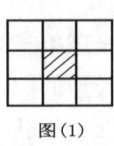
图(1)

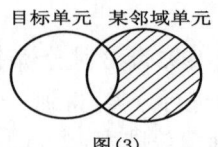
图(2)　　　　图(3)

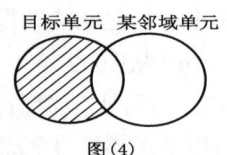
图(4)

组分差异,表达式为 $\beta_j = (b+c)/(a+b+c)$ (Jaccard, 1912)。对于后两种指数,每个格网单元的平均值是通过分别与 n 个邻域单元两两计算后再平均得出的。

因为地理投影描述了一个不能同时保留格网单元面积和距离真实性的球面,上述更替量在高纬度地区可能有偏差。我们可以采用一个等距而不等面积的投影,但不等面积格网将引发更多问题。然而,如果采用等面积格网,相邻单元的经向和纬向距离将随纬度变化。可以用平均法计算目标单元和邻近单元的更替量来减小这种变化。当单元间纬向距离随纬度增加时,经向距离减小。因此,格网单元几何中心之间的平均距离在 c.50° S 和 c.50° N 之间接近真实值,与真实值的差异只有在纬度非常高的地区才显著上升(如图 S1)。这不是本文的主要结果,但在理解时需要注意。

用不同范围的四分位数①表示匹配成分、空间更替指数与物种丰富度之间,空间更替指数与环境变量(有无均可,考虑物种丰富度)之间的关系,并利用正态误差或泊松误差混合模型方法 (SAS; Littell et al., 1996) 进行评价。评价方法通过满足指数空间协方差结构考虑残差的空间自相关②效应。以格网单元几何中心的经纬度作为空间坐标,在 SAS v. 9.1.3 中用 PROC MIXED (正态误差) 和 PROC GLIMMIX v. 1.0 外接 (泊松误差) 来实现模型 (Littell et al., 1996)。我们利用线性项和二次项来表示非线性关系。在空间自相关方面,对于所有空间模型(包括正态和泊松误差模型),以度为单位,利用等效独立误差模型估计最大的地理距离(参数 ρ),作为主要生物地理分区的差异,并观测其中出现的模型残差的空间自相关效应。其中用到从非空间模型残余量的半方差图的估计值 ρ,非空间模型包括每个分区的相关预测因素的组合。考虑在相同分区中的空间自相关效应,加入 ρ 的 8 个估计值 (6 个属于环境模型) 作为全球模型中的空间协方差参数。空间泊松误差模型利用伪似然 (PL) 过程 (Wolfinger and O'Connell, 1993),对其中一个比例参数用类似最大似然法的方法进行估计 (φ; Littell et al., 1996)。伪似然没有计算一个似然对数的真值,没有使用包含基于赤池信息准则 (Akaike's information criterion) 的模型选择程序。因此,预测要素的相对重要性由 F 决定。由于不能从空间模型中获得方差,我们用从等效正态误差普通最小二乘法 (非空间) 模型中得到 R^2 作为一个粗略的估计。类似地,在泊松误差算例中,我们用从等效非空间模型中得到的总方差百分比作为预测值。

---

①四分位数:即统计学中,把所有数值由小到大排列并分成四等份,处于三个分割点位置的相应数值。

②空间自相关:指同一变量在不同空间位置上的相关性,是空间单元属性值聚集程度的一种度量。一种现象的观测值如果在空间分布上呈现出高的地方周围也高,低的地方周围也低,称为空间正相关,表明这种现象具有空间扩散的特性;如果呈现出高的地方周围低,低的地方周围高,则称为空间负相关,表明这种现象具有空间极化的特性;如果观测值在空间分布上呈现出随机性,表明空间相关性不明显,是一种随机分布的现象。

3. 结果和讨论

(a) 匹配成分

对于鸟类，匹配成分显示了显著的大规模空间异质性 (图 1)。物种连续性 a 表明变异的梯度十分平缓，并伴有强热带峰，在印度–马来西亚地区、撒哈拉以南非洲、新热带区 (Neotropics) 大部分、包括亚马孙和大西洋海岸森林等地区峰值最高 (图 1a)。在大部分地区，a 反映了全球物种丰富度的格局，但连续性作为每个单元总体丰富度的比例，会继续导致许多热带峰，其他峰值出现在全北极区 (Holarctic) (图 1d)。增加量和减少量 b 和 c 之间有一个驼峰型二次关系 (变量都转化为对数，b 为自变量，c 为因变量，线性项 $F_{1,8968} = 145.44$，二次项 $F_{1,8968} = 174.02$；两种情况中 $p < 0.001, R^2 = 0.360$)。二者也显示出热带峰 (图 1b,c)，但在热带地区这些成分的相对变异比共有物种 (格局更加不完整) 的大，在地形复杂性与高水平的物种丰富度和物种特有性密切相关的山区尤其明显 (Orme et al., 2005)，物种

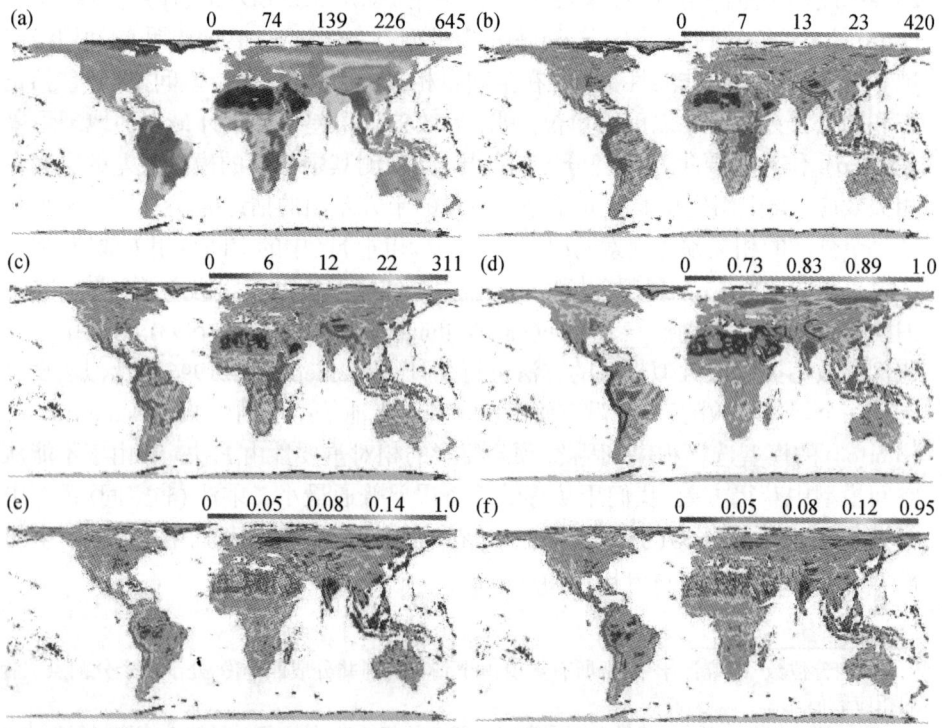

图 1 (见彩图) 全球物种在相邻格网单元增加或减少的分布图。图 (a,d) 显示每个焦点格网单元与邻近单元的平均共有物种数量 (匹配成分 a)，(b,e) 为增加量 (匹配成分 b) 和 (c,f) 为减少量 (匹配成分 c)。图 a~c 为原始数据，d~f 为在物种总数所占的比例。颜色刻度经过了直方图均衡，表示为四分位数。

特性的空间增加和减少也如此。然而,这并不是大幅增加和减少的唯一解释,在更广泛的地区,如亚马孙、新热带地区的大西洋海岸森林、非洲界的木本稀树草原等,也发现了相似的特性。以增加量或减少量占所有物种丰富度的比例作分布图,峰值出现在安第斯和喜马拉雅地区,同时一些干旱地区的数值也很突出,最值得注意的是撒哈拉地区(图 1e,f)。

(b) 更替、丰富度和纬度

空间更替的所有 3 个指数展示了空间变异广泛相似的模式(图 2)。β_w 的峰值主要出现在沿喜马拉雅山、沿安第斯山及向北进入墨西哥、撒哈拉和中东地区。β_{sim} 的峰值也出现在安第斯山、撒哈拉、中东地区,但没有出现在喜马拉雅山脉(图 2b)。β_j 在上述地区均出现了极大值(图 2c)。在某种程度上,与生态位理论推出的第一预测相反,这些格局反映出在物种丰富度相对低的地区有较高的更替比例(图 2d),由很小数目的增加量和减少量形成高更替,但物种的比例较高(图 1)。因此,把更替量作为因变量,β_w 与物种丰富度最初有一个下降的负相关关系(图 3a,表 1;开方运算后),β_{sim}(图 3b,表 1)与 β_j(图 3c,表 1)亦然。β_{sim} 的趋势明显较弱,表明广义更替 – 丰富度之间的关系大部分是由局部丰富度梯度(β_{sim} 起控制作用,其他两个量不起作用)决定的。然而在所有情况下,与预测相同,更替与物种丰富度对应的图表明在高丰富度的地方有高更替,反映了全球鸟类生物多样性热点地区有多种集群混杂(图 3a-c)。在高物种丰富度地区,大量高比例物种的增加量和减少量形成了高更替(图 1)。空间更替与物种丰富度之间具有强烈的非线性关系,这意味着在区域尺度上的研究可能由于选取的丰富度变异范围不同,而得到不同的结果。尽管还有其他原因,这个理由可以在一定程度

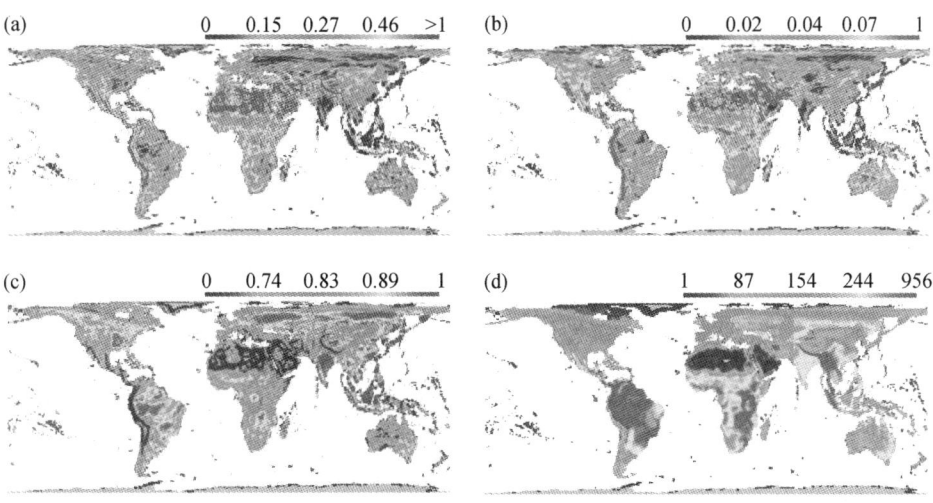

图 2 (见彩图) 全球空间更替指数和物种丰富度的分布。(a) β_w, (b) β_{sim}, (c) β_j, (d) 物种丰富度,颜色刻度经过了直方图均衡,表示为四分位数。

上解释为什么已发表的更替 – 丰富度之间的关系各不相同 (Koleff et al., 2003a)。

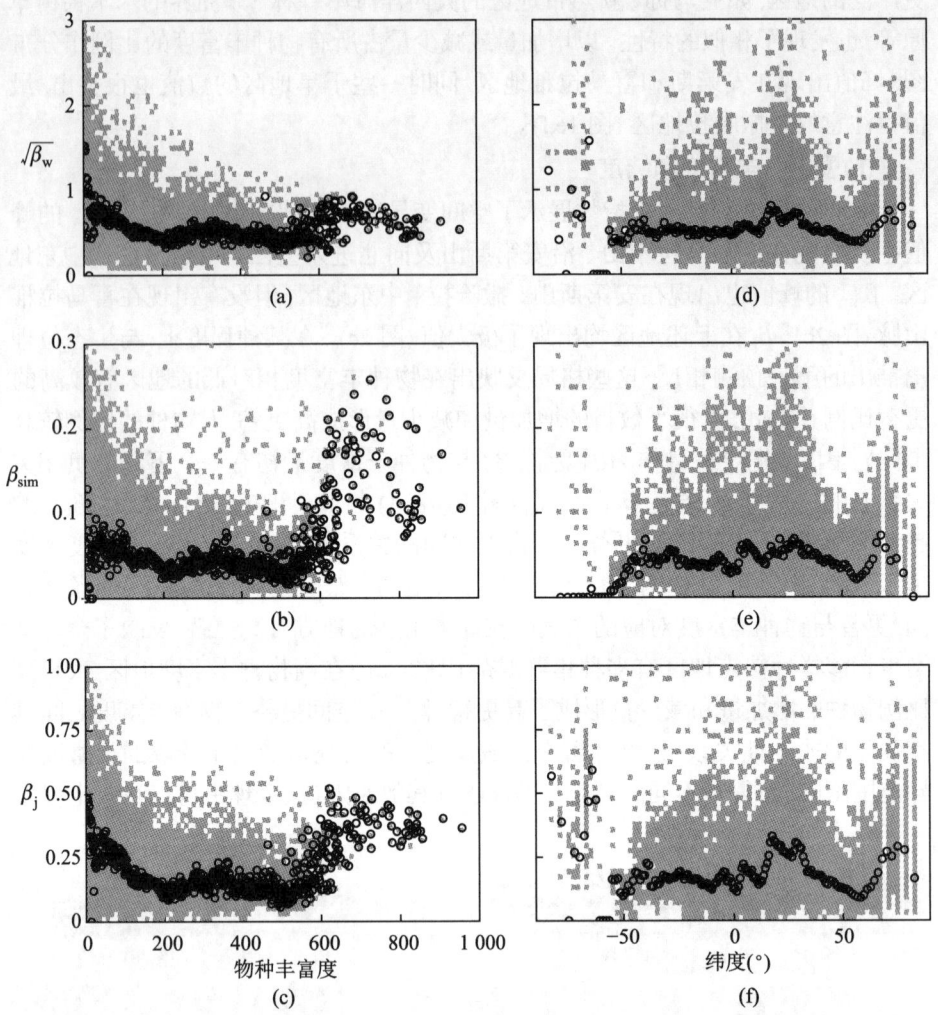

图 3　空间更替三个指数与物种丰富度和纬度的关系。图中展示了物种丰富度的结合 (a–c), 纬度 (d–f), 其中 (a,d) 对应 β_w 的平方根, (b,e) 对应 β_{sim}, (c,f) 对应 β_j。灰色表示每个纬度和物种丰富度值的范围, 空心圈表示纬向或物种丰富度的中位数。为了更清晰地表示关系, β_w 的图表纵轴最大坐标为 3, β_{sim} 为 0.3。数据集的 β_w 缺省值占 1.8%, β_{sim} 缺省值占 0.7%: 即物种丰富度低 (最大为 186, 中位数为 4) 但覆盖较大纬度范围的情况。南纬为负, 北纬为正。

全球鸟类丰富度有明显的纬向梯度 (Orme et al., 2005)。然而, 与从生态位限制理论和一些区域研究中得到的第二预测相反 (Stevens, 1989; Gaston and Williams, 1996; Koleff et al., 2003a; Willig et al., 2003), 全球空间更替和纬度之间的关系较复杂 (图 3d-f)。更替指数和单元绝对纬度之间存在显著的弱相关 (所有情况下的皮尔逊相关系数: $\beta_{wr} = 0.12; \beta_{simr} = -0.04; \beta_{jr} = -0.02; n = 17\,921; p < 0.001$), 但

166

这种相关的显著性是因为受到经向空间自相关效应干扰而造成的。当利用经度平均值消除了自相关效应后，β_{sim} 和 β_j 与绝对纬度之间均无统计上的显著相关 (在这两种情况下的皮尔逊相关系数: $\beta_{simr} = 0.12; \beta_{jr} = 0.14; n = 152; p > 0.05$)。相比之下，通过省略 $\beta_w > 5$ 的单元 (占 0.9%) 进行重复分析，发现 β_w 与纬度表现出显著的相关 ($r = -0.25, n = 152, p = 0.002$)，但这是由极限值驱动的 ($r = 0.09, n = 152, p = 0.28$)。有人认为纬向梯度可以解释物种丰富度的空间变异格局，这对于理解在不同地区，究竟是什么决定物种丰富度有重要意义 (Hawkins and Diniz-Filho, 2004)。而我们得到的结果恰恰相反。纬向梯度与鸟类的空间更替几乎没有简单的关系，从大范围上看，更替在丰富度低和高的地区都达到了极大值 (图 3)。

(c) 更替与环境

我们的全球模型揭示了在抑制了空间自相关效应以后，空间更替随着平均生境多样性和平均 NDVI 升高而降低，并表现出与平均海拔和平均温度不一致的格局 (表 1)。空间更替尽管随高程的增加而增加，但总体还是表现出与环境变异的粗糙度不一致的模式 (表 1)。大多数平均值的关系比粗糙度的关系更可靠，这说明，在这种空间分辨率下，空间更替格局不仅仅是由环境更替格局决定的。对于 β_w 和 β_j，这些关系中的一部分随物种丰富度而改变方向; 对于 β_{sim}，格局总体比其他更替量更不可靠，并且是稳定的 (表 S1)。然而，我们主要的发现是: 粗糙度得出的关系并非始终比平均值的稳健 —— 与模型是否考虑物种丰富度无关，并且与生态位限制理论得出的第三预测相反。

平均环境条件对于全球鸟类空间更替模式的潜在重要性与近期的论述相符: 在资源可获得的情况下，所有物种总数上升，并且平均物种数目上升或保持不变，(Kaspari et al., 2000; Hurlbert, 2004; Evans et al., 2006; Monkkonen et al., 2006)。物种数目大小与范围大小通常成正相关 (Brown, 1984; Gaston et al., 2000)，在资源丰富的地区，物种数目越大则越可能占领更多区域，从而提升平均物种占有率 (Bonn et al., 2004)。占有率的提高可能导致同一区域内两个不同地区的共有物种数目上升，但同时降低物种的损失量或增加量，进而导致三种空间更替量大降低。在平均温度和 NDVI 中我们都看到了这样的负效应，这两个指数是描述资源可获得性常用的指数 (表 1)。遗憾的是，结合两类变异的多元模型得出的环境变量，其平均值和粗糙度的结合不能简单地从机制上进行解释，并且我们对它们相对的重要性仅能提出有限的见解。

(d) 更替与分布范围大小

物种丰富度的空间格局首先由分布广的物种决定，而非稀有物种，前者与平均环境条件有更强的关联 (Jetz and Rahbek, 2002; Lennon et al., 2004)。与基于 "稀有物种有更狭窄的生境和更零散的分布" 的预测相反，分布广的物种对观测到的空间更替格局也有不成比例的影响。把物种按照分布范围大小计算四分位数，并分析所有空间更替格局和每块的更替格局之间的关系,我们发现分布越广泛的物种可以更好地预测更替格局(表S2)。因此,我们这里发现的更替、丰富度和环境之间的关系将更可能反映的是分布广而非稀有物种的规律。分布广的物种在决定物种丰富度格局的相对重要性,已经在物种对平均环境变异格局的强反馈方面给予解释(Jetz and Rahbek, 2002),这一点与这些变量在决定空间更替格局上具有显著性是相符的(表1)。

表1 物种丰富度空间更替格局和所选择环境变量之间的显著关系(包含一次和二次项)。所有的物种丰富度有8 968个自由度,环境变量在线性模型中有7 891个自由度,在二次模型中有7 890个自由度。对于β_{sim}和β_j,可解释方差的比例估算以等效普通最小二乘法回归模型的R^2值表示。对于β_w,可解释方差的总比例(Pp.expl.D)估算采用等效非空间泊松误差模型。对一次和二次项,+和−分别表示正负斜率,显著程度表示为:+++/−−−,$p < 0.001$;++/−−,$0.001 \leqslant p < 0.01$;+/−,$0.01 \leqslant p < 0.05$。

效应	β_w		β_{sim}		β_j	
	F	Pp.expl.D	F	R^2	F	R^2
物种丰富度	765.12 − − −	0.273	84.57 − − −	0.086	538.67 − − −	0.268
物种丰富度^2	22.48 +++		44.58 +++		139.83 +++	
环境因子均值						
高程	16.22 − − −	0.435	32.44 +++	0.018	——	——
高程^2	——		——		——	
生境多样性	74.26 − − −	0.547	27.1 − − −	0.047	58.82 − − −	0.161
生境多样性^2	12.69 +++		17.98 +++		23.04 +++	
温度	80.37 − − −	0.458	——		61.69 − − −	0.045
温度^2	95.37 +++		——		74.50 +++	
NDVI	55.99 − − −	0.588	46.91 − − −	0.074	155.07 − − −	0.271
NDVI^2	5.29 +		——		45.55 +++	
环境粗糙度						
高程	85.05 +++	0.431	41.90 +++	0.034	50.16 +++	0.044
高程^2	103.17 − − −		——		——	
生境多样性	——	——	13.5 +++	0.000 8	6.00 +	0.029
生境多样性^2	——		——		——	
温度	100.72 − − −	0.429	38.37 +++	0.032	62.58 +++	0.039
温度^2	——		4.73 −		38.60 − − −	
NDVI	50.42 − − −	0.434	13.93 +++	0.003	11.38 +++	0.027
NDVI^2	——		——		——	

4. 总结

虽然利用更高空间分辨率的数据(包括实测数据)来重复本研究对解决尺度依赖性问题是有价值的,但本文的全球分析基于可获得的最适用数据,并采用了当前在不同地理尺度上物种丰富度格局研究中常用的分辨率(Jetz and Rahbek, 2002; Orme et al., 2005)。因而结果对理解当前全球生物多样性格局具有重要意义。首先,尽管展示了显著的空间格局,但与从生态位限制理论中得出的预测相反,空间更替格局与物种丰富度、纬度或环境中的更替之间不是简单的相关关系。相反,在少数物种增加或减少会产生很大的影响、物种丰富度相当高以及一些因子既可以提高物种丰富度又能快速改变物种组成等几种情况下,物种丰富度越低,物种的更替速度越高。

感谢 T. Allnutt、B. Beehler、T. Brooks、B. Coates、J. Cromie、H. Fry、P. Higgins、D. McNicol、D. Mehlman、C. Perrins、R. Porter、H. Pratt、N. Redman、R.S. Ridgely、C. Robertson、A. Silcocks、A.J. Stattersfield、M. Strange、M. Unwin、M. Weston、M. Whitby、P. Williams、D. Wynn、B. Young、J. Zook、A. & C. Black, 学术出版社 (Academic Press)、BirdGuides 公司、Birds Australia、Christopher Helm、保护国际基金会 (Conservation International)、NatureServe、牛津大学出版社 (Oxford University Press)、新西兰鸟类协会 (Ornithological Society of New Zealand) 以及普林斯顿大学出版社 (Princeton University Press) 提供数据。感谢 L. Birch、R. Prys-Jones、B. Sheldon、牛津大学亚历山大图书馆 (the Alexander Library) 和自然历史博物馆 (Tring) 提供图书馆资源。感谢 O. Schabenberger 为我们提出分析方面的建议。感谢 O. Barbosa、F. Bokma、J. Booth、J.H. Brown、K.L. Evans、R.A. Fuller、I.S. Fishburn、B. Goettsch、S.F. Jackson、O.L. Petchey 和其他读者提出意见和讨论。此项工作由自然环境研究委员会项目支持 (grant nos NER/O/S/2001/01258, NER/O/S/2001/01257, NER/O/S/2001/01230, and NER/O/S/2001/01259, NE/B503492/1)。K.J.G. 获得了英国皇家学会颁发的沃尔夫森研究优异奖 (Royal Society-Wolfson Research Merit Award)。

补充材料

表 S1 空间更替和控制物种丰富度的环境因子之间的关系。线性模型中有 7 891 个自由度, 二次模型中有 7 890 个自由度。用到的方法和名词缩写与表 1 相同。对一次和二次项, + 和 − 分别表示斜率的正和负。显著程度表示为: $+++/---, p < 0.001; ++/--, 0.001 \leq p < 0.01; +/-, 0.01 \leq p < 0.05$。

效应	β_w		β_{sim}		β_j	
	F	Pp.expl.D	F	R^2	F	R^2
环境因子均值						
高程	11.46 − − −	0.648	30.35 + + +	0.103	——	
高程^2	9.39 + +		——			
生境多样性	36.91 − − −	0.642	16.25 − − −	0.090	12.02 − − −	0.337
生境多样性^2	——		10.18 + +			
温度	47.94 + + +	0.660	——		138.97 + + +	0.368
温度^2	13.46 − − −		——			
NDVI	30.11 + + +	0.649	24.89 − − −	0.110	31.64 − − −	0.365
NDVI^2	20.27 − − −				6.32+	
环境粗糙度						
高程	*	*	45.14 + + +	0.124	106.34 + + +	0.372
高程^2	*	*	——		——	
生境多样性	21.31 + + +	0.637	13.63 + + +	0.090	15.46 + + +	0.330
生境多样性^2	12.57 − − −		3.95−		6.28−	
温度	*	*	43.03 + + +	0.122	93.77 + + +	0.370
温度^2	*	*	5.83−		39.02 − − −	
NDVI	*	*	18.08 + + +	0.104	31.08 + + +	0.362
NDVI^2	*	*			5.52−	

*: 该量的模型预测值不收敛。

表 S2 解释研究区更替格局和按照分布范围大小计算四分位数关系时用到的 F 值及方差估计。方差估计用到的方法和名词缩写与表1相同。每种情况下有 8 969 个自由度，斜率为正值，$p < 0.000\,1$。

不同分布范围的四分位数	β_w		β_{sim}		β_j	
	F	Pp.expl.D	F	R^2	F	R^2
1	160.7	0.019	295.0	0.070	440.5	0.014
2	1 197.9	0.039	453.8	0.084	1 207.5	0.088
3	1 848.8	0.045	1 315.8	0.171	4 385.2	0.315
4	3 894.6	0.047	21 234.5	0.602	54 184.6	0.694

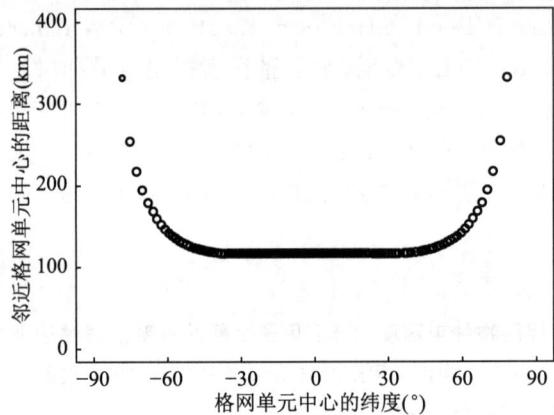

图 S1 焦点单元与邻近单元几何中心距离与纬度的关系，本研究采用等面积的 Behrmann 格网。

参 考 文 献

Blackburn, T. M. and Gaston, K. J. 1996 The distribution of bird species in the New World: patterns in species turnover. Oikos 77, 146–152. (doi:10.2307/3545594)

Bonn, A., Storch, D. and Gaston, K. J. 2004 Structure of the species–energy relationship. Proc. R. Soc. B 271,1685–1691. (doi:10.1098/rspb.2004. 2745)

Brown, J. H. 1984 On the relationship between abundance and distribution of species. Am. Nat. 124, 255–279. (doi:10.1086/284267)

Condit, R. et al. 2002 Beta-diversity in tropical forest trees.Science 295, 666–669. (doi:10.1126/science.1066854)

Evans, K. L., James, N. A. and Gaston, K. J. 2006 Abundance,species richness and energy availability in the North American avifauna. Glob. Ecol. Biogeogr. 15, 372–385.(doi:10.1111/j.1466-822X.2006.00228.x)

Gaston, K. J. 1994 Rarity. London, UK: Chapman and Hall.

Gaston, K. J. 2000 Global patterns in biodiversity. Nature 405, 220–227. (doi:10.1038/35012228)

Gaston, K. J. and Williams, P. H. 1996 Spatial patterns in taxonomic diversity. In Biodiversity: a biology of numbers and difference (ed. K. J. Gaston), pp. 202–229. Oxford,UK: Blackwell Science.

Gaston, K. J., Blackburn, T.M., Greenwood, J. J.D.,Gregory, R. D., Quinn, R. M. and Lawton, J. H. 2000 Abundance–occupancy relationships. J. Appl. Ecol. 37(Suppl. 1), 39–59.(doi:10.1046/j.1365-2664.2000.00485.x)

Gaston, K. J., Evans, K. L. and Lennon, J. J. 2007 The scaling of spatial turnover: pruning the thicket. In Scaling biodiversity (eds D. Storch, P. M. Marquet and J. H.Brown). Cambridge, UK: Cambridge University Press.

Gregory, R. D., Greenwood, J. J. D. and Hagermeijer, E. J. M.1998 The EBCC atlas of European breeding birds: a contribution to science and conservation. Biol. Conserv.Fauna 102, 38–49.

Groves, C. R. 2003 Drafting a conservation blueprint: a practitioner's guide to planning for biodiversity. Washington,DC: Island Press.

Harrison, S. 1993 Species diversity, spatial scale, and global change. In Biotic interactions and global change (eds P. M.Kareiva, J. G. Kingsolver and R. B. Huey), pp. 388–401. Sunderland, MA: Sinauer.

Hawkins, B. A. and Diniz-Filho, J. A. F. 2004 'Latitude' and geographic patterns in species richness. Ecography 27, 268–272. (doi:10.1111/j. 0906-7590.2004.03883.x)

Hurlbert, A. H. 2004 Species–energy relationships and habitat complexity in bird communities. Ecol. Lett. 7,714–720. (doi:10.1111/j.1461-0248. 2004.00630.x)

Jaccard, P. 1912 The distribution of the flora in the alpine zone. New Phytol. 11, 37–50. (doi:10.1111/j.1469-8137.1912.tb05611.x)

Jetz, W. and Rahbek, C. 2002 Geographic range size and determinants of species richness in African birds. Science 297, 1548–1551. (doi:10. 1126/science.1072779)

Kaspari, M., O'Donnell, S. and Alonso, L. 2000 Three energy variables predict ant abundance at a geographic scale. Proc. R. Soc. B 267, 485–490. (doi:10.1098/rspb.2000.1026)

Koleff, P., Lennon, J. J. and Gaston, K. J. 2003a Are there latitudinal gradients in species turnover? Glob. Ecol. Biogeogr. 12, 483–498. (doi:10.1046/j.1466-822X.2003.00056.x)

Koleff, P., Gaston, K. J. and Lennon, J. J. 2003bMeasuring beta diversity for presence–absence data. J. Anim. Ecol. 72, 367–382. (doi:10.1046/ j.1365-2656.2003.00710.x)

Lawton, J. H. 2000 Concluding remarks: a review of some open questions. In The ecological consequences of environ-mental heterogeneity (eds M. J. Hutchings, E. A. John and A. J. A. Stewart), pp. 401–424. Oxford, UK: Blackwell Science.

Lennon, J. J., Koleff, P., Greenwood, J. J. D. and Gaston, K. J.2001 The geographical structure of British bird distributions: diversity, spatial turnover and scale. J. Anim. Ecol.70, 966–979. (doi:10.1046/j.0021-8790.2001.00563.x)

Lennon, J. J., Koleff, P., Greenwood, J. J. D. and Gaston, K. J.2004 Contribution of rarity and commonness to patterns of species richness. Ecol. Lett. 7, 81–87. (doi:10.1046/j.1461-0248.2004.00548.x)

Littell, R. C., Milliken, G. A., Stroup, W. W. and Wolfinger,R. D. 1996 SAS system for mixed models. Cary, NC: SAS Institute.

Lomolino, M. V., Riddle, B. R. and Brown, J. H. 2006 Biogeography, 3rd edn. Sunderland, MA: Sinauer Associates.

Monkkonen, M., Forsmann, J. T. and Bokma, F. 2006 Energy availability, abundance, energy-use and species richness inforest bird communities: a test of the species–energy theory. Glob. Ecol. Biogeogr. 15, 290–302.

New, M., Lister, D., Hulme, M. and Makin, I. 2002 A high-resolution data set of surface climate over global land areas. Climate Res. 21, 1–25. (available from Climate Research Unit of University of East Anglia at http://www.cru.uea.ac.uk/cru/data/tmc.htm)

Olson, J. S. 1994a Global ecosystem framework—translation strategy. Sioux Falls, SD: USGS EROS Data

Center.

Olson, J. S. 1994b Global ecosystem framework—definitions. Sioux Falls, SD: USGS EROS Data Center.

Orme, C. D. L. et al. 2005 Global hotspots of species richness are not congruent with endemism or threat. Nature 436, 1016–1019. (doi:10.1038/ nature03850)

Orme, C. D. L. et al. 2006 Global patterns of geographic range size in birds. PLoS Biol. 4, 1276–1283. (doi:10.1371/journal.pbio.0040208)

Stevens, G. C. 1989 The latitudinal gradient in geographical range: how so many species coexist in the tropics. Am. Nat. 133, 240–256. (doi: 10.1086/284913)

Whittaker, R. H. 1960 Vegetation of the Siskiyou mountains, Oregon and California. Ecol. Monogr. 30, 279–338. (doi:10.2307/1943563)

Whittaker, R. H. 1972 Evolution and measurement of species diversity. Taxon 21, 213–251. (doi:10.2307/1218190)

Wiersma, Y. F. and Urban, D. L. 2005 Beta-diversity and nature reserve systemdesign: a case study from the Yukon. Conserv. Biol. 19, 1262–1272. (doi:10.1111/j.1523-1739.2005.00099.x)

Williams, P. H., de Klerk, H. M. and Crowe, T. M. 1999 Interpreting biogeographical boundaries among Afrotro-pical birds: spatial patterns in richness gradients and species replacement. J. Biogeogr. 26, 459–474. (doi:10.1046/j.1365-2699.1999.00294.x)

Williamson, M. 1987 Are communities ever stable? InColonisation, succession and stability (eds A. J. Gray, M. J. Crawley and P. J. Edwards), pp. 353–371. Oxford, UK:Blackwell Scientific.

Willig, M. R. and Sandlin, E. A. 1991 Gradients of species density and species turnover in New World bats: a comparison of quadrat and band methodologies. In Latin American mammalogy: history, biodiversity and conservation (eds M. A. Mares and D. J. Schmidly), pp. 81–96. Norman, OK: University of Oklahoma Press.

Willig, M. R., Kaufman, D. M. and Stevens, R. D. 2003 Latitudinal gradients of biodiversity: pattern, process, scale, and synthesis. Annu. Rev. Ecol. Evol. Syst. 34, 273–309. (doi:10.1146/annurev.ecolsys.34.012103.144032)

Wolfinger, R. and O'Connell, M. 1993 Generalized linear mixed models: a pseudolikelihood approach. J. Stat. Comput. Sim. 48, 233–243.

空间与系统发育特征向量滤波在性状分析中的应用[①]

Ingolf Kühn   Michael P. Nobis   Walter Durka

译者评：统计是用来描述变量可以成功解释应变量变化的程度。其以方法通用性，结果直观性等特点，深受各领域各学科的"喜爱"。但往往研究者容易过分注重统计检验是否显著，而忽略了试验和数据的基本逻辑，得到一些即使检验显著也不能证明处理效应的试验。

一个好的生态学试验，需要从试验设计、数据统计分析，到结果解释的过程中，都尽可能排除掉干扰因素，考虑周全。选取适当的无偏估计对正确阐述分析结果至关重要，在某些试验条件或数据因素无法克服的情况下，就需要通过统计方法加以弥补。

本文研究的是开花性状与环境要素之间的关系，主要目的是剔除物种的空间和系统发育自相关，译者理解其本质在于消除伪重复(pseudoreplication)。高的空间或系统发育自相关会导致出现伪重复，其对生态学试验的结果影响很大。美国生物学家 Stuart H. Hurlbert 于 1984 年发现并定义了生态学试验中的伪重复，它是指"进行了推断统计以检验处理效果，而数据所源自的试验没有重复——尽管可能存在多个抽样(samples)——或者重复不独立"的情况。导致伪重复的原因很多，其中一种就是混淆时空格局和处理效应，即所研究的目标因素对反应变量的改变。例如在本文中，目标因素是开花物候，它会受反应变量——温度的改变而改变。但对大多数生态学对象而言，即使没有处理效应，反应变量自身就存在巨大的时空变异。反应变量在时间或者空间上呈现某种规则性格局的时候，就容易出现它的梯度与某个干扰因素的梯度相重合。在这种情况下，就无法正确区分处理效应与时空效应。这也是为什么，在研究性状和环境间的关系时，需要去除自相关效应，其目的就是消除伪重复，避免干扰因素造成的随机误差。

该文也存在一些令人费解的地方，译者在此对滤波方法做两点评论，抛砖引玉。其一，文章仅对坐标/采样点矩阵进行了空间滤波，却未对环境变量进行任何

[①] 原文：Ingolf Kühn, Michael P. Nobis, Walter Durka. 2009. Combining spatial and phylogenetic eigenvector filtering in trait analysis. Global Ecology and Biogeography, 18, 745–758.
推荐：宫鹏；翻译：梁璐；校阅：宫鹏；辅助校阅：刘爽。
注：Reprinted, with permission from Blackwell Publishing Ltd and the authors。

空间自相关的处理。但如上段所提,反应变量自身就会存在很大的时空变异。例如,译者推测,降雨、7月水平衡、年均温等环境变量的空间自相关效应在该地区也会较为明显。将未消除空间自相关的环境因素,作为自变量,直接参与物种特性的回归,是否能算真的消除了空间自相关？其二,文章对空间化的系统发育信息滤波的处理方法不够得当。其进行滤波的距离矩阵,是以各采样点的物种进化枝长度之和为初始值,转换而来的。该做法包含了一个前提假设,即进化枝长度越等同的采样点,其内包含的物种亲缘程度就越近。但在进化枝内,长度接近的物种,很可能分属于两个分支,差异较大。尤其是在样点尺度被平均后,这种假设就更难成立。当然,这种缺陷受限于无法获取完整的系统发育数据,这在文章讨论中也提到了。总体来说,该文质量较高,其考虑因素的全面性、方法的细致度都令人印象深刻,值得学习。

摘要:

目的: 在性状分析中,结合物种空间和系统发育信息,消除多元回归残差的空间自相关效应。

地点: 欧洲瑞士

方法: 利用特征向量滤波方法,通过多元回归,分析物种性状(本文指代开花物候)的空间分布同环境要素之间的关系。由物种的空间、系统发育和空间结构化的系统发育距离矩阵,计算出各自的特征向量。并挑选出能有效降低残差自相关中 Moran's I 指数的滤波器,作为协变量,同环境变量一起进入多元回归模型,以解释环境要素对性状分布的影响。

结果: 在分析中,结合空间和系统发育学信息,能有效剔除多元回归中的残差自相关。而增加系统发育数据要优于增加空间数据。运用不同的滤波器会得到不同的结果,例如,环境预测因子的显著性就有所不同。即便如此,年均气温和石灰土含量是解释瑞士的开花物候最重要的两个变量:气温越高,石灰土含量越高,那么开花时间就会越早。在本文中,还运用了顺序滤波法,即先剔除物种特性中的系统发育信息,再进行空间滤波。但这种方法的效果并不显著,相比简单或纯空间模型,并未有效减少空间自相关效应。

结论: 结合空间和空间－系统发育信息,可以有效减少残差自相关,提高结果的鲁棒性(包括可指示参数化的不完整性),并帮助解释生态学意义。因此,这是性状多元回归分析中一条行之有效的途径。

关键词: 中欧　环境相关　物候　系统发育自相关　空间自相关　性状分布

1. 引言

物种的进化及其与环境的关系是传统生态学研究中的经典问题。这类研究以往多在空间背景下开展,容易受空间自相关①(spatial autocorrelation,SAC)的影响。例如,在邻近地点采样获取的变量值,相互之间不独立。在群落②(communities)和集群③(assemblages)尺度上,这一著名问题近来受到很大的关注(例如,Legendre, 1993; Lennon, 2000; Diniz-Filho et al., 2003; Dormann, 2007; Hawkins et al., 2007; Kühn, 2007)。虽然在空间背景下,使用非空间分析方法,不一定会导致估计偏差(bias),但空间自相关效应往往会给参数估计④(parameter estimates)带来较大的影响(Kühn, 2007)。并且这种影响,只有在用空间分析方法去除残差自相关(residual autocorrelation)后,才会体现出来。生态学研究中,通常只考虑物种的空间结构,而对导致 SAC 的过程并不清楚,因此该效应经常被看成"噪音(nuisance)"。另外,人为界定研究区域,例如使用行政而非自然边界,也会影响 SAC 效应。其他引起 SAC 效应的原因可能有(详见 Legendre, 1993; Dormann et al., 2007等):生态特性(例如,距离相关的生态过程,包括物种形成、灭绝、扩散和竞争)、环境特征(环境因素自身的空间结构,会导致其生态响应也出现类似结构)、以及错误的参数化过程。无论如何,发掘造成 SAC 效应的生态学原因的分析到目前为止还是匮乏的。

最近,在群落或集群尺度上,物种性状⑤(trait)分析成为研究热点(Kühn et al., 2006; McGill et al., 2006)。性状分析常用于物种之间,例如在分类学(taxonomic)或者更广泛的系统发育研究中。同空间中会有自相关一样,生物的系统发育⑥(phylogenetic)数据之间不相互独立。如果物种性状的进化受系统发育影响,物种间共有的进化信息越多,其亲缘关系也更近,功能性状也更相似,这种效应称为系统发育自相关(phylogenetic autocorrelation, PAC,后简称系统自相关)。系统发育方法曾在群落或集群的比较分析⑦(comparative analysis)中备受推崇(Harvey and Pagel, 1991)。同空间自相关相比,系统自相关是物种进化、适应、自然选择压力

---

①空间自相关:指同一变量在不同空间位置上的相关性,是空间单元属性值聚集程度的一种度量。一种现象的观测值如果在空间分布上呈现出高的地方周围也高,低的地方周围也低,称为空间正相关,表明这种现象具有空间扩散的特性;如果呈现出高的地方周围低,低的地方周围高,则称为空间负相关,表明这种现象具有空间极化的特性;如果观测值在空间分布上呈现出随机性,表明空间相关性不明显,是一种随机分布的现象。

②群落:同时同地出现的通过营养和空间相互作用的各种生物种群的集合。群落的基本特征为:占据一定生境空间,具有相对独立的结构和机能,不同生物种群之间及其环境之间具有特定的相互作用。

③集群:(1) 偶然聚在某个地方的一群生物;(2) 特定生境中可能出现的可作为该生境指示生物的植物或/和动物组合;(3) 在某个生境斑块中出现在一起的动植物。

④参数估计:用样本值来估计总体的某些参数(主要是期望和方差)的方法。

⑤性状:生物或者种群的任何可识别的特征和特性。

⑥系统发育:是与个体发育相对而言的,它是指某一个类群的形成和发展过程。

⑦系统比较分析:是在比较分析中综合系统进化的信息,不仅能增强统计推断的可信度,更重要的是它强调过去进化历史对于决定物种当前的形态和功能的潜在重要性。

和生态位保守性①(niche conservatism) 作用的综合产物 (Diniz-Filho and Bini, 2008; Freckleton and Jetz, 2009)。因此，通过 PAC 去理解生态格局和过程，会更为透彻。

在 Freckleton 和 Jetz 等的综述中提到 (Freckleton and Jetz, 2009), Diniz-Filho 等首次将空间和系统发育信息同时用于对比分析中 (Diniz-Filho et al., 2007)，并得出结论：空间结构化 (spatially structured) 的环境因子和进化过程都会引起物种特性的变化。受空间相近者相似的影响，在相同环境下生存的物种，其适应能力也大体相同。而进化过程越相似，亲缘关系越近的物种，外在表现也会越相似。这意味着，物种特性很可能是生态适应和遗传进化双重作用的结果。因此，在理解物种特性与环境关系时，需要分清系统发育和空间过程各自的作用 (Diniz-Filho et al., 2007; Freckleton and Jetz, 2009)。Knapp 等人指出，某些种群的进化是被一些强势进化枝 (evolutionary lineages) 所主导，而某些种群的进化枝系相对多样，没有主导枝 (Knapp et al., 2008)。例如，德国北部的低地，风媒草 (wind-pollinated grassland) 是优势种，其草种都很相似 (科内伪重复)，而南方高地的虫媒草 (insect-pollinated grassland) 丰富度很高，所包含的草科也很丰富 (真重复)。因此，在统计分析中，考虑系统发育信息的空间结构，比仅利用空间信息，生态学意义更明显。

"第四角问题" 方法 (fourth-corner problem) 也常被用于环境与特性关系的研究中 (Dolédec et al., 1996; Legendre et al., 1997)。在该方法中，首先通过三个较易获取的矩阵构建出环境×特性矩阵，进而在统计上寻求二者关系。这三个矩阵分别为：(1) 物种×采样点矩阵 $A(k \times m)$，即 k 类物种在 m 个采样点上出现与否的情况；(2) 物种×特性矩阵 $B(k \times n)$，即 k 类物种所包含的 n 种特性的值；(3) 采样点×环境矩阵 $C(p \times m)$，即 m 个采样点上 p 种环境变量的值 (注：矩阵表达非本文内容，参考自 Ledendre et al., 1997)。通过观测数据，可得到上述三个矩阵，进而计算出环境×特性 $D(p \times n)$ 矩阵②。但是，Legendre 等明确指出因为没有考虑单物种自身的动态变化以及环境变量的空间结构，四角法不能算是建模方法，能考虑多重交互作用的模型仍待开发 (如利用多元回归)。Dolédec 等人对该方法进行过补充 (Dolédec et al., 1996)，Dray 和 Legendre 等也进行了改进 (Dray and Legendre, 2008)，但都没有考虑物种间的系统自相关和采样点间的空间自相关。因此，我们的研究无法采用该方法，而是应该另辟蹊径，寻求可以消除自相关的方法。

经典的四角法无法使用，那么如何结合空间和系统发育数据？数据可能存在空间自相关，也可能存在系统自相关。在无法判断某个物种究竟存在 SAC 或者 PAC 或者两者皆有的情况下，只能选用兼顾两种效应的方法。最近也涌现出一批这类的方法：Diniz-Filho 等 (Diniz-Filho et al., 2007) 利用 "系统特征向量过滤法"(phylogenetic eigenvector filtering) (Diniz-Filho et al., 1998)，首先将物种的系统发

---

① 生态位保守性：物种在时间尺度上保留其基本生态位某些方面的趋势就称为生态位保守性。生态位保守性(过程)可以应用在不同的时间尺度上对多种现象(格局)做出解释。

② 译者注：计算方程为 $D = CA'B$，该方程适用于任何形式的数据。

育和生态学信息剥离开来,随后通过同步自回归模型(simultaneous autoregressive model),解释它们同环境变量间的关系。Freckleton 和 Jetz(Freckleton and Jetz, 2009)在系统发育独立对比方法(phylogenetic independent contrasts, PICs)中融入物种间的距离信息。本文,我们对特征向量法进行了拓展,这种方法的优点在于其数据通用性好,系统发育和空间数据都适用(Diniz-Filho and Bini, 2005; Tiefelsdorf and Griffith, 2007),是解决上述问题的折中方法(Peres-Neto, 2006)。通过简单的矩阵运算,任何数据都可具有可比性。空间滤波法也是近期一篇综述中推荐使用的一种方法(Dormann et al., 2007)。本文将要阐述的方法是基于特征向量滤波,同时考虑空间和空间化的系统发育信息,研究性状同环境的关系。在系统发育研究方面,该方法被认为比常用的 PIC 法更具优势(Harvey and Pagel, 1991)。PIC 法存在的争议较大(Westoby et al., 1995),其中一个观点认为,PIC 虽然可以移除掉系统自相关,但同时也去除了同生态过程紧密关联的变异。同 PIC 法相比,基于特征向量滤波的方法可将 SAC 和 PAC 效应分解为系统发育效应、生态效应和联合效应(joint effect)(Desdevises et al., 2003),这也是其优势所在(Harvey and Pagel, 1991)。本文将在空间方面,拓展 Desdevises 等人的模型(Desdevises et al.,2003)。

在气候变暖的背景之下,维管植物开花物候的变化日益受到关注(Fitter and Fitter, 2002; Badeck et al., 2004)。长期以来我们就知道,物候存在空间差异性(例如南与北、高山与低地; Defila and Clot, 2005),并且不同环境因素控制下的各区域的群落或种群,其变化有限。同时,有研究不断证明,开花物候的进化会受限于其物种所在的进化枝系(Levin, 2006)。因此,在群落或景观尺度上,物候格局会受系统发育的影响(例如, Johnson, 1993)。因而在研究大尺度生态格局时,需要考虑系统发育关系的重要性。

本文以瑞士开花时间的空间分布差异为例,探讨新方法并回答如下问题:(1)哪种环境梯度因子可解释大尺度上物候的生态格局?(2)空间自相关的影响是什么?(3)空间化的系统自相关的影响是什么?(4)在本研究中,空间和空间化的系统发育信息,哪种在消除自相关影响方面效果更显著?

2. 方法

2.1 数据来源

植物分布数据

维管植物[①](vascular plants)的分布数据来自瑞士国家环境部 2001 年开展的

---

① 维管植物:具有木质部和韧皮部的植物。现存的维管植物有 25 万~30 万种,包括极少部分苔藓植物、蕨类植物(松叶兰类、石松类、木贼类、真蕨类)、裸子植物和被子植物。维管系统(木质部和韧皮部)的发生是植物从水生到陆生长期适应环境的结果。维管系统的有效输导,使维管植物成为最繁茂的陆生植物。比较原始的维管植物的木质部中多只具管胞,故也可称这些植物为管胞植物。

"生物多样性监测"计划 (BDM 计划) (Weber et al., 2004)。在该计划中,一个核心指标是调查景观尺度上的物种丰富度 (Z7 指标)。在全国范围内,系统布置了 1 km² 的采样样方,并通过标准化的样条法① (transect sampling) 抽取 520 个样方进行调查,提供了各样方的详细物种清单 (Plattner et al., 2004),并从中选出 471 个 2001—2005 年间开展调查的样方 (图 1)。还有 11 个样方因为在边境附近,缺失环境数据,也剔除在外。刨除一个物种数特别少的样方 (数量 = 3) 和一个出现异常值的样方后,对所有样方进行统计,平均物种数为 220.7±66.7 (平均值 ± 方差)。同时,为保证分析的稳定性,还去除了 3 个分布独立、缺少邻近值数据的样方。最终用于建模的样方有 456 个,共包含 1 740 种微管植物,发现频次为 103 665。

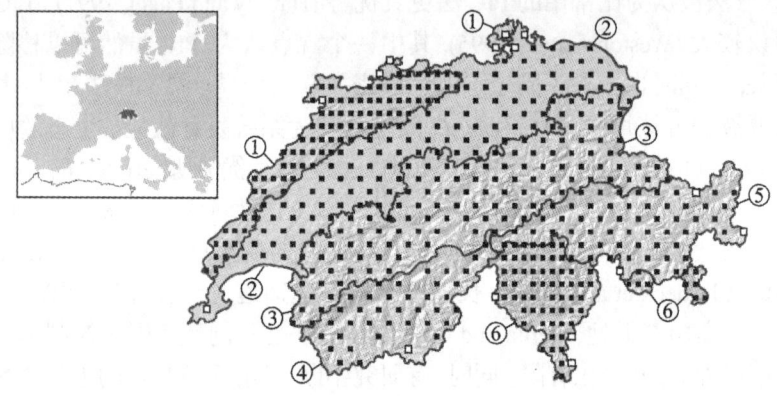

图 1　从瑞士 BDM 计划中获取的 471 个微管植物样方分布图 (1 km² 网格),以及瑞士的 6 个生物地理分区 (① Jura; ② Central Plateau; ③ Northern Prealps; ④ Western Central Alps; ⑤ Eastern Central Alps; ⑥ Southern Alps)。黑色实心方块为可用样方,空心方块为弃用样方。

特征数据 (开花物候)

本文选用物种开花起始时间特性进行分析。整理出各物种对应的开花起始月份 (Landolt et al., 2009),计算每个样方内开花时间的平均值,并转换成从年初开始的日数。*Helleborus niger* 在 12 月就已经开花 (有 2 个地点存在这种情况),将其编码为 −1,而不是 12。这样,在进行中值计算时,12 月同 2 月的中值就为 1 月,而不是 7 月。

环境数据

所获取的环境预测因子都以 1 平方公顷的栅格存储,对每 1 km² 的样方,取其内环境数据的平均值。挑选了 7 个至少对单个物种的开花物候有影响的因子 (Roetzer et al., 2000; Defila and Clot, 2005),包括: 年均温 (TY),郁闭森林比例

---

① 样条法:是采用一个长方形的条带状样地,或一条线来代表群落种类分布的调查法。样条多用于环境变化很大的生境,如群落交界处,或地形复杂、土壤层次变化大的山坡等,以观察环境变化对植物种类和密度的影响,造成种类分布不均匀或有规则的带状分布与过渡现象。测定的样地与样方位置是在群落分布的垂直方向,张绳做成一条长带或一条线,所以叫样条。

(L.forest), 低地农田比例 (L.agrilow), 城镇面积比例 (L.urban), 石灰土含量 (CALC), 年均降雨量 (PY), 以及 7 月的水量平衡 (WB7)(表 1)。

表 1 模型中每 km² 样方使用的环境变量, 以及与 Wohlgemuth et al. 2008 的对应关系。

变量	描述	来源
TY	年均温 (°C)	Zimmermann and Kienast (1999)
PY	年均降雨量 (mm)	同上
WB7	7 月水量平衡: 总降雨量减去潜在蒸散发	同上
L.forest	土地覆盖: 郁闭森林比例 (%)	Bundesamt für Statistik (2001)
L.agrilow	土地覆盖: 低地农田比例 (%)	同上
L.urban	土地覆盖: 城镇比例 (%)	同上
CALC	石灰土含量 (%)	De Quervain et al. (1963—1967)

系统发育数据

系统发育数据来源于德国的植物基因数据库 BiolFlor (Durka, 2002), 用最新的发表数据对数据库进行了更新, 同时添加进一些数据库中未包含的瑞士植物数据。其中, 在种内水平上, 89% 都存在多歧[①]现象, 通过同等进化枝长度的拓扑, 构建出 78.5% 的系统发育关系。BiolFlor 数据库均以独立对比比较分析[②]格式 (comparative analysis by independent contrast, CAIC)(Purvis and Rambaut, 1995)。

2.2 计算

不同的滤波方法

在空间分析中, 重复[③] (replicate) 为采样点 (例如, 网格点或样方为矩阵行, 物种或环境变量为矩阵列)。对系统发育分析来说, 重复为物种 (例如, 物种变量为矩阵行, 物种特性或系统发育变量为矩阵列)。通过矩阵相乘, 可以组合出多种集合 (例如, 可获得一个矩阵, 代表每个样点的物种特性或系统发育信息)。在这个基础上, 我们采取了四种滤波方法 (图 2): (1) 空间滤波; (2) 空间 – 系统发育滤波; (3) 空间 – 系统发育同时滤波 (图 2a); (4) 先去除系统自相关, 再进行空间滤波的顺序滤波 (图 2b)。在详细讨论方法前, 先介绍一些基本概念。T 为特性/物种矩阵 (物种为行, 特性为列, 后以此类推), S 为物种/采样点矩阵, P 为系统发育/物种

[①] 多歧: 在基于时间序列的物种系统发育过程中, 进化关系不能用二分法表示的多个分支。在系统发育树中, 多歧代表有两个以上分支的结点。

[②] 独立对比比较分析法: 谱系上相近的物种, 其分布区宽度和分布的中点位置都较近似。因此用分析的全部物种作为样本总体, 实际上高估了样本量的大小, 从而带来估计偏差。为了避免这一问题, 一些研究采用数据集内相同阶元 (如科、属、种) 不同类群之间的数据比较, 以提高分析结果的可解释性。CAIC 方法以系统发生树为依据, 判断种与种之间的亲缘关系, 并用分支长度反映种间亲缘关系的远近。由于全球各生物类群中物种间的系统发生关系还远未完全理清, 离定量估计的距离更远, 因此, 在 CAIC 方法的具体应用中常采用两种修正:(1) 若一定分类水平 (节点) 以下的亲缘关系不清, 则用多歧分支结构替代严格等级性的二歧分支结构; (2) 将所有的分支长度设为同一值。

[③] 重复: 在生态学试验中, 重复是为了保证充足的样本量, 保证能检出确实存在的差异。

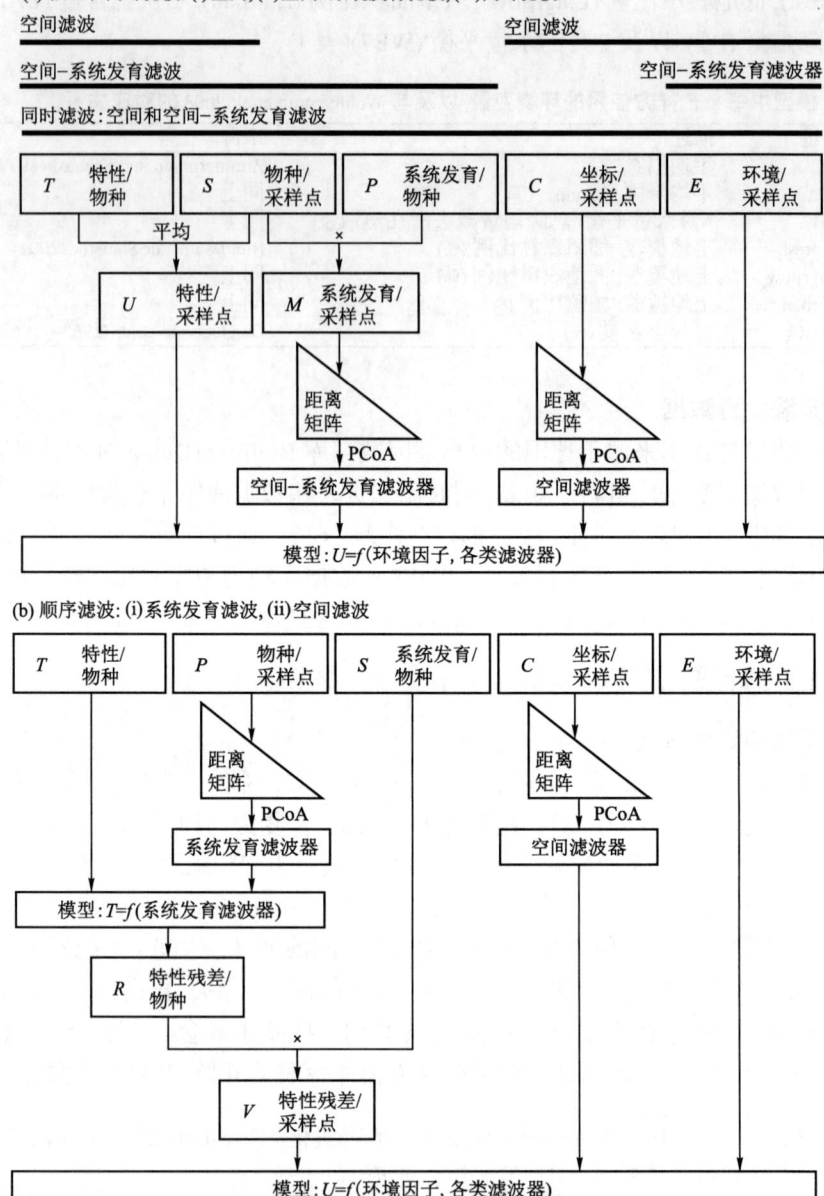

图2 方法流程图。(a)前三种方法:空间滤波、空间–系统发育滤波和同时滤波。所用的方法都标注在框图最上方。各种方法和矩阵缩写在上文中都有详细介绍。(b)第四种顺序滤波法。

矩阵,C为坐标/采样点矩阵,E为环境/采样点矩阵。为构建P矩阵,需先将系统发育数据转换成系统发育枝长度/物种矩阵,该矩阵只记录某物种是否包括某进化枝(详见补充材料图S1)。在上述(1)至(3)分析中(图2a),S同T相乘,可得矩

阵 U, 即物种特性/采样点矩阵 (每个采样点的物种特性平均值)。其余衍生矩阵的计算方法类似。

(1) 空间滤波: 先将 C 矩阵转成空间距离矩阵, 随后进行主坐标分析[①] (principal coordinates analysis, PCoA), 得到一系列空间滤波器 (即特征向量中的主坐标)。最终目的是通过建立特性矩阵 U 和环境矩阵 E 间的联系, 以分析开花性状的空间分布同环境之间关系。在用模型建立 U 与 E 间关联时, 空间滤波器作为自变量代入回归模型中, 以达到去空间自相关的目的 (Diniz-Filho and Bini, 2005; Tiefelsdorf and Griffith, 2007)。

(2) 空间 – 系统发育滤波: S 与 P 相乘, 可得系统发育枝/采样点矩阵 M。由 M 计算出每个采样点内的系统发育枝长之和。之后, 基于卡方距离计算 (chi-square distance matrix), 进行主坐标分析, 目的是提高运算速度和避免出现"双零值现象" (double zero problem)。得到的特征向量代表空间化的系统发育信息, 称为短空间 – 系统发育滤波器 (short spatio-phylogenetic filters)。选取特征值为正值的特征向量进入回归模型 (Diniz-Filho et al., 1998; Diniz-Filho and Bini, 2005), 以消除系统自相关。

(3) 同时滤波: 为确保方程有解, 自变量数不得超过因变量数。因而, 从空间和空间 – 系统发育特征向量集合中各选取了前半部分, 作为建模中自变量的初始值。同时, 还确保独立的空间或空间 – 系统发育滤波得到的特征向量, 与集合后半部分的向量不同。理论上讲, 与自相关有关的是集合中前几个主特征向量, 后半部分更多是噪音, 不包含太多有用信息。在 1 和 2 分析中, 滤波器之间是相互正交的。但在该方法中, 空间滤波器与空间 – 系统发育滤波器可能会有相关 (表 S1 和表 S2)。

(4) 最后一种方法是顺序滤波 (sequential approach): 先去除数据集中的系统自相关, 然后再去除空间自相关 (图 2b)。由 P 矩阵可计得进化距离矩阵 (图 S1) (Desdevises et al., 2003)。该三角矩阵代表了两两物种间所有进化枝的距离之和。对该矩阵进行主坐标分析, 所有正的特征向量作为自变量, 与特性矩阵进行回归, 以去除系统自相关 (Diniz-Filho et al., 1998; Desdevises et al., 2003)。回归的残差为矩阵 R, 与矩阵 S 相乘后, 得特性残差/采样点矩阵 V。对空间特征向量的计算, 其效果等同于方法 1 的空间滤波。在构建 V 和环境矩阵 E 的关系时, 这些空间滤波器可取得去空间自相关的效果。

如何选择滤波器减少自相关

上述方法中, 需要挑选出合适的滤波器, 使得模型的残差自相关最小。判

[①] 主坐标分析: 是将聚类分析与主成分分析方法结合起来, 用较少的主坐标对分类单元进行有效地排序并使损失的信息最小。分析以 OUT(分类单元) 间的差异性为基础, 即从距离矩阵出发, 再通过坐标轴旋转变换, 建立新的排序坐标系 (主坐标), 使 OUT 的欧氏距离等于原来 OUT 间的距离, 保持差异性不变。

定方法选用 Moran 特征向量滤波法 (moran eigenvector filtering) (Dray et al., 2006; Griffith and Peres-Neto, 2006)。这种方法的效果与空间特征向量投影的第三变量 (the third variant of spatial eigenvector mapping) 大致相同 (Bini et al., 2009), 这是在众多比较中最稳健算法之一。挑选步骤有以下几步: 首先计算初始模型的经验 Moran's I 值, 随后, 将所有特征向量按 Moran's I 值从低至高重新排序, 最低值作为第一主成分。一直重复该过程, 直到挑出一组特征向量, 使残差自相关到 0.05 显著度水平以下。重复 999 次, 计算出平均值和标准差, 通过 z 统计估算所有预测因子 (包括 Moran's I 值) 的概率值。所有的计算都是基于 R 方程 ME 的修订版 (方程 "spdep" 由 Bivand 和 Peres-Neto 完成; Bivand et al., 2006)。

计算 Moran's I 值[①]时, 需要定义空间邻接矩阵 (neighborhood matrix), 以指示在邻近范围内某采样点或物种是否存在。首先, 要界定邻接的距离范围。对系统发育特征向量, 以 2,3,5,7,10,25 发育枝单位长度作为距离步长进行试验。结果表明, 将范围定义为发育枝间距离大于 3 个单位长度时, 结果最好 (体现在低 Moran's I 值和低赤池信息量准则值[②] (akaike information criterion, AIC))。对带有空间特性的特征向量, 包括空间和空间化的系统发育特征向量, 用 10,15,25,100 km 的距离范围进行试验。相关研究表明 (Koellner et al., 2004; Kühn, 2007; Tautenhahn et al., 2008), 25 km 以上的距离在消除空间自相关上效果就不显著了。我们的结论是, 10km 距离范围产生的效果最好。因此, 在所有的分析中, 我们定义 10 km 为邻接距离。

多元线性回归中的模型选择

在模型的初始化阶段, 选取了 7 个我们认为对植物特性有较强影响的环境变量。所有变量均进入多元线性回归, 基于 AIC 准则, 通过后向剔除法选择变量。最终, 无滤波的方法剩下 6 个显著变量 ($P < 0.05$)。由于自相关通常会导致在后续分析中显著变量变得不显著, 而不显著变量会变显著, 因此将这 6 个变量全部选入滤波过程。一些异常值和影响偏大的采样点可通过回归诊断中的残差图, 正态 QQ 概率图 (normal Q-Q plots), 以及 Cook 距离图等方法分析出来。所有的分析都是在 R 2.6.2 中实现的 (R Development Core Team, 2008)。

[①] Moran 特征向量滤波: 基于广义线性模型的残差, 消除空间自相关。Moran'I 指数是空间自相关分析中的重要系数, 其计算公式为:

$$I = \frac{n \sum_{i}^{n} \sum_{j \neq i}^{n} W_{ij}(x_i - \bar{x})(x_j - \bar{x})}{\sum_{i}^{n} \sum_{j \neq i}^{n} W_{ij} \sum_{i}^{n} (x_i - \bar{x})^2}$$

其中, n 为样本数; W_{ij} 是二元空间邻接矩阵, 如果两区域邻接, 共享一条边界或者以一定的空间距离为基准, W_{ij} 为 1, 否则为 0。x_i 是各区域的属性值, 而 x 是区域属性值的平均值。Moran's I 指数的取值范围为 [-1,1], 当其小于 0 时, 代表空间负相关, 等于 0 时表示空间不相关, 大于 0 时说明空间正相关。

[②] 赤池信息量准则值: 即 Akaike information criterion, 简称 AIC。

方差分解

最后，通过分层划分法 (hierarchical partitioning) (Chevan and Sutherland, 1991)，对总模型方差进行分解。将环境信息、代表空间自相关的特征向量、和代表空间 – 系统进化自相关的特征向量，各自所能解释的方差分解出来 (R 软件中的"hier.part"软件包) (Mac Nally and Walsh, 2004)。将所有独立变量进行各式组合，计算出广义线性模型的可解释方差。这样，通过去变量法，就可知道某变量或某组变量的可解释方差。

3. 结果

同预期的一样，瑞士的开花起始时间的空间梯度分布非常明显 (图 3)，低地的开花时间早，而阿尔卑斯地区则推迟了近 6 个星期。

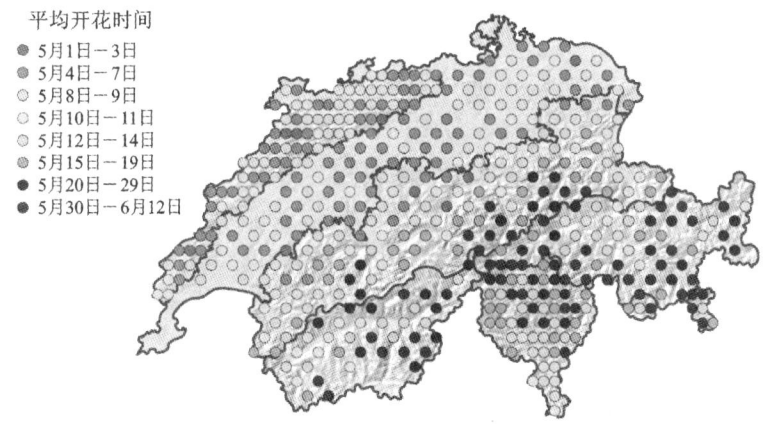

图 3 (见彩图) 瑞士维管植物平均开花时间的空间分布 (样本点 $n = 456$)。

在建立逐步回归方程的过程中，农业用地变量因为效应不显著，从回归方程中剔除。其余的预测因子在无滤波模型中保持显著 (表 2)，没有发现异常值或影响大的采样点。

表 2 瑞士开花物候同环境预测因子间各类模型中的各项系数：无滤波 (无)，空间滤波 (空间)，空间化的系统发育滤波 (空间 – 系统发育)，综合滤波 (综合)，以及对残差进行系统发育滤波 (残差滤波)，和对残差进行先系统发育后空间滤波的顺序滤波 (顺序)。

系数	滤波				残差滤波	
	无	空间	空间 – 系统发育	综合	无	顺序
截距	131.22***	131.22***	131.22***	131.22***	−5.61***	−5.61***
年均温	−7.81***	−8.00***	−8.92***	−8.13***	−5.31***	−5.48***
石灰土比例	−3.04***	−2.40***	−0.69*	−2.51***	−2.22***	−1.74***

续表

系数	滤波				残差滤波	
	无	空间	空间-系统发育	综合	无	顺序
郁闭森林	−0.52*	−0.52*	0.05 ns	−0.29 ns	−0.27 ns	−0.28 ns
城镇面积	0.82**	0.94***	−0.05 ns	1.15***	0.62**	0.62**
年降水		0.69*	0.16 ns	0.97***	0.58(*)	0.67**
7月水平衡	0.63*	−0.16 ns	1.44***	0.45 ns	0.52*	−0.11 ns
全局 Moran'I	0.160***	0.050 ns	0.049 ns	0.045 ns	0.136***	0.042 ns
选取的滤波器		S3, S49, S8, S35, S57, S10, S40, S51, S17	P4, P27, P3, P5, P94, P147	S3, S32, S35, P45, P4, P27		S3, S10, S18, S57, S49, S8
AIC	2 642.4	2 586.6	2 518.3	2 584.5	2 413.9	2 370.0
R^2	0.819	0.846	0.866	0.845	0.775	0.801
R^2 交叉验证	0.812	0.833	0.837	0.821	0.767	0.789
MAE	3.342	3.138	2.795	3.038	2.601	2.472

滤波器的选取遵循其在降低 Moran's I 系数中发挥的作用 ($\alpha = 0.05$); 邻接距离 $\leqslant 10$ km; AIC: 低赤池信息量准则值; MAE: 平均绝对误差。

(∗) $0.05 < P \leqslant 0.1$, ∗ $0.01 < P \leqslant 0.05$, ∗∗ $0.001 < P \leqslant 0.01$, ∗∗∗ $P \leqslant 0.001$; ns, 不显著。

所有模型的可解释方差都很高。除自相关影响外, 对开花物候影响最显著的变量为年均温 (负值)、石灰土比例 (负值), 以及郁闭森林 (closed forests) 比例 (负值) (图 4a, 表 2)。空间自相关在第一相隔距离 (lag distance) (注: 即 10 km) 内效应显著 (图 S2a)。加入空间滤波器之后, 方程变异度和拟合度都有所提高, 自相关效应减弱 (表 2, 图 S2b), 而年均降水和 7 月水平衡这两个参数变得非常显著 (表 2)。加入空间–系统滤波器的模型, 方程变异度和拟合度有了进一步的提高, 而全局自相关效应减弱。同无滤波器模型相比, 郁闭森林比例和城镇面积的效应增加 (表 2)。滤波器之间的关联相对减弱 (图 4c)。在同时滤波器模型中, 年均降雨量的效应边缘化显著, 而郁闭森林和水平衡的效应变得不显著 (表 2)。

纯系统发育模型的可解释方差是 46.8% ($R^2_{adj} = 0.435$)。该模型的残差及其自相关性, 若不进行空间滤波, 结果同没有进行滤波的模型很相似。顺序模型得到的结果与纯空间滤波法相似, 只是郁闭森林变量不再显著。其可解释方差比其他三种滤波方法要低 (表 2)。但是, 其环境因子的排序顺序和影响大小的稳定度都较高 (图 4)。

当去掉一个重要环境预测因子时, 模型的表现会有怎样的变化? 我们用石灰土比例变量进行了试验。结果表明, 这不仅对参数估计产生了影响 (表 3), 也对自相关的结构产生作用: 相隔距离变大 (图 S3a,e), 滤波器的选择也受到影响, 空间–系统发育滤波的第一主成分重要性提升, 空间–系统发育滤波器的重要性也变大 (图 5c,d)。但这可能与空间–系统发育滤波器同石灰土比例之间共线性程度高有关。

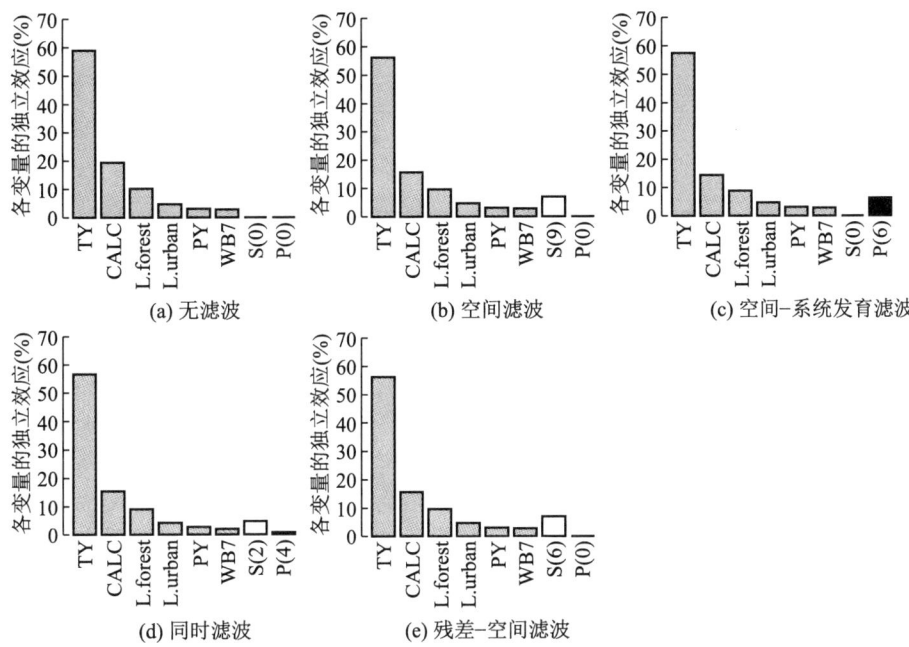

图 4 分层划分法对总模型可解释方差中,环境变量以及空间(S)、系统发育滤波器(P)的分解结果(括号中为滤波器个数)。(a) 未进行滤波的简单模型; (b) 空间滤波; (c) 空间–系统发育滤波; (d) 同时滤波; (e) 顺序滤波。环境变量、空间和系统发育滤波器分别用灰色、白色和黑色表示。环境变量的缩写见表1。

表3 瑞士开花物候同环境预测因子间各类模型中的各项系数(除去石灰土比例变量): 无滤波(无), 空间滤波(空间), 空间化的系统发育滤波(空间–系统发育), 综合滤波(综合), 以及对残差进行系统发育滤波(残差滤波), 和先系统发育后空间滤波的顺序滤波(顺序)。

系数	滤波				残差滤波	
	无	空间	空间–系统发育	综合	无	顺序
截距	131.22***	131.22***	131.22***	131.22***	−5.61***	−5.61***
年均温	−8.57***	−9.03***	2.56***	2.68***	−5.87***	−6.12***
郁闭森林	−0.81**	−0.65**	0.31**	0.26(*)	−0.49*	−0.40*
城镇面积	0.67*	0.85***	0.53***	0.56***	0.52*	0.55**
年降水	−0.47 ns	−0.72*	−0.19 ns	−0.22 ns	0.17 ns	−1.08***
7月水平衡	−0.19 ns	−0.24 ns	0.20 ns	0.34(*)	0.09 ns	−0.28 ns
全局 Moran'I	0.395***	0.045 ns	0.052 ns	0.049 ns	0.346***	0.050 ns
选取的滤波器		S3, S4, S8, S9, S57, S35, S5, S51, S22, S49, S62, S18, S13, S26, S52	P1, P3, P22, P18	P1, P3, P22, S1		S3, S4, S8, S9, S18, S57, S5, S11
AIC	2 792.7	2 596.5	2 129.0	2 140.0	2 548.5	2 377.3

续表

系数	滤波				残差滤波	
	无	空间	空间–系统发育	综合	无	顺序
R^2	0.747	0.846	0.942	0.941	0.697	0.799
R^2 交叉验证	0.740	0.830	0.934	0.932	0.687	0.784
MAE	4.080	3.129	1.816	1.861	3.061	2.486

滤波器的选取遵循其在降低 Moran's I 系数中发挥的作用 ($\alpha = 0.05$); 邻接距离 $\leqslant 10$ km; AIC: 低赤池信息量准则值; MAE: 平均绝对误差。

(∗) $0.05 < P \leqslant 0.1$, ∗$0.01 < P \leqslant 0.05$, ∗∗$0.001 < P \leqslant 0.01$, ∗∗∗$P \leqslant 0.001$; ns, 不显著。

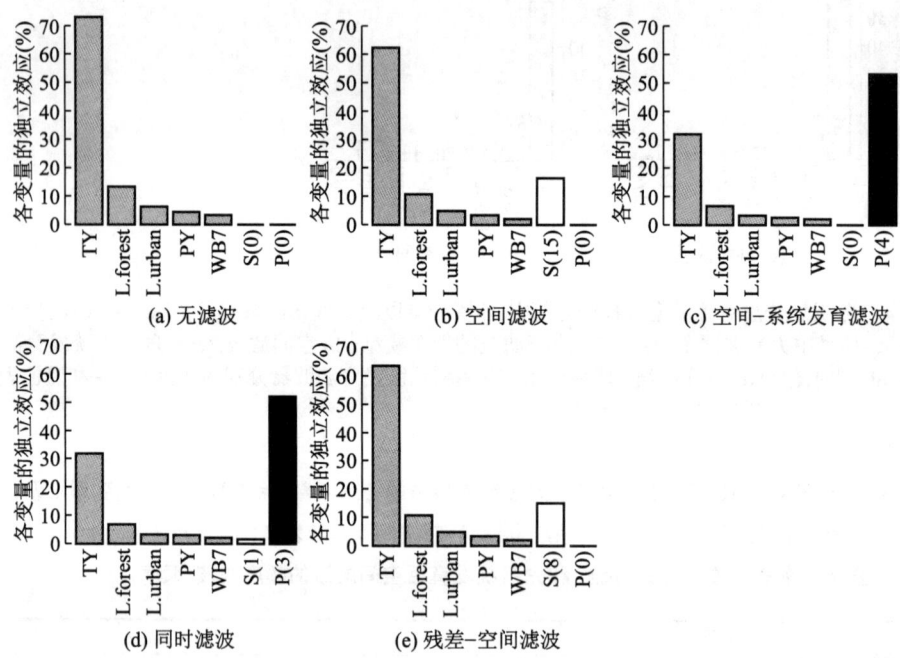

图 5 在除去某种环境预测因子后 (石灰土比例), 用分层划分法对环境变量以及空间 (S)、系统发育滤波器 (P) 可解释方差分解结果 (括号中为滤波器个数)。(a) 未进行滤波的简单模型; (b) 空间滤波; (c) 空间–系统发育滤波; (d) 同时滤波; (e) 顺序滤波。环境变量、空间和系统发育滤波器分别用灰色、白色和黑色表示。环境变量缩写见表 1。

无论石灰土比例变量是否参与建模, 为将 Moran'I 值降到显著水平以下, 所需的空间滤波器数量 ($n = 9, n = 15$) 都远大于空间–系统发育滤波 ($n = 6, n = 4$) 和同时滤波 ($n = 6, n = 4$)。在包含有空间滤波的分析中, 被选择进来的排名最后的特征向量分别为第 57 和 62 位, 空间–系统发育分析中, 最末的分别是第 147 和 22 位, 而同时滤波分析中, 最末的特征向量分别是排在第 35 位的空间滤波器和第 45 位的空间–系统发育滤波器, 以及排在第 1 位的空间滤波器和第 22 位空间–系统发育滤波器。同时滤波模型在减弱全局 Moran's I 值上较有优势, 它所用的滤波器维度也比别的模型低。顺序滤波模型共需 P2 至 P570 间的 101 个进化特征向量, 以及 6 个空间滤波器。

S3 和 P5 之间存在一定的相关性 (表 S1), 但所有的相关度都低于 0.3。在同一模型中使用两类滤波器, 可使空间和空间 – 系统发育滤波器的关联程度最小 (表 S2)。

在空间和空间 – 系统发育滤波中, 排在前三位的滤波器的空间分布很有趣 (图 6)。空间滤波器呈波浪状分布 (图 6a–c), 且维度越低 (S3, S8, 图 6a, c), 其分辨率也低 (表现为长波长), 而维度越高 (S49, 图 6b), 分辨率也更高 (表现为短波长)。

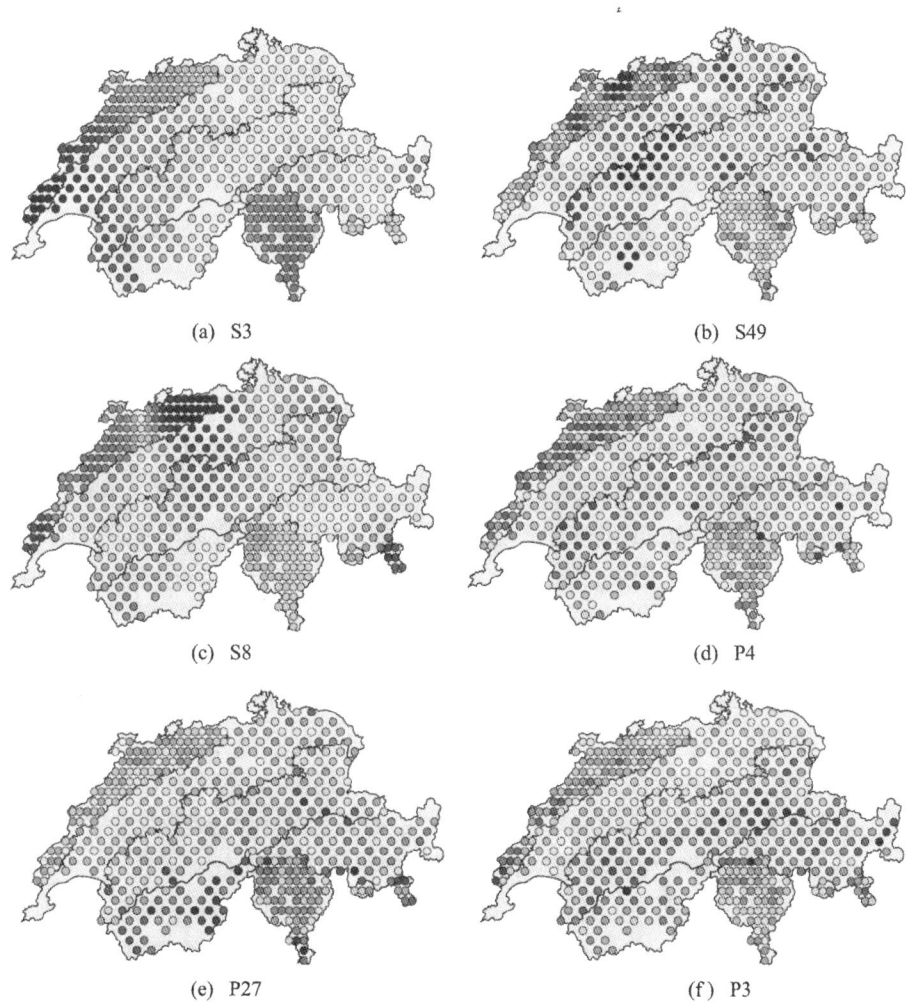

(a) S3 (b) S49 (c) S8 (d) P4 (e) P27 (f) P3

图 6 (见彩图) 排在前三位的空间滤波器 (a–c) 和空间化的系统发育滤波器 (d–f) 的空间分布状况。蓝色表示该采样点的特征值为负值, 红色表示采样点的特征值为正值。图例层级的划分使用的是 ArcMap9.2 中的 "自然划分法 (natural breaks)"。

187

空间－系统发育滤波器的空间分布格局较为清晰(图6d–f),同空间滤波器相比,能更好反映出瑞士的生物地理分布(图1)。这里,较高维度的 P27 滤波器将 P3/P4 滤波器划分出的区域,进一步在中部高原和 Jura 地区按东西方向划分开来。

4. 讨论

本研究的主要结果有: (1) 所有方法都能在一定程度上消除空间自相关影响,并且在回归分析中得到的结果,同不进行滤波的方法相比,结果有所差异; (2) 空间－系统发育特征向量在方差解释度上能提供更多的信息,同空间特征向量相比,更能有效消除空间自相关影响; (3) 顺序滤波对生态学过程的解释度最小,并且需要大量的系统发育滤波器来消除系统自相关的影响; (4) 空间－系统发育滤波器在解释数据的生态和生物地理意义上最优。

4.1 空间－系统发育滤波

在讨论结果之前,先验证本文提出的新方法在数学推导上是否成立。利用空间距离 (Diniz-Filho and Bini, 2005; Tiefelsdorf and Griffith, 2007) 和进化树距离 (Diniz-Filho et al., 1998; Desdevises et al., 2003) 计算特征向量的数学理论具备。两者通过进化/物种矩阵同物种/采样点矩阵相乘,得到可提供空间化的系统发育信息的距离矩阵。空间距离矩阵是基于欧式距离计算的,而本文中提出的距离矩阵计算的是采样点间物种的平均系统发育距离。因此,理论上,我们的方法同系统发育滤波和空间滤波是可比的。

Tiefelsdorf 和 Griffith 曾推导了空间滤波法同自回归法的数学关联 (Tiefelsdorf and Griffith, 2007)。因此,他们的方法不仅能有效降低 Moran's I 值,也具备严格的数学意义。但是, 空间和空间－系统发育向量之间并不相互独立,而可能存在共线性关系 (Graham, 2003)。因此,建议先检查各滤波器之间的共线性,以避免多重共线性带来的问题。在本文的分析中,对所有的特征向量在降低 Moran's I 值方面的表现上,依次进行了测试(而不是依据它们可解释方差或统计显著度),因此不会产生多重共线性问题。尽管空间滤波器和空间－系统发育滤波器之间存在微度相关,加入空间－系统发育滤波器的效果更好(吻合度高,所需的滤波器少,残差自相关小)。与空间模型相比,它能提供更多的生态学信息。

最近, Freckleton 和 Jetz 也提出一种在特性分析中同时解释空间和系统发育效应的方法 (Freckleton and Jetz, 2009)。与我们利用特征向量滤波的方法不同,他们的方法是基于广义最小二乘法 (GLS) 利用系统发育比对信息。这两种方法的相同点都是基于传统方法进行拓展,不同点就是 Freckleton 和 Jetz 法是将物种当做重复,而我们的方法是将空间样本当做重复。在他们的方法中,物种间性状变异和采样点间环境变量差异都被平均化了,因此也就无法解释特性和环境变量的空间变异情况。Diniz-Filho 等率先采用一种逐步方法以特征向量滤波将系统发育和生态组分分开 (Diniz-Filho et al., 2007)。和 Freckleton and Jetz (2009) 一样, 物种的环境信息也被平均化了。他们将生态和系统发育变量在空间上进行了均一化, 并应用在空间自回归模型中。这三种方法是相互补充的, 用以解释不同的问题。在 Diniz-Filho 等人的方法中, 环境预测因子因为被多次使用, 可能会造成重复 (Diniz-Filho et al., 2007)。但是, 他们将系统发育效应和空间效应区分得很明显。Freckleton 和 Jetz 的方法能帮助解答进化史和环境因子在物种特性变化中哪个影响更大。本文所使用的空间 – 系统发育滤波方法能在揭示物种特性变化和环境关系的同时, 解释系统发育在其中所起的作用。因此, 这也就可以解释为什么亲缘关系近的物种, 它们的生存环境很相似。不同于 Diniz-Filho 等人的方法 (Diniz-Filho et al., 2007), 我们将系统发育信息和空间信息整合起来。本文所使用的第四种顺序滤波的方法, 同 Diniz-Filho 等所用的一种方法相似, 但只相当于用了他们方法中生态学部分 (在那一阶段, 环境预测因子没有参与计算)。

不考虑系统进化效应, 而只分析空间上的特性变化, 会使结果产生偏差。如假设物种的某种特性的改变是由环境因子造成的, 而事实上, 却可能只是由物种的进化过程导致的。

4.2 利用空间 – 系统发育滤波揭示开花物候的生态规律

有关开花物候同环境之间关系已被很好的证明 (例如,Menzel et al., 2001, 2006; Badeck et al., 2004; Defila and Clot, 2005), 我们并不打算继续探究发现新的关系。温度同开花物候间的关系很显著。某些土地利用类型和土壤特性也相关, 因为它们直接影响微气候 (开阔的钙质土环境通常比较温暖, 许多适宜耕种的植物会在植物长高和受干扰之前开花)。

挑选出的空间 – 系统发育特征向量, 不仅有生态学意义, 也能反映出瑞士的生物地理分区。这些分区单元是由内部的特征种组成所定义的, 由于采样点密度不均, 会使区域间有所差异。即使如此, 对相同采样密度的分区单元来说, 挑选出的空间 – 系统发育滤波器能捕捉到生物地理分区之间的变化过渡 (例如, 中部高原和 Jura 或北部的 Prealps)。因此说, 这些空间 – 系统发育特征向量能捕捉到不同物种之间的系统发育差异, 而这些都可能同物种特性有关。此外, 生态位保守性假说认为, 进化相关的物种不仅会在特性上表现相似, 而且在一定环境胁迫下会朝相似的方向改变 (例如, Prinzing et al., 2001)。因此, 环境变量的空间分布结构不仅会使进化史相同的集群 (群落) 具有一定的空间分布特征, 也会造成物种特性具备一定的空间分布特征 (Kühn et al., 2006; Tautenhahn et al., 2008)。有了这层具备生态学意义的关系, 即使遗失掉一些环境信息, 也可以通过空间 – 进化滤波器补偿。空间 – 系统发育滤波器同纯空间滤波器相比, 对信息的解释度更高, 并且在重要的关键变量缺失时 (例如本文中的石灰土比例变量), 作用更为显著。

因此，在参数化的模型中，若缺失重要的预测因子时，可通过这种方法补救。

4.3 不完整的系统进化知识

在系统进化分析中，缺少进化枝长度信息，是本文的一大缺陷。从进化枝长度计算进化关系，其效果要比只从拓扑中计算好。但是，在无法获得真实的物种进化枝长度数据的情况下，用节点数代替进化枝长是较理想的一种方法 (Schweiger et al., 2008)，因为拓扑结构数据较易获得。理论上来说，这种替代法同使用正确的枝长数据，效果是一样的，而且有可能更真实。但我们仍希望有更详细的系统进化数据，以填补这方面的空白 (Schweiger et al., 2008)。

5. 结论

分析性状的空间分布时，建议使用空间化的系统发育信息。这种方法在解释自相关效应方面，要强于利用单一的空间数据。不推荐使用本文中的顺序滤波方法，主要有以下几个原因: (1) 在分析同环境因子间的关系之前，该方法剔除了系统发育信息; (2) 同同时模型相比，因为缺少合适的生态学预测因子，该方法需要更多的系统发育信息，才能达到同样的效果。Diniz-Filho 等人提出的方法可以进行替代 (Diniz-Filho et al., 2007)。特征向量滤波法是解决"四角难题"中空间和系统自相关的一种方法 (Dray and Legendre, 2008)。总的来说，在性状分析中，结合空间和空间–进化特征向量滤波器，能有效消除空间自相关，揭示各种环境自变量的重要程度，并能解释性状变化与环境之间的关联。

致 谢

感谢瑞士国家环境部和"生物多样性监测"项目组 (Hintermann and Weber AG, Reinach) 提供的数据。感谢 Felix Kienast、Niklaus Zimmermann 和 Thomas Wohlgemuth 提供的环境数据，以及感谢以下在监测项目中参与野外工作的人员: Alain Jotterand、Andrea Persico、Barbara Berner、Christian Hadorn、Christoph Bühler、Christoph Käsermann、Daniel Knecht、David Galeuchet、Dunja Al-Jabaji、Elisabeth Danner、Gabriele Carraro、Jean-François Burri、Jens Paulsen、Karin Marti、Markus Bichsel、Martin Camenisch、Martin Frei、Martin Valencak、Matthias Vust、Michael Ryf、Nils Tonascia、Philippe Druart、Regula Langenauer、Sabine Joss、Stefan Birrer、Thomas Breunig、Urs Weber、Ursula Bollens 以及 Ursula Kradolfer。感谢 "Virtual Institute Macroecology" 的支持 (Kühn et al., 2008)。

参考文献

Badeck, F.W., Bondeau, A., Bottcher, K., Doktor, D., Lucht, W.,Schaber, J. and Sitch, S. (2004) Responses of spring phenology to climate change. New Phytologist, 162, 295–309.

Bini, L.M., Diniz-Filho, J.A.F., Rangel, T.F.L.V., Akre, T.S.B., Albaladejo, R.G., Albuquerque, F.S., Aparicio, A., Araújo, M.B., Baselga, A., Beck, J., Bellocq, M.I., Böhning-Gaese, K., Borges, P.A.V., Castro-Parga, I., Chey, V.K., Chown, S.L., de Marco, P., Dobkin, D.S., Ferrer-Castán, D., Field, R., Filloy, J., Fleishman, E., Gómez, J.F., Hortal, J., Iverson, J.B., Kerr, J.T., Kissling, W.D., Kitching, I.J., León-Cortés, J.L., Lobo, J.M., Montoya, D.,Morales-Castilla, I.,Moreno, J.C., Oberdorff, T., Olalla-Tárraga, M.Á., Pausas, J.G., Qian, H., Rahbek, C., Rodríguez, M.Á., Rueda, M., Ruggiero, A., Sackmann, P., Sanders, N.J., Terribile, L.C., Vetaas, O.R. and Hawkins, B.A. (2009) Coefficient shifts in geographical ecology: an empirical evaluation of spatial and non-spatial regression. Ecography, 32, 193–204.

Bivand, R., Anselin, L., Berke, O., Bernat, A., Carvalho, M., Chun, Y., Dormann, C., Dray, S., Halbersma, R., Lewin-Koh, N., Ono, H., Peres-Neto, P., Tiefelsdorf, M. and Yu, D. (2006) spdep: spatial dependence: weighting schemes, statistics and models. R package version 0.3-22. http://cran.r-project.org.

Bundesamt für Statistik (2001) GEOSTAT Benutzerhandbuch. Bundesamt für Statistik, Neuchâtel, Switzerland.

Chevan, A. and Sutherland, M. (1991) Hierarchical partitioning. American Statistician, 45, 90–96.

Defila, C. and Clot,B. (2005) Phytophenological trends in the Swiss Alps, 1951–2002.Meteorologische Zeitschrift, 14, 191–196.

De Quervain, F., Hofmänner, F., Jenny, V., Köppel, V. and Frey, D. (1963–1967) Geotechnische Karte der Schweiz, 1 : 200 000, 2nd edn. Kümmerly and Frei, Bern, Switzerland.

Desdevises, Y., Legendre, P., Azouzi, L. and Morand, S. (2003) Quantifying phylogenetically structured environmental variation. Evolution, 57, 2647–2652.

Diniz-Filho, J.A.F. and Bini, L.M. (2005) Modelling geographical patterns in species richness using eigenvector-based spatial filters. Global Ecology and Biogeography, 14, 177–185.

Diniz-Filho, J.A.F. and Bini, L.M. (2008) Macroecology, global change and the shadow of forgotten ancestors. Global Ecology and Biogeography, 17, 11–17.

Diniz-Filho, J.A.F., De Sant'ana, C.E.R. and Bini, L.M. (1998) An eigenvector method for estimating phylogenetic inertia. Evolution, 52, 1247–1262.

Diniz-Filho, J.A.F., Bini, L.M. and Hawkins, B.A. (2003) Spatial autocorrelation and red herrings in geographical ecology. Global Ecology and Biogeography, 12, 53–64.

Diniz-Filho, J.A.F., Bini, L.M., Rodríguez, M.Á., Rangel, T.F.L.V. and Hawkins, B.A. (2007) Seeing the forest for the trees: partitioning ecological and phylogenetic components of Bergmann's rule in European Carnivora. Ecography, 30, 598–608.

Dolédec, S., Chessel, D., ter Braak, C.J.F. and Champely, S. (1996) Matching species traits to environmental variables: a new three-table ordination method. Environmental and Ecological Statistics, 3, 143–166.

Dormann, C.F. (2007) Effects of incorporating spatial autocorrelation into the analysis of species distribution data. Global Change Biology, 16, 129–138.

Dormann, C.F.,McPherson, J.M., Araújo, M.B., Bivand, R., Bolliger, J., Carl, G., Davies, R.G., Hirzel, A.H., Jetz, W., Kissling, W.D., Kühn, I., Ohlemüller, R., Peres-Neto, P.R., Reineking, B., Schröder, B., Schurr, F. and Wilson, R. (2007) Methods to account for spatial autocorrelation in the analysis of species distributional data: a review. Ecography, 30, 609–628.

Dray, S. and Legendre, P. (2008) Testing the species traits– environment relationships: the fourth-corner problem revisited. Ecology, 89, 3400–3412.

Dray, S., Legendre, P. and Peres-Neto, P.R. (2006) Spatial modelling: a comprehensive framework for principal coordinate analysis of neighbour matrices (PCNM). EcologicalModelling, 196, 483–493.

Durka, W. (2002) Phylogenie der Farn- und Blütenpflanzen Deutschlands. BIOLFLOR – eine Datenbank zu biologischökologischen.

Merkmalen der Gefäßpflanzen in Deutschland(ed. by S. Klotz, I. Kühn and W. Durka), Schriftenreihe für Vegetationskunde, Vol. 38, pp. 75–91. Bundesamt für Naturschutz, Bonn, Germany.

Fitter, A.H. and Fitter, R.S.R. (2002) Rapid changes in flowering time in British plants. Science, 296, 1689–1691.

Freckleton, R.P. and Jetz, W. (2009) Space versus phylogeny: disentangling phylogenetic and spatial signals in comparative data. Proceedings of the Royal Society B: Biological Sciences, 276, 21–30.

Gonseth, Y., Wohlgemuth, T., Sansonnens, B. and Buttler, A. (2001) Die biogeographischen Regionen der Schweiz. Erläuterungen und Einteilungsstandard/Les régions biogéographiques de la Suisse. Explications et division standard, Vol. 137. Bundesamt für Umwelt, Wald und Landschaft BUWAL, Bern, Switzerland.

Graham,M.H. (2003) Confronting multicollinearity in ecological multiple regression. Ecology, 84, 2809–2815.

Griffith, D.A. and Peres-Neto, P.R. (2006) Spatial modeling in ecology: the flexibility of eigenfunction spatial analyses.Ecology, 87, 2603–2613.

Harvey, P.H. and Pagel, M.D. (1991) The comparative method in evolutionary biology. Oxford University Press, Oxford.

Hawkins, B.A., Diniz-Filho, J.A.F., Bini, L.M., De Marco, P. and Blackburn, T.M. (2007) Red herrings revisited: spatial autocorrelation and parameter estimation in geographical ecology. Ecography, 30, 375–384.

Johnson, S.D. (1993) Climatic and phylogenetic determinants of flowering seasonality in the Cape flora. Journal of Ecology, 81, 567–572.

Kissling, W.D. and Carl, G. (2008) Spatial autocorrelation and the selection of simultaneous autoregressive models. Global Ecology and Biogeography, 17, 59–71.

Knapp, S., Kühn, I., Schweiger,O. and Klotz, S. (2008) Challenging urban species diversity: contrasting phylogenetic patterns across plant functional groups in Germany. Ecology Letters, 11, 1054–1064.

Koellner, T., Hersperger, A.M. and Wohlgemuth, T. (2004) Rarefaction method for assessing plant species diversity on a regional scale. Ecography, 27, 532–544.

Kühn, I. (2007) Incorporating spatial autocorrelationmay invert observed patterns. Diversity and Distributions, 13, 66–69.

Kühn, I., Bierman, S.M., Durka, W. and Klotz, S. (2006) Relating geographical variation in pollination types to environmental and spatial factors using novel statistical methods. New Phytologist, 172, 127–139.

Kühn, I., Böhning-Gaese, K., Cramer, W. and Klotz, S. (2008) Macroecology meets global change research. Global Ecology and Biogeography, 17, 3–4.

Landolt, E., Bäumler, B., Erhardt, A., Hegg, O., Klötzli, F., Lämmler, W., Nobis, M., Rudmann-Maurer, K., Schweingruber, F.H., Theurillat, J.-P., Urmi, E., Vust, M. and Wohlgemuth, T. (2009) Flora indicativa – Ecological indicator values and biological attributes of the flora of Switzerland and the Alps.

Haupt, Bern, Switzerland. Legendre, P. (1993) Spatial autocorrelation – trouble or new paradigm. Ecology, 74, 1659–1673.

Legendre, P. and Legendre, L. (1998) Numerical ecology. Developments in environmental modelling, Vol. 20. Elsevier, Amsterdam.

Legendre, P., Galzin, R. and Harmelin-Vivien, M.L. (1997) Relating behaviour to habitat: solutions to the fourth-corner problem. Ecology, 78, 547–562.

Lennon, J.J. (2000) Red-shifts and red herrings in geographical ecology. Ecography, 23, 101–113.

Levin, D.A. (2006) Flowering phenology in relation to adaptive radiation. Systematic Botany, 31, 239–246.

McGill, B.J., Enquist, B.J., Weiher, E. and Westoby, M. (2006) Rebuilding community ecology from functional traits. Trends in Ecology and Evolution, 21, 178–185.

Mac Nally, R. and Walsh, C.J. (2004) Hierarchical partitioning public-domain software. Biodiversity and Conservation, 13, 659–660.

Menzel, A., Estrella, N. and Fabian, P. (2001) Spatial and temporal variability of the phenological seasons in Germany from 1951 to 1996. Global Change Biology, 7, 657–666.

Menzel, A., Sparks, T.H., Estrella, N. and Roy, D.B. (2006) Altered geographic and temporal variability in phenology in response to climate change. Global Ecology and Biogeography, 15, 498–504.

Peres-Neto, P.R. (2006) A unified strategy for estimating and controlling spatial, temporal and phylogenetic autocorrelation in ecological models. Oecologia Brasiliensis, 10, 105–119.

Plattner, M., Birrer, S. and Weber, D. (2004) Data quality in monitoring plant species richness in Switzerland. Community Ecology, 5, 135–143.

Prinzing, A., Durka, W., Klotz, S. and Brandl, R. (2001) The niche of higher plants: evidence for phylogenetic conservatism. Proceedings of the Royal Society B: Biological Sciences, 268, 2383–2389.

Purvis, A. and Rambaut, A. (1995) Comparative analysis by independent contrasts (CAIC): an Apple Macintosh application for analysing comparative data. CABIOS, 11, 247–251.

R Development Core Team (2008) R: a language and environment for statistical computing. R Foundation for Statistical Computing, Vienna, Austria.

Roetzer, T., Wittenzeller, M., Haeckel, H. and Nekovar, J. (2000) Phenology in central Europe – differences and trends of spring phenophases in urban and rural areas. International Journal of Biometeorology, 44, 60–66.

Schweiger, O., Klotz, S., Durka, W. and Kühn, I. (2008) A test of phylogenetic diversity indices. Oecologia, 157, 485–495.

Tautenhahn, S., Heilmeier, H., Götzenberger, L., Klotz, S., Wirth, C. and Kühn, I. (2008) On the biogeography of seed mass in Germany – distribution patterns and environmental correlates. Ecography, 31, 457–468.

Tiefelsdorf, M. and Griffith, D.A. (2007) Semiparametric filtering of spatial autocorrelation: the eigenvector approach. Environment and Planning A, 39, 1193–1221.

Weber, D., Hintermann, U. and Zangger, A. (2004) Scale and trends in species richness: considerations for monitoring biological diversity for political purposes. Global Ecology and Biogeography, 13, 97–104.

Westoby, M., Leishman, M.R. and Lord, J.M. (1995) On misinterpreting the 'phylogenetic correction'. Journal of Ecology, 83, 531–534.

Wohlgemuth, T., Nobis, M.P., Kienast, F. and Plattner, M. (2008) Modelling vascular plant diversity at the landscape scale using systematic samples. Journal of Biogeography, 35, 1226–1240.

Zimmermann, N.E. and Kienast, F. (1999) Predictive mapping of alpine grasslands in Switzerland: species versus community approach. Journal of Vegetation Science, 10, 469–482.

补充材料

表 S1 空间及空间–系统滤波后，挑选出的特征向量的相关矩阵。数字加粗表示的为绝对值大于 0.2 的值，灰色底色标注的表示绝对值小于 0.1 的值。

			空间–系统发育				
	滤波器	P4	P27	P3	P5	P94	P147
空间	S3	−0.139	−0.093	0.209	**0.288**	0.039	0.010
	S49	−0.085	−0.043	−0.035	0.010	0.071	0.050
	S8	0.081	−0.005	−0.095	−0.017	−0.097	0.012
	S35	−0.081	−0.037	−0.075	0.046	−0.089	−0.044
	S57	0.080	−0.022	−0.053	0.070	−0.134	0.022
	S10	0.023	0.007	0.052	−0.035	0.065	−0.010
	S40	0.045	0.061	−0.044	−0.002	−0.003	0.018
	S51	0.075	−0.100	0.051	0.084	−0.101	0.062
	S17	−0.024	−0.066	−0.085	−0.074	−0.033	0.020

表 S2 结合空间及空间结构化的系统滤波进行回归。挑选出空间及系统滤波器之间的相关矩阵。空间滤波器，以及空间–系统滤波器内部为相互正交，因而未进行标注。灰色底色标注的表示绝对值小于 0.1 的值。

			空间–系统发育		
	滤波器	P32	P45	P4	P27
空间	S3	−0.178	0.05	−0.139	−0.093
	S35	0.046	−0.02	−0.081	−0.037

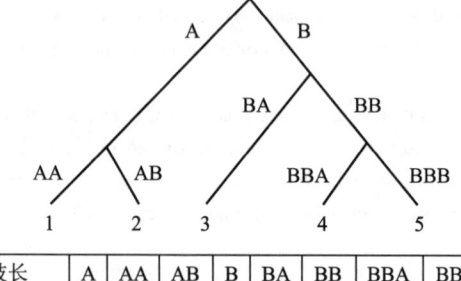

物种\枝长	A	AA	AB	B	BA	BB	BBA	BBB
物种1	1	1	0	0	0	0	0	0
物种2	1	0	1	0	0	0	0	0
物种3	0	0	0	1	1	0	0	0
物种4	0	0	0	1	0	1	1	0
物种5	0	0	0	1	0	1	0	1

图 S1 利用系统发育枝矩阵构建的二值系统发育树，数据为 CAIC 格式。字母代表每个节点处的进化枝。

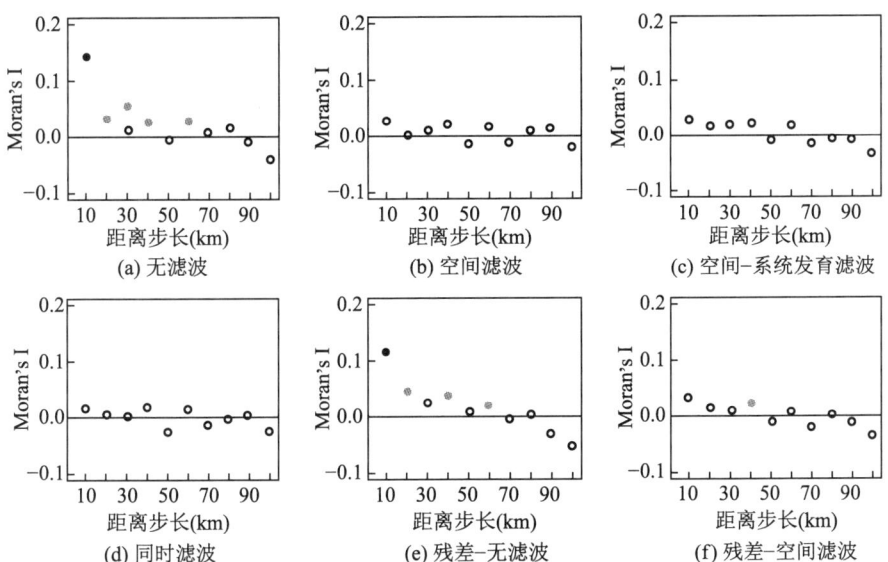

图 S 2　各模型残差的 Moran's I 自相关图: (a) 无滤波; (b) 空间滤波;(c) 空间化的系统发育滤波; (d) 同时滤波; (e) 系统发育滤波的残差分析; (f) 顺序滤波。显著的自相关系数以闭合圆圈表示 ($P < 0.05$, 黑色表示经过 Bonferroni 校正, 灰色表示没有经过校正), 不显著的自相关系数以不闭合圆圈表示。

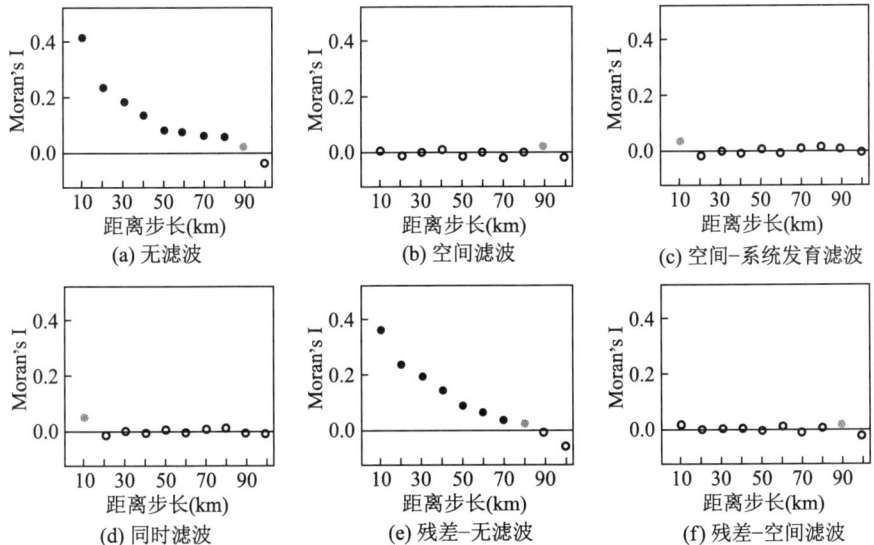

图 S 3　除去石灰土变量后, 各模型残差的 Moran's I 自相关图: (a) 无滤波; (b) 空间滤波; (c) 空间化的系统发育滤波;(d) 同时滤波; (e) 系统滤波的残差分析; (f) 顺序滤波。显著的自相关系数以闭合圆圈表示 ($P < 0.05$, 黑色表示经过 Bonferroni 校正, 灰色表示没有经过校正), 不显著的自相关系数以不闭合圆圈表示。

全球物种更替与环境的关系[①]

Lauren B. Buckley　　Walter Jetz

引言: 物种更替格局是生物多样性地理和应对物种保护挑战的核心内容, 但是在大尺度上人们对其知之甚少。本文首次从全球角度, 以空间显式研究方法研究物种空间更替和环境的关系, 比较了空间环境梯度对两栖脊椎动物、鸟类的作用。研究表明即使在环境更替量[②]较低的情况下, 物种更替量依然可能会很高, 但环境更替量为物种更替量提供了下限, 该下限在热带界会随着环境更替量而迅速增加。由于鸟类的平均地理范围比两栖动物大, 导致两栖动物更替率是鸟类的四倍并呈相关性。小范围内鸟类和两栖动物均会显示出快速的物种更替率, 然而大范围鸟类更替会促使鸟类总体更替格局发生改变。研究证实, 环境对于物种更替的巨大影响会受到物种分布范围尺度以及地区历史的调控。研究发现不同于物种丰富度地理格局, 一种类别(两栖动物)更替量比环境本身更有助于另一类别(鸟类)更替量的预测。该结果证实了两栖动物对环境更替格局很敏感, 并说明了其作为替代指标的价值。在环境日益变化的今天, 空间显式的环境更替量分析为物种保护规划提供新知识。

关键字: Beta多样性　　生物多样性　　距离衰减　　环境梯度　　空间更替

理解物种更替格局不仅是保护物种规划[1,2]这一应用研究的核心, 同时也是生物多样性起源和分布[3,4]等长久以来一直未解决的概念问题的重要内容。研究变化环境中的物种更替格局对于确定物种分布范围的边界有重要意义[5]。环境差异以及地理距离是物种更替的两大驱动力[6]。沿着局部环境梯度的方向, 物种分布通常呈现竞争选择[7,8]。在大尺度上, 物种形成和消亡的进化历史[③]、环境

[①] 原文: Lauren B. Buckley and Walter Jetz. 2008. Linking global turnover of species and environments. Proceedings of the National Academy of Science 105:17836-17841.
推荐: 宫鹏; 翻译: 王晓眧; 校阅: 宫鹏、林光辉; 辅助校阅: 徐玥、梁菲菲。
注: Reprinted, with permission from The National Academy of Science of the USA and the authors。
[②] 环境数据的相关计算见文章"研究方法"部分。
[③] 热带群落比较古老, 进化时间较长, 并且在地质年代中环境条件稳定, 很少遭受灾害性气候变化(如冰期), 所以群落的多样性较高。相反, 温带和极地群落从地质年代上讲是比较年轻的, 遭受灾难性气候变化较多, 所以多样性较低。这就是说, 所有群落随时间的推移其种数越来越多, 比较年轻的群落可能没有足够的时间发展到高多样化的程度。有些事实能为此学说提供证据, 如北半球白垩纪的浮游性有孔虫化石, 也和现存有孔虫类一样, 从热带到极地, 物种多样性逐渐降低。

条件等共同限制物种的分布和丰富度[9-11]。本文将 Whittaker 沿环境梯度方向的物种更替研究扩展到全球尺度,并验证了环境和物种组成在地理空间内将如何改变,以理清空间和环境条件对物种更替带来的影响。

物种更替就是沿空间和环境梯度方向物种组成的改变[8,12]。Beta 多样性①与物种更替含义相近,指的是用数学方法将多样性分解成各组成部分及成对采样点间的相异特征 (dissimilarity)[16,17]。基于成对采样点距离的相异性研究,不仅缺乏空间连续性,而且在给定环境条件下无法与特点位置建立联系。这就极大地限制了将环境与物种更替关联的价值。基于以上原因,现已获得大量物种丰富度图,而物种更替图却极少见。

Gaston 等人[18]最近制作了全球鸟类物种更替图。计算了相邻格网间的物种更替量,并与平均环境状况进行关联。不同于 Whittaker[8] 沿着环境梯度计算物种更替,该实验用邻近格网单元检测物种更替。其他作者采用物种相似性随距离衰减量来检验空间物种更替格局[1,19]。Qian 和 Ricklefs[20] 计算了植物更替,并将其看作地理或环境空间内物种相似性的衰减。环境空间中物种相似性衰减对研究生态很有意义,因此我们强调了地理在环境和物种组成中的重要性,将地理空间中物种相似性衰减与环境相似性衰减进行关联。

我们会产生疑问,物种组成更替和环境更替之间的关系在以下几种情况中有何不同: (1) 在我们所关注的变温和恒温脊椎动物间; (2) 考虑地理范围; (3) 在区域历史各异的生物地理分区之间。两栖动物栖息范围很小,并在很大程度上受到环境状况 (尤其是水温平衡) 的限制[21,22]。较低的扩散能力使得两栖动物对环境的空间差异很敏感[23]。因此我们预测两栖动物比鸟类更替迅速。现有实验证明: 大范围内多样性格局与物种地理范围尺寸没有必然联系。考虑到范围大小与空间中平均更替之间的直接关系,更替中大多数跨类变异可能是由物种组成引起。我们对两栖动物与鸟类之间地理范围的四倍差异是否会导致不同的更替率进行了调查。

我们调查了物种和环境更替之间的相互约束关系。高环境更替是导致高物种更替的必要条件吗? 高环境更替一定伴随着高物种更替吗? 距离衰减时关系将如何变化? 我们预测随着分析尺度的增加,范围大小对不同类群的影响会降低。明确在温带与热带区域,环境和物种更替是否存在差异是研究多样性分布和起源的核心。如果不同的物种形成 (speciation) 速率引起生态位特化② (niche

---

① β-多样性是度量在地区尺度上物种组成沿着某个梯度方向从一个群落到另一个群落的变化率。它可以定义为沿着某一环境梯度物种替代的程度或速率、物种更替率、生物变化速率等。β-多样性还反映了不同群落间物种组成的差异,不同群落或某环境梯度上不同点之间的共有种越少,β-多样性越大。

② 特化作用指物种仅适应特定生态位的现象。特化是由一般到特殊的生物进化方式,指物种适应于某一独特的生活环境,形成局部器官过于发达的一种特异适应,是分化式进化的特殊情况。

specialization) 作用的差异及物种库区域范围变化, 上述差异将会出现[10]。环境和物种更替间的关系强调了 Janzen[3] 的学说 "热带山区更替速率更快"—— 热带地区气候变化小将引起生态位特化作用以及高物种更替率。

高物种丰富度地区类群间的一致性有利于物种保护规划[25]。但物种保护策略中很少涉及高物种更替的区域[2], 类群间物种更替格局的一致性也很少被知晓(如图 1)。两栖动物对环境状况具有高敏感性, 可能成为其他类群物种更替的

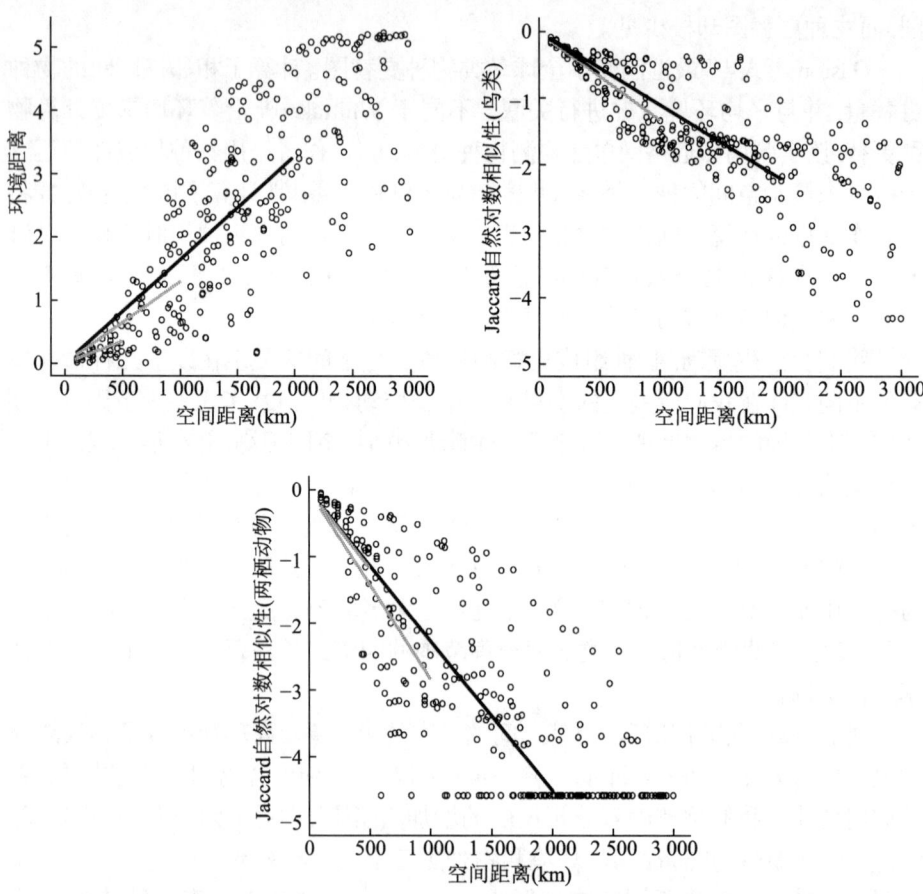

图 1 以中非地区 (图 2 所示) 为例, 环境和物种更替量随横坐标空间距离 (km) 的改变而发生变化。环境距离是环境主分量沿位置的绝对差 (1 000 km ±95%CI 斜率 $= 1.6 \times 10^{-3} \pm 1.7 \times 10^{-4}$, $F_{[1,87]} = 320, P < 1.0 \times 10^{-15}, r^2 = 0.78$)。鸟类和两栖动物更替量是通过计算各位置物种组分的 Jaccard 相似性自然对数获得的。两栖动物 (1 000 km ±95%CI 斜率 $= -2.80 \times 10^{-3} \pm 2.9 \times 10^{-4}$, $F_{[1,102]} = 360, P < 1.0 \times 10^{-15}, r^2 = 0.78$) 物种相似性随距离衰减比鸟类 (1 000 km ±95%CI 斜率 $= -1.44 \times 10^{-3} \pm 1.0 \times 10^{-4}$, $F_{[1,92]} = 764, P < 1.0 \times 10^{-15}, r^2 = 0.89$) 更加迅速。不同空间距离 (500 km、1 000 km、2 000 km) 衰减的斜率不一。该斜率是图 2 形成的基础。

替代指标[26]。我们对上述观点用详尽的实验进行论证,并检验在跨空间尺度下,环境或两栖动物更替是否是鸟类地理更替的有效替代和预测指标。

结果与讨论

以非洲中部地区为例,我们首先检验了环境距离增加量、沿空间距离方向两栖和鸟类物种相似性衰减量 (如图1)。环境距离 (环境主成分的绝对差) 随着空间距离的增加而平稳增加。两栖动物物种组成的 (ln) Jaccard 相似性比鸟类降低得更快,与两栖动物相似性值域 (range size) 较小的趋势保持一致 (1 000 km 空间窗口 ±95% 置信区间下, 两栖动物斜率为 $-2.80 \times 10^{-3} \pm 29 \times 10^{-4}$,鸟类斜率为 $-1.44 \times 10^{-3} \pm 1.0 \times 10^{-4}$)。示例地区空间距离上各关系的斜率相对平稳,在后续研究中我们重点检验了 1 000 千米中等空间距离的结果。由于完全相异性为物种更替设置了下限,当距离减小到 2 000 千米时斜率达到最低点。

我们运用特定点位各个关系的斜率研究环境和物种组成的全球更替格局。两栖动物物种构成相似性的距离衰减更加急剧并具有全球一致性 (95% 置信区间下,两栖动物的平均斜率为 $-1.90 \times 10^{-3} \pm 1.2 \times 10^{-5}$,鸟类则为 $-1.16 \times 10^{-3} \pm 5.1 \times 10^{-6}$, $n = 10\,529, t_{13128} = 74.3, P < 1.0 \times 10^{-15}$)。空间衰减关系在导致鸟类物种相似性变化的原因中占 89% (中值),而对于两栖动物该比例仅为 74% (中值) (图 S1)。对于类群和环境更替,超过 99% 的关系都是显著的 ($P < 0.01$)。

鸟类物种和两栖动物物种更替率最高的地区高度一致,并且与高环境更替率地区也非常符合 (如图 2; 确定系数见图 S1)。出现高物种和环境更替量的地

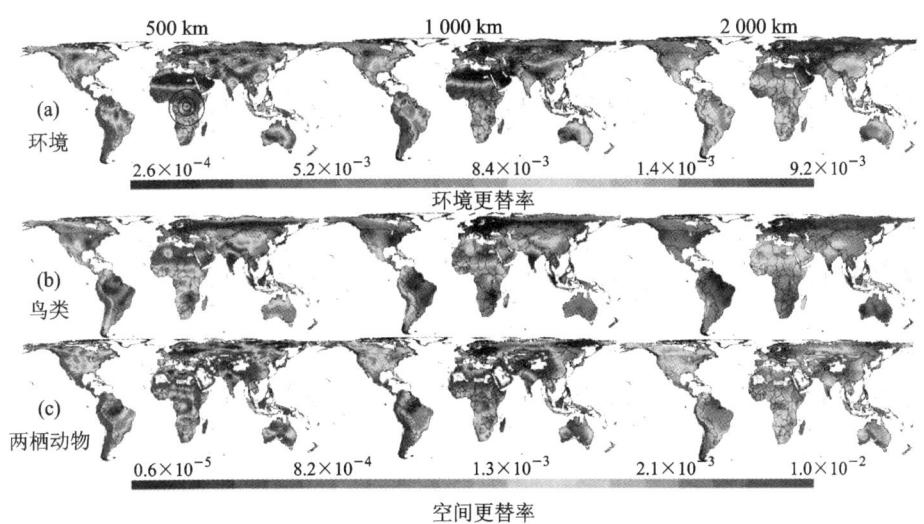

图 2 (见彩图) 环境更替率的空间格局 (a) 与鸟类更替率 (b) 两栖动物更替率 (c) 相关。

199

区包括安第斯山脉 (Andes)、非洲北部 (Northern Africa) 以及喜马拉雅山脉 (Himalayas)。综合使用四个变量 [温度、净初级生产力 (NPP)、年土壤蒸发量 (AET)、降水，如图 S2 所示] 的主成分分析更替格局，与单一环境变量更替格局相类似。

上图描述了环境距离或物种相似性 (ln Jaccard 相似性) 与空间距离 (km) 关系的斜率 (20 分位数，红色表示斜率较大)。上例中分别用 500 km、1 000 km 和 2 000 km 半径的圆对中非地区进行距离抽样。

将环境更替与两栖动物物种更替进行关联 (如图 3)，我们发现高物种更替量的出现不受环境更替量的影响，然而高环境更替量通常对应于高物种更替量。这种环境和物种更替的三角关系对于鸟类尤为突出。我们用分位数 (10%) 回归法检验环境更替量增加引发的物种更替量下限改变。鸟类更替量下限的斜率范围从 0.18 到 0.31，并随着空间尺度的增加而缓慢升高 (如表 1)。两栖动物的类似斜率在 0.52 到 0.69 的范围内，大体上比较陡峭。同质环境中高物种更替可能是由于代替种 (vicariant) 演变历史引起的。

虽然不同种群更替率不同，但两栖动物和鸟类更替率在各网格间是高度相关的 (如图 3)。在进行鸟类更替量预测时，运用两栖动物作为指标 (表 1; Spearman 相关分析: 500 km $r_s = 0.63$, 1 000 km $r_s = 0.73$, 2 000 km $r_s = 0.74$) 比环境 (表 1; Spearman 相关分析: 500 km $r_s = 0.33$, 1 000 km $r_s = 0.37$, 2 000 km $r_s = 0.48$) 具有更高的网格相关性。对空间自相关的描述证实了上述结果 (表 1)。分析已有的更精准预测，我们发现两栖动物单位更替增量会对应较小的鸟类更替增量，说明以两栖动物作指标预测鸟类更替量比用鸟类作指标预测两栖动物更替量更加精确。两栖动物作为变温动物对环境状况非常敏感，在物种保护规划中可作为鸟类更替量研究的替代指标[1]，并且在研究尺度上比环境微分法更合适。我们观察发现其他类群比环境本身更适合预测物种更替量，而这和依据物种丰富度的地理格局得出的调查结果相悖。当物种丰富度格局的跨类并联性大于环境时[27]，环境变量如温度、生产率就可作为很好的预测及替代指标[28,29]。

上表展示了非空间广义线性模型和空间自回归模型的斜率以及 95% 置信区间、Wald Z 值统计。在 $P < 1.0 \times 10^{-15}$ 范围内的所有回归都是显著的。

研究发现两栖动物物种更替率大约是鸟类的 4 倍 (如表 1)，而两栖动物的地理范围平均约为鸟类的 1/4.75，二者基本一致 (鸟类值域中数为 88 格网，两栖动物为 6 格网；鸟类中值为 88 格网，两栖动物为 6 格网；均值 ± 标准差：鸟类为 256.7 ± 4.6 格网，两栖动物为 53.9 ± 2.2 格网)。实验在值域的四个分位内单独考虑了鸟类更替量，揭示出值域变大对物种更替率的影响 (如图 4; 图 S3 中所有距离窗口)。更大范围尺寸下分位数计算的物种更替格局能够更好地模拟所有鸟类的更替格局 [斯皮尔曼 (Spearman) 等级相关系数: $Q_1 r_s = -0.10, Q_2 r_s = -0.15, Q_3 r_s = -0.39, Q_4 r_s = -0.92$]。在第一和第二四分位范围中，鸟类更替量比两栖动物上升得更加迅速。全部鸟类与值域分位内鸟类更替格局间的差异显示

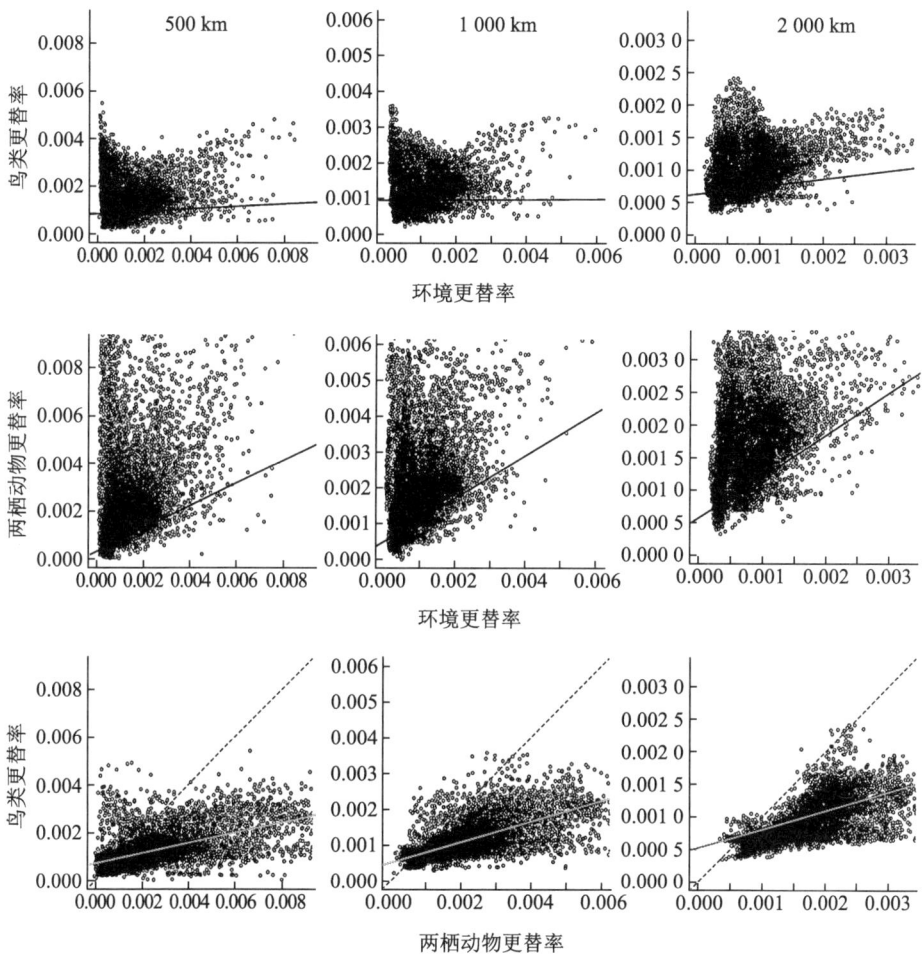

图3 分别用三个距离窗口1:1描述全球环境和鸟类或两栖动物更替量关系及鸟类和两栖动物更替量关系。环境更替量关系用10%分位数回归描述,鸟类和环境更替量关系用线性最小二乘回归描述(表1中的斜率)。

出窄域(narrow-ranged)物种快速更替(如图4)。实验结果证实了范围大小和迁移限制对物种更替的重要性。另外一种说法认为制约物种更替格局的是范围分布而不是范围大小。广域物种不仅决定了物种丰富度格局[11],还强烈地驱动物种更替的空间格局[18]。考虑到窄域物种的出现是全面识别高物种更替量区域的必要条件,因此它与物种整体丰富度并非独立。

物种形成及灭亡历史决定了区域物种种类,继而决定了特定物种与特定环境条件间的关系,我们可据此预测物种是如何对环境更替进行响应的[10,30,31]。该

表 1 全球环境、鸟类和两栖动物更替量间的分位数 (QR) 和线性最小二乘回归 (OLS)(与图 3 一致)。

X	Y		500 km		1 000 km		2 000 km	
			Slope±CI	Z	Slope±CI	Z	Slope±CI	Z
					非空间			
环境	鸟类	QR10%	0.20±0.01	25.2	0.24±0.01	36.8	0.24±0.01	26.7
		OLS	0.20±0.02	23.9	0.24±0.02	27.6	0.24±0.02	31.7
	两栖动物	QR10%	0.52±0.03	35.1	0.60±0.03	34.5	0.60±0.03	20.3
		OLS	0.60±0.04	31.5	0.42±0.04	20.7	0.42±0.04	23.9
两栖动物	鸟类	QR50%	0.25±0.01	47.8	0.32±0.008	77.0	0.32±0.008	124.2
		OLS	0.21±0.005	69.6	0.29±0.006	88.5	0.29±0.006	87.1
					空间			
环境	鸟类	OLS	0.22±0.01	32.1	0.26±0.01	35.4	0.32±0.01	48.0
	两栖动物	OLS	0.61±0.04	31.9	0.60±0.03	34.4	0.51±0.03	36.4
两栖动物	鸟类	OLS	0.17±0.005	62.8	0.28±0.006	88.7	0.35±0.001	91.9

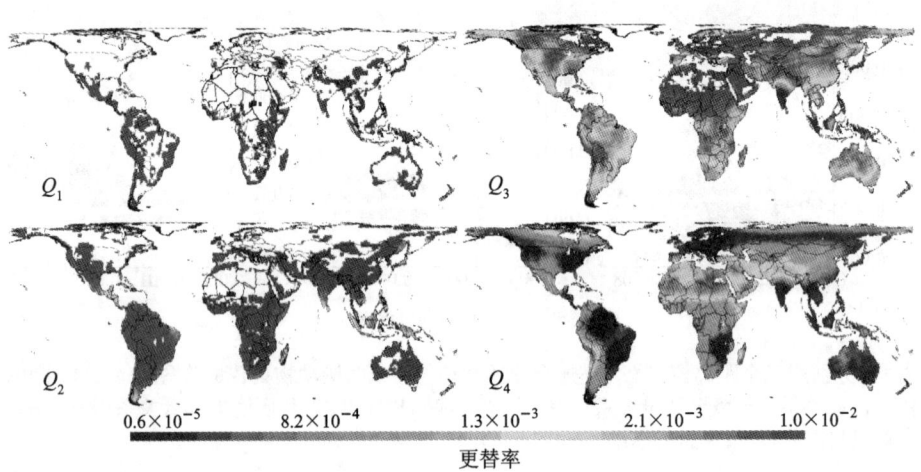

图 4 (见彩图) 鸟类被划分到值域的四个分位中,导致其更替格局各不相同,且分布范围最窄的鸟类更替率最大 (Q_1)。图 2 中数据被划分为 20 分位,红色代表 1 000 km 目标距离内的更替更快,白色代表没有足够的鸟类数量用于分析。

预测与我们的观测结果保持一致,即随环境更替的物种更替量在热带地区 (非洲界,东洋界,新热带界) 比温带地区 (澳新界,新北界,古北界;如图 5) 上升更快。在环境更替影响下,温带地区鸟类和两栖动物更替量分位数回归显著性很小或基本没有显著性 (温带鸟类 1 000 km ±95%CI 斜率 = $-0.02\pm0.04, F_{[1,3020]}=$

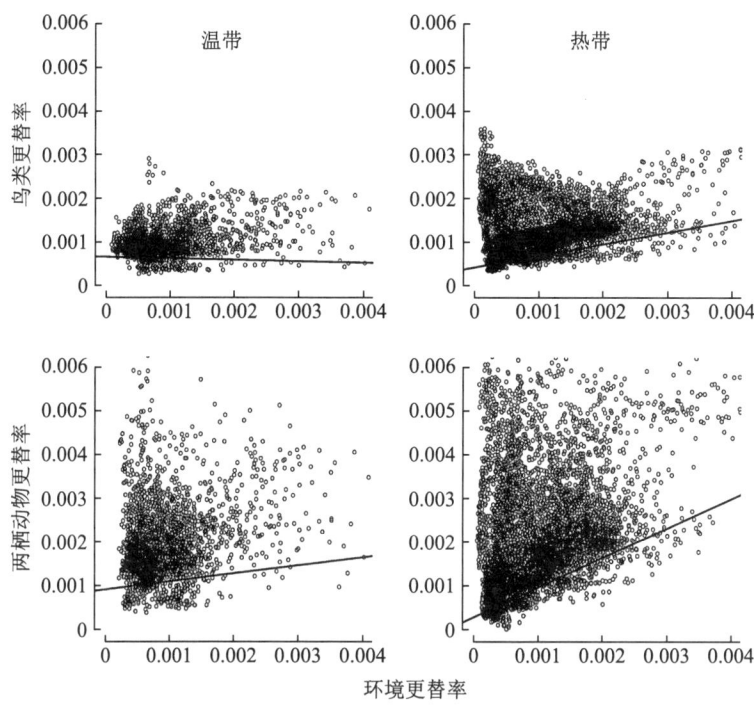

图 5 鸟类、两栖动物更替量随环境更替量增加而增加的现象在热带比温带区域更明显。物种更替的 10% 分位数值描述了 1 000 km 目标距离内这种关系的下限。

1.3, $P = 0.2$; 温带两栖动物 1 000 km ±95%CI 斜率 = 0.21 ± 0.09, $F_{[1,2787]} = 22.3$, $P < 1.0 \times 10^{-5}$)。考虑过所有区域后发现,总的来说,在热带地区,两栖动物的物种更替量和环境更替关系的斜率比鸟类大 (热带鸟类 1 000 km ±95%CI 斜率 = 0.30 ± 0.02, $F_{[1,17504]} = 1032.6$, $P < 1.0 \times 10^{-15}$; 热带两栖动物 1 000 km ±95%CI 斜率 = 0.75 ± 0.04, $F_{[1,6879]} = 1527.0$, $P < 1.0 \times 10^{-15}$)。

物种和环境更替量在温带与热带间的差异证明环境状况和区域历史共同制约着物种更替量,而上述观点也有充分的物种丰富度文献作证[6,10]。我们的结果与 Janzen[3] 关于热带山区更替速率更高的假设相符。热带山区有更恒定的气候,导致物种对环境的适应力差、对气候的容差小,最终导致更大的遗传差异和物种形成速率,甚至会引发生理障碍。这种现象在更为狭窄的分布区以及沿海拔梯度物种更替量增加的地区更加明显[3]。Janzen 的假设得到了大量实验的支持[21,32]。在热带地区两栖动物[33,34] 和鸟类[32,35,36] 的范围均较为狭窄。

热带地区物种更替与环境之间的紧密关系说明热带群落对于气候变化很敏感。热容忍范围小的热带生物体可能已经接近它们的温度极限,虽然热带预期温度变化相对较小,但气候变化仍可能对其产生严重的影响[37]。不同类群拥有不同的物种更替率,这将会影响气候驱动范围变化引起的种群间物种交互作用。

我们的分析为连接环境空间格局与物种更替率提供了框架，以便理解环境和历史过程是如何限制现今以及将来的环境多样性。

研究方法

分布数据：利用 5 634 种两栖物种 (已知约有 6 000 种, 全球两栖动物评估)[38] 分布图以及 8 750 种鸟类繁殖范围 (约有 9 713 已知陆地鸟类, 不包括水鸟以及小岛上的地方种类)[39] 建立物种分布数据。我们采用等面积圆柱投影，得到面积均为 12 364 km² 的格网单元 (约为赤道上 1° 经度 ×1° 纬度)，用以检验物种和环境更替量。根据 Gaston 等人的[18] 方法, 我们强调等面积以及在全球范围内各格网具有相当数量的物种, 但长度变形在高纬度地带很显著。我们不得不承认范围地图会高估物种出现分布范围, 而这种高估对于范围较小的两栖动物尤为严重。我们认为 1 度格网不仅适合于小范围两栖动物分布的评价, 而且能够降低高估范围。然而这种高估会对格网小于 2 度的物种丰富度格局[40] 产生影响, 两栖动物物种丰富度模式对于格网大小具有鲁棒性[22]①。

环境数据：实验在用于评估物种更替的相同格网上提取四个已知环境变量, 约束两栖动物和鸟类的分布[11,22], 并使用了 1961 年到 1990 年 10′ 分辨率的年平均温度和降水数据[41]。我们使用对应年份的年平均净初级生产力 NPP(gCm^{-2}, 30′ 分辨率)[42] [数据由波茨坦研究院 (Potsdam institute) 用多种模型编辑而成] 以及与水温平衡高度相关的 AET 数据 (30′ 分辨率)[43] 对能源可用性进行评价。实验中使用数据的主成分分析结果来定义环境梯度, 主成分分析是用低维不相关变量 (主成分, PC) 表示一系列原始高维相关变量, 并尽量使第一主成分包含更多信息。实验中第一主成分轴引起了环境空间中很大 (76.2%) 的变化, 并尽量保证载荷量相等 (载荷: 温度 =0.33, NPP=0.54, AET=0.56, 预测 =0.54)。上述变量有助于沿单一梯度方向检验环境综合更替量, 并允许将目标点 i 和参照点 j 之间的环境距离作为这两点处主成分值的绝对差, 即 $|PC_j - PC_i|$。虽然沿纬度方向的温度梯度很大, 但剔除温度变量时定量分析结果与原结果相似。

物种更替：物种相似性度量是关于 a (两个区域共有物种)、b (研究区新增物种) 和 c (研究区减少物种) 的函数。我们采用 Jaccard 相似指数, 反映因某物种只在一点出现而导致的两点间组分差异性: $\beta_j = (b+c)/(a+b+c)$[44]。实验采用距离衰减关系评价物种相似性递减速率, 用环境距离增加作为度量地理距离的函数[19,20,45,46]。物种和环境更替量用环境距离或 (ln 变换) 物种相似度与距离间关系斜率 (线性最小二乘) 的绝对值进行度量[19]。该方法绘制出与 McKnight 等[1]

---

① 参考文献 22 中作者分别计算了 3 种不同尺度 (约为赤道上 0.5 度经度 ×0.5 度纬度以及 2 度 × 2 度、4 度 × 4 度) 格网下, 两栖动物物种丰富度模式。实验表明各环境影响因子在不同尺度上对丰富度影响一致。

相似的物种更替率图,并对环境和物种更替率进行了更直观的比较。保持回归截距为零 (完全相似性在 0 km)。实验采用 R 函数 spDistsN1 计算格网中心间的大圆弧距离 (km),并检验了 3 个不同空间窗口 (500、1 000 和 2 000 km) 内的距离衰减。通过对距离求逆进行概率抽选实现格网重采样,确保距离函数采样密度保持恒定。所选格网总数是半径 500 km 范围内格网数的 4 倍。文中所有系数均在 95% 置信区间 (CI) 内,并使用包含 1 000 km 邻域和行标准化的最大似然空间自回归模型说明误差项中的空间自相关性 (R package spdep; Bivand, 2005)。

致 谢

感谢所有参与和支持鸟类分布数据库建立的人们,他们是 Jane Gamble、Hilary Lease、Terressa Whitaker、Josep del Hoyo (Lynx Ediciones 出版社)、Andrew Richford (爱思唯尔学术出版社)、Cathy Kennedy (牛津大学出版社)、Chris Perrins, Robert Ridgely、Tzung-Su Ding、Rob McCall、Paul H. Harvey、Stuart Pimm 以及 James H. Brown、Allen Hurlbert、Frank La Sorte 和提供有益评论的匿名审稿人。我们的工作得到了广泛的支持,包括圣达菲博士后基金、国家生态分析与综合中心、美国国家科学基金 (批号:0553768)、加利福尼亚大学圣巴巴拉分校、加利福尼亚州 (L.B.B.) 及美国国家科学基金 BCS-0648733 (W.J.)。

参 考 文 献

[1] McKnightMW,et al. (2007) Putting beta-diversity on the map: Broad-scale congruence and coincidence in the extremes. PLoS Biol 5:2424–2432.

[2] Pimm SL, Gittleman JL (1992) Biological Diversity: Where is it? Science 255:940.

[3] Janzen DH (1967) Whymountain passes are higher in the tropics.AmNat 101:233–249.

[4] Whittaker RH (1972) Evolution and measurement of diversity. Taxon 21:213–251.

[5] Holt RD, et al. (2005) Theoretical models of species' borders: Single species approaches. Oikos 108:18–27.

[6] Ricklefs RE (2007) History and diversity: Explorations at the intersection of ecology and evolution. Am Nat 170:S56–S70.

[7] Cody ML (1975) in Ecology and Evolution of Communities, eds Cody ML, Diamond JM (Belknap Press of Harvard Univ Press, Cambridge), pp 214–257.

[8] Whittaker RH (1960) Vegetation of the Siskiyou Mountains, Oregon and California. Ecol Monographs 30:279–338.

[9] Currie DJ, et al. (2004) Predictions and tests of climate-based hypotheses of broad-scale variation in taxonomic richness. Ecol Lett 7:1121–1134.

[10] Ricklefs RE (2004) A comprehensive framework for global patterns in biodiversity. Ecol Lett 7:1–15.

[11] Jetz W, Rahbek C (2002) Geographic range size and determinants of avian species richness. Science 297:1548–1551.

[12] Harrison S, Ross S J, Lawton JH (1992) Beta diversity on geographic gradients in Britain. J Anim Ecol

61:151–158.

[13] Vellend M (2001) Do commonly used indices of β-Diversity measure species turnover? J Veg Sci 12:545–552.

[14] Veech JA, Summerville KS, Crist TO, Gering JC (2002) The additive partitioning of species diversity: Recent revival of an old idea. Oikos 99:3–9.

[15] Lande R (1996) Statistics and partitioning of species diversity, and similarity among multiple communities. Oikos 76:5–13.

[16] Koleff P, Gaston KJ, Lennon JJ (2003) Measuring beta diversity for presence-absence data. J Anim Ecol 72:367–382.

[17] Tuomisto H, Ruokolainen K (2006) Analyzing or explaining beta diversity? Understanding the targets of different methods of analysis. Ecology 87:2697–2708.

[18] Gaston KJ, et al. (2007) Spatial turnover in the global avifauna. Proc Roy Soc B 274:1567–1574.

[19] Nekola JC, White PS (1999) The distance decay of similarity in biogeography and ecology. J Biogeogr 26:867–878.

[20] Qian H, Ricklefs RE (2007) Alatitudinal gradient in large-scale beta diversity for vascular plants in North America. Ecol Lett 10:737–744.

[21] Feder ME, Burggren WW (1992) Environmental physiology of the amphibians (University of Chicago Press, Chicago).

[22] Buckley LB, JetzW(2007) Environmental and historical constraints on global patterns of amphibian richness. Proc Roy Soc B 274:1167–1173.

[23] Smith MA, GreenDM(2005) Dispersal and the metapopulation paradigm in amphibian ecology and conservation: Are all amphibian populations metapopulations? Ecography 28:110–128.

[24] Arita HT, Rodriguez P (2002) Geographic range, turnover rate and the scaling of species diversity. Ecography 25:541–550.

[25] Lamoreux JF, et al. (2006) Global tests of biodiversity concordance and the importance of endemism. Nature 440:212–214.

[26] Stuart SN, et al. (2004) Status and trends of amphibian declines and extinctions worldwide. Science 306:1783–1786.

[27] Qian H, Ricklefs RE (2008) Global concordance in diversity patterns of vascular plants and terrestrial vertebrates. Ecol Lett 11:547–553.

[28] Hawkins BA, Porter EE (2003) Does herbivore diversity depend on plant diversity? The case of California butterflies. Am Nat 161:40–49.

[29] Jetz W, Kreft H, Ceballos G, Mutke J (2008) Global associations between terrestrial producer and vertebrate consumer diversity. Proc R Soc 10.1098/rspb.2008.1005.

[30] Mittelbach GG, et al. (2007) Evolution and the latitudinal diversity gradient: Speciation, extinction and biogeography. Ecol Lett 10:315–331.

[31] Harrison S, Cornell H (2008) Toward a better understanding of the regional causes of local community richness. Ecol Lett 11:969–979.

[32] Ghalambor CK, et al. (2006) Are mountain passes higher in the tropics? Janzen's hypothesis revisited. Int Comp Biol 46:5–17.

[33] Huey RB (1978) Latitudinal pattern of between-altitude faunal similarity—Mountains might be higher in the tropics. Am Nat 112:225–229.

[34] Navas CA (2006) Patterns of distribution of anurans in high Andean tropical elevations: Insights from integrating biogeography and evolutionary physiology. Int Comp Biol 46:82.

[35] Orme CDL, et al. (2006) Global Patterns of Geographic Range Size in Birds. PLoS Biol 4:e208.

[36] Stevens GC (1989) The latitudinal gradient in geographical range:Howso many species coexist in the tropics. Am Nat 133:240.
[37] Deutsch CA, et al. (2008) Impacts of climate warming on terrestrial ectotherms across latitude. Proc Natl Acad Sci USA 105:6668–6672.
[38] IUCN, Conservation International, and NatureServe (2006) Global Amphibian Assessment, www.globalamphibians.org.
[39] Jetz W, Wilcove DS, Dobson AP (2007) Projected impacts of climate and land-use change on the global diversity of birds. PLoS Biol 5:e157.
[40] Hurlbert AH, Jetz W (2007) Species richness, hotspots, and the scale dependence of range maps in ecology and conservation. Proc Natl Acad Sci USA 104:13384–13389.
[41] New M, Lister D, HulmeM,Makin I (2002) A high-resolution data set of surface climate over global land areas. Climate Res 21:1–25.
[42] CramerW,et al. (1999) Comparing global models of terrestrial net primary productivity (NPP): Overview and key results. Glob Change Biol 5:1–15.
[43] Ahn CH, Tateishi R (1994) Development of a global 30-minute grid potential evapotranspiration data set. J Jpn Soc Photogrammetry and Remote Sensing 33:12–21.
[44] Jaccard P (1912) The distribution of the flora in the alpine zone. New Phytol 11:37–50.
[45] Morlon H, et al. (2008) A general framework for the distance-decay of similarity in ecological communities. Ecol Lett 11:904–917.
[46] Ferrier S, Manion G, Elith J, Richardson K (2007) Using generalized dissimilarity modeling to analyse and predict patterns of beta diversity in regional biodiversity assessment. Divers Distrib 13:252–264.

附录1：

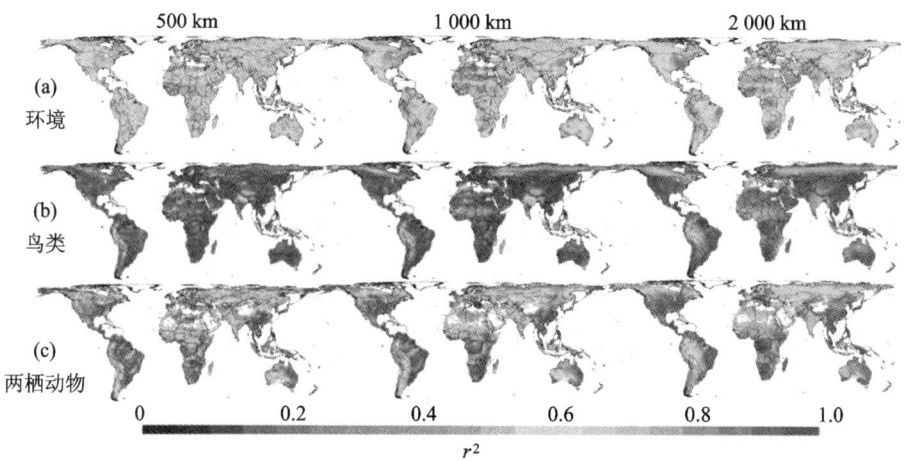

图S1 (见彩图)确定系数(5%间隔,红色表示一致性高)依据图2所示关系。

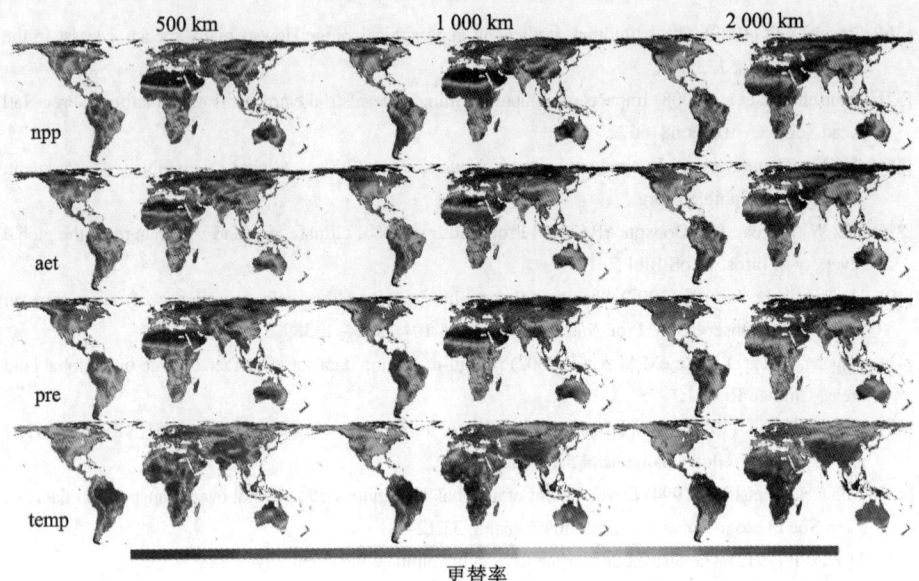

图 S2 (见彩图) 四个环境变量的更替格局。上图描述了特定空间范围内,空间距离(km)与单一环境变量绝对差之间关系的斜率(实验计算了每幅图的 20 分位数,红色代表斜率大,蓝色代表斜率小)。

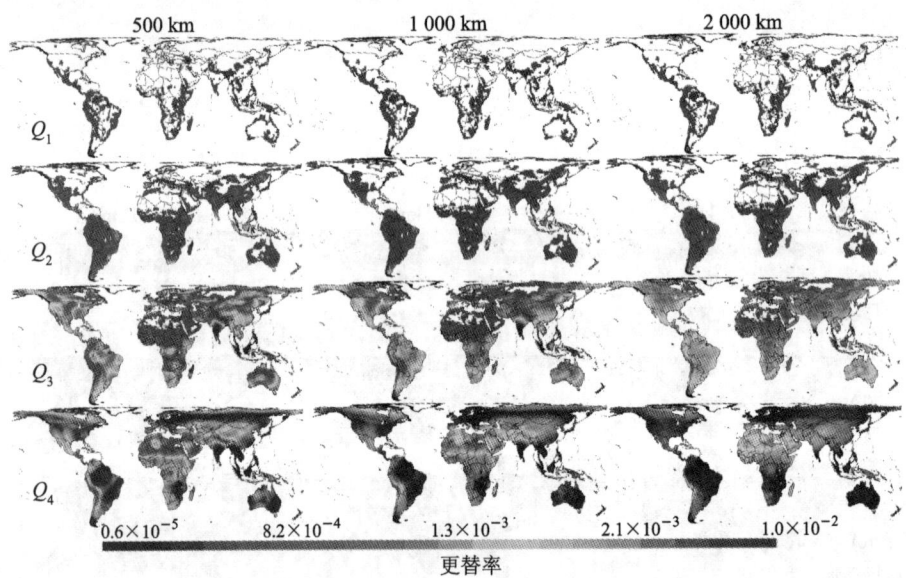

图 S3 (见彩图) 计算鸟类分布范围的四分位数得知: 不同范围导致鸟类物种更替格局不同,而且分布范围狭窄的鸟类展现出快速更替率(Q_1)。图 2 中计算了数据的 20 分位数,红色表示 500 km、1 000 km 和 2 000 km 距离上更替率高。

附录 2: 缩略语表

主成分 PC
NPP 净初级生产力
AET 蒸散量
CI 置信区间

应对全球环境变化和可持续发展的陆地变化科学[①]

B.L Turner Eric F. Lambin Anette Reenberg

摘要：陆地变化科学已经成为全球环境变化和可持续发展研究的重要组成部分。这个跨学科的研究领域，旨在把土地覆盖和利用的动态过程理解为人类-环境的耦合系统，以研究环境、社会和两者交叉问题相关的理论、概念、模型和应用。陆地变化的主要命题和进展：观测和监测；理解该耦合系统的原因、影响和结果；建模；分析和综合问题。在这些主要研究范围内，本特稿组包括了6篇[②]文献。

关键词：陆地变化 全球 环境变化 跨学科 动态 耦合 研究

陆地变化及其科学问题

人类导致的地球陆面变化对地球生态系统结构和功能有着广泛和重大的意义，其结果关系到人类的长远福祉[1]。对这些变化过去造成的未被预料的影响在

[①] 原文：Billie L. Turner, Eric F. Lambin, Anette Reenberg. 2007. The emergence of land change science for global environmental change and sustainability. Proc. Natl. Acad. Sci. U. S. A. 104 (52): 20666–20671. DOI: 10.1073/pnas.1004728107.

推荐：宫鹏；翻译：杨长虹；校阅：宫鹏、林光辉；辅助校阅：李展、付薇。

注：Reprinted, with permission from the National Academy of Sciences, USA and the authors。

[②] 本文是该特稿组的一篇文献。

局部和区域层面的遗迹,已经有较好的研究[2,3],并与公认的距今 10 000 年前,巨型动物群 (Megafauna) 的灭绝有关[4~6]。

工业时代化石燃料使用前,森林砍伐和农业灌溉是人为温室气体大气排放的主要来源。目前,高达 35% 的人类所致大气二氧化碳质量分数,归因于土地覆盖和土地利用的总体变化[7,8]。目前,这些陆地变化供应了超过 60 亿人的食物、织物、水,还满足了人类其他的利益需求,并且支撑了已知最高的全球人均消费。然而,这一史无前例的陆地生产力水平也与地球系统所受到的无与伦比的影响相一致,特别是在 20 世纪后半叶。

目前,地球表面高达 50% 的无冰区已经被改变[9,10],实际上所有陆地在某种程度上都已经受到共适应 (Coadapted) 景观、气候变化、对流层污染等过程的影响[11~14]。大多数这类变化是土地利用的直接后果: 农业用地 (包括改良牧场和自然草地) 约占陆面 40%,并占据了全球每年 85% 的用水量[8],而且超过自然界成为氮排放的主要来源[15,16]; 33 亿食草动物在牧场啃食,并产生甲烷[17]; 土地利用还占去 10%~50% 的陆面净初级生产力[18]。面对这些全球问题,从局域到区域的土地变化仍然重要。例如,佛罗里达南部大范围的自然地表覆盖为城市和农业用地所替代,已经减少了当地的降水[19],而且与土地变化一致的区域性气候变化还可见于其他地方[20]。更加值得关注的是,大规模的农业灌溉项目导致咸海 (Aral Sea) 及其渔业的衰退,并产生反馈,使干涸海床的风驱散表面沉积盐 (Wind-dispersed Deposition of Surface Salts) 影响到邻近的农业用地,乃至注入大海的江河源头的冰川[21]。

陆地与生态系统的变化以及他们对全球环境变化和可持续发展的意义,是人类–环境科学研究所面临的主要挑战[22~24]。遥感、政治生态学、资源和经济学、制度治理、景观生态学、生物地理学、以及综合评估等各类研究团体对其展开了研究。该跨学科协作模式全面地结合了人类学、环境学、地理信息和遥感科学,人们称之为陆地变化 (陆地系统) 科学 (LCS Land Change Science)[25,26]。这一新兴研究团体旨在促进: (1) 观测和监测全球正在发生的陆地变化; (2) 将这些变化理解为人类和环境的耦合系统; (3) 空间显式 (Spatially Explicit) 模拟陆地变化; (4) 评估脆弱性、可恢复性、可持续发展性等系统结果 (图 1)[27]。将自然环境作为生态系统的 (环境的) 服务和商品,而非独立的资源集来看待,使陆地变化科学需要解决的问题更加复杂[22,28]。土地利用决策影响这类服务和商品,并导致对生态系统 (乃至地球系统) 和人类系统结构和功能的影响,甚至超过土地利用的直接影响。

本文列举了陆地变化科学的艰巨任务[8,25,27]。在陆地变化科学研究的 4 个主要方向,简要回顾了它们的进展和现况,讨论了全球环境变化和可持续发展主旨的一些重要意义,并概述了一些依然面临的巨大挑战。最后由陆地变化科学体系的 6 篇研究文献组成了一个特别专题。

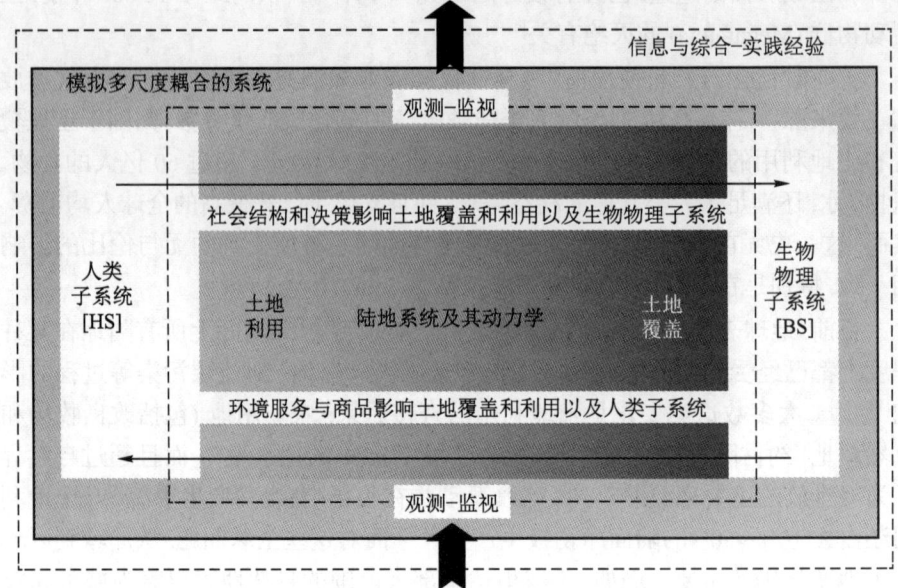

图1 构成陆地变化科学基础研究的基本现象和过程。

陆地变化科学的内容:进展、实践与挑战

陆地变化的观测、监测和表征

过去的20年,观测和监视陆地变化的机载和星载传感器在数量、质量、能力上已经得到了根本的增强和提升。无缝的全球土地覆盖数据或它的衍生产品,使净初级生产力、植物群落、碳源与碳汇、生物多样性、以及其他多种研究的全球变化评估成为可能,其研究结果能为气候和其他全球环境模型所用,并作为气候变暖的标记来表现北纬的物候变化[32]。重视局部乃至区域,产生了用于解决社会和环境问题的详细土地分类[33],针对具体问题的土地变化评估也在不断增加。例如,气候变迁与畜牧政策在南非卡鲁(Karoo)草场退化的作用[34],热带森林选择性采伐的生态学后果[35,36],中国南方的半城市化增长与基本农地损失[37],以及亚马孙流域随市场变化的农业集约化与相关的森林易损性[38]。尽管人们开展了大量这类工作,但是缺乏通用的土地覆盖和利用的生物分类系统,这促使了土地覆盖和利用的元分类(Metaclassification)①方法的出现,以及不同分类方案相互转换策略的产生[40,41],并将其用于个案比较研究,进而综合他们的研究结果[39]。

---

① 元分类:采用元分析的方法,对多种土地覆盖和利用分类的结果进行综合评价、分析,整合,以获得普遍性、概括性分类结果的方法。元分析是一种统计分析方法,详见下页脚注。

标准陆地特征刻化手段使得探测和监测结果更加可信,从而允许欧盟使用影像评估作为一种量化机制,来跟踪不同治理措施的环境效果[42]。总之,新建立的度量方法已经用于耦合系统动力学,如:"无路量"(Roadless Volume),用于估算由于道路扩侵,人类在陆地景观潜在活动的数量和位置[43]。

观测和监测显示陆面日益为人类主导,并且作为研究土地覆盖和利用变化的经验基础,取代基于地面调查的观测。观测结果提示,2000—2005 年间,尽管北美和西伯利亚大量的森林砍伐,全球温带森林仍呈净增长。与之相反,1990—1997 年间,全球潮湿的热带森林,以每年 $(5.8 \pm 1.4) \times 10^6$ 公顷的速度减少,同时又以每年 $(1.0 \pm 0.32) \times 10^6$ 公顷的速度重新生长,结果每年净损失 0.43%[44]。这些数量既不包括选择性采伐和烧掉的部分,该部分面积估计至少与亚马孙流域热带森林转化的面积相当[35,36],也不包括无把握的估算[32]。2000 年,全球耕地和牧场面积估算分别为 15.1×10^6 km^2 和 28.3×10^6 km^2 [45]。出人意料的是最大耕地密度竟然在东欧,而牧场一般分布在亚洲和非洲。在发展中国家,估计城市扩张每年消耗耕地 $1 \times 10^6 \sim 2 \times 10^6$ 公顷[46],并且其中大部分是基本农业用地。

上述研究面临几项挑战。首先是保持连续时间序列的数据,以产生非插值的连续时间序列分析。这一需求,使美国陆地资源卫星系统以其时空分辨率($900\ m^2$,每 16 天)和相对较低的成本,成为大量陆地变化科学研究的主力数据库;同时,这一需求不论现在还是将来都将受到 Landsat 7 故障的困扰。隐性森林砍伐(例如,选择性采伐)[36]、土壤侵蚀、虫害对土地覆盖的影响、土地经营措施转变等这类土地变化的研究也已开展。对这些微妙变化的研究面临一系列难题,因为它们需要对陆地覆盖种类的地表生物物理特性进行趋势检测,并排除气候所致的年际间变异影响。总之,必须提高监视系统集成多时空分辨率和多源数据的能力。

陆地变化是一个耦合的系统

土地利用变化的原因

和社会科学辩论一样,陆地变化科学中对原因的研究竞争最为激烈。人们推荐的因果变量与陆地变化间的经验联系已经得到证明,但是它们常常掺杂在更加直接的因素中,并与土地变化结果之间有复杂的解释联系,例如,移民、得到补贴的农民与森林砍伐间的联系;局域共同财产、资源配置制度与土地退化间的联系等[48,49]。像城市贫困或国家政策等间接因素对那些直接因素有较大影响,但是当联系又多又复杂时,间接因素很难与土地变化结果建立经验联系。只关心直接原因,会导致忽略真实原因的错误,以致在贫困的农民砍伐热带森林的时候"责备受害者"。

陆地变化中经证明的经验联系,分析的时空尺度变化很大,并受制于获取和匹配不同尺度的社会经济、自然环境、遥感影像等数据的困难[50]。然而,全局和历史来看(尺度较粗),陆地动力学似乎与 IPAT (I=Environmental Impact) 的变量:人口 (Population)、财富 (Affluence)、技术 (Technology) (PAT Population, Affluence, Technology) 紧密联系,因为 PAT 能反映对土地和资源的需求及其获取途径[51]。这些关系通常在降尺度分析时消失,然而,当全球经济的消费来源与生产来源之间失去空间联系时,这种情况反而将放大,如婆罗洲(加里曼丹岛)和西伯利亚的工业毁林案[52]。基于位置采用比较和元分析 (Metaanalyses)① 的陆地变化研究,已经证明了市场[53]、政策[54]、运输[55]、治理[56],以及家庭生命周期[57,58] 等因素在不同种类的土地覆盖(例如,热带森林砍伐)中的作用。目前,除了气候变化变量外,生物物理变量作为因果变量未受到足够重视[59-61];尽管它们也是人和社会因素作用的外部条件。主要的例外是半干旱土地的退化,通常称为荒漠化。这个过程在萨赫勒 (Sahel) 进行了研究,并且阐明:任何初衷的土地管理措施与长期气候干旱在土地退化中具有协同作用[62]。

对于多种土地覆盖和利用组成的区域(尺度较细),一系列的因子往往采用链式或嵌套的方式作用[27,48,63,64],而其具体分布和相互作用,可能导致不同的结果。例如,同样的国际法规和市场,采用类似运营方式,然而在层叠的国家机构和本地条件下,有可能产生不同的土地覆盖和利用结果。解构和重构这一复杂体仍然是一个主要难题。如果说基于部门 (Sector-Based) 的陆地变化分析仅仅是不完全的理解,但有助于了解其一般原因,那么基于场所 (Place-Based) 的陆地变化分析尽管常常忽略了与一般原因间的联系,却提供了更全面的理解。更重要的是,在基于场所分析结果的基础上,重新组织基于部门的概念。

生物物理的影响和反馈

陆地变化研究团体重视涉及陆地变化的整体的生态系统服务和商品[22,28],因此生物物理子系统的结构和功能受到更多关注。但是这个理想却难以实现,原因很多,其中包括整体地处理生态系统服务和商品涉及的开销和复杂性。一般地,研究仅涉及一系列的服务和商品或部分生态系统[66,67]。例如:景观破碎对关

---

①元分析 (meta analysis):在统计学上,元分析(或译作整合分析、综合分析、荟萃分析)是对已有同类研究结论进行综合评价、分析、整合,以获得普遍性、概括性结论的方法。元分析的提出离不开对有关成功复制的传统观点的重新审视,基于对成功的实验复制的新见解,元分析采用"效应度"作为主要指标。元分析在定性分析的基础上引入了定量分析方法,能够在定量层面上综合各项独立研究的成果,从而形成一个综合结论。现在,越来越多的研究者已经开始从传统的文字综述方法转向使用元分析这种对研究进行定量综合的方法了(O'Rourke, Keith (2007-12-01). "An historical perspective on meta-analysis: dealing quantitatively with varying study results". J R Soc Med 100 (12): 579–582. doi:10.1258/jrsm.100.12.579. PMID 18065712.)。

键物种的影响,以及随后对其他物种和景观功能作用的后果[52,68,69];土地利用导致生物入侵蔓延;陆地变化影响水和食物供应,以及宜居性[70,72];森林边沿面积的增加产生的不同后果,从失去生物群落乃至传染病媒介生物的传播[73];休耕轮作活动变化影响热带森林繁衍和养分动态[74]。重视这些具体的"服务和商品"或子系统,主导了在不同尺度上对全球土地覆盖直接产生的大气温室气体、反照率、水文循环等进行的研究[75,76]。

关于生物物理反馈对土地利用与人类福祉作用的研究,受到同样的限制(前述)。例如,由于陆地变化所致的降水、温度或流域洪水在局域乃至区域尺度的变化[19,17],以及区域的城市热岛效应[78]。城市工业区的多种污染物往往在较大范围内导致作物减产,并与肥料释放的氮氧化物相互作用[12,14,15,79]。在德国、荷兰、丹麦和瑞士的生猪养殖地区,由于氨沉降正超过敏感生态系统的氮沉降临界负荷,人们才意识到环境差承受的巨大压力[80]。气候变化与地球陆面变化有一定联系,与土地覆盖变化相互作用,进而威胁全球生态系统[81,82]和土地利用,特别是农业[83]。另外,生态系统变化会改变病媒生物、人兽共患病动物宿主栖息地的适宜性,同时,土地利用的改变也可能增加人类对疾病的暴露,进而影响人类健康[8,84]。

尽管如此,这些方法(上述)目标明确,研究和模拟途径也变得更加开放和复杂,并试图在耦合系统中纳入更多的维度。例如,在起火、蔓延和森林火灾影响方面的研究,已经在局部乃至区域,与当地气候、植被结构和土地利用以相互作用的方式联系起来,从而可以了解它们在生物多样性与生态系统服务的影响;这些生态系统服务包括碳吸收、土壤肥力、放牧、旅游价值以及它们导致的土地利用改变等[85]。此外,对欧洲的模型评估指出,地中海地区日益面临气候变化所致的水资源短缺,当归因于积雪动态变化、径流时间改变以及灌溉和旅游业更多的耗水。

在生物物理结果与反馈研究方面的挑战很多,其他专题有详细讨论[87]。它们包括生态系统过程和服务与它们依赖的生物多样性之间的因果联系的鉴别,以及临界点的判断(超过各自临界点,不同生态系统将失去恢复能力)。当然,所有这些挑战,需要通过更好地处理完全耦合陆地系统这一复杂体来解决(见综合和评估)。

模拟

人类和环境的动态耦合,以及空间(地理)显式分析的需求,使陆地变化模型变得复杂[88-92]。土地覆盖和利用的空间格局影响人们希望了解的作用过程,同时也受作用过程的影响。陆地变化科学研究普遍使用的数据来源于卫星影像,像元尺寸从数千米至亚米级,也是空间显式模型能使用数据的尺度[93,94]。尽管问题复杂,人们仍然发展了涉及计量经济学、生态学,以及智能体的模型来满足土地管理的需求,以更好地评估和规划未来土地覆盖和利用变化在地球系统功能中的作用,并方便从不同视角了解陆地系统[95-97]。土地利用变化模型允许通过建立情景,对人类与自然系统相关的稳定性进行测试。这些模型通常不是运用先进的统计模拟工具来处理空间显式数据集,就是基于一系列理想的行为规则来模拟人类与自然系统,而且目前存在这类方法的组合。统计模型假设土地利用变化过程是固定的,而过程模型则通过与系统属性变化相关联的时间来表现过程变化。系统行为中的这些转变可以在超过阈值时触发,或者由某些单独的事件引发,无论它们是生物物理(例如干旱、飓风、土地退化等),还是社会经济(例如技术创新、战争、经济危机等)中的任何一种。

土地利用变化模型的设计在规模上不是把人类与环境系统作为一个整体(例如,IMAGE Integrated Model to Assess the Global Environment、CLUE Conversion of Land Use Change and its Effects、SALU SAhelian Land-Use),就是用智能体来代表个体的决策和相互作用,以及个体和环境间的相互作用[92]。随后,统计模型产生了一项不断发展的联系人与像元的研究分支,例如,将家庭调查的数据与遥感的高空间分辨率的土地覆盖数据联系起来[97,98]。智能体仿真模型同样具有吸引力。其中,环境变化被模拟为智能体间相互作用产生的特性[94,96]。在耦合这些模型中的子系统时,生物物理过程相关的空间单元与作用者的决策制定间的差异是其方法学困难之一。

陆地变化模拟面临众多挑战[50]。对陆地变化预测进行系统验证的坚实框架是这个研究领域重要的组成部分[99],但是在多智能体模拟时,满足决策过程和作用者相互作用的验证数据需求,仍然是特别的挑战。理解分析的规模如何影响模拟结果同样重要[100]。一些模型致力于预测变化的数量或速率,而另一些却更关注空间格局。此外,土地利用变化模型需要考虑变量的内生关系(Endogeneity),如土地管理技术、基础设施、或土地使用政策等。总之,陆地建模需要将人类和生物物理子系统的动态与能有效评估土地覆盖和利用的输出耦合起来。这种"耦合"构思基于上下联系的层次理论,允许多级相互作用和反馈。但是,大量潜在反馈会导致模型数值上不稳定[90],并产生多水平的不确定性,从而妨碍模型在决策制定中的应用。

综合和评估

一般来说,典型的陆地变化科学的综合和评估研究使用模型来耦合人类和环境子系统,可持续发展研究利用了其中大部分模型。广义上,解决可持续发展的整体评估与陆地变化科学的目标一致,尽管数量较少[64,101],但是在广阔领域不断增长。如,研究碳补偿热带森林砍伐[102]、干旱地区土地退化防治[62]等问题并且促使其得到改善的行动。其中取得的进展包括耦合人类－环境系统的脆弱性与可恢复性[103-105]、探索可持续与不可持续发展土地制度鉴别特点等,涵盖了各类土地退化,乃至有关生态系统和人类福祉的治理方法实施所产生的结果[56,66,101,106]等方面。在全球环境变化和可持续发展主题研究中,有助于决策制定的信息传递也日益受到关注[62]。

在诸多综合问题研究中,土地过渡与公园或保护区受到的关注最多。土地过渡是指由于持续的开发和占用所致的不同阶段土地覆盖和利用所呈现出来的形态。在普通模型中,社会经济发展水平的上升程度,与日益增强的控制"自然"生态系统并试图微观管理物质世界的土地利用相关。结果是未住人的野地演化为城市居住区和受管理的储备土地[8]。最先进可靠的森林演化模型有着非常类似于人口统计学的演化,即森林覆盖随着经济发展而减少,直至工业化经济(或获得工业化水平的财富),而后森林覆盖率重新增长,尽管达不到以前的程度,而且往往存在组成和结构的改变[107]。尽管还有其他的解释,即森林覆盖率与森林产品(如种植园)的需求有关,但是这一论点得到了当今热带地区的数个基于国家水平比较的定量评估支持。经济学前沿常见短期逆向演化,以及与高端发展阶段无关的长期逆向演化的记录,如玛雅(Maya)低地森林重新增长始于距今1000年前,而且近年还在继续[112]。

建立公园和保护区来保护和维持生物多样性,其中的土地动态及其自然边界已受到特别关注。前沿的研究证明,多数情况下保护区外的土地作用、压力、改变等会影响其内的生物群落。例如,肯尼亚野生角马繁殖区的商品粮种植的发展影响了这一重要物种在马赛马拉(Masai-Mara)自然保护区的数量[69],同样,围绕美国黄石国家公园的城市远郊的发展导致了一系列复杂的生物多样性响应,如麋鹿河岸栖息地、迁移走廊和冬季活动范围的损失等[114,115]。某种情况下,以人类福祉和生态系统保护为目的建立的自然保护区,影响了生活在其中或附近人们的生活[116]。例如,中国四川卧龙自然保护区内木质燃料采集和农业用地扩张减少了区内大熊猫栖息地的面积,以及保护区和周边的栖息地的连接度,这种情况一直持续到2001年。随后,居民获得了不依赖于保护区的新经济发展机会,这不仅帮助降低了栖息地的损失,稳定了区内栖息地间的连接度,而且还增加了家庭收入。这项工作证明,有必要选择更大范围的土地利用动态评估,来监测、评估保护区及其周边区域,同时制定保护区及其周边的准入和资源使用规则,并考虑这些规则对人类和环境关系的影响[119,120]。

人类和环境子系统的耦合及其空间显式结果的评价产生了陆地变化科学的一系列主要难点,其中最重要的是寻找可持续发展的土地结构。这是可持续发展科学的首要任务——在满足人类生存的同时,减少人类对地球系统的威胁[121]——作为土地－生态系统群落的"共赢"解决方案[122];或那些可以通过人类子系统维护,由环境子系统输出并符合社会期望的生态系统服务。这些解决方案涉及一系列复杂的耦合系统输出,在整个景观上,这些输出的处理和输送在空间上往往不一致。任何一块地,不论多大,也不论它多么适合人类开发,几乎都不能提供一个景观或地区的生态系统服务和商品的完整结构,而只能提供一些比较重要的生态服务和商品。因此,寻找在数量和水平上满足社会需求的解决方案,需要研究指定区域的土地覆盖和利用的复杂格局[66]。由于包括野地在内的大部分该类土地上,这些格局在形成土地结构过程中都得到了管理,因此无论是事实上或法律上,它们的使用需要计划性。各地有各自可持续的土地结构,即使在不同地方互相复制或将评估单元扩大到诸如生物群落或大洲的区域,也不会呈现类似结果[123,124]。局部解决方案的集合应用于更大尺度的分析可能威胁耦合系统的各个部分。在这个正在经历快速治理和全球地表规划的世界中,如何获得可持续土地结构仍然是一个巨大的挑战。

陆地变化科学领域的个案研究例证

构成这个特稿组的其他 5 篇研究文章简介了陆地变化科学各部门(上)的进展和现况(图1),核心目的是证明陆地变化研究团体的国际跨学科研究的必要性。

Irwin 和 Bockstael[125] 研究了从陆地监测中提取的数据如何应用到社会科学的核心问题。他们发现马里兰州或部分东北走廊内的大城市的近/远郊低密度住宅建设,导致了未开发土地破碎化的大幅增加,这类增加是由边沿或土地破碎指标测量出来,相对于开发土地的充填过程而言。城市远郊扩张与多种因素相关,他们还研究了其破碎化增加的方式。指出空间开阔地区的破碎程度明显高于接近萨皮克湾(Chesapeake Bay)的地区,这类格局形成的重要决定因素是优美自然景观的吸引力。

生物物理的影响和反馈在两项研究中给予了讨论。第一项研究中, Dĺaz, Lavorel 和他的同事们[126] 提供了一个框架,来评估功能多样性对"生态系统的特性和服务"的间接影响,并且通过法国阿尔卑斯山草地系统的个案研究来阐明。他们还发现,这些间接影响,在理解陆地变化对生态系统作用的影响方面,产生了很大的不确定性。该框架的应用表明,群落水平的均值尽管往往能对生态系统的有关特性做出较多解释,并有助于解释相关因素和条件在框架中的作用,但是不能降低其不确定性。更重要的是,这项研究表明,非生物因素之间、不同的功能多样性的组成部分间、生态系统作用间的关系可以得到系统地解释。由此,该研究证明了生物多样性是生态系统服务敏感性对环境变化作用的一个驱动因子。

第二项研究中,Lawrence 和助手[127] 研究了尤卡坦(Yucatan)半岛南部热带干旱森林中刀耕火种对土壤磷的影响。他们指出随着休耕轮作周期的进行,土壤易获取的"磷"明显减少,以致第三轮时,土壤易获取的"磷"已不足以供给成熟林。

随后的次生林只能从大气中获取少量的"磷",并产生正向反馈导致生态系统退化,对森林和农民产生潜在影响。本研究涉及农民,是由于该项目是处理人类与环境耦合系统的更加庞大的陆地变化研究的一部分。

更具影响的陆地模拟是 Manson 和 Evans 的工作[128]。他们集成基于智能体的模型及其他方法来研究印第安纳州中南部和尤卡坦半岛南部的家庭决策。印第安纳州的研究采用了多种数据源,包括访谈资料和基于实验室的数据,用于研究不确定性、偏好、人口统计和经历改变等的作用。尤卡坦的研究采用进化规划(Evolutionary Programming) 在农户模型①中表达 "有限理性 (Bounded rationality)②",从而分辨决策中的简单经验法则与更广泛的社会和环境因素。该集成建模支持这样的概念: 在伐木 (尤卡坦) 和造林 (印第安纳) 系统中把土地管理作为 "有限理性" 作用者。该模型还证明了,当地管理者施行的土地管理策略的异质性,并强调了模型的作用,以此来洞察复杂的陆地变化系统。

最后, McKeon 等[129] 对耦合、协同进化、多层级的澳大利亚内陆系统中的陆地变化做了综合评价,并利用旱地发展模式理论来理解这些动态过程。他们还研究了在户、州、国家尺度,变化无常的干旱和畜牧市场对土地管理的影响,及其结果对生态和人类子系统的影响。从陆地变化科学研究和应用中获得的经验包括: 不要仅基于任何一个子系统的一般条件来做规划,并且需要超越管理者自身的知识系统支撑。

结论和评论

20 年来,国际和跨学科的研究致力于把土地覆盖和利用变化作为耦合系统来进行探索,目前,陆地变化科学似乎已经度过了青春期,但是尚未完全发展成熟。经证明,尚难获得一个耦合陆地系统的理论。复杂系统的理论认为,这种耦合的特性在概念上具有吸引力,但是难以转化为有用的陆地变化成果[130]。相反,子系统的概念和相关理论,经证明在理解具体的输出与耦合系统各部分间的相互作用时有效[27],并能为决策提供大量深刻的见解。陆地变化科学在各方面所

---

① 农户模型 (Agricultural Household Model): 是一个微观经济模型,它将农户的生产、消费和劳动力供给等决策有机地联系在一起,来描述农户内部各种关系的一种与一般均衡经济理论原理相一致的经济模型。(INOERJ IT S, SQU IRE L, STRAUSS J. Agricultural Household Models: Extension, App lication and Policy [M]. Baltimore and London: The John Hopkins University Press, 1986.)

② 有限理性 (bounded rationality): 该概念的主要提倡者是诺贝尔经济学奖得主西蒙 (Simon),他认为有限理性就是人的行为 "即是有意识地理性的,但这种理性又是有限的"。一是环境是复杂的,在非个人交换形式中,人们面临的是一个复杂的、不确定的世界,而且交易越多,不确定性就越大,信息也就越不完全; 二是人对环境的计算能力和认识能力是有限的,人不可能无所不知。(Gigerenzer, Gerd; Selten, Reinhard (2002). Bounded Rationality: The Adaptive Toolbox. MIT Press. ISBN 0262571641)

取得的成果,虽然只有一些能在这 6 个①案例研究中得到阐明,但依然揭示了该领域美好的研究前景和日益丰厚的回报。

参 考 文 献

[1] Steffen W, Sanderson A, Tyson P, Jäger J, Matson P, Moore B, III, Oldfield F, Richardson K, Schellnhuber H-J, Turner BL, II, Wasson R (2004) Global Change and the Earth System: A Planet Under Pressure(Springer, Berlin).

[2] Redman CL (1999) Human Impact on Ancient Environments (Univ of Arizona Press, Tucson, AZ).

[3] Thomas WM, Jr, ed (1956) Man's Role in Changing the Face of the Earth (Univ of Chicago Press, Chicago).

[4] Mellars P (2006) Proc Natl Acad Sci USA 103:9381–9386.

[5] Martin DL (2005) Twilight of the Mammoths: Ice Age Extinctions and the Rewilding of America (Univ of California Press, Berkeley, CA).

[6] Turner BL, II, McCandless S (2004) in Earth System Analysis for Sustainability, eds Clark WC, Crutzen P, Schellnhuber H-J (MIT Press, Cambridge, MA), pp 227–243.

[7] Williams M (2005) Deforesting the Earth: From Prehistory to Global Crisis (Univ of Chicago Press, Chicago).

[8] Foley JA, DeFries R, Asner G, Barford C, Bonan G, Carpenter SR, Chapin FS, Coe MT, Daily GC, Gibbs HK, et al. (2005) Science 309:570 –573.

[9] Vitousek PM, Mooney HA, Lubchenco J, Melillo JM (1997) Science 277:494–500.

[10] Haberl H, Erb KH, Krausmann F, Gaube V, Bondeau A, Plutzer A, Gringrish S, Lucht W, Fischer-Kowalski M(2007) Proc Natl Acad Sci USA 104:12942–12947.

[11] Noble IR, Dirzo R (1997) Science 277:522–525.

[12] Chameides WL, Kasibhatla PS, Yienger J, Levy H, II (1994) Science 264:74–77.

[13] Law KS, Stohl A (2007) Science 315:1537–1540.

[14] Auffhammer M, Ramakrishnan V, Vincent JR (2006) Proc Natl Acad Sci USA 103:19668–19672.

[15] Matson PA, Parton WJ, Power AG, Swift MJ (1997) Science 277:504–509.

[16] Galloway JN, Aber JD, Erisman JW, Seitzinger SP, Howarth RW, Cowling EB, Cosby BT (2003) BioScience 53:341–356.

[17] Raven P (2002) Science 297:954–958.

[18] Rojstaczer S, Sterling SM, Moore NJ (2001) Science 294:2549–2552.

[19] Pielke RA, Sr (2005) Science 310:1625–1626.

[20] Pielke RA, Sr (2002) Philos Trans R Soc London Ser A360:1705–1719.

[21] Bos MG, ed (2001) The Inter-Relationship Between Irrigation, Drainage and the Environment in the Aral Sea Basin (Springer, Dordrecht, The Netherlands).

[22] Millennium Ecosystem Assessment (2005) Ecosystem and Human Well-Being (Island, Washington, DC), Vol 2.

[23] National Research Council (2001) Grand Challenges in the Environmental Sciences (Natl Acad Press, Washington, DC).

[24] Omenn GS (2006) Science 314:1696–1704.

[25] Gutman G, Janetos A, Justice C, Moran E, Mustard J, Rindfuss R, Skole D, Turner BL, II, eds (2004) Land Change Science: Observing, Monitoring, and Understanding Trajectories of Change on the Earth's

---

① 译者认为:作者有笔误,本文实际列举了 5 个案例研究。

Surface (Kluwer Academic, New York).
[26] Reenberg A, ed (2006) Danish J Geogr 106(2):1–147.
[27] Lambin E, Geist H, eds (2005) Land Use and Land Cover Change: Local Processes, Global Impacts (Springer, New York).
[28] Daily GC, ed (1997) Nature's Services: Societal Dependence on Natural Ecosystems (Island, Washington, DC).
[29] DeFries R, Field C, Fung I, Justice C, Matson P, Mooney H, Potter C, Prentice K, Sellers P, Townshend, J, et al. (1995) J Geophys Res 10:20867–20882.
[30] DeFries R, Hansen M, Townshend J, Janetos A, Loveland TR (2000) Global Change Biol 6:247–254.
[31] Loveland TR (2000) Int J Remote Sens 21:1303–1330.
[32] Kintisch E (2007) Science 3176:536–537.
[33] FriedlMA,MclverDK,HodgesJCF,ZhangXY,Muchoney D, Strahler AH, Woodcock CE, Gopal S, Schneider A, Cooper A, et al. (2002)RemoteSens Environ 83:287–302.
[34] Archer ERM (2004) J Arid Environ 57:381–408.
[35] Asner GP, Knapp DE, Broadbent EN, Oliveira PJC, Keller M, Silva JN (2005) Science 310:480–481.
[36] Nepstad DA, Verissimo A, Alencar A, Nobre C, Lima E, Lefebvre P, Schlesinger P, Potter C, Mountinho E, Cochrane MA (1999) Nature 398:505–508.
[37] Seto KC, Woodcock CE, Song C, Huang X, Lu J, Kaufamnn RK (2002) Int J Remote Sens 23:1985–2004.
[38] Armsworth PR, Daily GC, Kareiva P, Sanchirico JN (2006) Proc Natl Acad Sci USA 103:5403–5408.
[39] Di GregorioA(2005) Land Cover Classification System: Classification Concepts and User Manual, software version 2 (United Nations Food and Agriculture Organization, Rome).
[40] Brown DG, Duh J-D (2004) Int J Geogr Inform Sci 18:35–60.
[41] Cihlar J, Janson LJM (2001) Prof Geogr 53:275–289.
[42] European Environment Agency (2006) Land Account for Europe 1990–2000: Towards Integrated Land and Ecosystem Accounting (European Environment Agency, Copenhagen), EEA Rep No 11/2006.
[43] Watts RD, Compton RW, McCammon JH, Rich CL, Wright SM, Owen T, Oenur DS (2007) Science 316:736–738.
[44] Achard F, Eva HD, Stibig HJ, Mayaux P, Gallego J, Richards T, Malingreau J-P (2002) Science 297:999–1002.
[45] Ramankutty N, Evan AT, Monfreda C, Foley JA (2008) Global Biogeochem Cycles, in press.
[46] Döös BR (2002) Global Environ Change 12:303–311.
[47] Goetz S (2007) Science 315:1767 (editorial).
[48] Lambin EF, Turner BL, II, Geist H, Agbola S, Angelsen A, Bruce JW, Coomes O, Dirzo R, Fischer G, Folke, C, et al. (2001) Global Environ Change 11:2–13.
[49] Serneels S, Lambin EF (2001) Agric Ecosyst Environ 85:65–81.
[50] Rindfuss RR, Walsh SJ, Turner BL, II, Fox J, Mishra V (2004) Proc Natl Acad Sci USA 101:13976–13981.
[51] Waggoner PE, Ausubel JH (2002) Proc Natl Acad Sci USA 99:7860–7865.
[52] Curran LM, Trigg SN, McDonald AK, Astiani D, Hardiono YM, Siregar P, Caniago I, Kasischke E (2004) Science 303:1000–1003.
[53] Brown K, Pearce D (1994) The Causes of Tropical Deforestation: The Economic and Statistical Analysis of Factors Giving Rise to the Loss of Tropical Forests (Univ of British Columbia Press, Vancouver).
[54] Binswanger H (1991) World Dev 19:821–829.
[55] Cropper M, Griffiths C, Mani M (1999) Land Econ75:58–73.
[56] Ostrom E, Nagendra N (2006) Proc Natl Acad Sci USA 103:19224–19231.

[57] Perz SG, Walker R (2002) World Dev 30:1009–1027.
[58] Turner MD (1999) Hum Ecol 27:267–296.
[59] Laurance WF, Albernaz A, Schroth G, Fearnside PF, Bergen S, Ventincinque E, Da Costa C (2002) J Biogeogr 29:737–748.
[60] Tucker CM, Randolph JC, Castellanos EJ (2007) Hum Ecol 35:259–274.
[61] Huston MA (2005) Ecol Appl 15:1864–1878.
[62] Reynolds JF, Stafford Smith M, Lambin EF, Turner BL, II, Mortimore M, Batterbury SP, Downing TE, Dowlatabadi H, Fernandez RJ, Herrick, JE, et al. (2007) Science 316:847–851.
[63] Fearnside PM (2005) Conserv Biol 19:680–688.
[64] Turner BL, II, Geoghegan J, Foster DR, eds (2003) Integrated Land-Change Science and Tropical Deforestation in the Southern Yucata' n: Final Frontiers (Clarendon, Oxford).
[65] Angelsen A, Kaimowitz D (1999) World Bank Res Obs 14:73–98.
[66] Chan KMA, Shaw MR, Cameron DR, Underwood EC, Daily GC (2006) PLOS Biol 4:2138–2152.
[67] DeFries R, Asner G, Houghton R, eds (2004) Ecosystems and Land Use Change, Geophysical Monograph Series (Am Geophys Union, Washington, DC), Vol 153.
[68] Higgins SI, Lavorel S, Revilla E (2003) Oikos 101:345–366.
[69] Homewood K, Lambin EF, Coast E, Kariuki A, Kivelia J, Said M, Serneels S, ThompsonM(2001) Proc Natl Acad Sci USA 98:12544–12549.
[70] International Council for Science (2002) Biodiversity, Science and Sustainable Development, ICSU Series on Science for Sustainable Development (Int Council Sci, Paris), No 10.
[71] Mooney HA, Hobbs RJ, eds (2000) Invasive Species in a Changing World (Island, Washington, DC).
[72] Schneider LC, Geoghegan J (2006) Agric Resources Econ Rev 11:1–11.
[73] Laurance WF, Laurance SG, Ferreira LV, Rankin-de Merona J, Gascon C, Lovejoy T (1997) Science 287:1117–1118.
[74] Moran EF, Ostrom E (2005) Seeing the Forest and the Trees: Human-Environment Interactions in Forest Ecosystems (MIT Press, Cambridge, MA).
[75] Houghton RA, Skole DL, Nobre CA, Hackler JL, Lawrence KT, Chomentowski WH (2000) Nature 403:301–304.
[76] Zhang H, Henderson-Sellers A, McGuffie K (2001) Climatic Change 49:309–338.
[77] Becker A, Grünewald U (2003) Science 300:1099.
[78] Kalnay E, Cai M (2003) Nature 423:528–531.
[79] Tilman D, Cassman KG, Matson PA, Naylor R, Polasky S (2002) Nature 418:671–677.
[80] Duyzer J, Nijenhuis B, Weststrate H (2001) Water Air Soil Pollution Focus 1:131–144.
[81] Laurance WF (1998) Trends Ecol Evol 13:411–415.
[82] Walther G-R, Post E, Convey P, Menzel A, Parmesan C, Beebee TJC, Fromentin J-M, Hoegh-Guldberg O, Bairlein F (2002) Nature 416:389–395.
[83] Rosenzweig C Parry M (1994) Nature 367:133–138.
[84] Patz JA, Daszak P, Tabor GM, Aguirre AA, Pearl M, Epstein J, Wolfe ND, Kilpatrick AM, Foufopoulos J, Molyneux D, et al. (2004) Environ Health Perspect 112:1092–1098.
[85] Lavorel S, Flannigan MD, Lambin EF, Scholes MC (2006) Mitig Adapt Strat Global Change 12:33–53.
[86] Schröter D, Cramer W, Leemans R, Prentice IC, Arau' jo MB, Arnell NW, Bondeau A, Bugmann H, Carter TR, Gracia CA, et al. (2005) Science 310:1333–1337.
[87] Carpenter SR, DeFries R, Dietz T, Mooney HA, Polasky S, Reid WV, Scholes RJ (2006) Science 314:257–258.
[88] Agarwal C, Green GM, Grove JM, Evans TP, Schweik CM (2002) A Review and Assessment of Land-

Use Change Models: Dynamics of Space, Time, and Human Choice (US Dept Agric, Forest Service, Northeastern Research Station, Burlington, VT), Gen Tech Rep NE-297.

[89] Irwin EG, Geoghegan J (2001) Agric Ecosyst Environ 84:7–24.

[90] Kaimowitz D, Angelsen A (1998) Economic Models of Tropical Deforestation: A Review (Center Int Forestry Res, Bogor, Indonesia).

[91] Veldkamp T, Lambin EF, eds (2001) Agric Ecosyst Environ 85:1–292.

[92] Verburg PH, Soepboer W, Veldkamp A, Limpiada R, Espaldon V, Sharifah Mastura SA (2002) Environ Mgt 30:391–405.

[93] Bell KP, Bockstael NE (2000) Rev Econ Stat 82:72–82.

[94] Walker R, Drzyga S, Li Y, Qi J, Arima E, Vergara D (2004) Ecol Appl 14(Suppl):S299–S312.

[95] Brown DG, Xie Y, eds (2006) Int J Geogr Inform Sci 20(9):941–1085.

[96] Parker DC, Manson SM, Janssen M, Hoffmann MJ, Deadman PJ (2003) Ann Assoc Am Geogr 93:316–340.

[97] Liverman D, Moran EF, Rindfuss RR, Stern PC, eds (1998) People and Pixels: Linking Remote Sensing and Social Science (Natl Acad Press, Washington, DC).

[98] Walsh SJ, Crews-Meyer KA, eds (2002) Linking People, Place, and Policy. A GIS Science Approach (Kluwer, Dordrecht, The Netherlands).

[99] Pontius RG, Jr (2002) Photogram Eng Remote Sens 68:1041-1049.

[100] Overmars KP, De Konig GHJ, Veldkamp A (2003) Ecol Model 164:257–270.

[101] Kasperson JX, Kasperson RE, Turner BL, II, eds (1995) Regions at Risk: Comparisons of Threatened Environments (United Nations Univ Press, Tokyo).

[102] Coomes OT, Grimard F, Potvin C, Sima P (2007) Ecol Econ, in press.

[103] Cutter S, Mitchell JT, Scott MS (2000) Ann Assoc Am Geogr 90:713–737.

[104] Luers AL, Lobell DB, Sklar LS, Addams CL, Matson PA (2003) Global Environ Change Part A 13:255–267.

[105] Turner BL, II, Kasperson RE, Matson PA, McCarthy JJ, CorellRW, Christensen L, Eckley N, Kasperson JX, Luers L, Martello ML, et al. (2003) Proc Natl Acad Sci USA 100:8074–8079.

[106] Schellnhuber HJ, Black A, Cassel-Gintz M, Kropp J, Lammel G, Lass J, Lienenkamp R, Loose C, Lü̈deke M, Moldenhauer O, et al. (1997) GAIA 6:19–34.

[107] Mather AS, Needle CL (1998) Area 30:117–124.

[108] Stokes CJ, McAllister RRJ, Ash AJ (2006) Rangeland J 28:83–96.

[109] Kauppi PE, Ausbel JH, Fang J, Mather AS, Sedjo RA, Waggoner P (2006) Proc Natl Acad Sci USA 103:17574–17579.

[110] Rudel TK (1998) Rural Sociol 63:533–552.

[111] Rudel TK (2005) Tropical Forests: Regional Paths of Destruction and Regeneration in the Late Twentieth Century (Columbia Univ Press, New York).

[112] Whitmore TM, Turner BL, II (2001) Cultivated Landscapes of Native Middle America on the Eve of Conquest, Oxford Geographical and Environmental Studies (Oxford Univ Press, Oxford).

[113] DeFries R, Hansen A, Turner BL, II, Reid R, Liu J (2007) Ecol Appl 17:1031–1036.

[114] Guide PA, Hansen AJ, Jones DA (2007) Ecol Appl 17:1004–1018.

[115] Parmenter AW, Hansen A, Kennedy RE, Cohen W, Langner U, Lawrence R, Maxwell B, Gallant A, Aspinall R (2003) Ecol Appl 13:687–703.

[116] Naughton-Treves L, Alvarez-Berrios N, Brandon K, Bruner A, Buck Holland M, Ponce C, Saenz M, Suarez L, Treves A (2006) Sustainability Sci Practice Pol 2(2):32–44. Available at http://ejournal.nbii.org/archives/vol2iss2/0602–009.naughton-treves.html.

[117] Liu JG, Linderman M, Ouyang Z, An L, Yang J, Zhang H (2001) Science 292:98–101.
[118] Vina A, Bearer S, Chen X, He G, Linderman M, An L, Zhang H, Ouyang Z, Liu J (2007) Ecol Appl 17:1019–1030.
[119] Morris-Jung J, Roth R (2007) J Sustainable Forestry, in press.
[120] Zimmerer KS, Young KR (1998) Nature's Geography: New Lessons for Conservation in Developing Countries (Univ of Wisconsin Press, Madison, WI).
[121] Kates RW, Clark WC, Corell R, Hall J, Jaeger J, Lowe I, McCarthy J, Schellnhuber HJ, Bolin B, Dickson N, et al. (2001) Science 292:641–642.
[122] Rosenzweig ML (2003) Win-Win Ecology: How the Earth's Species Can Survive in the Midst of Human Enterprise (Oxford Univ Press, Oxford).
[123] Wu J, Jones K, Li H, Loucks OL, eds (2006) Scaling and Uncertainty Analysis in Ecology: Methods and Applications (Springer, Dordrecht, The Netherlands).
[124] van Gardingen PR, Foody GM, Curran PJ, eds (1997) Scaling Up: From Cell to Landscape (Cambridge Univ Press, Cambridge, UK).
[125] Irwin EG, Bockstael NE (2007) Proc Natl Acad Sci USA 104:20672–20677.
[126] Diaz S, Lavoral S, de Bello F, Que' tier F, Grigulis K, Robson TM (2007) Proc Natl Acad Sci USA 104:20684–20689.
[127] Lawrence D, D'Odorico P, Diekmann L, DeLonge M, Das R, Eaton J (2007) Proc Natl Acad Sci USA 104:20696–20701.
[128] Manson SM, Evans T (2007) Proc Natl Acad Sci USA 104:20678–20683.
[129] Stafford Smith DM, McKeon GM, Watson IW, Henry BK, Stone GS, Hall WB, Howden SM (2007) Proc Natl Acad Sci USA 104:20690–20695.
[130] Gunderson L, Holling CS (2002) Panarchy: Understanding Transformations in Human and Natural Systems (Island, Washington, DC).

将人类放到地图中：人为生物群系[①]

Erle C Ellis   Navin Ramankutty

译者评述：将生物多样性和生态系统进程的全球格局看为"以自然为主体，有人类影响的"，和"以人类为主体，兼顾自然条件不同"，这两种观点看起来好像并未有太大的区别，只是重心的转移而已，到底有什么意义呢？

它们之间的关系，就好比日心说和地心说。日心说和地心说描述的都是太阳和地球间的相对运动，如果单看这两个星体，谁绕着谁转并不重要，但是当放到一个更大的环境中，当选用其他的星系来作为参照物时，谁是主体，就会明明白白，选对了主体，才能给其他的学科提供正确的基础。

"人为生物群系"的意义，也正在于此。如果单单就人类和自然关系来讲，到底谁是主体并不重要，但是，生态学作为很多其他学科的基础，生态系统模型尤其重要。人类活动对生态系统的影响已经大到了不容忽视的地步，依旧以自然为主体已经无法正确的描述生态系统格局，以人类活动为主体的生物群系划分，能够更精确的描述目前生物圈的状况。

人类从根本上改变了生物多样性和生态系统过程的全球格局。令人诧异的是，现有的表示这些全球格局的系统，包括生物群系分类，要么忽视了人类，要么把人类的影响简化为至多四类。这里，我们在人类与生态系统之间存在的持续的、直接的相互影响的全球格局的基础之上，首次刻画了陆地生物群系(terrestrial biomes)。通过对全球的人口、土地利用[②] (land use)、土地覆盖[③] (land cover) 的经验性分析，我们确定了 18 种"人为生物群系 (anthropogenic biomes)"。地球上 75% 无冰区 (ice-free land) 都有因人类居住和土地利用而改变了生态系统的证据，只有不到四分之一的无冰区仍然是野地[④] (wildland)，并且只产生了陆地净初级生

[①] 原文：Erle C Ellis and Navin Ramankutty. 2008. Putting people in the map: anthropogenic biomes of the world Front Ecol Environ, 6(8): 439–447. DOI: 10.1890/070062.
推荐：宫鹏；翻译：程渠；校阅：宫鹏。
注：Reprinted, with permission from Ecological Society of America and the authors。

[②] 土地利用：即人类对于土地的利用，包括把自然环境或者野地改造成为农田、牧场、居民地等人工建筑环境。另一种定义为：人类为对某一特定类型的土地覆盖进行生产、改变和维护而进行的安排、活动和投入。

[③] 土地覆盖：土地覆盖就是地面表层的物理材质。它包括草地、沥青、树木、裸露地面、水体等。

[④] 野地：指地球上还没有被人类活动明显改变的自然环境。

产力① (net primary production, NPP) 的 11%。人为生物群系通过让人们了解人类对全球生态系统的影响提供一种新的方式，让人们能够更好地模拟和研究集成了人类和生态系统的陆地生物圈。

很久以前，人类就通过能否利用工具或技术 (比如火) 来改变生态系统的形式和发展过程，这种超出了其他有机体的能力的行为，来将自己与其他物种区分开 (Smith, 2007)。这种远远超过其他生态系统的能力，已经维持了人类过去半个世纪里前所未有的人口增长。现在，世界上的人口需要消耗总陆地净初级生产力的三分之一 (Vitousek et al., 1986; Imhoff et al., 2004)，并且他们改变的土地和产生的活性氮② (reactive nitrogen) 比陆地上所有其他过程的总和还要多 (Galloway, 2005; Wilkinson and McElroy, 2007)。而且，人类造成的全球灭绝 (Novacek and Cleland, 2001) 以及气候变化可以和被观察到的任何自然记录相提并论 (Ruddiman, 2003; IPCC, 2007)。明显地，人类已经成为一种与自然的气象、地质作用力不相上下，可改变陆地生物圈及其过程的作用力。

生物群系 (biome) 是生态学家描述生态系统形式、过程、生物多样性全球格局的最基本单元。纵观历史，生物群系通常依据因气候区域变化而引起的植被类型变化来划分和制图 (Udvardy, 1975; Matthews, 1983; Prentice et al., 1992; Olson et al., 2001; Bailey, 2004)。现在，人们因为农业、林业和其他原因，改变了陆地生物圈，也改变了种群组成、种群密度、初级生产力，以及地表水、碳、氮、磷生化循环的全球格局 (Matson et al., 1997; Vitousek et al., 1997; Foley et al., 2005)。事实上，最新的研究表明，现在人类占主导地位的生态系统所占据的土地已经超过了"野生 (wild)" 生态系统所占的面积 (McCloskey and Spalding, 1989; Vitousek et al., 1997; Sanderson et al., 2002, Mittermeier et al., 2003; Foley et al., 2005)。

因此，现行的对生态系统的描述让人感到十分奇怪，因为它们要么完全忽视了人类的影响，要么至多用四种分类 [城市/建筑用地 (urban/built-up), 农用地 (cropland), 一种或两种农用地/自然植被的镶嵌体 (one or two cropland/natural vegetation mosaic(s); 分类系统包括 IGBP, Loveland et al., 2000; "奥尔森生物群落 (Olson Biomes)", Olson et al., 2001; GLC, 2000; Bartholome and Belward, 2005; 和 GLOBCOVER, Defourny et al., 2006)] 来表示人类影响。这里，我们提出了一个新的关于陆地生物圈的观点，它基于对持续而直接的人类–生态系统相互作用的全球格局的经验性分析，我们还调整了全球范围的"人为生物群系"地图。然后，我们审视人为生物群系作为生态学中一个新的全球框架的潜力，最后提出可以检验

---

①净初级生产力：净初级生产力指的是生态系统中所有植物产生化学能量的净速率，即整个生态系统中所有植物产生化学能量的总速率与它们通过呼吸作用消耗化学能量的速率的差。

②活性氮：活性氮是具有高度活性的氮的气体，比如 NO_x、NH_3、N_2O、NO_3^-，尿素以及氮的有机化合物。这些气体是由农业活动产生的，比如撒播化肥和能量产生(如化石燃料的燃烧)。

的各种假设来推进研究、教育和保护现在已经被人类活动剧烈改变了的陆地生物圈。

> **小　结**
>
> ○人为生物群系提供了对陆地生物圈目前被人类改变的形态的一种新观点
> ○大部分陆地生物圈都被人类居住及农业活动所影响
> ○地球上的无冰区中，野地少于四分之一，并且在这些野地之中，只有20%是森林，大于36%的都是荒漠
> ○大于80%的人口都住在人口密度较大的城市(densely populated urban)或者村庄群系(village biomes)
> ○农村(agricultural villages)是分布最广的密集人口群落，四分之一的人口都住在农村

1. 人类和生态系统的相互作用

从本质上来讲，由于人类和生态系统的相互作用是动态的、复杂的(Folke et al., 1996; DeFries et al., 2004; Rindfuss et al., 2004)，任何一种对此相互作用的分类都存在严重的简化。然而若没有这些简化，就无法在全球层面上理解这些相互作用并对其建模。大部分关于初级生产力、物种多样性，乃至气候的全球模型，都建立在将陆地表面分为有限多个功能类型、土地覆盖类型、群落或植被类型的基础之上(Haxeltine and Prentice, 1996; Thomas et al., 2004; Feddema et al., 2005)。

人类与生态系统间的相互作用，小到狩猎者(hunter)或采摘者(gatherer)的活动带(mobile bands)，大到完全用建筑代替之前存在的生态系统(Smil, 1991)。人口密度是这些相互作用的形式和程度的一个重要的指标，因为人口增长一直被视为因生产食品与其他必需品而进行生态系统改造的原因，同时也是结果(Boserup, 1965, 1981; Smil, 1991; Netting, 1993)。事实上，历史上大部分基本的人类-生态系统相互作用的形式，都主要和人口密度相关，包括觅食(foraging)(< 1 人/平方千米)、轮作①(shifting)(> 10 人/平方千米)、连作②(continuous cultivation)(>100 人/平方千米)，而人口密度大于 2 500 人/平方千米在传统的温饱型农业③(subsistence agriculture)的条件下是不可能的(Smil, 1991; Netting, 1993)。

---

①轮作：在同一块田地上，有顺序地在季节间或年间轮换种植不同的作物或复种组合的一种种植方式。
②连作：在一块田地上连续栽种同一种作物。
③温饱型农业：农民的目标为生产足够的食物来养活自己的家庭。典型的温饱型农场拥有的作物和动物量由这个家庭一年能够吃多少决定，选择种什么，则由他们在来年需要什么决定，而非市场价格。

虽然最近几十年,农业工业化和交通现代化在各种人口密度的层面上都创造出新的人类－生态系统相互作用形式,比如低人口密度城市的远郊发展 (low-density exurban development),和将高人口密度城市、低人口密度郊区、农业、甚至森林集成为广阔的大都市 (Smil, 1991; Qadeer, 2000; Theobald, 2004)。但是,一定的程度上,人口密度仍可作为某一特定地点人类－生态系统相互作用的形式和程度的指标,尤其是当人口密度相差了一个或多个数量级的时候。这时人口密度上的巨大区别,有益于区分人类仅仅只是生态系统改变的操作者(即生态系统工程师,故意地改变生态系统) 的情况,和人口密度过大以至于人类消耗的资源和产生的废物成为影响当地生物地球化学循环和其他生态过程的根本因素的情况。为了使得分析能够顺利展开,我们把人类－生态系统的相互作用分为了四类: 高人口强度 (high population intensity) ["稠密"(dense), >100 人/平方千米], 足够人口强度 (substantial population intensity) ["居民地"(residential), 10~100 人/平方千米], 低人口强度 (minor population) ["有人居住的"(populated), 1~10 人/平方千米], 以及不连续人口强度 (inconsequential population) ["偏远地区"(remote), <1 人/平方千米]。这些人口密度类别名仅根据此研究的背景而得来。

2. 分辨人为生物群系: 一种经验性方法

我们通过多层次的经验性步骤来分辨人为生物群系并制图,详细步骤见网络板块 1,下面也给出了大概的步骤。这种方法基于人口 (城市、非城市)、土地利用 (牧场、农作物、水浇地[①]、水稻、城市的面积百分比) 及土地覆盖 (树木和裸露的土地的百分比) 的全球数据。净初级生产力、国际地圈生物圈计划 (IGBP) 中的土地覆盖及奥尔森 (Olson) 的生物群系数据,也被采集来为下一步的分析做准备 (网络板块 1 包含所有数据的参考资料)。生物群系分析都在 5′ 分辨率上进行 (5′ 格网代表赤道上约 86 平方千米), 因为这是允许直接利用高质量土地利用区域评价图的最适合的空间分辨率。首先,根据人口密度、农作物、牧场的情况来区分 "人为" 5′ 单元 ("anthropogenic" 5′ cells)" 和 "野生" 单元 ("wild" cells)。接下来人为单元又根据非城市人口密度分到上文中描述的人口密度类中 ("稠密"、"居民地"、"有人居住的"、"偏远地区")。然后,我们根据非城市人口密度及城市区域、牧场、农作物、水浇地 (irrigated)、稻田、树木、荒漠 (bare earth) 分别所占百分比,用聚类分析,一种用于从数据集中提取出最合适的数个不同自然类别 (利用 SPSS15.01) 的统计学方法,来确定每一个人口密度类和野生类 (wild class) 中的自然分组。最后,根据人口密度、土地利用、土地覆盖特征及区域分布,来描述上述步骤产生的分组并对其编码,并将这些分组归类到更广泛的有逻辑的大

[①] 水浇地:指有水源保证和灌溉设施,在一般年景能正常灌溉,种植旱生农作物的耕地。包括种植蔬菜等的非工厂化的大棚用地。

类之中,从而产生了在图 1 和表 1 中都有描述的 18 个人为生物群系类和 3 个野生生物群系类(网络表格 1 和 2 提供了更详细的统计信息;网络板块 2 提供了可采用谷歌地球、谷歌地图和微软虚拟地球 (Microsoft Virtual Earth)、印刷版地图和 GIS 格式的地图数据来查看的地图)。

3. 人为生物群系的旅程

从全球角度看,人为生物群系在陆地生物圈中明显地占有主导地位,它覆盖了地球上大于四分之三的无冰区,并与陆地净初级生产力的 90%、全球树木覆盖的 80% 都有关系 (如图 1 和图 2a,网络表格 2)。大约一半的陆地净初级生产力和土地都位于森林或牧场生物群系,这些地方人口密度较低,土地利用产生的影响也较小 (除了有人居住的牧场,如图 1 和图 2a)。然而,地球上三分之一的无冰区和大约 45% 的陆地净初级生产力都是出现在耕地和人口富裕的生物群系中 (密集居民地、村庄、农用地及有人居住的牧场;如图 1 和图 2a)。

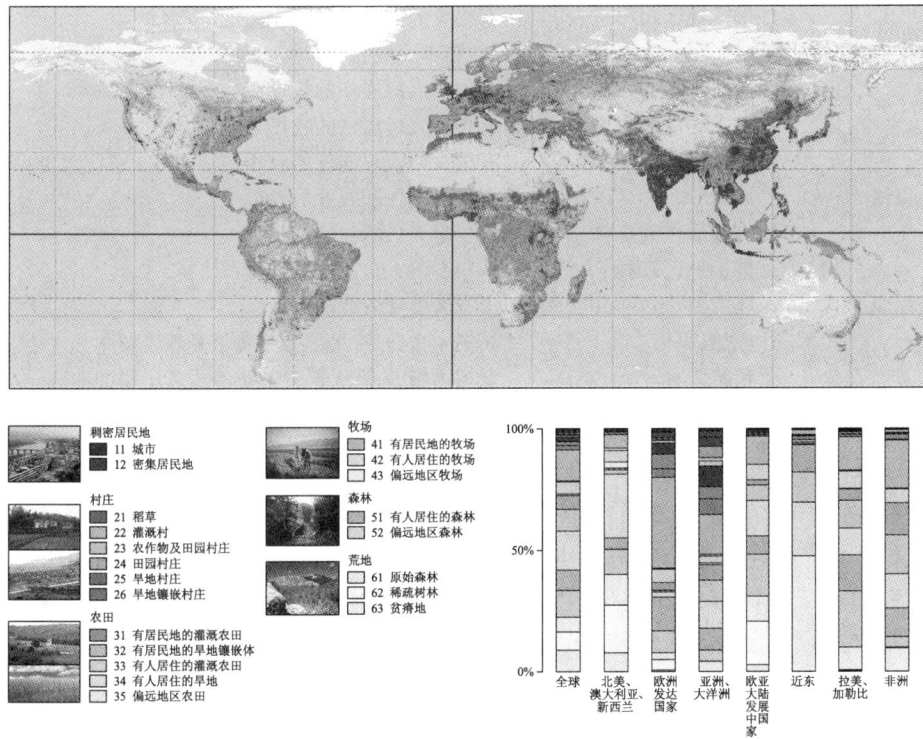

图 1 (见彩图) 世界范围和区域范围的人为生物群系地图。生物群系被分成不同组(表 1),并依据人口密度排序。地图比例尺为 1:160 000 000,平面 carree 投影 (地理的),5′ 分辨率 (5′ = 0.0833°)。网络板块 3 包含区域的生物群系的细节,网络板块 2 提供了这个地图的可互操作的版本。

表1 人为生物群系描述。

组别	生物群系	描述
稠密居民地		有大量城市区域的稠密居民地
	11 城市	有很高人口密度的建筑环境
	12 密集居民地	城市和农村人口的混合,包括郊区和村庄
村庄		稠密的农业居民地
	21 稻村	稻谷占主导地位的村庄
	22 灌溉村	灌溉作物占主导地位的村庄
	23 农作物及田园村庄	农作物和牧场混合的村庄
	24 田园村庄	牧场占主导地位的村庄
	25 旱地村庄	旱地农业占主导地位的村庄
	26 旱地镶嵌村庄	农作物和树木混合的村庄
农田		一年生农作物及其他土地利用和土地覆盖
	31 有居民地的灌溉农田	有大量人口居住的灌溉农用地
	32 有居民地的旱地镶嵌体	有大量人口居住的旱地和树木的混合体
	33 有人居住的灌溉农田	有少量人口居住的灌溉农用地
	34 有人居住的旱地	有少量人口居住的旱地
	35 偏远地区农田	有很少的人口居住的农用地
牧场		放牧,有少量的农作物和树林
	41 有居民地的牧场	有大量人口居住的牧场
	42 有人居住的牧场	有少量人口居住的牧场
	43 偏远地区牧场	有很少的人口居住的农用地
森林		有人类居住和农业的森林
	51 有人居住的森林	有少量人口居住的森林
	52 偏远地区森林	有很少的人口居住的森林
荒地		没有人类和农业的土地
	61 原始森林	高树木覆盖率,大部分是寒带和热带树木
	62 稀疏森林	低树木覆盖率,大部分是寒冷或者干旱的地区
	63 贫瘠地	没有树木覆盖,大部分是沙漠或者是冰冻的土地

地球上的64亿人类居民中, 40%住在密集居民地生物群系中(82%为城市人口), 40%住在村庄生物群系中(38%为城市人口), 15%的人口住在农田生物群系中(7%为城市人口), 还有5%住在牧场生物群系中(5%为城市人口; 森林生物群系只包含全球人口的0.6%, 如图2a)。尽管大部分人都住在密集居民地或村庄生物群系, 这些地方只占了全球无冰区总面积的7%。60%的居住于这些地方的人都是城市人口, 他们住在镶嵌于密集居民地或村庄生物群系中的城市或者城镇中, 而这些城市或者城镇包含了几乎所有的被我们分类为城市的地域(全部城市面积50万平方千米中的94%, 并且很有可能低估, Salvatore et al., 2005, 如图2)。

和覆盖150万平方千米的城市和密集居民地生物群系相比,覆盖770万平方千米的代表密集农业人口的村庄生物群系,是目前范围最广的人口密集型生物群系。并且,村庄生物群系为世界上约一半的非城市人口提供了住所(约32亿人口中的16亿)。尽管全球三分之一的城市区域也镶嵌于这些村庄生物群系之中,城市区域只占了乡村群落总范围的2%,而农业用地(农作物用地和牧场)的平均却占了超过60%。亚洲是七大洲中的第一大洲,超过39%的人口密集型生物群系都位于亚洲,人口密集型生物群系占据了亚洲总面积的60%(如图1,网络表格3)。村庄生物群系在亚洲最普遍,覆盖了全亚洲超过四分之一的土地,在非洲第二普遍,有13%的村庄生物群系,尽管它们只占到了非洲土地面积的6%。和其他类型生物群系相比,村庄生物群系中的土地利用程度最高,它包括世界上一半的水浇地(140万~270万平方千米),以及全球稻田的三分之二(110万~170万平方千米,如图2a)。

除了牧场之外,农田生物群系是范围第二广泛的人为生物群系,约涵盖了地球无冰区的20%。复杂的是,耕地覆盖的景观——农田生物群系通常都是耕地和树林、牧场的镶嵌体(mosaic)(如图3)。因此,农田生物群系只占了世界上所有耕地覆盖区域(1 500万平方千米中的800万平方千米)的一半多一点,村庄生物群系占大约四分之一,牧场生物群系占约16%。农田生物群系还包括了世界牧场用地的17%,而牧场用地包含了世界上四分之一的森林并产生了约占全球三分之一的陆地初级生产力。目前在非洲和亚洲,住宅和旱地的镶嵌体是最多的,也是最广泛的农田生物群系,还是所有生物群系(1 670万平方千米)中第二广泛的。这些镶嵌体为近6亿人口、400万平方千米的作物,及全球20%的树木和净初级生产力提供了场所,这比整个野生森林生物群系所占的份额还要多。

牧场生物群系是最广泛的生物群系,占据了全球无冰区近三分之一的面积,并且包括了世界上73%的牧场(2 800万平方千米),但是牧场生物群系主要出现在干旱地区和其他低生产力的地区,这些地区的土地裸露百分率通常较高(50%左右,如图3c)。因此,牧场生物群系只占了陆地净生产力的不到15%,全球树木覆盖面积的6%,全球人口的5%。

森林生物群系占据的面积和农田生物群系差不多(森林生物群系2 500万平方千米,农田生物群系2 700平方千米),但却包括了大得多的森林覆盖区域(森林生物群系45%,农田生物群系25%)。因此,森林生物群系和农田生物群系的总净生产力不相上下(森林生物群系164亿吨每年,农田生物群系160亿吨每年)的现象让人感到很奇怪。这个可以通过北方森林[①](boreal forest)生产力更低来

---

① 北方森林:北方森林是世界上最大的陆地生态群系,包括北美最内陆的加拿大和美国阿拉斯加以及极端北部的美国大陆(特别是明尼苏达州北部、密歇根州上半岛、威斯康星州北部、纽约上州、佛蒙特州、新罕布什尔州和缅因州)的部分,以及欧亚大陆的瑞典、芬兰、挪威内陆、部分俄罗斯(尤其是西伯利亚)、哈萨克斯坦北部、蒙古北部和日本北部(在北海道岛)。

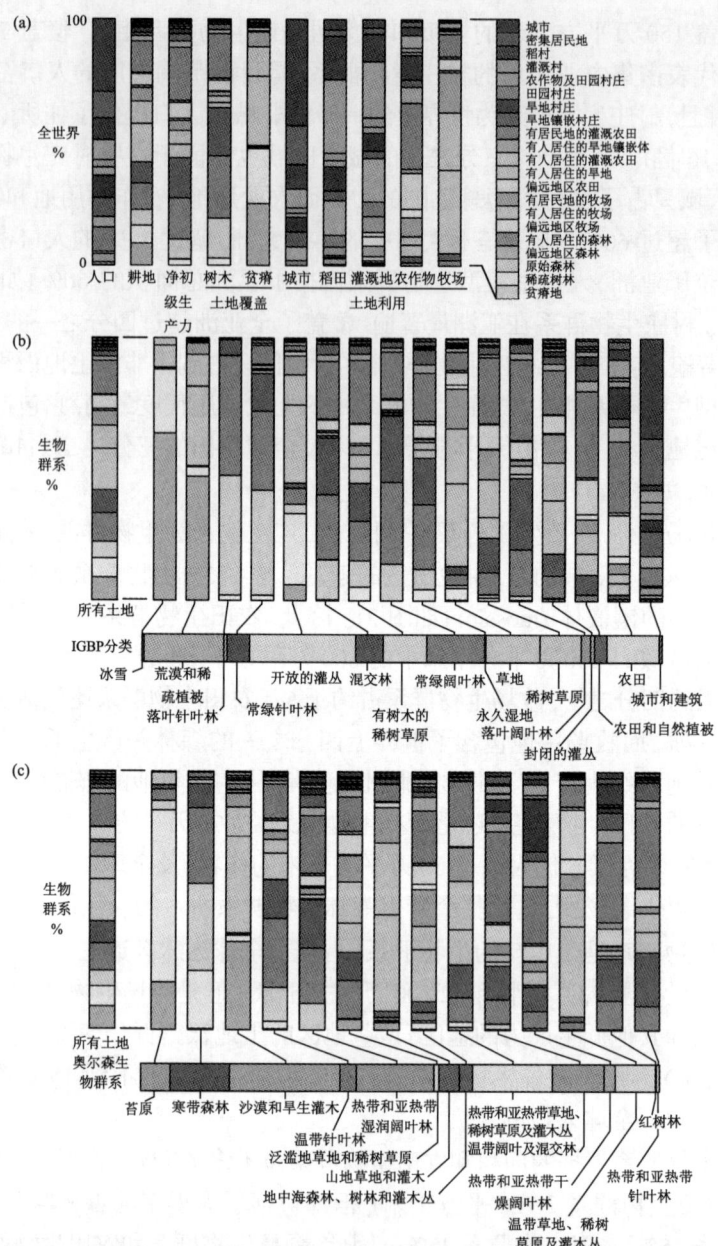

图 2 人为生物群系被表示为占 (a) 全球人口,无冰区,净初级生产力,土地覆盖和土地利用 (网络表格 3), (b) 地圈生物圈土地覆盖类 (网络表格 4), (c) 奥尔森生物群系的百分比。在 (b) 和 (c) 中,最左边的列表示了人为生物群系占全球无冰区的百分比,而下面水平的横条表示了 (b) IGBP 土地覆盖和 (c) 奥尔森生物群系占无冰区的百分比,中间的列表示了每一种人为生物群系占 IGBP 和奥尔森类的百分比,从左到右依据总的生物群系区域从高到低排列。此图中的人为生物群系类的颜色及顺序均与图 1 中相同。

解释,在森林生物群系中,北方森林占主要地位,然而农田生物群系却位于某些气候和土壤条件较好、能产生世界上最高的生产力的地带。这里,没有人类居住或土地利用的野地仅仅只占到了全球无冰区的22%。通常这些野地都位于世界上生产力最低的区域,它们中大于三分之二的面积都是荒漠或是只有稀疏树木的地区。因此,尽管野地中有20%的地区是野生森林(寒带和热带的树木的混合,如图2c),所有野地的陆地净初级生产力只占了总陆地净初级生产力的11%。

4. 人为生物群系是镶嵌体

从上文中对生物群系的描述、图3c中的土地利用和土地覆盖格局,更重要的是通过将我们的生物群系地图和高分辨率的卫星遥感影像相比较(网络板块2),很明显人为生物群系最好被描述为异质景观的镶嵌体,这种镶嵌体包括许多不同种类的土地利用和土地覆盖。城市镶嵌于农业用地之中,树木森林交织于耕地和房屋之中,被管理的植被和半自然植被相混合(例如,耕地镶嵌于牧场或森林之中)。尽管导致这种异质性的原因可能是本研究的分辨率相对较低,我们也提出了一个更为基础的解释:人类和生态系统间的那种直接作用往往就出现在异质景观镶嵌体之内(Pickett and Cadenasso, 1995; Daily, 1999)。进一步的,我们提出了产生异质性的三种原因,有两种是人为的,三种全部都是自然分形①(fractal in nature)的(Levin, 1992),即在不同的分辨率上都产生了相似的格局,不管是小到个人家庭的土地,还是大到人为生物群系的全球格局。

我们假设即使在生物群系人口密度最大的地方,大多数景观异质性都因地形、水文、土壤、干扰因素(例如火)及气候的自然变化而导致,正如传统生态系统和陆地生物圈模型中所描述的那样(这是第一种原因)(例如Levin, 1992; Haxeltine and Prentice, 1996; Olson et al., 2001)。对自然景观异质性的人为增强,则是导致人为生物群系异质性的第二种原因。人类倾向于优先寻找和利用生产力最高的土地,并最大程度上在这些土地上工作和居住(Huston, 1993)。在全球尺度上,这种过程倾向可以解释,为什么野地会最普遍出现在最没有农业潜力的地区(极地区域、山区、不肥沃的热带土壤;如图1),为什么在森林覆盖率相同的条件下,人口密度较大的人为生物群系的净初级生产力也会更高(将净初级生产力和森林覆盖相比,尤其是在野生森林和森林群落;如图2)。这也可以解释为什么大多数人口,不管是城市还是农村人口,往往与发达的农业相伴而生(灌溉作物,稻谷),而不与牧场、森林或其他较低的土地利用程度相关(图3c)。最后,这一个假设解释了为什么大部分气候条件良好的肥沃山谷和河漫滩②(floodplain)都已经被利用为耕地了,而旁边的山坡和山区却还是完全不受当地人口干扰的半自然植被的

---

① 分形:能够被分成小的部分,并且每个部分的形状都和整体类似。
② 河漫滩:位于河流主槽旁侧,在洪水时被淹没而在枯水时露出的滩地。

孤岛 (Huston, 1993; Daily, 1999)。人为生物群系景观异质性的第三个成因完全是人为的: 人类直接地创造了景观异质性, 例如居民地和交通系统的格局的建造改变了很多文化与自然的限制 (Pickett and Cadenasso, 1995)。

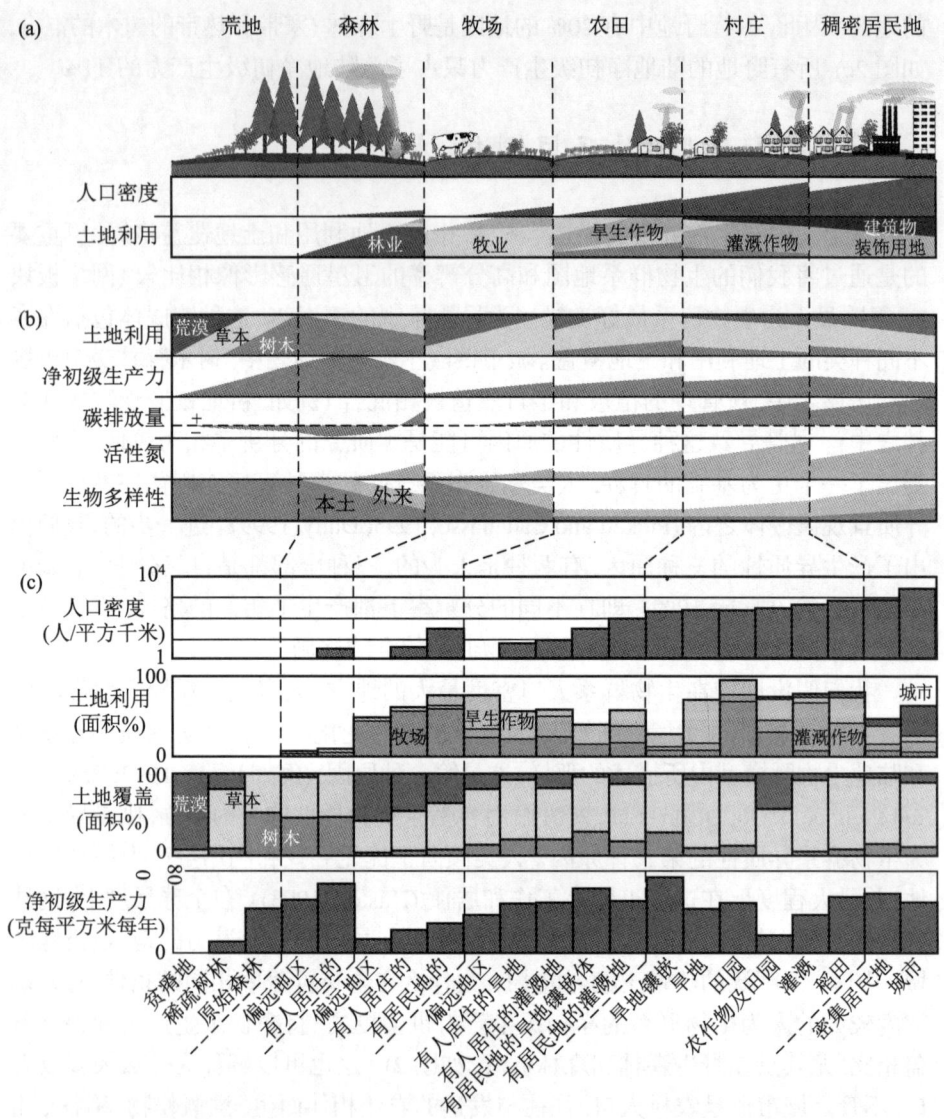

图3 人为生物群系的概念模型。(a) 人为生物群系按人口密度和土地利用来组织(对数比例), 形成了 (b) 按人为生物群系大类来分的生态系统结构(土地利用百分比)、过程(净初级生产力, 碳平衡; 红色表示排出, 活性氮), 以及生物多样性(本土和非本土生物的多样性; 和之前的生物多样性相比, 白色空间表示了生物多样性的净减少量)。(c) 人为生物群系大类 (图1; 网络表格1) 的平均人口密度、土地利用、土地覆盖和净初级生产力。最下面的生物群系的名字标签省略了最上面的大类名。

毫无疑问,异质性的这三种成因共同决定了陆地生物圈的格局,但是在全球层面上它们各自的作用仍然有待探究,考虑到景观破碎化对于生物多样性的影响,它们各自的作用显然也值得深入地探究 (Vitousek et al., 1997; Sanderson et al., 2002)。

5. 一种人为生物群系的概念模型

由于人为生物群系是镶嵌体,是居民地、农田、森林和其他土地利用和土地覆盖的混合体,我们要怎样得到被普遍认同的对人为生物群系内部和跨生物群系的人类 – 生态系统相互作用 (human–ecosystem interaction) 的生态学理解呢? 在提出一组猜想及验证方法前,我们先用一个等式来归纳我们现在对人类 – 生态系统相互作用如何在全球尺度上决定陆地生态系统的过程的理解:

生态系统过程 $= f$ [人口密度, 土地利用, 生物群①(biota), 气候, 地形 (terrain), 地质 (geology)]

熟悉传统生态系统过程模型的人都会意识到,我们的模型仅仅是传统模型的一种拓展,只新增了用来解释生态系统过程及变化的全球格局的两个参数——人口密度和土地利用。在进行了一些改变之后,传统的土地利用和生态过程模型就具备了对人为生物群系内部及跨生物群系的生态学变化建模的能力 (Turner et al., 1995; DeFries et al., 2004; Foley et al., 2005)。我们添加了人口密度作为促进生态系统过程的一个独立因素,是因为增长的人口密度能够导致更高程度的土地利用 (Boserup, 1965, 1981),同时也能够增大人类对当地生态系统过程 [例如资源消耗 (resource consumption)、焚烧 (combustion)、排泄 (excretion), Imhoff et al., 2004] 的直接影响。例如,在相同环境条件下,依据我们的模型,位于人口密度较大区域的农业用地,将会需要更多的肥料和水,也会排出更多因燃烧生物质和化石燃料而产生的废气。

6. 一些假说及检验

基于上文中的人为生物群系概念模型,并考虑到它将会被作为一种陆地生物圈模型来使用,我们提出了一些基础的假说。首先,我们猜想在每一个生物群系中进行测量的时候,人为生物群系会因基本生态学过程 (例如, 净初级生产力、碳排放量、活性氮) 和生物多样性 [整体的 (total)、土著的 (native)] 的不同而有本质性的差别,并且这些差别至少会和在同一尺度用相同方法测量传统生物群系所得到的差别一样大。然后,我们猜测这些差别由生物群系间人口密度和土地利

---

① 生物群: 生物群是某一个地理区域或者某一个时间段内,所有生物的集合。通常,人类不被划分到生物群中。

用的差别所决定(如图3a),农田面积、灌溉、稻谷产量都随人口密度的增大而增长已经成为了明显的趋势(如图3c)。最后,我们猜测人为生物群系解释生态系统过程及生物多样性全球格局的能力将会增强,同时人类对生态系统的影响也会增强。

这些假说和其他假说的检验都需要通过对人为景观内部和跨人为景观的全面观察而得到的关于人类 – 生态系统相互作用的更好的数据。在人为景观(anthropogenic landscape)内部进行的这些能解释个人管理的土地利用特征和建筑结构的观察是事关重大的,因为这正是人类和生态系统直接作用的尺度,同时也正是精确衡量生态系统变量和控制量的最佳的尺度 (Ellis et al., 2006)。考虑到对不同异质人为景观之间的生态和人类系统的精确测量仍然需要相当大的努力,这就需要强大的统计抽样设计,这种设计能依据相对较小范围内人为生物群系内部和群落间景观的抽样,来支持区域甚至全球范围的评估(例如 Ellis 在 2004 年的研究)。反过来,这也需要更好的全球的数据,特别是关于人口和土地利用实践的数据。幸运地是,这些数据集的发展也为给区域或管理者提供生态监测服务的人为生态区域系统铺平道路,而目前,这种服务由传统的生态区域制图和分类系统提供。

7. 传统的生物群系系统过时了吗?

我们将人为生物群系描述为陆地生物圈的一个组成部分,人为生物群系又可以被称为"人群(anthromes)"或者是"人类生物群系(human biomes)"来把它们和传统生物群系系统区分开。于是,这就引出了一个问题:传统生物群系系统过时了吗? 很明显,答案是"没有"。虽然我们已经提出了人为生物群系内部和群落间生态过程的一个简单模型,但这个模型仍然只停留在概念的层面上,然而现行的基于气候、地形、地质的陆地生物群系模型,却完全是可操作的,并且在预测生物圈对气候变化的响应等未来状态时,都十分有用 (Melillo et al., 1993; Cox et al., 2000; Cramer et al., 2001)。

另外,在很多方面,与基于气候和地质的变化来描述植被格局的传统的生物群系系统相比,人为生物群系对当前陆地生物圈内广阔的生态格局的描述更加精确。很难找到一大片的土地,在传统生物模型中被描述为了某一种一般植被类型,却落在被我们定义为野生生物群系区域之外的。这是因为世界上大部分"自然的(natural)"生态系统都镶嵌于被人类的土地利用和人类人口改变了的土地中,当参照地圈生物圈方案和奥尔森的生物群系在不同人为生物群系内的分布的时候,这个现象就相当的明显(如图2b,c)。

8. 生物学家回家了！

人为生物群系引导了一个生态科学和教育中必要的好转，尤其是在北美。从第一次在学校里提到生态学开始，生态圈一直都被描述为由自然的生物群系而组成，这种行为使得将世界看作是"有人类干扰的自然的生态系统"，这种落后的观点成为了永恒。尽管这种模型早已经被生态学家质疑 (Odum, 1969)，尤其是在欧洲和亚洲 (Golley, 1993)，但是在其他的学科里 (Cronon, 1983)，它仍然是一种主流的观点。人为生物群系却讲述了一个完全不同的故事，它认为世界是"由自然生态系统镶嵌于其中的人类系统"。其实，这和我们经常告诉我们的孩子和其他人的并没有太多的不同，但是对 21 世纪的生物圈的持续管理而言，它却是不可或缺的。

人为生物群系清楚地表明人类和自然系统间不可分割地交织于地球陆地表面的每一个角落，这也说明用任何一种方法都不能避免这些系统间的相互作用。此外，人类通过大气和生态系统之间的相互作用 (例如气候变化) 更为广泛地、并且不成比例地改变了受人类直接影响最小的地域 (例如极地和干旱地区, IPCC, 2007, 如图 1)。因为阻止被管理的和自然的系统之间的相互作用是一个不现实的选择 (DeFries et al., 2004; Foley et al., 2005)，持续的生态系统管理必须朝着对发展和维持这两种系统间有益的相互作用的方向进行。更重要的是，尽管人为生物群系仍然处在发展的初级阶段，它却提供了一种能够直接地把人类包括到全球生态系统中的框架，这正是一种目前迫切需要却仍然不可行的能力 (Carpenter et al., 2006)。

一直以来，生态学家都被认为是到偏远而无人居住的地方去完成工作的科学家，因此，当与拥有深厚文化的"自然"生态系统相比较时，我们对人为生态系统的理解仍然欠佳。虽然近来有很多生态学的研究开始重视将人类引入其中 (Pickett et al., 2001; Rindfuss et al., 2004)，并且这种行为也得到了越来越多的美国国家科学基金 (www.nsf.gov; 例如 HERO, CNH, HSD 项目) 的支持，但是生态学家能够并且应该做更多的事情来"回家"，回到生活着最多人类的地方工作。在人为生物群系基础上来构建生态科学，教育将会帮助科学家和社会获得对已经被我们不可逆地改变了的生物圈的所有权，并且让我们理解怎样才能最好地管理我们所居住的人为环境。

9. 结论

现在，人类对地球生物圈的影响十分普遍。尽管在过去气候和地质条件束缚了生态系统和进化，我们的工作证明目前在地表大部分区域，人类作用力都已经超过了气候和地质的影响。事实上，野地现在只占地球陆地的一小部分。未来，陆地生态系统和它们养育的物种的命运将和人类系统的交织在一起，因为现在大部分"自然"都镶嵌于人为土地利用和土地覆盖的镶嵌体之中。我们并不想要取代现行的以气候、地形和地质为基础的群落系统，但我们希望人为生物群系系统的盛行能引导出更多关于整个陆地生物圈中人类－生态系统相互作用的认识，反过来，这些认识也能够引导我们对于生态系统过程和它们在全球和区域尺度上的变化的调查、理解和管理。

致　　谢

Erle C Ellis 感谢加州大学环境研究系的 S Gliessman，斯坦福市华盛顿卡内基研究所全球生态部门的 Santa Cruz 和 C Field 在他休假时热情地招待他。感谢 P Vitousek 和他的组员 G Asner, J Foley, A Wolf 和 A de Bremond 提供了有用的数据。感谢 T Rabenhorst 在地图学方面提供的帮助。感谢全球土地覆盖基金 (www.landcover.org) 提供的土地覆盖数据，以及 C Monfreda 提供的粮食数据。

网络板块 1　全球分析中用到的方法

我们基于下面的全球数据，用多步经验处理法来区分了人为生物群系并制图：

人口数据 (Landscan, 2005; 30″ 分辨率: 30″ 单元代表了赤道上约 0.86 km^2；在靠近两极的时候，所有的地理分辨距离都会降低，Dobson et al., 2000; Oak Ridge National Laboratory, 2006)

土地利用 [牧场、农作物、水浇地、稻田的面积百分比; 5′ 分辨率: 5′ 单元代表了赤道上 86 km^2 的地区; 水浇地数据源为 Siebert et al., 2005, Ramankutty et al., (in press), 和 Monfreda et al., (in press); 种植稻谷需要被水淹没，这让它成为农业强度最高的一种, 稻田的面积百分比就是了种了稻谷的灌溉地的面积百分比]

土地覆盖 (树木和裸露土地的面积百分比; 15″ 分辨率, 15″ 代表着赤道上 0.25 km^2 的土地, Hansen et al., 2003)

用于城市面积百分比、城市人口和非城市人口密度的数据，是通过对 Landscan (2005) 数据进行分类得来的。在 30″ 单元中，如果人口密度大于 2 500 人/平方千米，就被划分为城市，其他的区域则被划分为农村 (除去北美、澳大利亚和新西兰，在这些地区，人口密度大于 1 000 人/平方千米就被划分为城市，因为这些地区在历史上一直没有过有很多农业人口，城市人口密度也较小)。为了下面分析的需要，我们也获取了净初级生产力 (Zhao et al., 2005)、地圈生物圈的土地覆盖 (Friedl et al., 2002, 2004) 和奥尔森群落的数据 (Olson et al., 2001)。在 5′ 分辨率上来进行我们的全球分析是因为在分析了所有可以利用的全球数据之后,我们发现 5′ 分辨率是数据分辨率和质量的最好的折中。在分析之前,所有的数据都归并到了 5′ 单元水平,包含了地球上所有的无冰区 (百分数和密度通过平均而来,人口数据通过求和得来)。全球和区域估计是将 30″ 分辨率时每个单元内部土地百分比依据 Mollweide 投影调整到 5′ 分辨率。

首先,我们根据人口、农作物或者牧场的出现情况把"人为" 5′ 单元和"野生"单元分开。然后,我们用"两步"聚类分析(在 spss 15.01 中)来把人为单元分到不同的生物群系中。聚类分析是一种用于在一个数据集中提取出最佳数目的不同自然的组别 (聚类) 的统计学方法 (首先用对数似然聚类距离和贝叶斯信息准则来将数据标准化)。我们先通过对城市面积百分比的聚类分析来提取"城市"单元,在通过这个变量得到的三种聚类中,拥有最高的城市面积百分比 (>17.5%) 的类被认定为城市。然后,依据人为单元中非城市人口的密度,将他们分到如正文描述的人口密度类中 ("稠密"、"居民地"、"有人居住的"、"偏远地区")。再一次使用"两步"聚类分析,根据非城市人口密度,城市、牧场、农用地、水浇地、稻田、树木和裸露的土地的面积百分比,区分每一个人口密度类和野生类中的不同自然组别。最后,根据每一组的人口数量、土地利用、土地覆盖特征以及它们的区域分布,来描述、标记上面所得到的类,并把它们分成有逻辑的组别,就得

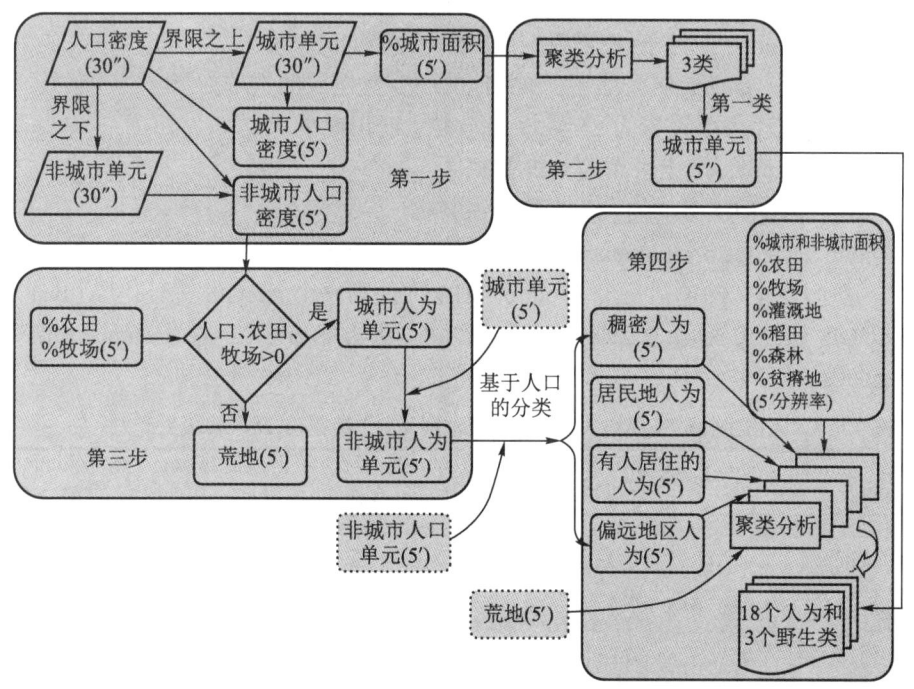

网络图片 1　生物群系分析流程图

到了 18 个人为生物群系类和 3 个野生生物群系类 (如图 1,表 1,网络表格 3 和 5 包含了更多详细的统计数据;网络板块 2 提供了一个链接,通过链接可以得到 GIS 格式的、可与谷歌地球互操作格式的以及其他格式的生物群系数据,还包括一张可以打印的挂图)。

网络板块 2 空间数据

(A) 人为生物群系互操作地图及挂图

可从地球百科全书获取 (http://eoearth.org)

互操作地图可从下面网址得到:

www.eoearth.org/article/Anthropogenic_biome_maps

谷歌地球

谷歌地图

微软虚拟地球

pdf 格式的挂图 (30 英寸×50 英寸)

http://www.eoearth.org/eoe-maps/pdf/anthro_biomes_wall_map_v1.pdf

若想要在大的打印机上面打印时 (> 30 英寸),需注意下载大的地图 (~80 MB)

打印挂图的步骤:

(1) 用 Adobe 工具条的旋转按钮将图转为横向

(2) 关闭"自动旋转且居中"和其他的改变比例尺的选项

(3) 将打印大小设置为 51 英寸 ×31 英寸纸张大小

(B) Ecotope.org 上可用的 GIS 数据

ArcInfo GRID 格式的人为生物群系数据:

http://ecotope.org/files/anthromes/anthromes_v1.zip

这个压缩文件包括一个 ArcInfo GRID 文件和一个 ArcGIS 符号化层 (.lyr) 来实现 GIS 软件可视化。在发布这些数据之前,请联系 Erle Ellis (ece@umbc.edu) 获取最新版本。

网络表格 1 人为生物群系平均人口密度、土地利用、土地覆盖,及净初级生产力。

生物群系	人口密度 (人/平方千米)			土地覆盖(%)						NPP
	总共	非城市	城市	牧场	农作物	灌溉地	稻田	树木	贫瘠	
稠密居民地	1 788	440	21	6.9	26.3	10	6.3	12.3	6.7	550
11 城市	3 172	543	38.3	5.6	20.5	14	7.8	10.3	10.9	500
12 密集居民地	807	367	8.6	7.9	30.5	7.2	5.2	13.7	3.7	590
村庄	327	210	2.5	15.6	45.7	17.3	11.4	13.3	7.8	520
21 稻村	774	394	6.7	1.9	71.9	40.4	62.3	6.8	2.1	550
22 灌溉村	500	308	3.8	7	67.6	60.1	9.1	4.4	7.6	380

续表

生物群系	人口密度(人/平方千米)			土地覆盖(%)						NPP
	总共	非城市	城市	牧场	农作物	灌溉地	稻田	树木	贫瘠	
23 农作物及田园村庄	300	163	2.3	29.8	42.3	15.9	1	1.2	43	180
24 田园村庄	256	173	1.6	68.8	26.4	8.3	2.1	11.7	7.7	500
25 旱地村庄	243	183	1.4	8.1	62.7	8.4	10.3	8.4	6.6	440
26 旱地镶嵌村庄	230	163	1.5	8.3	18.9	3.6	4.3	27.8	1.1	750
农田	33	27	0.2	16.9	30.4	3.5	1.3	24.6	5.2	580
31 有居民地的灌溉农田	114	59	1.3	16.9	40.3	20.8	7.4	17.4	12.1	520
32 有居民地的旱地镶嵌体	36	34	0.1	14.4	25.3	1	0.6	28.9	2.4	640
33 有人居住的灌溉农田	9	5	0.1	24.5	34.2	25.7	4.8	18.1	17.5	500
34 有人居住的旱地	6	6	0	21.1	36	0.7	0.4	18.8	6.4	490
35 偏远地区农田	1	0	0	24.1	53.5	9.7	1.2	12.8	18.2	380
牧场	7	6	0	51.4	6	0.5	0.1	4.2	50.4	190
41 有居民地的牧场	32	30	0	60.6	16.1	1.8	0.2	6.2	36.1	300
42 有人居住的牧场	4	4	0	57.4	4.8	0	0.1	5.8	45.7	230
43 偏远地区牧场	0	0	0	45.3	3.5	0.1	0	2.8	57.3	140
森林	1	1	0	4.6	2	0.1	0.1	46.4	1.8	590
51 有人居住的森林	3	3	0	6	3.2	0.2	0.1	46.7	1.2	680
52 偏远地区森林	0	0	0	3.6	1.1	0	0	46.2	2.2	530
荒地	0	0	0	0	0	0	0	16.7	36.7	170
61 原始森林	0	0	0	0	0	0	0	51.7	1.3	440
62 稀疏树林	0	0	0	0	0	0	0	7.4	18.4	120
63 贫瘠地	0	0	0	0	0	0	0	0.1	93.4	10
全球平均	45	23	0.4	18.6	10.3	1.8	0.9	20.4	25.8	360

网络表格2 全球人为生物群系人口密度、土地利用、土地覆盖,及净初级生产力。

生物群系	人口		面积								NPP
	合计 10^9人	城市 (%)	合计	城市	牧场	农作物	灌溉地	稻田	树木	贫瘠	Pg(%)
			$10^6 km^2$(%)								
稠密居民地	2.57	2.1	1.46	0.3	0.11	0.45	0.17	0.12	0.2	0.11	0.68
	(40.3)	(64.1)	(1.1)	(56.7)	(0.4)	(3)	(6.3)	(7.2)	(0.7)	(0.3)	(1.4)
11 城市	1.87	1.68	0.6	0.22	0.04	0.15	0.1	0.07	0.07	0.08	0.2
12 密集居民地	0.70	0.42	0.86	0.08	0.07	0.3	0.07	0.05	0.13	0.04	0.5
村庄	2.56	0.99	7.71	0.18	1.21	3.64	1.38	1.14	1.05	0.62	3.87
	(40.2)	(30.1)	(5.9)	(34.6)	(4.3)	(24.3)	(50.2)	(66.2)	(3.8)	(1.7)	(7.7)
21 稻村	0.57	0.3	0.74	0.05	0.01	0.54	0.3	0.3	0.05	0.02	0.4
22 灌溉村	0.52	0.21	1.04	0.04	0.07	0.71	0.63	0.51	0.05	0.08	0.4
23 农作物及田园村庄	0.19	0.09	0.64	0.01	0.19	0.27	0.1	0.05	0.01	0.28	0.1
24 田园村庄	0.21	0.07	0.82	0.01	0.57	0.21	0.07	0.04	0.1	0.06	0.4
25 旱地村庄	0.57	0.15	2.31	0.03	0.18	1.45	0.2	0.17	0.2	0.16	1.0
26 旱地镶嵌村庄	0.5	0.16	2.16	0.03	0.19	0.45	0.09	0.07	0.65	0.03	1.6

续表

生物群系	人口 合计 10^9 人	人口 城市 (%)	面积 合计	面积 城市	面积 牧场 $10^6 km^2$(%)	面积 农作物	面积 灌溉地	面积 稻田	面积 树木	面积 贫瘠	NPP Pg(%)
农田	0.93	0.18	27.26	0.04	4.71	7.95	0.97	0.4	7.1	1.39	16.03
	(14.5)	(5.4)	(20.8)	(8.1)	(16.8)	(53)	(35.3)	(23.4)	(25.3)	(3.9)	(32)
31 有居民地的灌溉农田	0.27	0.13	2.39	0.03	0.4	0.97	0.48	0.24	0.44	0.29	1.2
32 有居民地的旱地镶嵌体	0.61	0.04	16.71	0.01	2.49	4.02	0.16	0.08	5.07	0.4	10.8
33 有人居住的灌溉农田	0.01	0	0.73	0	0.17	0.25	0.18	0.06	0.14	0.13	0.4
34 有人居住的旱地	0.04	0	6.45	0	1.41	2.2	0.05	0.01	1.3	0.4	3.2
35 偏远地区农田	0	0	0.99	0	0.24	0.51	0.1	0.01	0.14	0.17	0.4
牧场	0.28	0.01	39.74	0	20.6	2.37	0.2	0.05	1.76	20.21	7.76
	(4.3)	(0.4)	(30.4)	(0.7)	(73.4)	(15.8)	(7.3)	(3)	(6.3)	(56.8)	(15.5)
41 有居民地的牧场	0.23	0.01	7.31	0	4.46	1.15	0.12	0.04	0.48	2.61	2.2
42 有人居住的牧场	0.04	0	11.52	0	6.6	0.54	0.05	0.01	0.71	5.25	2.8
43 偏远地区牧场	0	0	20.91	0	9.54	0.68	0.03	0	0.58	12.35	2.8
森林	0.04	0	25.32	0	1.42	0.58	0.02	0	12.61	0.38	16.42
	(0.6)	(0)	(19.3)	(0)	(5.1)	(3.9)	(0.9)	(0.3)	(44.9)	(1.1)	(32.8)
51 有人居住的森林	0.04	0	11.23	0	0.78	0.39	0.02	0	5.52	0.12	8.1
52 偏远地区森林	0	0	14.09	0	0.64	0.19	0.01	0	7.1	0.26	8.3
荒地	0	0	29.41	0	0	0	0	0	5.38	20.75	5.34
	(0)	(0)	(22.5)	(0)	(0)	(0)	(0)	(0)	(19.1)	(58.3)	(10.7)
61 原始森林	0	0	8.2	0	0	0	0	0	4.58	0.09	4.1
62 稀疏树林	0	0	9.7	0	0	0	0	0	0.79	9.72	1.2
63 贫瘠地	0	0	11.48	0	0	0	0	0	0.01	10.93	0.1
全球合计	6.38	3.28	130.9	0.53	28.05	14.99	2.74	1.73	28.11	35.59	50.1

注意: 括号中表示的是每个生物群系组占整个的百分比。

网络表格3 不同世界区域内的人为生物群系 (km^2)。

生物群系	北美,澳大利亚,新西兰	欧洲发达国家	亚洲,大洋洲	欧亚大陆发展中国家	近东	拉美,加勒比	非洲	全球
11 城市	151 096	52 332	232 251	47 196	42 853	49 791	21 279	596 798
12 密集居民地	80 704	92 689	465 836	70 529	10 988	57 143	81 084	858 973

续表

生物群系	北美,澳大利亚,新西兰	欧洲发达国家	亚洲,大洋洲	欧亚大陆发展中国家	近东	拉美,加勒比	非洲	全球
21 稻村	74		736 729	123	4 838		1 796	743 561
22 灌溉村	2 561	29 867	905 975	58 119	28 366	12 192	2 581	1 039 661
23 农作物及田园村庄	7 664	6 961	276 941	53 635	174 376	12 681	104 914	637 172
24 田园村庄	7 716	44 974	398 912	45 666	40 596	98 255	188 457	824 577
25 旱地村庄	14 236	171 102	1 644 274	178 396	31 929	71 746	197 897	2 309 580
26 旱地镶嵌村庄	119 484	219 869	1 005 074	131 641	9 857	180 485	490 575	2 156 985
31 有居民地的灌溉农田	282 271	122 828	1 178 061	260 781	192 429	212 790	143 592	2 392 752
32 有居民地的旱地镶嵌体	1 505 043	1 375 762	3 171 805	2 879 954	105 278	2 817 358	4 850 072	16 705 271
33 有人居住的灌溉农田	241 842	16 766	183 357	72 904	66 796	125 809	20 902	728 377
34 有人居住的旱地	1 212 832	205 910	545 859	1 583 644	44 693	1 441 961	1 411 470	6 446 369
35 偏远地区农田	720 438	1 935	136 030	24 515	22 745	74 896	6 373	986 932
41 有居民地的牧场	137 798	117 445	1 196 738	504 336	1 270 533	901 817	3 182 426	7 311 093
42 有人居住的牧场	516 385	31 185	1 727 998	1 580 710	1 421 436	2 336 449	3 907 966	11 522 131
43 偏远地区牧场	6 895 517	77 913	2 127 531	3 654 199	2 467 347	2 259 096	3 427 138	20 908 741
51 有人居住的森林	1 248 457	509 554	1 713 507	1 889 752	9 648	3 012 663	2 845 95	11 229 535
52 偏远地区森林	2 759 665	327 685	893 227	4 377 191	1 697	4 689 130	1 046 188	14 094 783
61 原始森林	3 384 243	100 134	11 119	2 638 756	na	1 931 837	138 662	8 204 751
62 稀疏树林	5 126 342	156 946	605	4 413 093	7 945	10 181	9 565	9 724 677
63 贫瘠地	2 094 136	26 829	840 686	755 860	5 357 534	100 513	2 301 101	11 476 659
全球	26 508 503	368 687	19 392 513	25 221 002	11 311 885	20 396 793	24 379 993	130 899 376

网络表格 4 每一个 IGBP 土地覆盖类中的人为生物群系 (km²)。

IGBP类	常绿针叶林	常绿阔叶林	落叶针叶林	落叶阔叶林	混交林	封闭的灌丛	开放的灌丛	有树木的稀树草原	稀树草原	草地	永久湿地	农田	城市和建筑	农田和自然植被	冰雪	荒漠和稀疏植被	全球
	类型 1	类型 2	类型 3	类型 4	类型 5	类型 6	类型 7	类型 8	类型 9	类型 10	类型 11	类型 12	类型 13	类型 14	类型 15	类型 16	
11 城市	12204	21089	56	7294	19347	4143	21755	20770	17648	16214	3213	151239	276922	21121	na	11027	604041
12 密集居民地	17991	56550	93	14834	45379	7904	22711	65725	52982	27390	5157	355090	127523	62174	1	6601	868105
21 稻村	4420	24772	32	4219	21441	4579	7259	27690	18177	6317	2054	554110	13000	40568	na	3691	732331
22 灌溉村	2126	4277	12	1636	8944	4235	32014	10424	13431	11638	647	875122	34571	26241	na	5531	1030850
23 农作物及田园村庄	307	290	na	144	247	6763	178072	3350	14566	156414	67	154949	31297	1908	na	83974	632349
24 田园村庄	3182	16669	30	7987	34658	9995	59354	72143	121633	114544	743	302129	15768	54675	2	6924	820437
25 旱地村庄	7605	35740	49	14483	44429	17112	115902	116752	105953	77212	2001	1606866	33960	99668	na	11329	2289061
26 旱地镶嵌村庄	69013	342529	358	84000	261981	20586	35335	353019	255422	88521	16784	382376	69503	184745	8	9780	2173960
31 有居民地的灌溉农田	33926	237336	179	52612	152370	20105	261576	237784	148596	206017	9328	757239	31730	127579	9	88665	2365053
32 有居民地的旱地镶嵌体	418327	2571084	4221	712770	1514097	132885	545285	2614069	2567188	929185	56891	3472303	50684	996757	133	59278	16645158
33 有人居住的灌溉农田	8470	122570	47	12587	22062	4323	88109	54398	40658	108438	4122	165934	1116	33698	3	53482	720019
34 有人居住的旱地	82922	533374	1463	159778	270587	54510	382564	814177	917056	644953	16058	2069684	3186	400656	53	40794	6391816
35 偏远地农田	5804	122614	280	7595	14485	2830	78610	52885	26168	221837	1073	351664	102	64114	8	28776	978844
41 有居民地的牧场	9641	65361	89	49719	49836	85512	1855652	417735	1156250	2026988	3059	532681	20533	156614	461	845507	7275637
42 有人居住的牧场	26018	105531	582	70053	66646	115914	3088191	572335	1458077	2822344	8973	471365	7745	243063	9663	2396277	11462778
43 偏远地牧场	68031	63831	1682	37077	61460	161508	7751587	602013	812480	4267219	9638	554429	4593	250750	33083	6058157	20737540
51 有居民住的森林	808913	3694646	54599	635359	1479453	65807	480859	1590201	1362468	386238	54101	219674	3933	234331	366	31162	11102109
52 偏远地森林	1700923	4549322	422097	412093	1695214	65471	1641143	1652262	860471	586854	76004	106483	807	69988	1816	25353	13866300
61 原始森林	2276116	2063737	421192	37411	1017770	4222	858369	1083566	102027	159459	23521	2129	65	1373	529	2070	8053556
62 稀疏树林	101527	3870	18771	5290	36204	5775	7155117	562167	120177	574417	13492	1475	76	493	94938	667148	9360938
63 贫瘠地	1647	49	11	29	839	973	1613079	11832	4243	53973	24	11	121	0	247526	9398770	11333229
全球	5659113	14635342	925843	2326974	6817450	795152	26272544	10935296	10175672	13486172	306953	13086952	727236	3070518	388599	19834297	129444112

网络表格 5 每一个奥尔森群落中的人为生物群系 (km²)。

奥尔森类	热带和亚热带湿润阔叶林	热带和亚热带阔叶林	热带和亚热带针叶林	温带阔叶林	温带针叶林	寒带森林	热带和亚热带草地、稀树草原及灌木丛	温带草地、稀树草原及灌木丛	泛滥地草地和稀树草原	山地草地和灌木	苔原	地中海森林、树林和灌木丛	沙漠和旱生灌木	红树林	全球
生物群系	1	2	3	4	5	6	7	8	9	10	11	12	13	14	
11 城市	141 319	27 370	3 248	204 826	20 942	5 083	20 588	50 908	21 665	4 568	177	37 019	52 410	6 460	596 584
12 密集居民地	253 141	59 483	9 135	352 118	1 171	6 029	43 263	31 682	3 340	12 934	379	31 751	27 887	6 455	858 767
21 稻村	492 834	57 067		105 476	586		14 454	58	4 341			210	46 794	21 553	743 373
22 灌溉村	180 339	120 115	1 454	384 663	7 170		4 905	33 202	9 494	61	107	23 501	272 281	2 475	1 039 661
23 农作物及田园村	9 920	37 914	390	55 379	6 435	64	91 294	55 415	11 115	39 538		52 163	277 216	153	637 103
24 田园村庄	244 260	14 223	5 115	224 469	5 824	474	140 631	45 123	7 050	46 922		39 219	40 440	827	824 577
25 旱地村庄	458 364	610 367	10 169	665 170	12 000	1 637	135 129	60 064	14 602	36 403		67 356	232 767	5 552	2 309 580
26 旱地镶嵌村庄	943 448	111 742	49 487	551 689	63 361	19 508	209 405	10 885	5 616	97 264	688	55 550	19 102	18 437	2 156 184
31 有居民地的灌溉农田	667 531	297 012	19 429	419 816	45 439	7 763	119 890	206 626	31 367	24 176	568	171 069	368 043	13 705	2 392 435
32 有居民地的旱地镶嵌体	4 393 091	656 671	216 700	4 471 565	551 174	298 892	3 464 835	837 452	146 251	349 210	13 372	651 244	567 741	85 315	16 703 512
33 有人居住的灌溉农田	159 362	28 726	4 673	86 695	29 938	2 989	72 109	145 662	10 875	8 125	83	28 763	143 058	7 208	728 268
34 有人居住的旱田	839 308	180 366	47 116	911 092	144 168	151 233	1 534 794	1 935 141	88 832	108 737	10 632	230 946	244 424	18 322	6 445 112
35 偏远地区农田	127 703	15 778	1 818	40 925	28 225	4 203	47 434	544 922	3 376	2 827	870	66 600	101 576	613	986 870
41 有居民地的牧场	527 855	103 841	17 640	540 439	123 550	5 183	2 653 689	627 603	110 648	736 239	626	446 575	1 412 189	4 947	7 311 023
42 有人居住的牧场	336 368	160 797	49 383	349 304	221 043	9 716	3 831 094	1 409 507	173 882	1 450 572	10 835	294 398	3 219 297	5 448	11 521 643
43 偏远地区牧场	50 800	28 877	59 042	219 264	408 641	223 044	2 771 046	3 551 075	127 012	1 994 683	352 763	649 536	10 468 255	2 935	20 906 971
51 有人居住的森林	3 727 390	278 858	146 221	1 688 904	600 323	1 370 058	2 538 963	176 619	119 344	113 330	126 311	122 121	173 936	44 818	11 227 196
52 偏远地区森林	4 264 839	195 985	65 414	1 191 644	1 091 496	4 362 437	1 880 048	281 943	158 425	82 533	344 885	112 418	30 219	31 190	14 093 476
61 原始森林	1 992 640	20 910	735	242 630	535 305	4 995 563	67 699	47 841	3 096	20 807	265 087	13 665	821	700	8 204 726
62 稀疏树林	639	36		2 680	104 439	3 348 988	394 752	4 925	2 129	146 949	5 039 899	86 978	689 910	206	9 696 388
63 贫瘠地		2		41 187	19 942	64 891	231 764	5 071	44 921	5 293 912	1 365 215	10 259	9 502 039		11 432 240
全球	19 811 155	3 006 139	707 169	12 749 934	4 051 173	14 877 757	20 267 785	10 061 725	1 097 382	5 293 912	7 532 496	3 191 341	27 890 403	277 319	130 815 689

245

参考文献

[1] Bartholome E and Belward AS. 2005. GLC2000: a new approach to global land cover mapping from Earth observation data. Int J Remote Sens 26: 1959–1977.

[2] Boserup E. 1965. The conditions of agricultural growth: the economics of agrarian change under population pressure. London, UK: Allen and Unwin.

[3] Boserup E. 1981. Population and technological change: a study of long term trends. Chicago, IL: University of Chicago Press.

[4] Carpenter SR, DeFries R, Dietz T, et al. 2006. Millennium Ecosystem Assessment: research needs. Science 314: 257–258.

[5] Cox PM, Betts RA, Jones CD, et al. 2000. Acceleration of global warming due to carbon-cycle feedbacks in a coupled climate model. Nature 408: 184–187.

[6] Cramer W, Bondeau A, Woodward FI, et al. 2001. Global response of terrestrial ecosystem structure and function to CO_2 and climate change: results from six dynamic global vegetation models. Global Change Biol 7: 357–373.

[7] Cronon W. 1983. Changes in the land: Indians, colonists, and the ecology of New England. New York, NY: Hill and Wang. Daily GC. 1999. Developing a scientific basis for managing Earth's life support systems. Conserv Ecol 3: 14.

[8] DeFries RS, Foley JA, and Asner GP. 2004. Land-use choices: balancing human needs and ecosystem function. Front Ecol Environ 2: 249–257.

[9] Defourny P, Vancutsem C, Bicheron P, et al. 2006. GLOBCOVER: a 300 m global land cover product for 2005 using Envisat MERIS time series. In: Proceedings of the ISPRS Commission VII mid-term symposium, Remote sensing: from pixels to processes; 2006 May 8–11; Enschede, Netherlands.

[10] Ellis EC. 2004. Long-term ecological changes in the densely populated rural landscapes of China. In: DeFries RS, Asner GP, and Houghton RA (Eds). Ecosystems and land-use change. Washington, DC: American Geophysical Union.

[11] Ellis EC, Wang H, Xiao HS, et al. 2006. Measuring long-term ecological changes in densely populated landscapes using current and historical high resolution imagery. Remote Sens Environ 100: 457–473.

[12] Feddema JJ, Oleson KW, Bonan GB, et al. 2005. The importance of land-cover change in simulating future climates. Science 310: 1674–1678.

[13] Folke C, Holling CS, and Perrings C. 1996. Biological diversity, ecosystems, and the human scale. Ecol Appl 6: 1018–1024.

[14] Foley JA, DeFries R, Asner GP, et al. 2005. Global consequences of land use. Science 309: 570–574.

[15] Friedl MA, McIver DK, Hodges JCF, et al. 2002. Global land cover mapping from MODIS: algorithms and early results. Remote Sens Environ 83: 287–302.

[16] Galloway JN. 2005. The global nitrogen cycle. In: Schlesinger WH (Ed). Treatise on geochemistry. Oxford, UK: Pergamon.

[17] Golley FB. 1993. A history of the ecosystem concept in ecology: more than the sum of the parts. New Haven, CT: Yale University Press.

[18] Haxeltine A and Prentice IC. 1996. BIOME3: an equilibrium terrestrial biosphere model based on ecophysiological constraints, resource availability, and competition among plant functional types. Global Biogeochem Cy 10: 693–710.

[19] Huston M. 1993. Biological diversity, soils, and economics. Science 262: 1676–1680.

[20] Imhoff ML, Bounoua L, Ricketts T, et al. 2004. Global patterns in human consumption of net primary production. Nature 429: 870.

[21] IPCC (Intergovernmental Panel on Climate Change). 2007. Climate change 2007: the physical science basis. Summary for policy makers. A report of Working Group I of the Intergovernmental Panel on Climate Change. Geneva, Switzerland: IPCC.

[22] Levin SA. 1992. The problem of pattern and scale in ecology. Ecology 73: 1943–1967.

[23] Loveland TR, Reed BC, Brown JF, et al. 2000. Development of a global land-cover characteristics database and IGBP DISCover from 1 km AVHRR data. Int J Remote Sens 21: 1303–1330.

[24] Matson PA, Parton WJ, Power AG, and Swift MJ. 1997. Agricultural intensification and ecosystem properties. Science 277: 504–509.

[25] Matthews E. 1983. Global vegetation and land use: new high-resolution databases for climate studies. J Clim Appl Meteorol 22: 474–487.

[26] McCloskey JM and Spalding H. 1989. A reconnaissance level inventory of the amount of wilderness remaining in the world. Ambio 18: 221–227.

[27] Melillo JM, McGuire AD, Kicklighter DW, et al. 1993. Global climate change and terrestrial net primary production. Nature 363: 234–240.

[28] Mittermeier RA, Mittermeier CG, Brooks TM, et al. 2003. Wilderness and biodiversity conservation. P Natl Acad Sci USA 100: 10309–10313.

[29] Netting RM. 1993. Smallholders, householders: farm families and the ecology of intensive sustainable agriculture. Stanford, CA:Stanford University Press.

[30] Novacek MJ and Cleland EE. 2001. The current biodiversity extinction event: scenarios for mitigation and recovery. P Natl Acad Sci USA 98: 5466–5470.

[31] Odum EP. 1969. The strategy of ecosystem development. Science 164: 262–270.

[32] Olson DM, Dinerstein E, Wikramanayake ED, et al. 2001. Terrestrial ecoregions of the world: a new map of life on Earth. BioScience 51: 933–938.

[33] Pickett STA and Cadenasso ML. 1995. Landscape ecology: spatial heterogeneity in ecological systems. Science 269: 331–334.

[34] Pickett STA, Cadenasso ML, Grove JM, et al. 2001. Urban ecological systems: linking terrestrial ecological, physical, and socioeconomic components of metropolitan areas. Annu Rev Ecol Syst 32: 127–157.

[35] Qadeer MA. 2000. Ruralopolises: the spatial organisation and residential land economy of high-density rural regions in South Asia. Urban Stud 37: 1583–1603.

[36] Rindfuss RR, Walsh SJ, Turner II BL, et al. 2004. Developing a science of land change: challenges and methodological issues. PNatl Acad Sci USA 101: 13976–81. Ruddiman WF. 2003. The anthropogenic greenhouse era began thousands of years ago. Climatic Change 61: 261–293.

[37] Salvatore M, Pozzi F, Ataman E, et al. 2005. Mapping global urban and rural population distributions. Rome, Italy: UN Food and Agriculture Organisation. Environment and Natural Resources Working Paper 24.

[38] Sanderson EW, Jaiteh M, Levy MA, et al. 2002. The human footprint and the last of the wild. BioScience 52: 891–904.

[39] Smil V. 1991. General energetics: energy in the biosphere and civilization,1st edn. New York, NY: John Wiley & Sons.

[40] Smith BD. 2007. The ultimate ecosystem engineers. Science 315:1797–1798.

[41] Theobald DM. 2004. Placing exurban land-use change in a human modification framework. Front Ecol Environ 2: 139–144.

[42] Thomas CD, Cameron A, Green RE, et al. 2004. Extinction risk from climate change. Nature 427: 145–

148.

[43] Turner II BL, Skole D, Sanderson S, et al. 1995. Land-use and land cover change: science/research plan. Stockholm, Sweden: International Geosphere–Biosphere Ptrogramme. IGBP Report no 35.

[44] Vitousek PM, Mooney HA, Lubchenco J, and Melillo JM. 1997. Human domination of Earth's ecosystems. Science 277: 494–499.

[45] Wilkinson BH and McElroy BJ. 2007. The impact of humans on continental erosion and sedimentation. Geol Soc Am Bull 119: 140–156.

生态预测：当务之急[①]

James S. Clark　Steven R. Carpenter　Mary Barber　Scott Collins　Andy Dobson
Jonathan A. Foley　David M. Lodge　Mercedes Pascual　Roger Pielke Jr.
William Pizer　Cathy Pringle　Walter V. Reid　Kenneth A. Rose
Osvaldo Sala　William H. Schlesinger　Diana H. Wall　David Wear

　　如果能得到生态系统状态、生态系统服务和自然资本方面的可信预测，人类在按计划行动和制定决策时，无疑会提高准确率。新数据集，还有计算和统计方面的新进展都能增强我们在预测生态系统变化上的能力。为了评估生态系统服务、交流生态系统服务认识、实现生态系统服务预测，科学家和决策者必须都参与进来。由于气候和社会控制对生态系统的影响，其信息反馈也包含了社会变化、决策与预测之间的关联，所以各学科必须联合起来。

　　科学家和决策者一致认为，应对环境变化成功与否取决于预测的能力。气候和化学循环的急剧变化，支撑区域经济的自然资源的衰竭，外来物种的激增，疾病的传播，以及空气、水和土壤的污染，都对人类文明造成了前所未有的威胁。

　　食物、纤维和淡水的持续供应，以及人类健康都取决于我们的预测能力和对不确定的未来的准备[1]。为了预测未来几十年的环境挑战，我们必须提高科学认识。正在发展的生态预测科学已经出现，并可以在政策和管理方面发挥巨大作用。

　　要进行生态预测，我们必须首先界定科学在决策制定过程中扮演的角色，以及确定如何提高预测能力。生态预测是一个预测生态系统状态、生态系统服务和自然资本的过程。要了解其完全详细的不确定性，并要视气候、土地利用、人口、技术和经济能力的明确情况而定。空间范围从小范围到区域到大陆再到全球，时间范围可扩展至 50 年。预测的信息含量与预测的不确定性成反比[2]。一个宽的置信区间暗示了低的预测信息含量。一个情景假设"未来可能发生的边界条件下的改变（比如废物排放状况）……对于决策者而言，假设情景提供的只

[①] 原文：James S. Clark, Steven R. Carpenter, Mary Barber, Scott Collins, Andy Dobson, Jonathan A. Foley, David M. Lodge, Mercedes Pascual, Roger Pielke Jr., William Pizer, Cathy Pringle, Walter V. Reid, Kenneth A. Rose, Osvaldo Sala, William H. Schlesinger, Diana H. Wall, David Wear. 2001. Ecological forecasts: an emerging imperative. Science, 293: 657-660. DOI:10.1126/science.293.5530.657.
推荐：宫鹏；翻译：应清；校阅：宫鹏。
注：Reprinted, with permission from AAAS and the authors。

是一种可能的预测,而非确定的概率"[3]。假设情景可以作为预估的基础,而后者正是需要使用生态预测的工具来推断具体的情景。

1. 我们可以预测什么?

信息内容的精确评估和交流决定着一次生态预测的成败。"可预测的"生态系统是指,我们可以将其不确定性减少到一定程度,这样一个预测可以提供有用的信息量。信息内容会被所有来源的随机性所影响。在预测中,也可能产生低信息内容,因为驱动要素(还有因此产生的模型结构)是不确定的,参数也是不确定的,以及人们对于生态系统变化(或者对于生态系统变化的预测)的未知反应会影响最终的结果。生态模型中忽略了很多随机性的来源。发表报告时,预测的不确定性受估测误差所限[4,5],后者可以通过抽样检测降低,然而这时往往其他来源的不确定性会更大。

最可怕的是那种从强势的非线性和随机性中产生的"固有的"不确定性。比如,从种群生存力模型中得出的关于物种灭绝风险的固有不确定性,导致部分生态学家质疑预测的价值[6]。物种灭绝预测对于不严谨的假设高度敏感[7]。固有的不确定性总会限制对于繁殖率高的入侵植物的传播速度方面的有效预测。即便掌握了待估计参数的精确知识,比如,对远距离扩散的精密研究,也很难提高预测信息内容的准确性[8]。

但是,固有的不确定性并非一定会抵消我们在预测变化上做出的努力。一旦生态学家辨别出那些对数年后的预测结果提前预警的"慢的"变量,预测的准确率会得到提高。然而,确定的天气预报面临着大概两周的时间限制,概率性的气候预测要利用以海面温度为代表的系统记忆来进行。但由非线性对确定性天气预报带来的限制不一定会阻止我们提供有效的气候预测[9]。限制生态过程的"慢变量"有很多[10]。比如,森林的演替变化受到气候和土壤的制约。如果这些因素相对树木生命期来说是缓慢变化的,那我们就能利用生理学和树木之间的竞争来预测森林的演替[5,11]。土地利用的变化取决于个体决定,而个体决定又受到大量不确定的需求和目标的影响。但十年期的土地覆盖变化还是可以根据地形地貌和距离市场的远近这些决定性的控制因素来预测的[12]。

农业耕种依复杂的决定而变,但缓慢的变量还是能为有效预估提供基础。对全球粮食生产(灌溉、施肥、庄稼的运输和储存)的补贴预估[13]可以引导我们做出以下预测:沿海渔场的下游富营养化,以及大气中温室气体(CH_4、CO_2和N_2O)的增加[14]。生态学家可以通过林业生产来预测环境变化如何影响农业和自然生态系统中的碳储量。氮沉降导致植物成分的可预测变化,以及在高草草原土壤中的碳储量潜能减少[15]。我们可以利用在施肥和灌溉对于农业生态系统中碳储量的影响方面的知识来帮助我们预测人类管理的生态系统会如何促进或阻止地球

大气中 CO_2 储量的增加[16]。

对于预估的分析能帮助我们预感变化, 即便这些预测并不提供信息。虽然对于物种迁移速率的预测的信息量一般不会太高, 但是分析显示, 专注于入侵势能影响因素的研究是富有成效的, 比如远距离扩散和繁殖生产的机制, 这正与远距离扩散的精确估计相反[8]。速率始终是不确定的, 但是我们可以提高预测能成功入侵的外来物种的能力[17]。

要提高预测能力, 就需要仔细的模型评价, 包括模型选择, 模型平均 (即多个模型值取平均), 或者两者联合。生态应用中通常使用模型选择方法。由于模型本身通常充满不确定性, 生态预测可能最终更依靠模型平均。在计量经济学、金融和气象学中发展的模型评价技巧利用了事后检测法[18], 包括确定转折点和事件的能力[12]。

如果不考虑随机性的重要来源, 预测的信息含量就会比预计的要少 (置信区间也会被误导变窄)。例如在北美西部的斑点猫头鹰 (*Strix occidentalis*), 其种群数量增长速率的置信区间成为决策的基础[19]。生态模型通常会忽略个体间的差异, 而这种差异很大, 并且会影响种群数量的增长和减少。以分层模型 (hierarchical models) 为代表的新计算方法能适应多重随机因素[20], 并可以估计数量增长 (包括个体间差异) 的不确定性[21]。天气和气候模型已经使用了这些新技术的应用软件[22], 但是生态学家还未使用。不切实际的预测不确定性会产生无法避免的失败, 这最终会损害置信度[9]。

2. 实验和观测得出的数据

预测的技术结构要求发展新的或者扩大现有的数据网络, 以此来支撑实验研究。扩大到景观或区域范围的实验和观测数据是预测能力的基础。大型的实验是关键, 因为景观过程通常无法通过细致的研究而预测[23,24]。植被对气候的反馈只有在研究的空间跨度超过一个关键点时才变得重要。针对 CO_2、气温、湿度和营养物的整个生态系统的实验, 可能是决定森林对于全球变化的反应的唯一方法[25]。例如, 自由空气 CO_2 浓度升高 (FACE) 研究显示, 从完整全面的立场来看, 个体植物研究中预计的水应力可能并不现实[26]。

数据网络可以为预测提供起点。缺变元、低分辨率、不充足的持续时间、时空数据的空缺和不断减少的覆盖范围都是到处存在的限制。由于放弃使用降雨量 (precipitation)、径流高度 (stream-height) 和流量仪 (discharge gauges), 我们现在预测干旱和洪水的能力低于 30 年前。水文网络最差的那些国家 (比如撒哈拉以南非洲、苏联的干旱地区) 有水需求的巨大压力[27]。这一问题不仅出现在发展中和转型中的经济体。在美国地势较低的 48 个州, 水文测量平均密度为每 1 024 km² 一个流量仪[28], 自 1971 年开始记录美国小河水文资料的水文站减少了22%。为了在自适应反馈机制中与预测相吻合,我们必须连续监测。

有了物种引种和携带者(比如船运)的历史资料,我们预测外来物种入侵的能力会得到提高。即便其侵入和定居看起来无法避免,预测也能指导我们采取应对措施来缓和这种趋势。疾病预测也需要广阔的时空数据,比如用于干预手足口病的数据[29]。儿童流行病的预测要依靠于出生和接种疫苗的长期记录[30]。霍乱和疟疾的预测需要气候数据,气候决定了病原体和携带者的增长和/或散播[31]。

虽然不断发展的技术不能完全弥补数据不足的困难,但是仍能使预测变得更方便。水文预测和遥感,加上地球物理学的X射线断层摄影术,能提供高分辨率的降水覆盖范围、水坝以及灌溉产生的影响[32]。生物地球化学循环、水文地理学和生物多样性的预测需要土地清单、人口普查数据[33]以及卫星数据[34]。卫星能被用来监测栖息地的消失,这也正是物种灭绝危险的预兆之一。

我们还可以用卫星数据来预测疾病扩散对环境退化和气候变化的全球响应[35]。汉坦病毒肺综合征(HPS,一种病毒病,表现为剧烈的呼吸窘迫,高死亡率)的流行取决于宿主普通鹿鼠 (*Peromyscus maniculatus*) 的感染率[36]。1993年在美国西南部的汉坦病毒肺综合征大爆发的原因是1991—1992年间不寻常的天气,定量资料来自于资源探测卫星专题制图仪 (Landsat Thematic Mapper) 卫星图像。1992年是厄尔尼诺年,为1993年大爆发而发展的模型准确预测了1995非厄尔尼诺年的情况。同样,监测网络也能提高我们对气候抑制疟疾和其带菌者[37,38],以及预告霍乱的气候事件方面的认识[31]。

3. 决策中的预测

一份1981年的报告[39]曾预测了欧亚斑马贻贝 (*Dreissena polymorpha*) 将扩散到北美,这个消息得到了决策者和普通大众的注意。人们5年后发现了斑马贻贝,它很快遍布了美国上密西西比河与上大湖区之间 (the upper Midwest) 的区域。仅大湖区部分,对工业造成的年损失就达两千万美元,在可预见的将来达到一亿美元[38]。还有无法计量的非经济损失,包括生物多样性丧失,如本地蛤类的灭绝[40],以及生态系统能流和生产力的转变[41]。人们没有采取任何常规措施来应对1981年的预测。入侵本身引起了一场法律应对的恐慌,在1990年的《隔绝和控制非本土的水生公害法案》(the Nonindigenous Aquatic Nuisance Prevention and Control Act) 中达到顶峰。

这场斑马贻贝事件警示了环境科学的状态及其在应对全球变化中的重要性。我们还没有综合发展中的预测能力,使之成为综合预测过程中的一部分[9,42]。错过了综合生态理解的机会,这已经成为一个日渐关注的问题。斑马贻贝事件表明,每年花费1 380亿元用于控制入侵的非本土物种 (NIS)[43] 可部分归责于沟通的失败。仅仅出于科学目的的预测对政策几乎没有影响[44],因为没有利益相关者[9]。

由政府间气候变化专门委员会 (the Intergovernmental Panel on Climate Change) 发展的气候变化预测已经有了影响,部分原因是他们对一些政府的要求负责。生态预测的前提必须来自决策者、管理者和普通大众积极参与的对话。

一些经验表明采取主动的方法具有一定作用。含氯氟烃的使用下降,部分是由于《关于消耗臭氧层物质的蒙特利尔议定书》的实施。这种情形也适用于DDT的禁用以及限制了温室气体排放的《京都议定书》(全称为《联合国气候变化框架公约的京都议定书》)决策者可以响应由管理和保护兴趣驱动的研究。比如,波多黎各渡槽与污水管理局 (the Puerto Rican Aqueduct and Sewage Authority) 在种群数量研究中结合30年径流记录,发展了一套使径流集水区水量满足人类需求,同时也能最小化迁徙淡水虾的减少的系统[45]。

生态学家应当更多考虑他们在决策过程中的角色。"避险 (Bet-hedging)" 的不确定性可能涉及是选择对不确定性不太敏感的政策,还是选择即使发生意外也会增加生态系统服务能力的政策,或者两者兼而有之。生态学家能够为决策者提供建议和选择。例如,即使面对气候的不确定变化,保持本地物种多样性和土地覆盖异质性能稳定区域初级生产力。湖泊学家表明,如果考虑生态预测的信息,最佳湖泊营养含量将下降[46]。生态学家已经发现对富营养化的校正给管理者提供一系列选择。

在不确定性很大并且难以量化的情况下,信息量必定很低,决策也变得复杂。政策很少能直接导致结果。相反,人们经常通过有影响的选择来制定政策,从而影响结果。这种影响可能超出人们原本预计的目标,甚至会有消极的影响。比如,由于贸易能弥补本地的物资缺乏,在一个地区限制树木砍伐可能会导致在另外区域更严重的砍伐。因此,环境限制令可能导致环境灾害从一个管辖区向另一个转移。

当可以对预期到的变化采取行动时,我们最好应模拟与现有科学认识相一致的情景而非预测[47,48]。这些情景包含模糊的和不可控的驱动力,比如气候或经济全球化;还有非线性和不可预测动力学,比如人们的本能反应。这些情景深入审视变化的驱动力,暗示当前的发展轨迹,并提供应对选项。在对比情景下,我们可以考虑可替换的政策,并比较这些政策对可能的将来的鲁棒性。

生态学家也许能提供一个对极端事件及其潜在后果的综合观点之部分信息给决策者。比如,在中美洲的米奇飓风 (Hurricane Mitch) 中受灾的人们因过度开采燃料和建筑材料造成的生态退化而深受痛苦。生态学家本应该预见弗洛伊德飓风 (Hurricane Floyd) 带来的大洪水会给北卡罗来纳州 (North Carolina) 的河流带来大量废物。生态预测如果不以灾难事件本身为目标,则应以灾害事件带来的决策者必须考虑的次生灾害为目标。

4. 接下来的措施

将科学与决策结合将依赖于科学的准确性和有效的沟通。当我们确定哪些努力将最有价值时,我们必须考虑不确定性来源及其对预测信息的潜在影响,以及对超越控制的缓慢变化的识别。我们建议实现这些目标的方法有两大类。第一,通过科学家、管理者和决策者的对话确定预测优先权。优先权通常基于商业成本和潜在利益之间的平衡。它们应该能够满足用户的需求并科学上具有可行性。第二,确定一个科学议程,包括 (1) 确定数据需求和研究需求, (2) 设置不确定性估计、传递和交流的优先权。我们应该关注于现在可以预测的问题和目前不能预测但在未来十年可以预测的问题。

参 考 文 献

[1] Supplemental text is available at Science Online at www.sciencemag.org/cgi/content/full/293/5530/657/DC1.
[2] Adapted from the notion of (generalized) Fisher Information (as opposed to the Information Theory definition as the log-likelihood ratio).
[3] M. MacCracken, www.esig.ucar.edu/socasp/zine/26/guest.html.
[4] R. Lande, Am. Nat. 130, 624 (1997).
[5] S. W. Pacala et al., Ecol. Monogr. 66, 1 (1996).
[6] B. W. Brook et al., Nature 404, 385 (2000).
[7] D. Ludwig, Ecology 80, 298 (1999).
[8] J. S. Clark, M. Lewis, L. Horvath, Am. Nat. 157, 537 (2001).
[9] National Research Council, Making Climate Forecasts Matter (National Academy Press, Washington, DC, 1999).
[10] S. R. Carpenter, M. G. Turner, Ecosystems 3, 495 (2000).
[11] H. H. Shugart, A Theory of Forest Dynamics: The Ecological Implications of Forest Succession Models (Springer-Verlag, New York, 1984).
[12] D. N. Wear, P. Bolstad, Ecosystems 1, 575 (1998).
[13] D. Tilman et al., Science 292, 281 (2001).
[14] G. P. Robertson, E. A. Paul, R. R. Harwood, Science 289, 1922 (2000).
[15] D. Wedin, D. Tilman, Science 274, 1720 (1996).
[16] W. H. Schlesinger, Science 284, 2095 (1999).
[17] C. S. Kolar, D. M. Lodge, Trends Ecol. Evol. 16, 199 (2001).
[18] G. G. Judge, W. E. Griffiths, R. C. Hill, W. E. Lutkepolh, T. C. Lee, The Theory and Practice of Econometrics (Wiley and Sons, New York, 1982).
[19] S. P. Harrison, A. Stahl, D. Doak, Conserv. Biol. 7, 950 (1993).
[20] B. P. Carlin, T. A. Louis. Bayes and Empirical Bayes Methods for Data Analysis (Chapman & Hall, Boca Raton, FL, 2000).
[21] Hierarchical modeling allows for simplification of models that have multiple sources of stochasticity by factoring to produce a set of conditional distributions. For instance, in population dynamics, the n mem-

bers of a population can together define an(intractable) n dimensional distribution of demographic rates. A hierarchical structure renders the problem analyzable by factoring it into n conditional distributions that submit to Markov Chain Monte Carlo integration (19). J. S. Clark, in preparation.

[22] Hierarchical models developed to estimate the many parameters needed for climate modeling can be adapted for estimation of invasion speed [C. Wikle, R. F. Milliff, D. Nychka, L. M. Berliner, J. Am. Stat. Assoc. 96, 382 (2001)].

[23] S. R. Carpenter, Ecology 77, 677 (1996).

[24] J. S. Clark et al., Am. J. Bot. 86, 1 (1999).

[25] P. B. Reich et al., Nature 410, 809 (2001).

[26] D. S. Ellsworth, Tree Physiol. 20, 435 (2000).

[27] E. Stokstad, Science 285, 1199 (1999).

[28] T. Brabets, Evaluation of the Streamflow-Gaging Network of Alaska in Providing Regional Streamflow Information, U.S. Geological Survey, Water Resources Investigations Report 96-4001 (1996).

[29] N. Ferguson, K. Donelly, R. M. Anderson, Science 292, 1155 (2001).

[30] J. D. Earn, P. Rohani, B. M. Bolker, B. T. Grenfell, Science 287, 667 (2000).

[31] M. Pascual, X. Rodo, S. P. Ellner, R. Colwell, M. J. Bouma, Science 289, 1766 (2000).

[32] Grand Challenges in Environmental Sciences: Special Report of the National Academy of Sciences (National Academy of Sciences, Washington, DC, 2000). Available at: www.nap.edu/openbook/0309072549/html.

[33] J. F. Richards, in The Earth as Transformed by Human Action, B. L. Turner et al., Eds. (Cambridge Univ. Press, New York, 1990), pp. 163-178.

[34] N. Ramankutty, J. Foley, Global Biogeochem. Cycles 13, 997 (1999).

[35] Under the Weather: Climate, Ecosystems, and Infectious Disease (National Academy of Sciences, Washington, DC, 2001).

[36] G. E. Glass et al., Emerging Infect. Dis. 6, 238 (2000).

[37] C. Dye, P. Reiter, Science 289, 1697 (2000).

[38] D. J. Rogers, S. E. Randolph, Science 289, 1763 (2000).

[39] Bio-Environmental Services, The Presence and Implication of Foreign Organisms in Ship Ballast Waters Discharged into the Great Lakes, vols. 1 and 2, prepared for the Water Pollution Control Directorate, Environmental Protection Service (Environment Canada, Ottawa, Ontario, 1981).

[40] D. L. Strayer, J. North Am. Bentholog. Soc. 18, 74 (1999).

[41] T. F. Nalepa, G. L. Fahnenstiel, J. Great Lakes Res. 21, 411 (1995).

[42] D. Sarewitz, R. A. Pielke Jr., R. Byerly Jr., Prediction in Science and Policy (Island Press, Washington, DC, 2000).

[43] D. Pimentel, L. Lach, R. Zuniga, D. Morrison. Bio-Science 50, 53 (2000).

[44] D. Sarewitz, R. A. Pielke Jr., in (42) pp. 11D22.

[45] J. P. Benstead, J. G. March, C. M. Pringle, F. N. Scatena, Ecol. Appl. 9, 656 (1999).

[46] S. R. Carpenter, D. Ludwig, W. A. Brock, Ecol. Appl. 9, 751 (1999).

[47] P. Raskin, G. Gallopin, P. Gutman, A. Hammond, R. Swart, Bending the Curve: Toward Global Sustainability, Pole Star Report no. 8 (Stockholm Environment Institute, Stockholm, 2000).

[48] N. Nakicenovic, Emissions Scenarios (Cambridge Univ. Press, Cambridge, 2000).

[49] Supported by the Ecological Society of America, the Aldo Leopold Leadership Program, the National Science Foundation, the National Center for Ecological Analysis and Synthesis, and the Center for Global Change at Duke University.

郑 重 声 明

高等教育出版社依法对本书享有专有出版权。任何未经许可的复制、销售行为均违反《中华人民共和国著作权法》，其行为人将承担相应的民事责任和行政责任；构成犯罪的，将被依法追究刑事责任。为了维护市场秩序，保护读者的合法权益，避免读者误用盗版书造成不良后果，我社将配合行政执法部门和司法机关对违法犯罪的单位和个人进行严厉打击。社会各界人士如发现上述侵权行为，希望及时举报，本社将奖励举报有功人员。

反盗版举报电话: (010) 58581897 58582371 58581879
反盗版举报传真: (010) 82086060
反盗版举报邮箱: dd@hep.com.cn
通信地址: 北京市西城区德外大街 4 号
　　　　　　高等教育出版社法务部
邮　　编: 100120

文 2 彩插

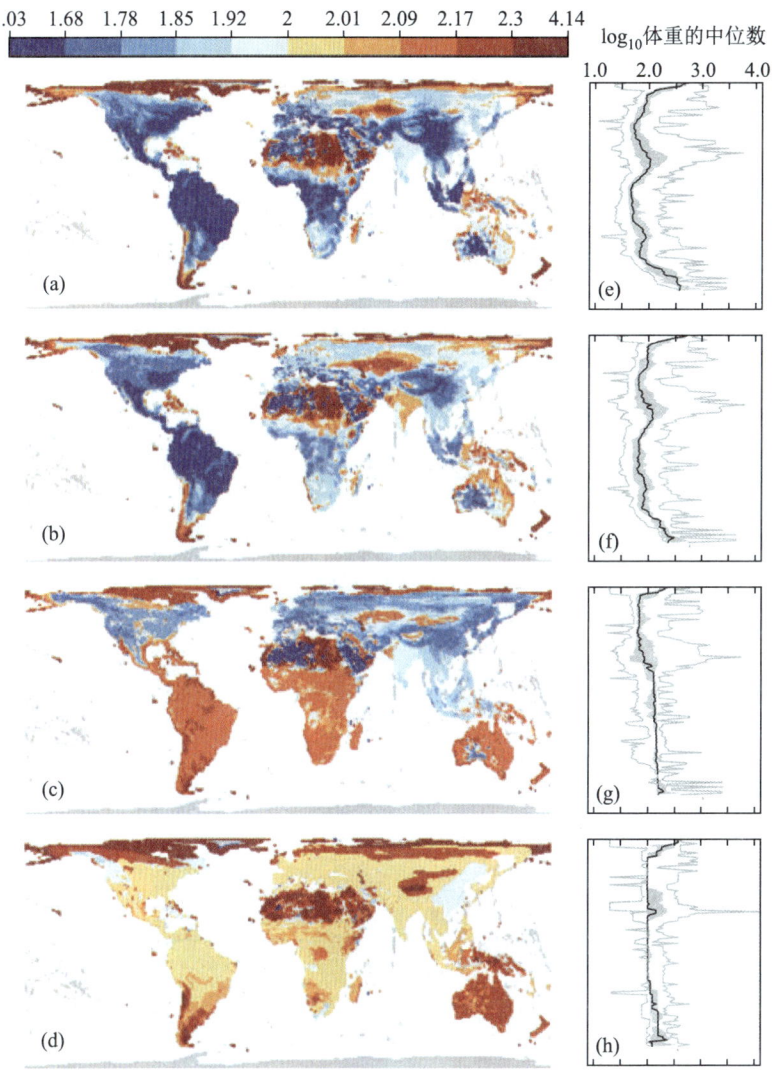

图 1

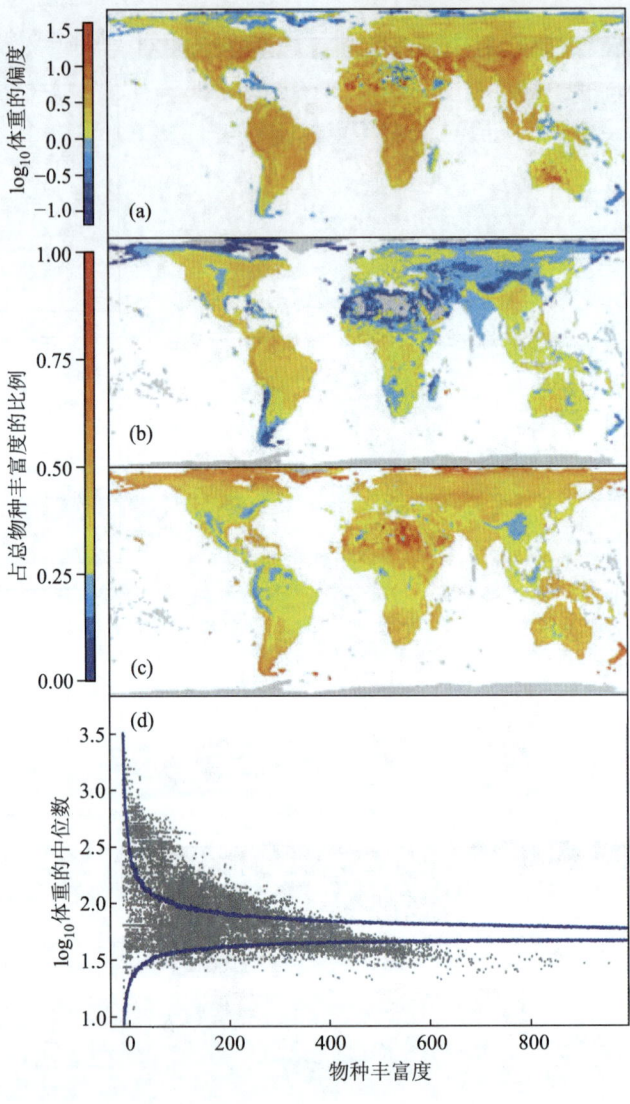

图 2

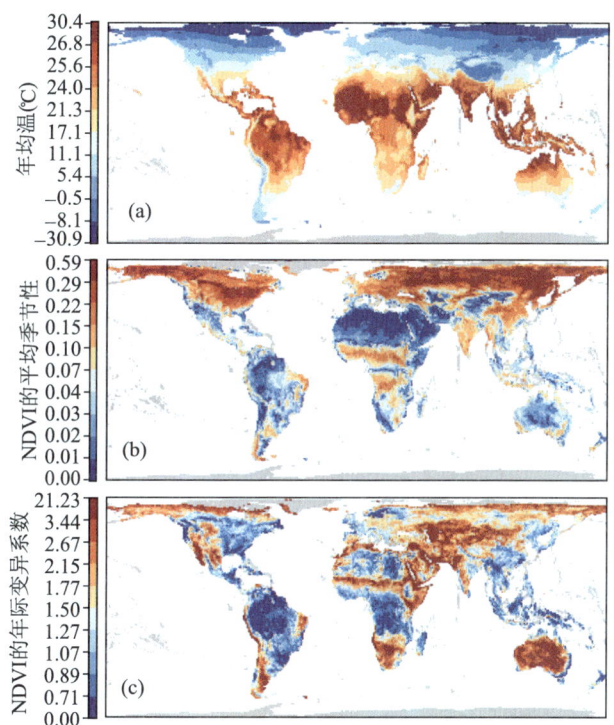

图S2

文 4 彩插

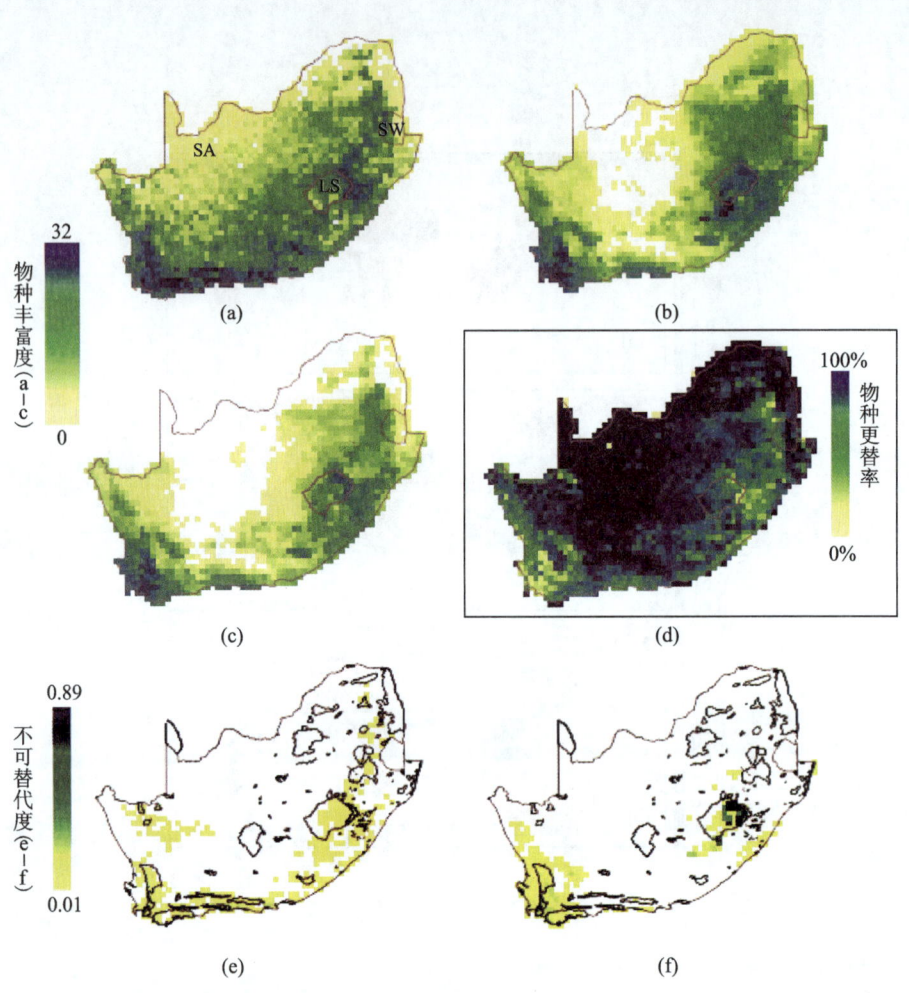

图 1

文 5 彩插

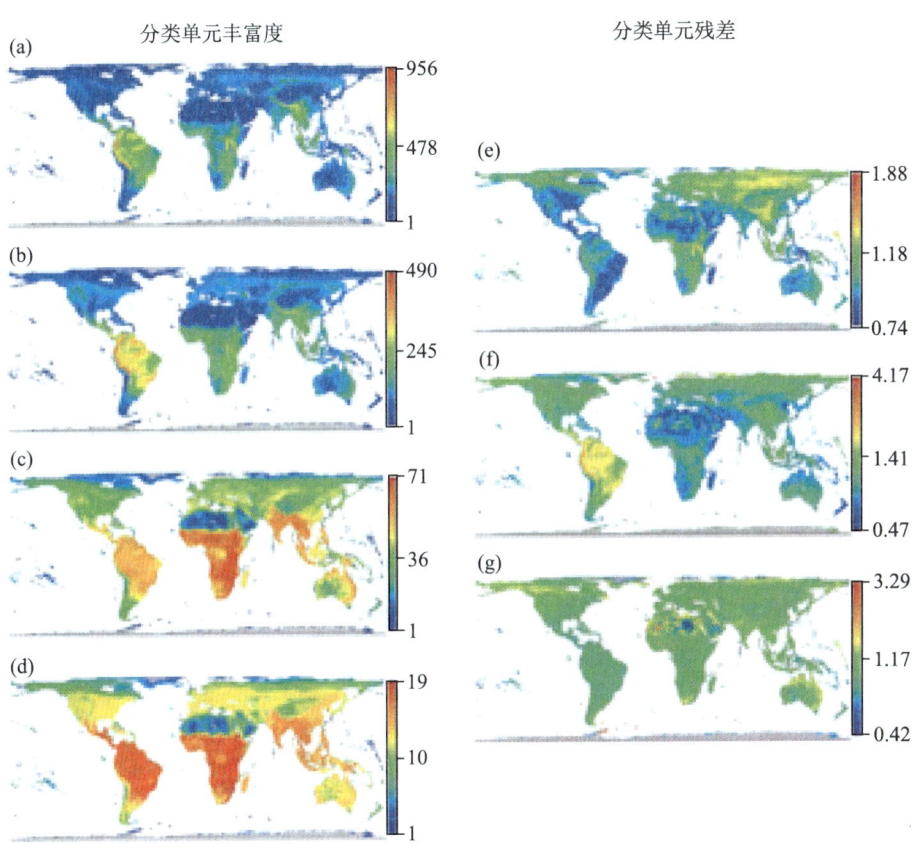

图 1

文 6 彩插

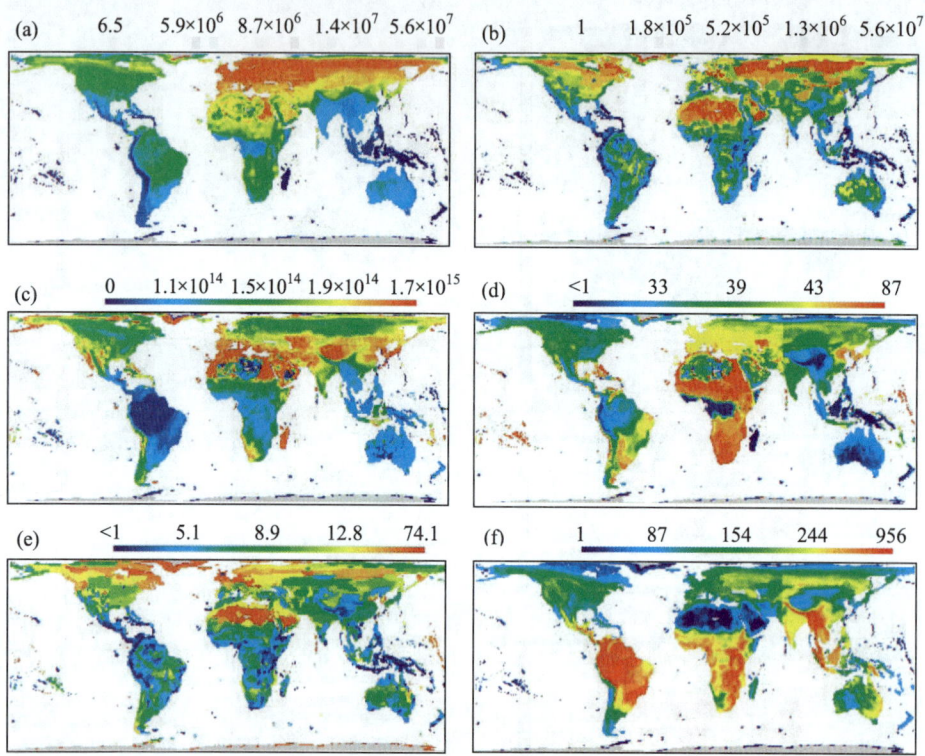

图 2

文 7 彩插

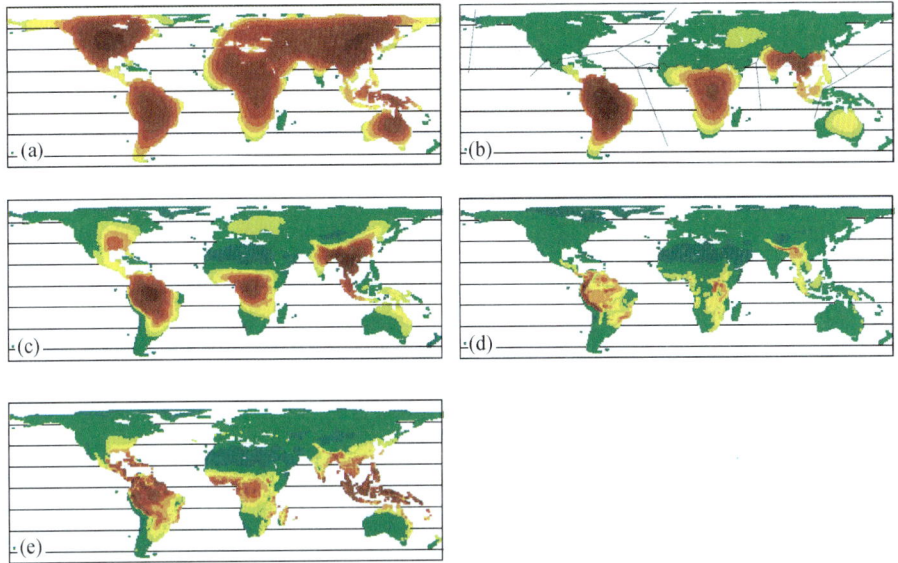

图 1

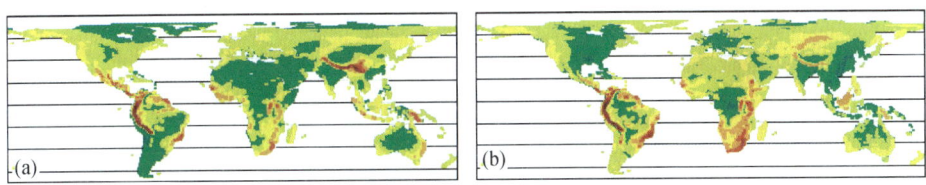

图 5

文 8 彩插

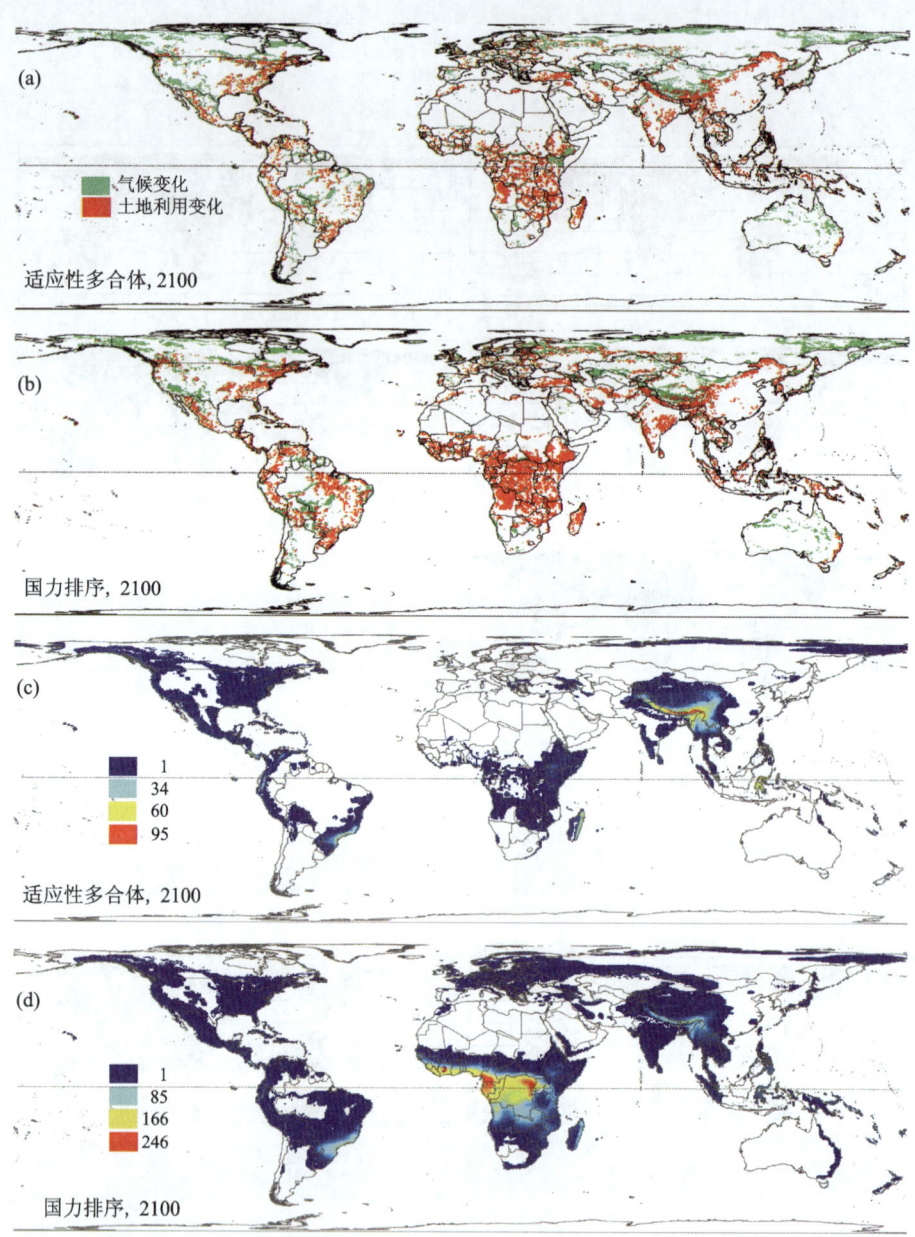

图 2

文 10 彩插

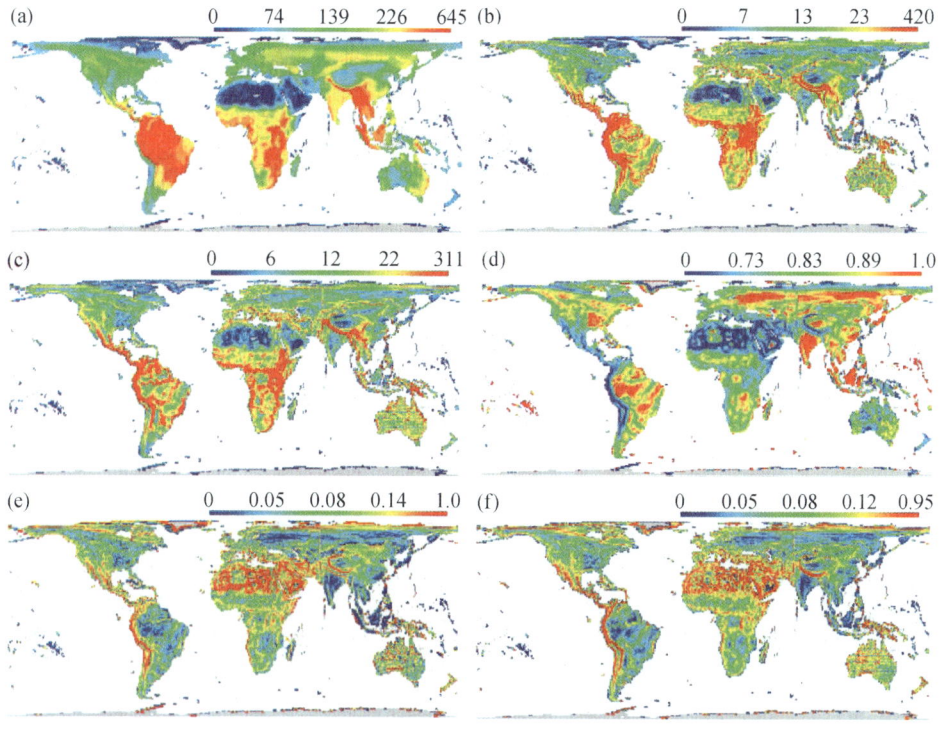

图 1

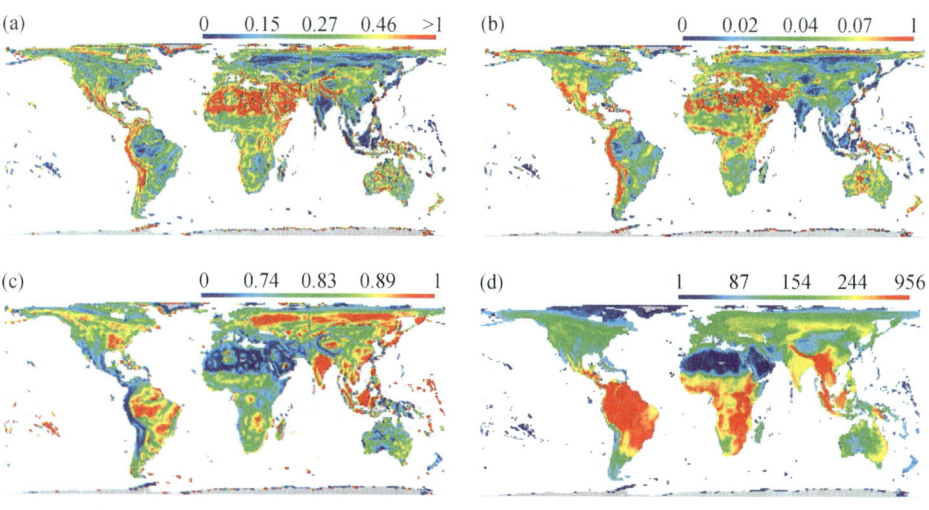

图 2

文 11 彩插

平均开花时间
- 5月1日—3日
- 5月4日—7日
- 5月8日—9日
- 5月10日—11日
- 5月12日—14日
- 5月15日—19日
- 5月20日—29日
- 5月30日—6月12日

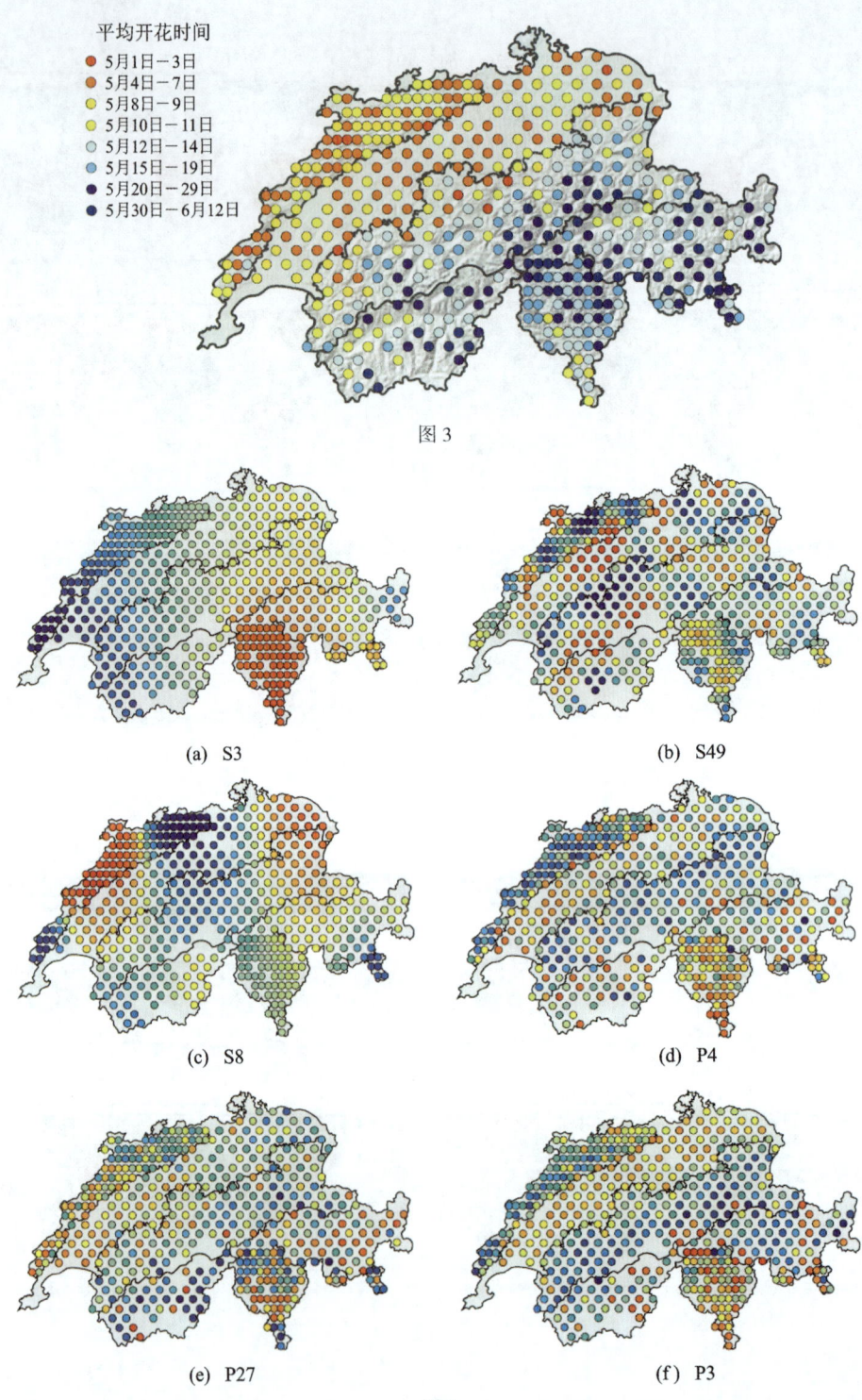

图 3

(a) S3   (b) S49

(c) S8   (d) P4

(e) P27 (f) P3

图 6

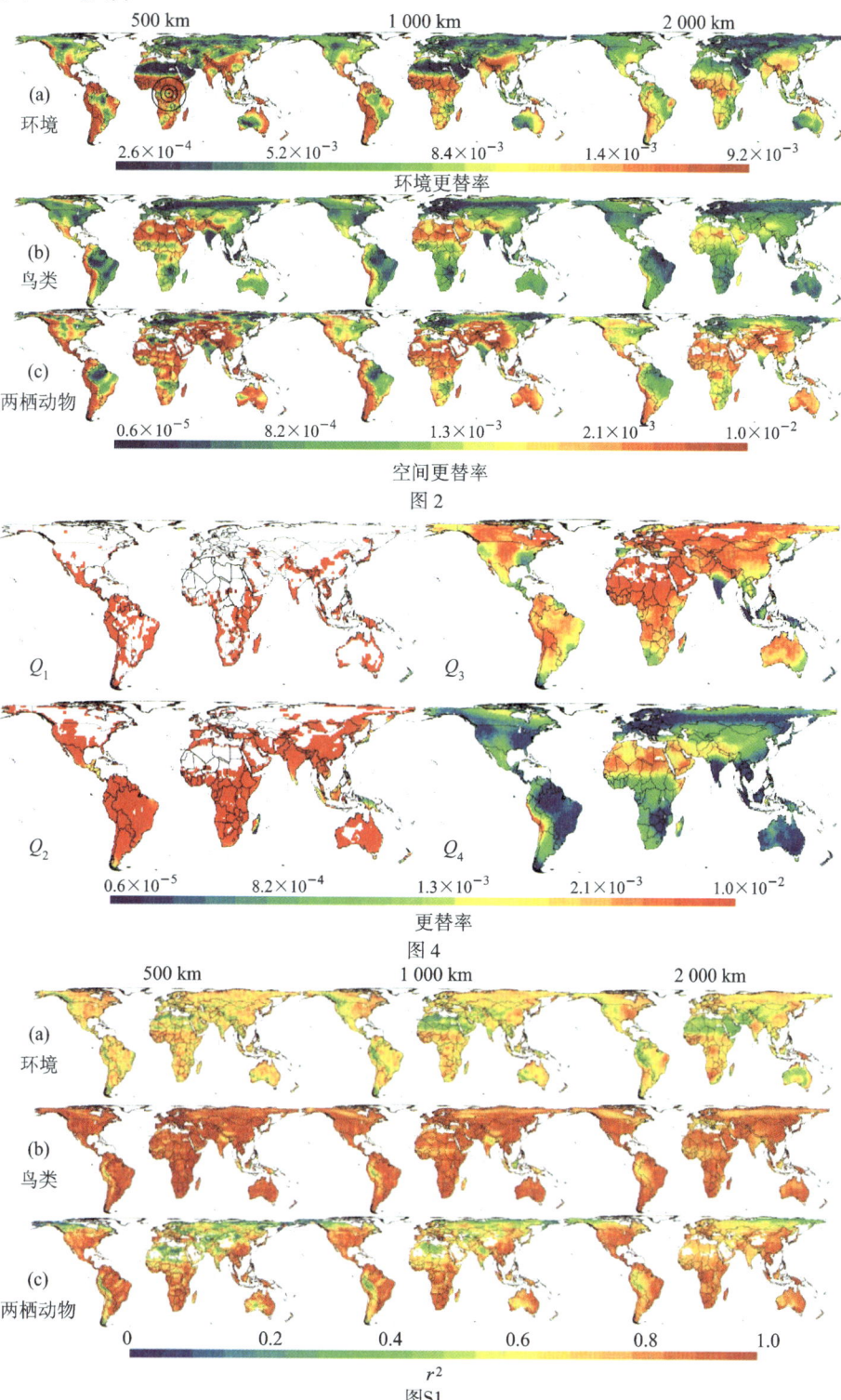

文 12 彩插

图 2

图 4

图 S1

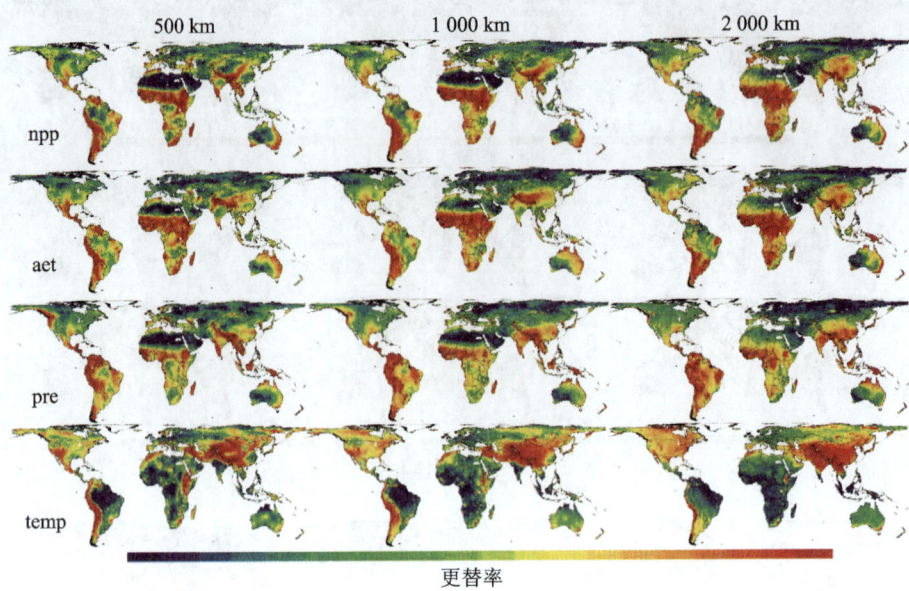

图S2

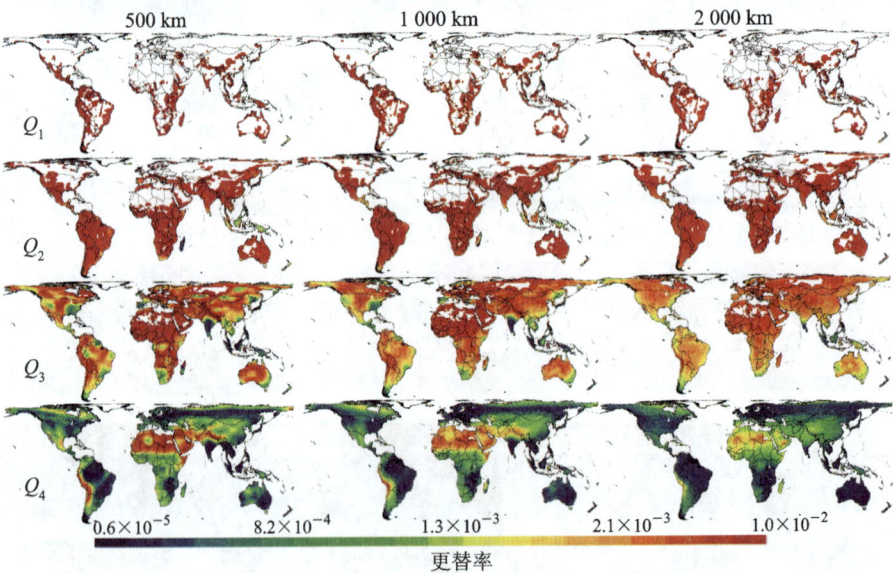

图S3

文 14 彩插

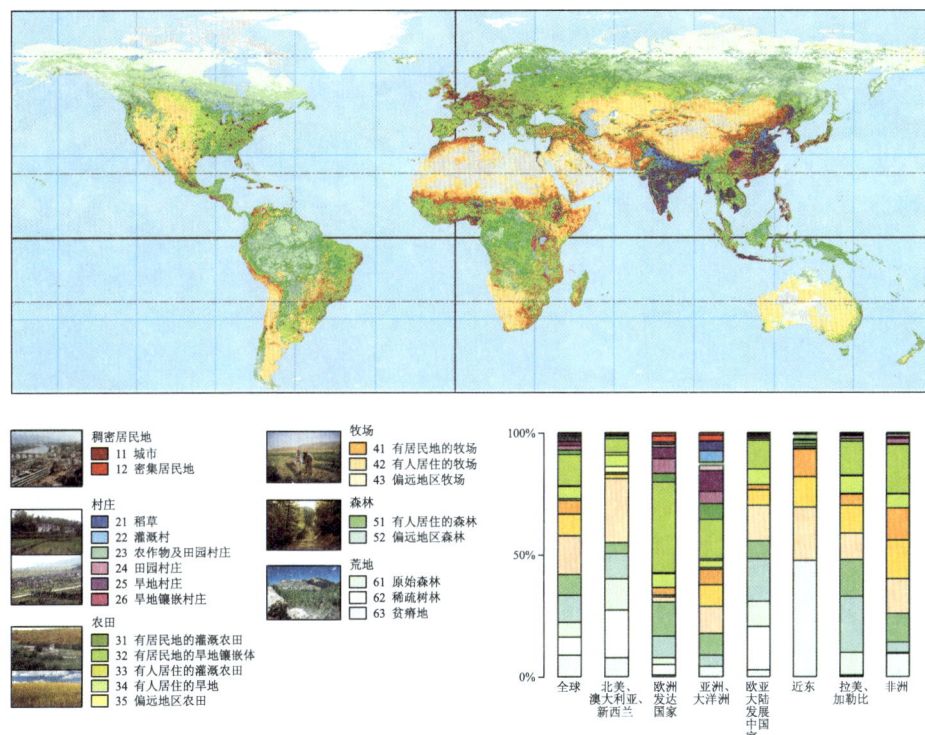

图 1